高等院校公共基础课规划教材

"十三五"江苏省高等学校重点教材(项目编号：2018-1-150)

数字视频
设计与制作技术

（第四版）

卢　锋　主　编

沈大为　季　静　副主编

U0235852

清华大学出版社

北　京

内 容 简 介

本书通过大量形象生动、引人入胜的实例对数字视频作品的设计与制作过程进行了较为系统的阐述。全书共分为 4 篇："基础篇"包括 4 章内容，分别为数字视频制作基础、视听语言的视觉构成、视听语言的听觉构成、视听语言的语法；"编导篇"包括两章内容，分别为数字视频作品的设计与策划、导演工作；"摄像篇"包括两章内容，分别为数字视频作品的画面拍摄、数字视频作品的声音录制；"编辑篇"包括 4 章内容，分别为非线性编辑概论、数字视频作品的编辑、数字视频作品的特技与动画、数字视频作品的字幕制作。

本书既可作为数字媒体专业本科学生学习数字视频设计与制作技术的教材，也可作为网络与新媒体、广播电视、广告学或教育技术学等相关专业学生学习数字视频制作基础知识的参考书，同时还可作为影视专业人员、影视爱好者的学习和参考资料。

本书配套的电子课件、习题答案、实例源文件可以到http://www.tupwk.com.cn/downpage网站下载，也可以扫描前言中的二维码下载。

图书在版编目(CIP)数据

数字视频设计与制作技术 / 卢锋 主编. —4 版. —北京：清华大学出版社，2020.8（2024.1重印）
高等院校公共基础课规划教材
ISBN 978-7-302-56295-5

Ⅰ. ①数… Ⅱ. ①卢… Ⅲ. ①视频信号—数字技术—高等学校—教材 Ⅳ. ①TN941.3

中国版本图书馆 CIP 数据核字(2020)第 153070 号

责任编辑：胡辰浩
封面设计：周晓亮
版式设计：孔祥峰
责任校对：成凤进
责任印制：丛怀宇

出版发行：清华大学出版社
    网   址：https://www.tup.com.cn，https://www.wqxuetang.com
    地   址：北京清华大学学研大厦 A 座   邮 编：100084
    社 总 机：010-83470000   邮 购：010-62786544
    投稿与读者服务：010-62776969, c-service@tup.tsinghua.edu.cn
    质 量 反 馈：010-62772015, zhiliang@tup.tsinghua.edu.cn
印 装 者：三河市天利华印刷装订有限公司
经 销：全国新华书店
开 本：185mm×260mm   印 张：24.25   字 数：621 千字
版 次：2007 年 1 月第 1 版 2020 年 9 月第 4 版 印 次：2024 年 1 月第 5 次印刷
印 数：7001～8500
定 价：79.00 元

产品编号：082695-01

前　言

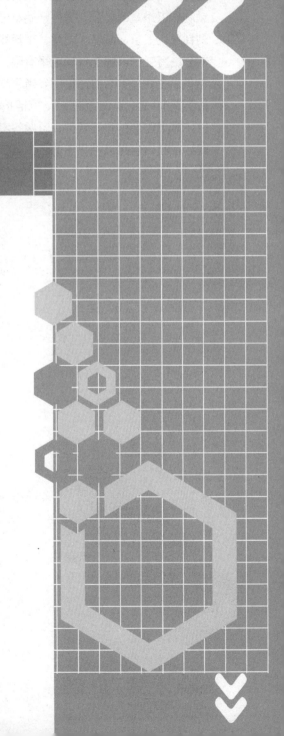

过去的十几年，中国的数字视频技术经历了快速的发展，其产业规模已经令世界瞩目。从 2017 年开始，各大视频网站的付费会员数量翻倍增长；2018 年底，网络视频付费用户人数已达 3.47 亿。正是看到了这样的光明前景，各家视频网站就推出了各自的投资计划和片单。与此同时，抖音、快手等新兴视频网站不断涌现，数字视频制作人才的短缺成为制约文化创意产业市场进一步发展的瓶颈。

数字视频制作技术已广泛应用于教育、培训、家庭娱乐、旅游、宣传、会议记录、喜庆活动、广告等许多领域和场合。智能化的数字视频制作软件也应运而生，适应了大众的需求。不管是专业数字视频制作者还是普通爱好者都应该学习和掌握策划、编导、摄影、非线性编辑等基础知识。建立一支高水平的数字视频策划和制作团队，有助于提高数字视频的制作效率和质量，同时也能推动我国信息、文化、数字内容产业的发展。

本书是面向数字媒体、网络与新媒体、教育技术学、广告学等相关视频制作专业的教材。全书图文并茂，通俗易懂，注重理论联系实践，强调实用性，充分体现了以理论为主线，以实践为核心的指导思想，力求使整个知识体系结构全面、完整、系统。每章后都配有思考和练习。通过完成习题，可以使学习者更好地梳理本章介绍的基本理论，进一步提高学习者的实际操作技能。

本书是多人智慧的结晶，除封面署名作者外，参与本书编写的人员还有陆正清、赖云千姿、余昊、何明哲、陈学睿、宋茜茜、潘光丽、崔译心，以及南京邮电大学历届紫金漫话视频制作工作室的成员。另外，蔡小爱、刘训星、张小奇、胡敏、何学成、张海民、袁婷婷、刘钊颖、王玉、薛琛、刘煜、李泽峰、陈华东、王田田、李健男、艾欣和林桂妃等也参与了部分编写工作。由于作者水平有限，书中难免有错误与不足之处，恳请专家和广大读者批评指正。在编写本书的过程中参考了一些相关文献，在此向这些文献的作者深表感谢。我们的信箱是 huchenhao@263.net，电话是 010-62796045。

本书配套的电子课件、习题答案、实例源文件可以到 http://www.tupwk.com.cn/downpage 网站下载，也可以扫描下方的二维码下载。

作　者

2020 年 5 月

目 录

基础篇

基础篇

基础篇由 4 章内容构成，其中第 1 章为数字视频制作基础，第 2~4 章为视听语言基础，包括视听语言的视觉构成、听觉构成和语法。

第 1 章

数字视频制作基础

- 基于电视节目的数字视频制作
- 基于多媒体的数字视频制作
- 数字视频基础
- 数字图像基础
- 数字音频基础

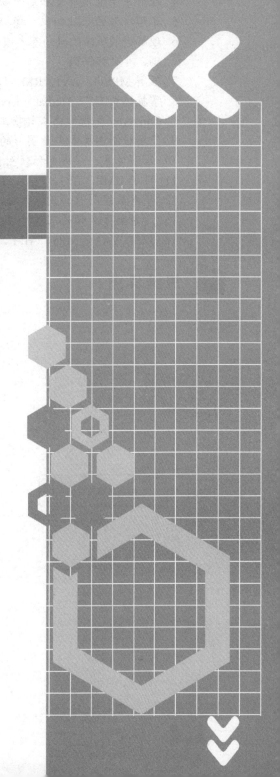

学习目标

1. 了解电视节目制作的流程。
2. 掌握电视节目制作的 ENG、EFP 和 ESP 方式的概念。
3. 了解电视节目制作人员的组成和职责。
4. 理解基于电视节目和基于多媒体的两种数字视频制作方式的差异。
5. 了解视频的基础知识：模拟视频和数字视频、视频的制式、数字视频生成的方式。
6. 理解视频压缩编码的基本概念：有损压缩、无损压缩、帧内压缩、帧间压缩、对称编码、非对称编码。
7. 理解 MPEG、AVI、RM、DV 和 DivX 等常见数字视频格式的特点。
8. 掌握格式工厂、MediaCoder、Canopus ProCoder、WinMPG Video Convert 和 AVS Video Converter 等视频格式转换工具软件的使用方法。
9. 了解位图图像和矢量图形的特点。
10. 理解像素、分辨率和颜色深度等数字图像基本要素的概念。
11. 理解 BMP、JPG、PSD、TIF、TGA 和 GIF 等数字图像格式的特点。
12. 了解数字图像的获取方法。
13. 了解数字音频的技术特性。
14. 理解 WAV、MP3、AIFF、MIDI 等数字音频格式的特点。

思维导图

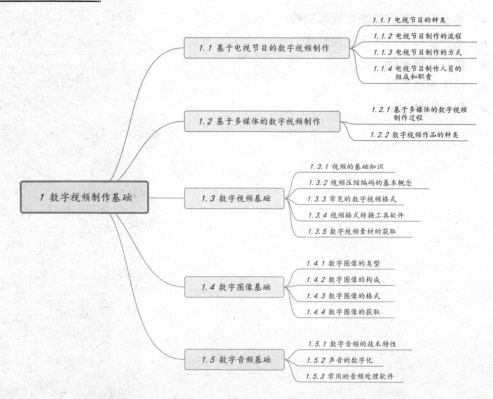

经过多年的发展，电视节目这门综合性艺术已经走进了数字化制作的时代。先进的科学技术为电视制作提供了崭新的方法和手段。从某种意义上说，电视正日益演变成为狭义的数字视频制作。

　　过去，电视制作是一个高技术、高成本、高投入的行业，昂贵的专业制作设备和复杂的专业制作技术在一定程度上阻碍着它在普通大众之间的普及和应用。但是，随着计算机技术和信息通信技术的飞速发展，高性能、低成本的制作系统已经出现，其为视频制作带来了广阔的空间。

1.1　基于电视节目的数字视频制作

1.1.1　电视节目的种类

　　电视节目是电视传播最基本的单元。电视节目是电视传播内容的基本编排单位和播出顺序结构。通常，电视节目应该有特定的名称、主题和一定的时间长度。一般情况下，电视节目可分为 4 大类：新闻节目、娱乐节目、教育节目和广告。这不过是为了表述方便的粗略划分，因为从业务实践上看，有的节目是很难严格分类的，例如，许多电视谈话节目，往往混杂着新闻时事和娱乐成分；一些纪录片，既是人文的、艺术的和社会教育的，又有一定的新闻和社会事件基础；体育节目往往是新闻节目的一部分，同时又具有很高的观赏性和娱乐性；而有关法律事件的新闻报道，也往往是极好的社会教育内容。因此，这里只对这些类别进行简要概括。

1. 新闻节目

　　新闻节目是电视传播的重要内容。若按播出时段划分，电视新闻类节目包括早新闻、午间新闻、晚间新闻、深夜新闻；按地域划分，则包括地方新闻、全国新闻、国际新闻；按内容划分，则包括时政新闻、财经新闻、社会新闻、体育新闻、娱乐新闻等；而按体裁和播出方式划分，则包括消息、新闻深度报道、新闻专题和特写、以新闻事件为基础的纪录片、重大社会事件的现场直播等。或者从广义上说，凡是以社会现实变动为表达对象的电视节目，都可以被视为"大新闻"的范畴。

2. 娱乐节目

　　娱乐节目包括综艺节目、游戏节目、文艺晚会和各类表演的转播，广播剧、电视剧、音乐，以及在电视上播放的电影等。电视播出的长篇评书、戏曲和曲艺等，也可被视为娱乐节目。

3. 教育节目

　　电视的教育节目分为公共教育或社会教育节目和职业/专业教育类节目两大类。一般情况下，历史、自然、地理、文化、风光、民俗、科普等内容的电视节目，统称为公共教育或社会教育节目(简称社教节目),其他通过电视手段进行的专业知识教育和远程职业训练,如广播电视大学的课程、电视的外语教学节目等,则被视为职业/专业教育类节目。

此外,有一部分节目涉及服务性的内容,例如,衣、食、住、行等各方面的常识和技巧,人际关系和心理问题的讨论等,可以单独视为一类,即服务性节目,也可以将其视为社会教育节目的一部分。

4. 广告

电视广告一般分为商业广告、公益广告两种。商业广告是广告主为了宣传和推广其产品、品牌、服务和企业形象而购买电视时段播出的广告;公益广告则是指某些媒体或社会团体提供的非营利性的广告,以倡导社会公共道德和良好社会风尚,或政府为市民提供的如节约水电、防火、防盗等的必要警示。

从广播电视的发展历史来看,其播出的节目类别并不是一成不变的。在20世纪30—40年代,无线电广播处于黄金时代,电台播出的最基本的节目是新闻和时事报道、综艺和戏曲、音乐、广播连续剧和系列剧、情景喜剧等。电视的出现和繁荣改变了广播的节目构成,技术的进步也在其中起到重要的作用。从国外商业广播电视的发展看,过去广播电台的节目类别,今天都已经统统排上了电视播出的节目时间表,而电台则变成了低成本的媒体,其节目构成的特点是"类型化",即只播出某一类型的节目以吸引特定的观众。电视节目样式也在不断发展变化,卫星技术提供了越洋、多向、直播的可能性;MTV已经成为风靡全世界青少年的流行文化;"脱口秀"所涉及的内容从时事政治、时尚流行到个人隐私无所不包;肥皂剧和情景喜剧则动态地触及社会价值和生活观念的变化;有线电视和卫星广播提供了更专业、更丰富的节目选择;网上在线广播正在动摇基于传统的点对面的线性节目传送方式而形成的视听习惯和视听效果。广播电视的节目类别,还会随着时代的发展而拓展和变化。

1.1.2　电视节目制作的流程

电视节目制作包括节目生产过程中的艺术创作和技术处理两个部分。艺术创作和技术处理属于一个完整的节目制作过程的两个方面,它们往往互相依存、不可分离,且互相渗透。

电视节目制作过程一般可分为前期制作与后期制作。

1. 前期制作工作流程

电视节目的前期制作包括构思创作和现场录制两个阶段。

第一阶段:构思创作,其主要工作如下。

(1) 构思节目,确立节目主题,搜集相关资料,草拟节目稿本。

(2) 召开主创人员碰头会,编写分镜头稿本。

(3) 确定拍摄计划。计划是节目的基础,节目的构思越完善,对拍摄的条件和困难考虑得越周全,节目制作就越顺利。具体而言,拍摄计划包括以下几个方面。

① 根据节目性质对导演、演艺人员、主持人或记者等做出选择,合理配置创作人员。

　② 向制片、服装、美工、化妆人员说明并初步讨论舞美设计、化妆、服装等方面的要求。

　③ 确认前期制作所需设备的档次及规模，配备摄像、录音、音响、灯光等技术人员。

　④ 制片部门要确定选择的拍摄场地及后期保障。

　⑤ 各部门的主要负责人讨论、确定拍摄计划并执行等。

　(4) 各部门细化自己的计划，如起草租赁合同，建造场景，制作道具，征集影片、录像资料等。

　第二阶段：现场录制。不同类型的节目有其不同的制作方式。下面以演播室节目制作为例，其主要工作如下。

　(1) 排演剧本。

　(2) 进入演播室前的排练，包括导演阐述、演员练习、灯光和舞美的确定、音响和音乐处理方案的确定、转播资料的准备等。

　(3) 分镜头稿本的确定。

　(4) 演播室准备，包括舞美置景、化妆、服装、灯光的调整、通信联络、录像磁带的准备等。

　(5) 设备的准备，包括摄像机的检查、提词器、移动车和升降臂等的准备。

　(6) 走场。

　(7) 最后排演(带机排练)。

　(8) 正式录像。

2. 后期制作工作流程

电视节目的后期制作主要是指编辑合成阶段。

编辑合成阶段的主要工作如下。

　(1) 素材审看。检查镜头的内容及质量；选择出所需的镜头，做场记。

　(2) 素材编辑。确认编辑方式，搜寻并确定素材的入点与出点。

　(3) 初审画面编辑，分析结构是否合理，段落层次是否清楚，有无错误，并且进行修改。

　(4) 特技的运用及字幕的制作。

　(5) 声音处理。录制或编配解说词、音响及音乐。

　(6) 完成片审看。负责人审看完成片并提出意见。

　(7) 播出带的复制及存档。

　由此可见，电视制作是一个复杂的过程，节目制作者只有熟悉各个工序，根据节目内容和规模，具体问题具体分析处理，使制作的工序更加合理，才能高效率地制作出高质量的电视节目。

1.1.3　电视节目制作的方式

　电视节目的制作方式是指完成电视节目制作过程所采用的方法和形式，强调的是制作过程中所使用的硬件系统和软件系统。目前常用的电视节目制作方式有 ENG、EFP 和 ESP 方式。下面对这几种方式进行介绍。

1. ENG 方式

ENG，即电子新闻采集(Electronic News Gathering)。这种方式是使用便携式的摄像、录像设备来采集电视新闻，能适应新闻采访的运动性和灵活性、新闻事件的突发性、电视报道的时效性和现场性。便携式摄像设备如图 1-1 所示。

图 1-1　便携式摄像设备

20 世纪 70 年代以前，世界上所有电视台摄制的电视新闻都是用 16mm 电影摄影机制作的，因为那时的电视摄像机和录像机都十分庞大笨重，一般仅安装在演播室和机房内，或是用转播车改装成录像车，并用专用运载车辆送到体育竞赛场馆或剧场完成实况录像任务，不能适应新闻采访的运动性和灵活性。新闻事件的突发性，电视报道的时效性、现场性，要求新闻记者能携带小型、轻便、灵活、机动的采录设备，因此，当时 16mm 的摄影机配备上同步的录音设备曾是理想的电视报道工具。然而，电视报道花费太大，制作工序复杂，需经过洗印、剪辑、混录等才能播出，胶片洗印工业也带来了污染问题。因此，若能发明便携式摄录设备，不但会被广泛运用于电视新闻采集，而且也会被用于电视纪录片、文艺专题片和电视剧的拍摄。

ENG 的出现大大方便了现场拍摄，但它所获取的素材还需要在电子编辑设备上进行编辑。因此，ENG 很接近电影制作方式，分为前期拍摄与后期编辑两个阶段。

但是，ENG 一旦与电缆通信、微波通信、卫星通信技术结合起来就如虎添翼了。有些新闻节目可以用便携式摄像机与发射装置、传送系统连接，实现新闻直播；有的新闻节目则可在进行简单的编辑后，经过电缆、微波或卫星由记者直接进行广播报道，大大提高了电视新闻的时效性。

新一代的 ENG 被称为卫星新闻采集(Satellite News Gathering，简称 SNG)。它以卫星通信系统作为传输平台，电视台或其他新闻传媒机构在新闻现场采集到的视频及音频信号通过 SNG 系统处理后，发射到同步通信卫星再传送回电视台或新闻机构总部，之后电视台或新闻机构总部可以直接转播或经过编辑后播出。其中装载全套 SNG 设备的专用车，称为"卫星新闻采访车"。由于应用了最新的卫星通信技术和设备，SNG 在形式上打破了以往 ENG 传统的微波传送方式，可以根据需要做成便携式系统或车载式系统。SNG 还突破了原来传统 ENG 的地形和应用区域限制，使各传媒机构能够更快捷、方便、经济地采集和转播突发性以及重要的新闻事件。因此，SNG 已成为电视新闻现场直播的重要技术支持手段。当前，SNG

的运用已经十分普遍，许多重要新闻事件都是通过 SNG 率先报道的。

2. EFP 方式

EFP，即电子现场制作(Electronic Field Production)。EFP 也是电视技术迅速发展的产物，它是对一整套适用于"野外"或"演播室外"节目制作的电视设备的统称。这套系统往往装在专用电视转播车上，包括两台以上的摄像机，一台视频信号(图像)切换台，一个音响操作台及其他辅助设备(灯光、话筒、录像机运载工具等)。如图 1-2 和图 1-3 所示的分别是电视转播车及其内部设备。

图 1-2　电视转播车

图 1-3　电视转播车的内部设备

利用 EFP 方式可以在事件发生的现场或演出现场制作电视节目，进行现场直播或录像。

由于使用两台以上的摄像机进行现场摄制，且经过现场切换，因此，EFP 提供的视频信号是连续不断、一次完成的，极大地简化了节目制作的流程，但这也要求摄制过程在整体上协调一致。摄像机提供的画面应当有变化，不同对象、景别、角度、技巧、节奏的变幻、穿插，不仅要依赖于导播的精明、高超、娴熟的指挥，更要依赖于全体现场操作人员的密切配合。

不论是现场直播还是现场录像，由于摄录过程与事件的发生和发展是同步进行的，因此 EFP 的现场性特别强烈，被称为"即时制作方式"。这也是 EFP 方式最突出的优点。EFP 是最具有电视特点、最能发挥电视独特优势的制作方式，因此，每一个成熟的电视台都必须具备 EFP 制作能力。

3. ESP 方式

ESP，即电视演播室制作(Electronic Studio Production)，主要指演播室录像制作，也包括演播室直播。因为演播室设备的不断现代化，增强了演播室制作方式的适应能力。例如，室内灯光系统的全自动化，高清晰度的广播级摄像机系统，高保真音响系统，特别是数字特技、模拟特技、动画特技系统，它们组成了一个高科技制作系统。图 1-4 所示的是演播控制室，图 1-5 所示的是演播室摄像机。

图 1-4　演播控制室

图 1-5　演播室摄像机

ESP 既可先摄录，后编辑；也可即摄、即播、即录。因此，它已成为电视台自办节目的主要手段。

随着数字视频技术、计算机技术以及色键技术的不断发展，虚拟演播室(Virtual Studio)开始越来越广泛地应用于电视制作中。这是一种采用计算机三维动画软件创作的三维虚拟布景来替换真实的演播室布景，并将主持人图像与三维布景进行合成的制作技术。它的出现使电视节目的制作方式发生了很大的变化。相对于传统的演播室系统，虚拟演播室更便于发挥主创人员的创作意识，可以为电视制作人员提供超越时空的创作环境，从而丰富画面的表现空间，使电视节目具有更强的可视性。目前，虚拟演播室已不仅仅在电视台应用，许多气象台、企业、学校、电教部门也引进了虚拟演播室，这为电视节目制作注入了新的活力。

1.1.4　电视节目制作人员的组成和职责

电视节目是集体创作的作品。电视节目制作是通过各种专业人员的共同努力来完成的，每个人都是其中特定的分子，直接或间接地参与创作，承担着不同的职责。

1. 导演

导演是整个制作过程的指挥员与核心，其工作要围绕着如何调动一切要素、创造音像空间和表现电视作品的主题来展开。

1) 准备阶段的工作

在准备阶段，导演的工作大体如下。

① 确定电视作品的选题。

② 确定文字稿本，将其改编成分镜头稿本。

③ 组建摄制组。

④ 制订拍摄计划与程序。

⑤ 召开摄制组工作会议，统一思想、确定方案、明确分工、协调工作。

⑥ 组织必要的排练与演习。

2) 摄制阶段的工作

在摄制阶段，导演主要承担着组织、指挥和指导的工作，具体如下。

① 指导摄像师确定机位和拍摄角度。

② 启发演员进入角色，为演员进入最佳状态创造良好的环境和氛围。

③ 做好现场拍摄的指挥、指导工作，认真检查每个镜头的拍摄质量。

3) 后期加工阶段的工作

导演在后期加工阶段的主要任务是指导、监督编辑人员完成图像与音响的后期编辑与合成。有的导演自己承担编辑工作。

2. 摄像

拍摄是实现导演意图，体现画面艺术造型的工作。因此，摄像是导演在创作过程中的重要合作者，是影视节目的主要创作者之一。其工作职责主要如下。

(1) 熟悉摄像机的性能，掌握摄像机的各项操作技术，如色温、白平衡、镜头光圈、聚焦的调整操作，掌握各种焦距镜头的成像特性和透视效果。

(2) 熟练并稳定操作摄像机的镜头运动，如推、拉、摇、移、跟等的运动要稳、准、快慢自如和速度均匀。

(3) 熟练掌握画面构图、摄像布光等摄影技术。

(4) 熟悉稿本，按稿本的要求，在编导的指导下进行拍摄工作。要善于选择最佳机位和拍摄角度。

(5) 发挥主观能动性和创造性，积极主动地做好导演的参谋，成为导演的亲密合作伙伴。

3. 录像

录像人员的职责如下。

(1) 熟悉摄像机、录像机与录像控制台等设备的工作性能与操作方法。

(2) 录制时，在编导指导下操作录像机、特技信号发生器和控制台的有关设备；按稿本要求与摄像人员密切配合，录下合乎质量要求的电视图像信号，并做好场记。

(3) 协助设备维修工程师做好摄像、录像设备的日常维护工作。

4. 场记

场记是导演不可或缺的助手。场记将现场拍摄的每个镜头的详细情况(如镜头号码、拍摄方法、镜头长度、演员的动作和对白、音响效果、布景、道具、服装、化妆等)精确地记入场记单。场记为导演的继续拍摄和补拍、剪辑、配音等提供准确的数据和资料。

5. 美工

美工人员的职责如下。

(1) 在编导的指导下，熟悉分镜头稿本，按分镜头稿本的要求绘制出所需的字卡、图表与图画，并能按照稿本的要求创造性地设计出一些电视动画以及片头、片尾等。

(2) 熟悉录制过程，特别是电视的摄像、录像与编辑过程，使美工的工作能符合摄录的要求。

(3) 做好录制内景的设计、搭置与绘景等工作。

6. 灯光

照明既是一项技术，又是一项艺术。灯光人员的职责如下。

(1) 灯光人员要掌握灯光照明的常识及灯光布置技巧，熟悉在不同环境下创造各种艺术效果的灯光照明设计方法。

(2) 在录制时，要按稿本要求做好灯光的调整与控制操作。

(3) 在平时，要做好灯具的管理与维护工作。

7. 编辑

编辑人员的职责如下。

(1) 编辑工作一般可由录像人员兼任。从设备管理与维护出发，制作任务多的单位也可设专人负责。编辑人员必须熟练掌握电子编辑机的工作性能、操作方法以及各种编辑方式的特点。

(2) 懂得镜头组接的理论与技巧，在编导的指导下，能按分镜头稿本做好录像素材的后期编辑工作。

8. 录音

录音人员的职责如下。

(1) 熟悉音响设备的性能、操作使用与管理维护工作。

(2) 录制时，在编导的指导下，负责同期录音和后期配音的全部音响工作。

(3) 要具备一定的音乐修养，对一些音响、音乐要求较高的作品，能做一些音响的设计、制作与处理的技术性工作。

9. 解说

解说人员的职责如下。

(1) 有些电视节目需要在后期录音时配有解说词。解说人员应做到普通话准确，语音洪亮清晰，还应有一定的文化修养，使解说更加动听感人。

(2) 在配音录制前，解说人员不仅要熟悉解说词，做到朗读流畅、准确无误，还要对照稿本反复观看已编辑完成的电视画面，熟悉画面内容，了解段落结构和节奏变化，从而决定解说的起始、抑扬顿挫和快慢节奏，特别是有些要对画面中人物口型的解说，更要反复推敲与练习。

(3) 在配音录制时，解说人员要在编导的指挥下，与录音人员密切配合，做好解说词的配音工作。

1.2　基于多媒体的数字视频制作

1.2.1　基于多媒体的数字视频制作过程

与电视节目制作类似，基于多媒体的数字视频制作也是一个复杂的过程，它同样包括前期制作和后期制作两个阶段。其各个制作阶段的工作任务与电视节目制作基本相似。不同之处在于：一般来说，电视节目制作需要用到如摄像机、录像机、编辑机、切换台、特技台、字幕机、调音台等设备系统，拍摄的素材全部记录在存储介质上，然后通过编辑机进行编辑，需要时还要进行图文制作、特技制作和声音的混录等；而基于多媒体的数字视频制作环境则是将图像、声音及有关信息统一作为数字数据进行处理，同时，一些基本的工作如选材、合成和编辑都是以综合方式完成的。在基于多媒体的数字视频制作过程中，图像、声音直接作为数字数据记录在服务器上；外景素材存储在磁盘存储器上，然后传送到服务器上，运用非线性编辑系统进行制作。非线性编辑系统集编辑、特技、动画、字幕、切换台、调音台的功能于一身，功能强大，操作方便，可以实现传统制作方式难以实现的对图像和声音要素的复杂处理，也可以使编导从烦琐的、重复性的工作中解放出来。

1.2.2　数字视频作品的种类

除了电视节目的形式之外，常见的数字视频作品还有以下 4 种。

1. 家庭影像片

这类数字视频作品的作者在数量上绝对是最多的，并且呈现其年龄、职业、性别、受教育程度各个方面的多样化。他们创作的作品，大部分是对于家居生活的简单记录，记录的场景包括婚丧嫁娶、外出旅游、生日聚会、出席会议、生活记录等。

这类作品的记录手法最为简单，包含了日常生活最真实的生活形态，往往具有最独特的吸引力。这类节目基本上只作为家庭记录档案，仅有少量被电视台征集播出。

2. DV 纪实片

这类作品的创作者既有电视台系统的工作人员，也有独立的影像工作者，还有大量渴望进行艺术记录与表达的爱好者。这些作者的作品因为找到了与电视栏目衔接的通道，目前被世人了解最多。特别是凤凰卫视栏目"DV 新世代"的开播，在两年的时间内，以日播的频率持续播映，并组织评奖表彰造势，这着实让一批不知名的年轻爱好者得以走到了大众传媒的聚光灯下。

3. DV 艺术片

在把纪录片分离出去后，这一类的数字视频作品还可以按照传统的分类法划分为剧情片、实验短片、动画片 3 类。目前，在这 3 类数字视频作品中，剧情片的数量最多，这是一般高校的影视专业学生的首选，例如，在电影学院，80%以上学生的数字视频作品都是剧情片。

全国的美术高校和美术专业单位是实验短片和动画片的最主要基地。例如，在由中央美术学院、中国美术学院等高校举办的"中国艺术院校大学生数码媒体艺术大奖赛"等活动中，绝大部分入选的作品都属于没什么叙事情节的实验短片，主要追求各种美术元素，如光、线、色彩、空间等在数字特效的帮助下可以表达出的新鲜美学效果。动画片则可以通过家用摄像机方便地摄入手工绘画的效果，然后进行数字加工。

4. 短视频

随着移动终端的普及和网络的提速，以抖音、秒拍、快手等为代表的短视频快速兴起且规模持续扩增。短视频已经成为碎片化娱乐时代的主要内容载体。短视频具有内容短小、制作门槛低、参与性强等特点，短视频主要包括新闻资讯类、知识分享类、娱乐搞笑类、生活记录类、美食分享类等。

1.3　数字视频基础

数字视频技术是建立在计算机技术基础上的，要了解和使用数字视频技术进行视频创作，首先要了解和掌握数字视频方面的基础知识和原理。

1.3.1　视频的基础知识

1. 数字视频

数字视频是基于数字技术发展起来的一种视频技术。数字视频与模拟视频相比具有很多优点。例如，在存储方面，数字视频更适合长时间存放；在复制方面，大量地复制模拟视频制品会产生信号损失和图像失真等问题，而数字视频不会产生这些问题。

2. 视频的制式

目前，国际上常用的视频制式标准主要有两种，分别是 NTSC 制式和 PAL 制式。

其中，NTSC 制式的视频画面为每秒 30 帧，每帧 525 行，每行 240~400 个像素点；PAL 制式的视频画面为每秒 25 帧，每帧 625 行，每行 240~400 个像素点。

3. 数字视频的生成

数字视频有两种生成方式：一是将模拟视频信号经计算机模/数转换后，生成数字视频文件，对这些数字视频文件进行数字化视频编辑，制作成数字视频产品，利用这种方式处理后的图像和原图像相比，信号有一定的损失；二是利用数字摄像机将视频图像拍摄下来，然后通过相应的软件和硬件进行编辑，制作成数字视频产品。目前，这两种处理方式都有各自的使用领域。

1.3.2　视频压缩编码的基本概念

视频压缩的目标是在尽可能保证视觉效果的前提下减少视频数据率。高压缩指压缩前和压缩后的数据量相差较大。压缩比一般指压缩前的数据量与压缩后的数据量之比。由于视频是连续的静态图像，因此其压缩编码算法与静态图像的压缩编码算法有某些共同之处。但是，运动的视频还有其自身的特性，因此，在压缩时还应考虑其运动特性，才能达到高压缩的目标。在视频压缩中常用到以下一些基本概念。

1. 无损和有损压缩

无损压缩指的是压缩前和解压缩后的数据完全一致。多数的无损压缩都采用 RLE 行程编码算法。这种算法特别适用于由计算机生成的图像，它们一般具有连续的色调。无损算法一般对数字视频和自然图像的压缩效果不理想，因为其色调细腻，不具备大块的连续色调。

有损压缩意味着解压缩后的数据与压缩前的数据不一致。在压缩的过程中会丢失一些人眼和人耳所不敏感的图像或音频信息，而且丢失的信息不可恢复。几乎所有高压缩的算法都采用有损压缩，这样才能达到低数据率的目标。丢失的数据率与压缩比有关，压缩比越大，丢失的数据越多，解压缩后的效果就越差。此外，某些有损压缩算法采用多次重复压缩的方式，这样还会引起额外的数据丢失。

2. 帧内和帧间压缩

帧内(intraframe)压缩也称为空间压缩(spatial compression)。当压缩一帧视频时，仅考虑本帧的数据而不考虑相邻帧之间的冗余信息，这实际上与静态图像压缩类似。帧内压缩一般采用有损压缩算法，由于压缩时各个帧之间没有相互关系，因此压缩后的视频数据仍可以帧为单位进行编辑。帧内压缩一般达不到很高的压缩比(很小的压缩比)。运动视频具有运动的特性，故还可以采用帧间压缩的方法。

帧间(interframe)压缩也称为时间压缩(temporal compression)，它通过比较时间轴上不同帧之间的数据进行压缩。帧间压缩一般是有损的。帧差值(frame differencing)算法是一种典型的时间压缩法，它通过比较本帧与相邻帧之间的差异，仅记录本帧与其相邻帧的差值，这样可以大大减少数据量。例如，如果一段视频中不包含大量超常的剧烈运动景象，而是由一帧一帧的正常运动构成，采用这种算法就可以达到很好的压缩效果。

采用帧间压缩是因为许多视频或动画的连续前后两帧具有很大的相关性，即前后两帧信息的变化很小。例如，当演示一个球在静态背景前滚动的视频片断中，连续两帧中的大部分的图像(如背景)是基本不变的，也即连续的视频其相邻帧之间具有冗余信息，根据这一特性，压缩相邻帧之间的冗余量就可以进一步提高压缩量。

3. 对称和非对称编码

对称性是压缩编码的一个关键特征。对称(symmetric)意味着压缩和解压缩占用相同的计算处理能力和时间。对称算法适合实时压缩和传送视频,如视频会议应用就宜采用对称的压缩编码算法。然而,在数字出版和其他多媒体应用中,一般需要把视频预先压缩处理好,以后再播放,因此可以采用非对称(asymmetric)编码。非对称意味着压缩时需要花费大量的处理能力和时间,而解压缩时则能较好地实时回放,即以不同的速度进行压缩和解压缩。一般来说,压缩一段视频的时间比回放(解压缩)该视频的时间要长。例如,压缩一段 3min 的视频片断可能需要 10 多分钟的时间,而该片断实时回放只需 3min。

目前有多种视频压缩编码方法,其中最有代表性的是 MPEG 数字视频格式和 AVI 数字视频格式。

1.3.3 常见的数字视频格式

数字视频文件的类型包括动画和动态影像两类。动画是指通过人为合成模拟连续运动画面;动态影像主要指通过摄像机摄取的真实动态连续画面。常见的数字视频格式包括 MPEG、AVI、MOV、RM、DV 和 DivX 等。

1. MPEG 格式

MPEG(Moving Picture Experts Group,动态图像专家组)是 ISO(International Standardization Organization,国际标准化组织)与 IEC(International Electrotechnical Commission,国际电工委员会)于 1988 年成立的专门针对运动图像和语音压缩制定国际标准的组织。MPEG 标准主要有 5 个,即 MPEG-1、MPEG-2、MPEG-4、MPEG-7 及 MPEG-21。每次新标准的制定都极大地推动了数字视频更广泛的应用。

1) MPEG-1 格式与 VCD

MPEG-1 于 1992 年正式发布,其标准名称为"动态图像和伴音的编码——用于速率小于每秒约 1.5 兆的数字存储媒体"。这里的数字存储媒体指的是一般的数字存储设备,如 CD-ROM、硬盘和可擦写光盘等,也就是通常所说的 VCD 制作格式。使用 MPEG-1 的压缩算法,可以把一部时长 120min 的电影压缩到 1.2GB 左右。这种数字视频格式的文件扩展名包括.mpg、.mlv、.mpe、.mpeg 以及 VCD 光盘中的.dat 等。

MPEG-1 采用有损和非对称的压缩编码算法来减少运动图像中的冗余信息,即压缩方法的依据是相邻两幅画面绝大多数是相同的,把后续图像和前面图像有冗余的部分去除,从而达到压缩的目的,其最大压缩比可达到 200∶1。

MPEG-1 已经被 VCD 等多媒体制作广泛采用。VCD 的发行不仅充分发挥了光盘复制成本低、可靠和稳定性高的特点,而且使普通用户可以在个人计算机上观看影视节目,这在计算机的发展史上也是一个新的里程碑。

2) MPEG-2 格式与 DVD

随着压缩算法的进一步改进和提高,MPEG 在 1994 年又推出了 MPEG-2 标准,即"活动图像及有关声音信息的通用编码"标准。与 MPEG-1 相比较，MPEG-2 的改进部分可从表 1-1 中清楚地体现出来。

表 1-1　MPEG-1 与 MPEG-2 的性能指标比较

性 能 指 标	MPEG-1	MPEG-2
图像分辨率	352 像素×240 像素	720 像素×484 像素
数据率	1.2Mb/s~3Mb/s	3Mb/s~15Mb/s
解码兼容性	无	与 MPEG-1 兼容
主要应用	VCD	DVD

MPEG-2 标准是高分辨率视频图像的标准。这种格式主要应用在 DVD 和 SVCD 的制作或压缩方面，另外，在一些 HDTV(高清晰电视广播)和一些具有高要求的视频编辑、处理方面也有较广泛的应用。使用 MPEG-2 的压缩算法，可以把一部时长 120min 的电影压缩到 4~8GB。这种数字视频格式的文件扩展名包括.mpg、.mpe、.mpeg、.m2v 及 DVD 光盘上的.vob 等。

在 MPEG 算法的发展过程中，其音频部分的压缩也不断得到提高和改进。MPEG-1 的音频部分压缩已经接近 CD 的效果。其后，MPEG 算法也用于压缩不包含图像的纯音频数据，出现了 MPEG Audio Layerl、MPEG Audio Layer2 和 MPEG Audio Layer3 等压缩格式。MPEG Audio Layer3 也就是 MP3 的音频压缩算法。MP3 的压缩比达 12∶1，其音质几乎完全达到了 CD 的标准。由于 MP3 的高压缩和优秀的压缩质量，一经推出立即受到了网络用户的欢迎。

3) MPEG-4 多媒体交互新标准

MPEG-4 在 1995 年 7 月开始研究，1998 年 11 月被 ISO/IEC 批准为正式标准。该标准是为了播放流式媒体的高质量视频而专门设计的。它可利用很窄的带宽，通过帧重建技术压缩和传输数据，以求使用最少的数据获得最佳的图像质量。

MPEG-4 能够保存接近于 DVD 画质的小体积视频文件。这种文件格式还包括以前 MPEG 压缩标准所不具备的比特率的可伸缩性、交互性甚至版权保护等一些特殊功能。这种数字视频格式的文件扩展名包括.3gp、.mp4、.avi 和.mpeg-4 等。

4) MPEG-7

继 MPEG-4 之后，为满足日渐庞大的图像、声音信息的管理和迅速搜索的需求，MPEG 于 1998 年 10 月提出了 MPEG-7 标准。MPEG-7 被称为"多媒体内容描述接口"(Multimedia Content Description Interface)，其目标是产生一种描述多媒体内容数据的标准。

5) MPEG-21

为了促进人们在信息交流中不同协议、标准和技术的有机融合，克服不同网络之间的障碍、知识产权得不到有效保护等问题，MPEG 在 1999 年 10 月提出了"多媒体框架"的概念，即 MPEG-21。其最终目标是要为多媒体信息的用户提供透明而有效的电子交易和使用环境。

2. AVI 格式

AVI(Audio Video Interleave)是一种音频视像交错记录的数字视频文件格式。1992 年初，Microsoft 公司推出了 AVI 技术及其应用软件 VFW(Video for Windows)。这种按交替方式组织音频和视频数据的方式可以使得读取视频数据流时能更有效地从存储媒介得到连续的信息。AVI 文件图像质量好，可以跨平台使用，但由于文件庞大，压缩标准不统一，在不同版本的 Windows 媒体播放器中无法兼容。

3. MOV 格式

MOV 格式是美国 Apple 公司开发的一种视频格式，默认的播放器是 Apple 公司的 QuickTime Player。MOV 格式支持包括 Apple Mac OS、Microsoft Windows 95/98/2000/XP/7/10 在内的所有主流计算机操作系统，具有较高的压缩比和较完美的视频清晰度。

MOV 格式定义了存储数字媒体内容的标准方法，使用这种文件格式不仅可以存储单个的媒体内容，如视频帧或音频采样数据，还能保存对该媒体作品的完整描述。因为这种文件格式能用来描述几乎所有的媒体结构，所以它是不同系统的应用程序间交换数据的理想格式。

4. DivX 格式

这是由 MPEG-4 衍生出来的另一种视频编码(压缩)标准，也就是通常所说的 DVDrip 格式，它采用了 MPEG-4 的压缩算法，同时又综合了 MPEG-4 与 MP3 各方面的技术。也就是说，这种格式使用 DivX 压缩技术对 DVD 盘片的视频图像进行高质量压缩，同时又使用 MP3 或 AC3 对音频进行压缩，然后再将视频与音频合成并加上相应的外挂字幕文件而形成的视频格式。其画质接近 DVD，但文件大小只有 DVD 的几分之一。

5. DV 格式

DV 的英文全称是 Digital Video Format，是由索尼、松下、JVC 等多家厂商联合推出的一种家用数字视频格式。目前非常流行的数码摄像机就是使用这种格式记录视频数据，它可以通过计算机的 IEEE1394 端口将视频数据传输到计算机中，也可以将计算机中编辑好的视频数据回录到数码摄像机中。这种数字视频格式的文件扩展名一般是.avi，所以也叫 DV-AVI 格式。

6. RA/RM/RP/RT 流式文件格式

流式文件格式是经过特殊编码的格式，它的目的和单纯的多媒体压缩文件有所不同，它会对文件重新编排数据位以便适合在网络上边下载边播放。将压缩媒体文件编码成流式文件时，为了使客户端接收到的数据包可以重新有序地播放，还需要附加上许多信息。

Real System 也称为 Real Media，该格式采用音频/视频流和同步回放技术，可以实现网上全带宽的多媒体回放。Real System 采用可扩展视频技术作为其主要视频编码解码，顾名思义，此编码解码具有扩展其行为的能力，例如，当网络传输速率低于编码采用的速率时，则在播放时服务器端将丢弃不重要的信息，播放器尽可能还原视频质量。该编码解码是从 Intel 的

Indeo Video Interactive 编解码器派生而来。Real System 包括 RM、RA、RP 和 RT 这 4 种文件格式，分别用于制作不同类型的流式媒体文件。其中，使用最广的 RA 格式用来传输接近 CD 音质的音频数据。RM 格式用来传输连续视频数据。

RP 格式可以直接将图片文件通过 Internet 流式传输到客户端。通过将其他媒体如音频、文本捆绑到图片上，可以制作出具有各种目的和用途的多媒体文件。用户只需懂得简单的标志性文件就可以用文本编辑器制作出 RP 文件。

RT(Real Text)格式是为了让文本从文件或者直播源流式发送到客户端。RT 文件既可以是单独的文本，也可以是在文本的基础上加上其他媒体所构成。由于 RT 文件是由标志性语言定义的，因此使用简单的文本编辑器就可以创建 RT 文件。

7. RMVB 格式

这是一种由 RM 视频格式升级延伸而来的新视频格式，它的优势在于：打破了原先 RM 格式那种平均压缩采样的方式，在保证平均压缩比的基础上合理利用比特率资源，也就是说，静止和运动场面少的画面场景采用较低的编码速率，留出更多的带宽空间，而这些带宽会在出现快速运动的画面场景时被利用。这样，在保证了静止画面质量的前提下，大幅度地提高了运动图像的画面质量，使图像质量和文件大小之间达到了微妙的平衡。另外，相对于 DVDrip 格式，RMVB 视频有着明显的优势，一部大小为 700MB 左右的 DVD 影片，如果将其转录成同样视听效果的 RMVB 格式，大小最多为 400MB 左右。并且，这种视频格式还具有内置字幕和无须外挂插件支持等独特优点。要想播放这种视频格式的文件，可以使用 RealOne Player 2.0 或 RealPlayer 8.0 以及 RealVideo 9.0 以上版本的解码器进行播放。

8. ASF 流式文件格式

Windows Media 的核心是 ASF(Advanced Stream Format)。Windows Media 将音频、视频、图像以及控制命令脚本等多媒体信息以 ASF 格式通过网络数据包的形式进行传输，实现流式多媒体内容的发布。

ASF 文件以.asf 为后缀，其最大的优点是体积小，因此适合于网络传输。通过 Windows Media 工具，用户可以将图形、声音和动画数据组合成一个 ASF 格式的文件；也可以将其他格式的视频和音频转换为 ASF 格式；还可以通过声卡和视频捕获卡将诸如麦克风、录像机等外设的数据保存为 ASF 格式。使用 Windows Media Player 可以直接播放 ASF 格式的文件。

9. WMV 格式

WMV(Windows Media Video)是 Microsoft 流媒体技术的首选编码解码器，它派生于 MPEG-4，采用了一些专有扩展功能，使其可在指定的数据传输速率下提供更好的图像质量。它能够在目前网络宽带下即时传输，并显示接近 DVD 画质的视频内容。例如，WMV8 不仅具有很高的压缩比，而且还支持变比特率编码(True VBR)技术，当下载播放 WMV8 格式的视频时，True VBR 可以保证高速变换的画面不会产生马赛克现象，从而具有清晰的画质。

10. FLV 格式

FLV(Flash Video)是随着 Flash MX 的推出发展起来的视频格式，目前已经成为视频文件的主流格式。由于 FLV 格式的文件极小、加载速度极快，使得在网络上观看视频文件成为可能。它的出现有效地解决了视频文件导入 Flash 后，使导出的 SWF 文件体积庞大，不能在网络上很好地使用等问题。目前许多在线视频网站，如新浪播客、六间房、56、优酷、土豆、酷 6 等，均采用此视频格式。

11. MKV 格式

MKV 不是一种压缩格式，而是 Matroska 的一种媒体文件。Matroska 是一种多媒体封装格式，也称多媒体容器(Multimedia Container)。这种格式能够将多种不同编码的视频及 16 条以上不同格式的音频和不同语言的字幕流封装到一个 Matroska Media 文件中。MKV 最大的特点就是能容纳多种不同类型编码的视频、音频及字幕流。

1.3.4　视频格式转换工具软件

由于视频的存储格式繁多，用途各不相同，因此，需要对制作好的视频作品进行格式转换，这个工作可以通过视频格式转换工具软件来完成。下面介绍一些常用的视频格式转换工具软件。

1. 格式工厂

格式工厂是一种万能的多媒体格式转换软件，如图 1-6 所示。它提供了以下功能：视频转 MP4、3GP、MPG、AVI、WMV、FLV、SWF；所有类型音频转 MP3、WMA、MMF、AMR、OGG、M4A、WAV；所有类型图片转 JPG、BMP、PNG、TIF、ICO 等；抓取 DVD 到视频文件；转换过程中可以修复某些意外损坏的视频文件等。

2. MediaCoder

MediaCoder 是一个免费的通用影音转码工具，如图 1-7 所示。它将众多来自开源社区的优秀音频视频编解码器和工具进行整合，让用户可以自由地转换音频和视频文件，可满足各种场合下的转码需求。该软件自 2005 年问世以来，就被全球广大多媒体爱好者广泛使用，曾经入围 SourceForge.net 优秀软件项目，被众多网站和报刊介绍和推荐。它可以实现各种音频视频格式间的相互转换，整合多种解码器和编码器后端以及混流工具，供用户自由组合使用。它具有极为丰富的可调转码参数，使用多线程设计，单个任务即可利用多核处理器能力，而且在多任务并行处理时，可以最大化多处理器的利用率。另外，其良好的可扩展的程序架构，可快速适应新的需求，不断增加对新格式的支持。

图 1-6　格式工厂

图 1-7　MediaCoder

3. Canopus ProCoder

Canopus ProCoder 是 Canopus(康能普视)公司出品的专业视频编码转换软件,如图 1-8 所示。它可以在几乎所有应用的主流媒体格式之间进行转换,而且支持批处理、滤镜等高级功能。使用该软件转换出来的画面清晰细腻,亮度和对比度表现很好,图像还原完整,影像的轮廓清晰、明显,边缘圆滑,色彩鲜艳,色彩饱和度很好,颜色过渡十分清晰自然。以高速度、高性能、绝对可靠的稳定性和高质量的图像输出而著称的 Canopus DV Codec 已经获得了业界的认可,并且已成为该公司获得殊荣的非线性编辑系统(包括 DVRexRT、DVStorm 和 DVRaptor-RT 等)的核心技术。该软件不但支持所有主流媒体格式(Windows Media、Real Video、Apple QuickTime、Microsoft DirectShow、Microsoft Video for Windows、Microsoft DV、Canopus DV、Canopus MPEG-1 和 MPEG-2 编码),而且还提供对高清晰度视频格式的支持。它能够以惊人的速度在不同格式的媒体文件之间轻易地进行转换,并让用户一次转换单个或多个视频文件,同时以不同的格式分别输出到多个文件。

4. 艾奇全能视频转换器

艾奇全能视频转换器是一款性价比很高的软件产品。它采用高效的运算引擎,支持多核 CPU 同步运算,可以完成批量转换、视频合并的工作,可以实现剪辑、裁切、水印、特效、预览、截图、转换后自动关机等丰富的辅助功能。该软件的界面美观且易用性强,用户操作方便,如图 1-9 所示。

艾奇全能视频转换器可以转换 AVI、WMV、MP4、RM、3GP、FLV、MP3、MTS、TOD、MOD、F4V、 MKV、H.264 等 100 多种音视频格式。

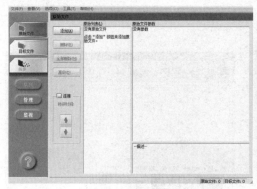

图 1-8　Canopus ProCoder　　　　　　　　　图 1-9　艾奇全能视频转换器

1.3.5　数字视频素材的获取

在数字视频作品的制作过程中,数字视频素材的多少与质量的好坏将直接影响到作品的质量,因此,应该尽量采用多种方式获取高质量的数字视频素材。一般情况下,数字视频素材可以通过以下 3 种方式获取。

1．利用视频采集卡将模拟视频转换成数字视频

从硬件平台的角度分析,数字视频的获取需要以下 3 个部分的配合。

(1) 模拟视频输出的设备,如录像机、电视机、电视卡等。

(2) 可以对模拟视频信号进行采集、量化和编码的设备,这一般是指专门的视频采集卡。

(3) 由多媒体计算机接收和记录编码后的数字视频数据。在这一过程中起主要作用的是视频采集卡,它不仅提供接口以连接模拟视频设备和计算机,还具有把模拟信号转换成数字数据的功能。由此可见,视频采集卡在数字视频的获取中是相当重要的。

视频采集卡也称为视频卡。视频采集卡有高低档次的区别。采集卡的性能参数不同,采集的视频质量也不一样。采集图像的分辨率、图像的深度、帧率以及可提供的采集数据率和压缩算法等性能参数是决定采集卡的性能和档次的主要因素。

2．利用计算机生成的动画

例如,把 GIF 动画格式转换成 AVI 视频格式,或者利用 Flash、Maya、3ds Max 等二维或三维动画制作软件生成的视频文件或文件序列作为数字视频素材。

3．通过互联网下载

许多网站都提供了视频或影片的下载服务,下载服务分为免费和付费两种。免费服务可以直接将视频或影片下载到本地计算机中;付费服务需要通过注册,并以各种付费方式付费后,才能将视频或影片下载到本地计算机中。但是,要注意所下载的视频的分辨率是否符合编辑的要求。

1.4　数字图像基础

计算机在图像方面的应用，扩大了图像的获取和传播方式。数字图像就是以数字的形式进行获取、处理、输出或保存的图像。它在数字视频制作领域中占有十分重要的地位。

1.4.1　数字图像的类型

1. 位图图像

位图图像，又称点阵图像，是由描述图像中各个像素点的亮度位数与颜色的位数集合而成的，这些位数用于定义图像中每个像素点的亮度和颜色。位图图像适用于表现比较细致、层次和色彩比较丰富、包括大量细节的图像，例如，个人外出旅游的风景照、演出剧照等。位图图像可以调入内存直接显示，但是它所占用的磁盘空间比较大，对内存和硬盘空间容量的需求也较高。通常情况下，位图图像文件比矢量图形文件大。

2. 矢量图形

矢量图形也叫向量式图形，它用数学的矢量方式来记录图像内容，以线条和色块为主。例如，一条线段的数据只需要记录两个端点的坐标、线段的粗细和色彩等，因此矢量图形文件较小。这种图形的优点是能够被任意放大、缩小而不损失细节和清晰度，精确度较高；缺点是不易制作色调丰富或色彩变化太多的图像，而且绘制出来的图形不是很逼真，无法像照片一样精确地反映实际景象，同时也不易在不同的软件之间交换文件。矢量图形适用于线型的图画、美术字和工程制图等。

1.4.2　数字图像的构成

数字图像的 3 个基本要素是像素、分辨率和颜色深度。这 3 个基本要素是影响和反映图像质量的最基本要素。

1. 像素(Pixel)

数字图像是由许多微小的彩色方块组成的，这些微小的彩色方块被称为像素。像素是构成数字图像的最小单位，它以矩阵的方式排列成图像。单位面积内，图像的像素越多，图像的精度就越高，图像的质量就越好，同时，这个图像文件所占的存储空间也就越大。可以将像素想象成照相底片上的卤银颗粒，它们也等价于打印机输出的"点"。

2. 图像分辨率(Image Resolution)

图像分辨率是用于度量位图图像内数据量多少的一个参数，通常用 ppi 表示每英寸包含的像素。图像包含的数据越多，图形文件就越大，能表现的细节就越丰富。分辨率高的文件所需要的计算机资源要求高，占用的硬盘空间大。分辨率低的文件，图像包含的数据不够充分，图形分辨率低，图像显得比较粗糙，尤其是把图形放大到一定尺寸时更能体现出这一点。所以，在图片创建期间，必须根据图像最终的用途决定正确的分辨率。通常，分辨率被表示成每一个方向上的像素数量，例如 640×480 等，而在某些情况下，它也可以用 ppi 以及图形的长度和宽度来表示，例如 72ppi，8in×6in。一般来说，像素多用于计算机领域，而打印和印刷则多用"点"来表示。

3. 显示器的分辨率

显示器的分辨率是指显示器屏幕上的像素量，表示显示器分辨率的方法有两种。

1) 信息总量法

同一时间内一台显示器可以显示的总信息量是有限的，用信息量来衡量显示器分辨率的方法就是信息总量法。常见的显示器分辨率有如下几种：640×480 像素，800×600 像素和 1024×768 像素。第一个数字表示屏幕的横向像素数量，第二个数字表示屏幕的纵向像素数量。例如，640×480 像素的含义是每行有 640 个像素，总共有 480 行。显示器的显示分辨率越高，工作时一次所能看到的图像范围就越大。对于经常处理大尺寸、高分辨率图像的专业设计人员，最好使用大尺寸、高分辨率的显示器。例如，19in 或 21in 的显示器，其分辨率为 1280×1024 像素。

2) 计点数/线数法

计量屏幕上每英寸所描述的点数或线数的方法是计点数/线数法。不同的制造厂商以及不同型号的显示器其数值不同。通常，计算机显示器采用的是 72dpi 的分辨率，即每平方英寸有 5184 个像素。

但并不是所有尺寸的显示器都一样，它随着显示器的大小和分辨率的不同而变化。显示器的分辨率可以利用系统软件进行有限的调整。显示器的分辨率只会影响用户工作时的便捷性，不会影响图像数据的输出质量。

4. 颜色深度

位图中各像素的颜色信息用若干数据位来表示，这些数据的个数称为图像的颜色深度(或图像深度)。颜色深度决定了位图中出现的最大颜色数。目前图像的颜色深度有以下几种，即 1、4、8、16、24、32。例如，图像的颜色深度为 1，表明位图中每个像素只有一个颜色位，也就是只能表示两种颜色，即黑或白，这种图像称为单色图像。若图像的颜色深度为 4，则每个像素有 4 个颜色位，可以表示 16 种颜色。若图像的颜色深度为 24，位图中每个像素有 24 个颜色位，可包含 16777216(2^{24})种不同的颜色，这种图像称为真彩色图像。

5. 数字图像的基本指标

1) DPI

DPI(Dot Per Inch)指的是各类输出设备每英寸上所产生的像素数，一般用来表示输出设备(如打印机、绘图仪等)的分辨率，即设备分辨率。一台激光打印机的设备分辨率范围为

600~1200dpi，数值越高，效果越好。

2) PPI

PPI(Pixel Per Inch)指的是每英寸的像素数，它一般用于衡量一个图像输入设备(如数码相机)的分辨率的高低，反映了图像中存储信息量的多少，决定了图像的质量。

3) 位(Bit)与颜色(Color)

在图像处理过程中，颜色由数字"位"来实现，它们之间的关系是：颜色数=2^n，其中 n 为颜色所占的位数。通常所说的真彩色，即为 16 位显示模式，65536 种颜色(2^{16}=65536)；24 位显示模式下的真彩色图像能处理 16777216 种颜色(2^{24}=16777216)。

6. 数字图像的质量

数字图像质量的高低，主要取决于图像输入、输出设备的状况。其中，输入设备性能的高低(如数码相机的 CCD、镜头质量、分辨率、色位数、存储媒体大小等)是影响图像信息源质量的根本因素，输出设备(如显示器、打印机等)性能的高低直接决定了图像输出的质量。

此外，显示设备的状况会直接影响到图像的显示质量。例如，有一张分辨率为 1024×768 像素、色彩数为 16M 的图片，若以 85Hz 的屏幕刷新速度完美地显示出来，至少需要一台行频在 70kHz 以上、视频宽度在 95MHz 左右的显示器和一块具有 4MB 以上显存的显卡。如果显示器或显卡不能满足以上要求，这张图片只能在降低视频质量或低色彩的情况下进行显示。

1.4.3 数字图像的格式

1. BMP 格式

BMP 格式是 Windows 应用程序所支持的格式，特别是图像处理软件，基本上都支持 BMP 格式。BMP 格式可简单分为黑白、16 色、256 色、真彩色这 4 种格式。在存储时，可以使用 RLE 无损压缩方案进行数据压缩，这样既能节省磁盘空间，又不必损失任何图像数据。随着 Windows 操作系统的普及，BMP 格式的影响也越来越大，不过其劣势也比较明显，因为其图像文件比较大。

2. JPG 格式

JPG 是 JPEG 的缩写，JPG 几乎不同于当前使用的任何一种数字压缩方法，它无法重建原始图像。JPG 利用了 RGB 到 YUV 色彩的变换，以存储颜色变化的信息为主，特别是亮度的变化，因为人眼对亮度的变化非常敏感。只要重建后的图像在亮度上的变化不明显，对于人眼来说，它看上去将会非常类似于原图，因为它只是丢失了那些不会引人注目的部分。

3. PSD 格式

PSD 格式是 Adobe Photoshop 的一种专用存储格式。这种格式采用了一些专用的压缩算法，在 Photoshop 中应用时，存取速度很快。在制作字幕、静态背景和自定义的滤镜时，将图像保存为 PSD 格式在交换中较为方便。

4. TIF 格式

由 Aldus 公司(1995 年被 Adobe 公司收购)和 Microsoft 联合开发的 TIF 文件格式,最初是为了存储扫描仪图像而设计的。它的最大的特点是与计算机的结构、操作系统以及图形硬件系统无关。它可处理黑白、灰度、彩色图像。在存储真彩色图像时, TIF 和 BMP 格式一样,直接存储 RGB 三原色的浓度值而不使用彩色映射(调色板)。对于介质之间的交换, TIF 称得上是位图格式的最佳选择。

TIF 的全面性也产生了不少问题,它的包罗万象造成了结构较为复杂,变体很多,兼容性较差,需要大量的编程工作来全面译码,例如, TIF 数据可以用几种不同的方法压缩,因此,用一个程序读出所有的 TIF 数据几乎是不可能的。TIF 5.0 规程定义了 4 个测光度级别: TIF-B 为单色, TIF-G 为灰色, TIF-P 为基于调色板的彩色, TIF-R 为 RGB 彩色。TIF-X 是读出所有 TIF 级别的描述符。这些级别的定义使 TIF 具备了在各种平台和应用程序之间保持图像质量的优秀性能。

5. TGA 格式

Truevision 公司的 TGA 文件格式已广泛地被国际上的图形、图像制作作业所接受,它最早由 AT&T 引入,用于支持 Targa 和 ATVISTA 图像捕获板,现已成为数字化图像以及光线跟踪和其他应用程序所产生的高质量图像的常用格式。美国的 Truevision 公司是一家国际知名的视频产品厂商,它所生产的许多产品,如国内有名的 Targa1000、Targa2000、PRO、RTX 系列视频采集/回放卡,已被应用于不少的桌面系统。其硬件产品还被如 AVID 等著名的视频领域巨头所采用, TGA 的结构比较简单,是图形、图像数据所采用的一种通用格式。

由于 TGA 是专门为捕获电视图像所设计的一种格式,因此 TGA 图像总是按行存储和压缩的,这使它同时也成为由计算机产生的高质量图像电视转换的一种首选格式。

6. GIF 格式

GIF(Graphics Interchange Format,图形交换格式)格式是互联网上应用最广泛的格式,经常用于动画、图像等。一个 GIF 文件能够存储多张图像,图像数据用一个字节存储一个像素点,采用 LZW 压缩格式,尺寸较小。图像数据有两种排列方式:顺序排列和交叉排列,但 GIF 格式的图像最多只能保存 8 位图像(256 色或更少)。

7. PNG 格式

PNG(Portable Network Graphics,便携式网络图形)格式是为网络图形设计的一种图形格式。PNG 不像 GIF 格式那样有 256 色彩限制,它使用无损压缩。PNG 的优点是可以得到质量更好的图像,缺点是文件所占用的存储空间较大。

8. PIC 格式

PIC 格式是 PICT 格式的简写,是用于 Macintosh Quick Draw 图片的格式,全称为 QuickDraw Picture Format。作为在应用程序之间传递图像的中间文件格式, PIC 格式广泛应用于 Mac OS 图形和页面排版应用程序中。该格式支持具有单个 Alpha 通道的 RGB 图像和不带 Alpha 通道的索引颜色、灰度和位图模式的图像。PIC 格式在压缩大面积纯色区域的图像时特别有效。对于包含大面积黑色和白色区域的 Alpha 通道，这种格式压缩的效果惊人。

9. PCX 格式

PCX 格式最初是 Zsoft 公司的 PC Paintbrush 图像软件所支持的图像格式。它的历史较悠久，是一种基于 PC 机绘图程序的专用格式。它已得到广泛的支持，在 PC 机上相当流行，几乎所有的图像类处理软件都支持它。PCX 格式支持 24 位彩色，图像大小最多达 64×64 像素，数据通过行程长度编码压缩。对存储绘图类型的图像(如大面积非连续色调的图像)合理而有效；而对于扫描图像和视频图像，其压缩方法可能是低效率的。

1.4.4　数字图像的获取

目前主要通过数码相机、图像扫描仪等设备从外界获取数字图像。当然，利用制图软件直接绘制也可以得到数字图像。

1. 用数码相机拍摄

数码相机使用电子的方式，可以将获得的图像转换为数字信息，之后用户再通过计算机就可以将这些数字信息进行处理以获得期望的效果。要将数码相机拍摄的图像输入计算机中，需要通过专门的 USB 数据传输线将数码相机与计算机连接起来；也可以取出数码相机的存储卡，将其插入读卡器中，然后将读卡器与计算机相连，将数码相机中的图像文件复制或移到计算机的硬盘中。

使用数码相机进行拍摄时应注意以下问题。

(1) 外出拍摄时应把数码相机电池的电充足。拍摄时使用 LCD 屏幕方式来取景比较耗电。

(2) 使用数码相机拍摄时，需要保持相机的稳定，特别是将图像精度调节得比较高时，相机的记录速度会降低，这时更需要拍摄者稳定的持机姿势。

(3) 要正确设置白平衡。白平衡的作用就是以白颜色为基色来还原其他颜色，使照片颜色逼真。所以，在使用数码相机拍照片时，应根据当时天气的实际情况来正确设置白平衡，特别是在户外拍摄时。通常，"太阳符号"用于在阳光下拍摄；"阴天符号"用于在阴天下拍摄。使用白平衡要注意的一个问题是：启用白平衡功能后，要控制闪光灯的使用，因为使用闪光灯会使环境发生变化，从而使白平衡失效。

(4) 户内拍摄或夜间拍摄时应打开闪光灯。

2. 从互联网上下载

如果用户需要的图片有一定的针对性和专门性，也可以到网络上下载图片，但必须注意该图像是否有使用权限。

下载图片的方法是：打开网页找到图片后，在图片上的任意位置右击，在弹出的快捷菜单中选择"图片另存为"命令，在打开的"保存图片"对话框中输入图片名称，设置保存位置，然后单击"保存"按钮，即可存储所下载的图片文件。

3. 通过扫描仪获取

扫描仪是一种光机电一体化的高科技产品，是应用最为广泛的数字化图像设备。它是将各种形式的图像信息输入计算机中的重要工具。它可以将原始资料原样转化为位图图像，是快速获取全彩色数字图像的最简单的方法之一。各种图片、照片、胶片以及各类图纸、文稿资料都可以通过扫描仪输入计算机中，进而实现对这些图像形式信息的处理、使用、输出等。目前，针对图像输入使用的一般都是平板扫描仪。

利用扫描仪输入图片时，应注意以下问题。

(1) 扫描时应将图片的边缘与扫描仪的扫描区对齐，以便扫描后在图形处理软件中进行调整。

(2) 在扫描书本中的图片时应尽量将书本压平，以便扫描顺利进行。

(3) 在正式扫描时可以在计算机上对所要扫描的图片进行预览，以便在正式扫描时扫描到所需的区域。

(4) 在正式扫描前必须设置合适的扫描精度。精度越高，对原始图像中的细节的表现力就越强，但所需的扫描时间也就越长。

(5) 在扫描仪扫描时不能移动所扫描的图片，否则扫描的图片会模糊不清。

(6) 如果扫描印刷画册上的图片，要注意去除印刷网点，一般的扫描仪都有此项设置。

1.5 数字音频基础

1.5.1 数字音频的技术特性

声音在采集、处理和输出的过程中，有几个比较重要的技术特性，分别是采样频率、取样大小和声道数等。

采样频率指的是将模拟声音的波形转换成数字音频时，每秒所抽取声波幅度样本的次数。采样频率越高，声音的保真度就越高，质量就越好，但所占用的信息数据量也就越大。目前，通用的标准采样频率有 11.025kHz、22.05kHz 和 44.1kHz。

取样大小是指每个采样点能够表示的数据范围。取样大小决定了声音的动态范围，即被记录和重放的声音最高与最低之间的差值。取样越多，声音质量就越好，但和采样频率一样，它的数据量也就越大。

声道数指的是所使用的声音通道的个数。它决定了声音记录是产生一个波形还是两个波形，也就是单声道或双声道。双声道也称为立体声，它比单声道听起来更为丰满，但它占用的存储空间是单声道的两倍。

1.5.2　声音的数字化

声音的数字化指的是将采集到的声音用数字的方式进行存储、处理、输出和传输等。

1. 音频数字化的意义

音频主要由模拟音频和数字音频两种形式的音频信号表现出来。这两种形式的音频在使用领域上是有区别的，它们在技术上和应用上有不同的特点。

数字录音和发行几乎不受外界的干扰，信号损失小，这种特性不仅方便用户对音频进行大量的快速复制、传播，也为广大用户制作音频作品创造了先决条件。所以，数字音频在复制和传播等方面和模拟音频相比有着明显的优势。

数字音频格式指的是在计算机中保存音频数据文件的存储方式，不同的音频格式有各自的特点和缺陷，也有各自不同的用途。

2. 音频存储格式

虽然数字音频的存储格式有很多种，但是在应用过程中还是有规律可循的。在 PC 硬件平台上，几乎所有与音频有关的软件和应用程序都支持 WAV 格式；在 MAC 硬件平台上，几乎所有与音频有关的软件和应用程序都支持 AIFF 格式。因此，在制作过程中，可以将声音文件存储为 WAV 或 AIFF 格式，当需要使用其他格式的文件时，可以将这两种格式转换成所需要的格式。

1) WAV

WAV(Waveform)是微软和 IBM 公司共同开发的 PC 标准音频格式文件。它是对声音波形的采样，具有较好的声音品质，但数据存储量非常大。绝大多数音频处理软件和播放软件都支持它，绝大多数浏览器也都支持此格式文件，因此，WAV 文件具有很强的通用性。

因为 WAV 格式的音频可以达到较高的音质要求，所以 WAV 是音乐编辑创作的首选格式，适合保存音乐素材。WAV 是一种中介格式，不同格式的音频文件在相互转换时，可以先将音频文件转换成 WAV 格式，然后再将 WAV 文件转换成相应的格式。例如，要将 MP3 格式文件转换成 WMA 格式文件，可以先将 MP3 格式文件转换成 WAV 格式文件，然后再将生成的 WAV 格式文件转换成 WMA 格式文件。

2) MP3

MP3 格式是一种压缩格式的音频文件，MP3 是 MPEG 音频层-3(MPEG Audio Layer 3)的简称。虽然 MP3 格式文件的数据量大约只是 WAV 格式音频文件数据量的 1/10 左右，但其声音质量可以和 CD 质量相媲美。

MP3 是目前最为普及的音频压缩格式之一。由于 MP3 具有高压缩比的特点，因此十分适合在网络上播放，但 MP3 格式文件与 RealAudio 格式文件相比要大许多，因此不适合在低速网络中传输。

3) AIFF

AIFF 格式(Audio Interchange File Format)是苹果公司开发的一种音频文件格式，

Macintosh 平台及其应用程序都支持该格式的音频文件。与 WAV 格式类似，AIFF 格式具有较好的声音品质，大多数浏览器都可以在不需要插件的情况下播放 AIFF 格式文件。

4) MIDI

MIDI(Musical Instrument Digital Interface，乐器数字接口)是数字音乐/电子合成乐器的国际统一标准。MIDI 由美国、日本几家著名的电子乐器厂商于 1983 年共同制定，目的是解决各种电子乐器间的兼容性问题。MIDI 不仅定义了计算机音乐程序、音乐合成器及其他电子音乐设备交换音乐信号的方式，还规定了不同厂家的电子乐器与计算机连接的电缆、硬件及设备间数据传输的协议、物理规格。

严格地讲，MIDI 不是数字音频，因为它本身并不能发出声音，它只是一个协议，该协议包含了用于产生特定声音的指令，这些指令包括如何调用何种 MIDI 设备的音色、声音的强弱及持续的时间等。MIDI 音乐文件只是记录了这些命令，所以，MIDI 格式文件的大小比 WAV 文件小得多，1 分钟的 WAV 文件约占 10MB 的存储空间，而 1 分钟的 MIDI 则只占用 3.4KB 的存储空间。由于绝大多数浏览器都支持 MIDI 文件并且不要求插件，所以，MIDI 音乐经常作为网站的背景音乐或音效。

5) 其他格式

- CD 格式。CD 以 44.1kHz 的采样频率、16b 量化及 1.4Mb/s 的数据速率来表现优异的音质，一张 CD 可以记录约 70min 的音乐。

- WMA 格式。WMA 格式的音质优于 MP3 格式，并且支持数据流技术，可在网上一边下载一边收听。WMA 的特点是：当一首歌曲被压缩到很小的时候，还能够保持很好的音质。它和日本 YAMAHA 公司开发的 VQF 格式一样，是以减小数据速率但保持音质的方法来达到比 MP3 压缩比更高的目的。WMA 的压缩比一般都可以达到 18∶1 左右。

- RA/RM/RAM 格式。RealAudio 文件主要用于在低速率的网络上实时传输音频信息。目前 Real 的文件格式主要有 RA、RM 和 RAM 等。这些格式的特点是可以随网络带宽的不同调整声音的质量，在保证大多数人能够听到流畅声音的前提下，让带宽较富裕的听众获得较好的音质。网络连接速率不同，采用 Real 文件格式的客户端所获得的声音质量也不尽相同。对于 14.4kb/s 的网络连接大约可获得调幅(AM)收音机质量的音质；对于 28.8kb/s 的连接可以达到调频(FM)收音机质量的音质；如果使用 ISDN 或 ADSL 等更快的线路连接，则可获得 CD 音质的声音。

- VQF 格式。VQF 格式是由 NTT 公司与 YAMAHA 公司共同开发的一种音频压缩技术。VQF 的音频压缩率比标准的 MPEG 音频压缩率高出近一倍，可以达到 18∶1 左右，甚至更高。也就是说，把一首 4 分钟的歌曲压缩成 MP3，大约需要 4MB 的存储空间，而对于同一首歌曲，如果使用 VQF 音频压缩技术，只需要 2MB 左右。当 VQF 以 44kHz、96kb/s 的数据速率进行压缩时，它的音质几乎等于 44kHz、256kb/s 的 MP3 的音质。VQF 格式可以用雅马哈的播放器播放，同时雅马哈也提供了从 WAV 格式转换到 VQF 格式的软件。

3. 数字音频的来源

数字音频可以通过自然声采样和 CD 音频采样来获得。自然声采样的方式是对自己需要的声音进行直接录音，在录音过程中实现声音的数字化。CD 音乐采样则是选用现成的 CD 音乐进行采样。

1) 用 CD 转换

由于 CD 格式的音频文件占用的存储空间很大，并且在进行视频编辑时，CD 格式不能被一些软件识别，因此常常需要使用软件进行格式转换，例如，使用"豪杰超级解霸"的音频工具"MP3 格式转换器"就可以很容易地将 CD 音频文件转换成 MP3 格式。

2) 从互联网上下载或购买

在互联网网站上有许多音频商店提供音频下载和在线点播音频服务。音频商店网站分为免费和付费两种，从免费网站上可以直接将音频文件下载到计算机中，付费网站则需要通过注册，并以各种付费方式付费后，才能将音频文件下载到计算机中。

3) 用 MP3 播放器录音

使用 MP3 播放器录音很方便，它不受环境限制，随时可以进行录音。使用 MP3 播放器录音时要注意的问题是：不同型号、不同厂家的 MP3 在存储容量和存储时间上有容量大小和时间长短之分。具体的录制方法可根据不同厂家的说明书进行。录制结束后，将 MP3 与计算机连接，再将文件复制到硬盘上即可使用。

1.5.3　常用的音频处理软件

1. Sound Forge

Sound Forge 是 Sonic Foundry 公司开发的一款功能极其强大的专业化数字音频处理软件。它能够非常方便、直观地实现对音频文件(WAV 文件)以及视频文件(AVI 文件)中的声音部分进行各种处理，满足从最普通用户到最专业的录音师的所有用户的各种要求，所以，它一直是多媒体开发人员首选的音频处理软件之一。

作为一种专业的数字音频处理软件，Sound Forge 提供了大量的功能强大的音频处理工具(如自动电平矫正、均衡器的调节、在音乐中加入合唱效果、加入混响效果、去除噪声和倒放等)，可以制作出以前只有在专业录音棚才可能达到的效果。其工作界面如图 1-10 所示。

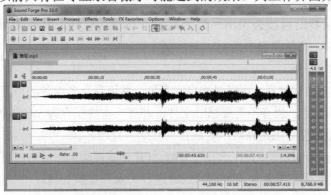

图 1-10　Sound Forge 的工作界面

2. Adobe Audition

Adobe Audition 的前身是美国 Syntrillium 软件公司开发的 Cool Edit。2003 年，Adobe 公司收购了 Syntrillium 公司的全部产品，用于充实其阵容强大的视频处理软件系列。

Adobe Audition 功能强大，控制灵活，使用它可以录制、混合、编辑和控制数字音频文件，也可轻松创建音乐、制作广播短片、修复录制缺陷。通过与 Adobe 视频应用程序的智能集成，还可将音频和视频内容结合在一起。

Adobe Audition 面向音频和视频的专业设计人员，可提供先进的音频混音、编辑和效果处理功能。该软件最多混合 128 个声道，可编辑单个音频文件，创建回路并可使用 45 种以上的数字信号处理效果。Audition 是一个完善的多声道录音室，可提供灵活的工作流程并且使用简便。无论是要录制音乐、无线电广播，还是为录像配音，Audition 中的恰到好处的工具均可提供充足的动力，以制作出高质量、丰富且细致的音响效果。其工作界面如图 1-11 所示。

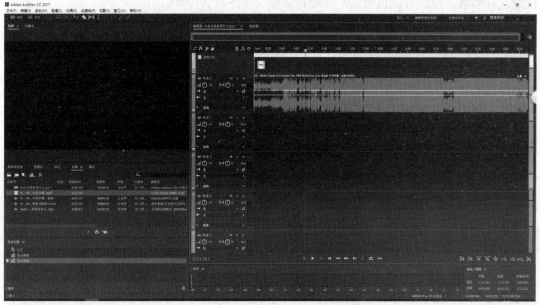

图 1-11　Adobe Audition 的工作界面

3. 混录天王

混录天王是由梦幻科技公司出品的全能混音与录音软件，具备无限制式多格式录音(WAV/WMA/MP3)、音乐重混音录制、文件混音等功能。

其功能要点如下。

(1) 无限制式多格式录音：可以对来自麦克风、系统等众多设备的声音进行实时的录制，支持多设备选择性录音，录音不需要临时文件，并可一次性保存为 WAV/WMA/MP3 等众多主流格式。在录音过程中还允许对声音进行男女变声处理。

(2) 音乐重混音录制功能：允许选择一首歌曲(音频或视频)，然后对其进行各种特效处理，比如保持原唱的同时进行节奏快慢处理，或者进行男女声变换处理。在混录过程中也允许随时调节各个特效参数，就像一个专业混音师那样。通过这些混录功能，可以制作出和原音乐风格不同的轻快歌曲或类似迪斯科类型的快速歌曲，也可以是更轻柔的背景歌曲。新创作的歌曲可以保存为新的音频文件。

(3) 文件混音功能：支持对一首歌曲(音频或视频)进行裁剪并对结尾部分施加淡出效果，或增大原音乐音量，同时还允许将其和其他音乐进行混音处理，并允许保存为WAV/WMA/MP3 等众多主流格式。

混录天王的各工作界面如图 1-12 至图 1-15 所示。

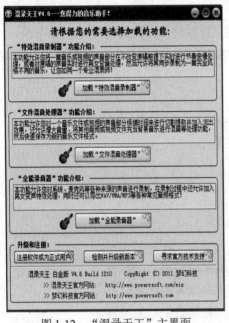

图 1-12 "混录天王"主界面

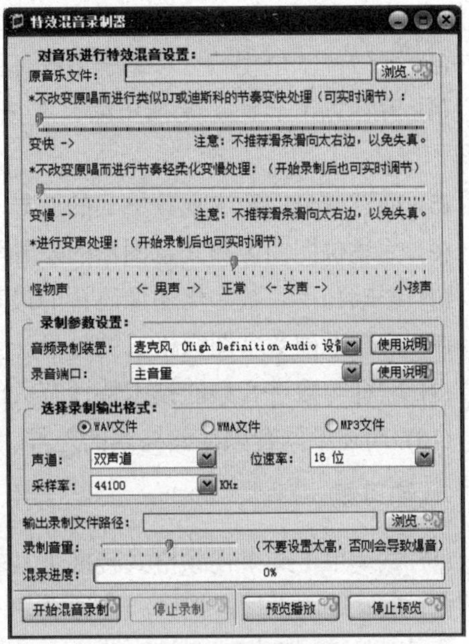

图 1-13 "特效混音录制器"工作界面

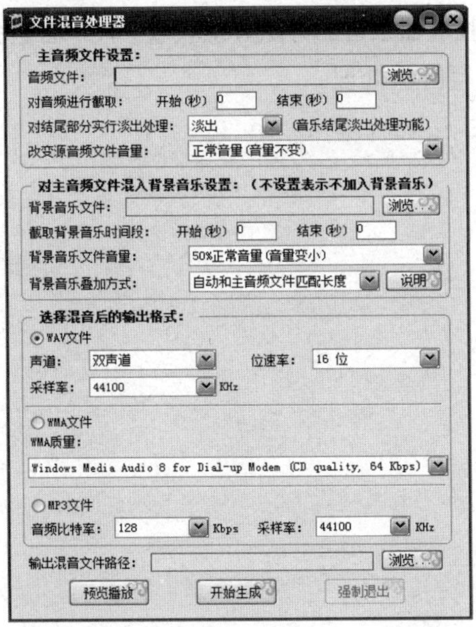

图 1-14 "文件混音处理器"工作界面

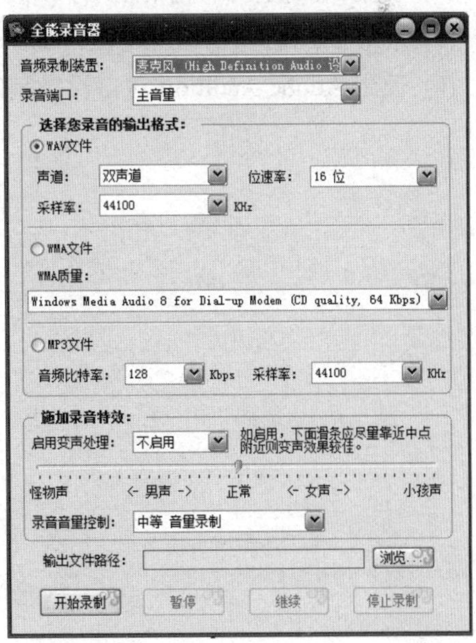

图 1-15 "全能录音器"工作界面

1.6　思考和练习

1. 思考题

(1) 电视节目制作包括哪些流程？

(2) 电视节目制作有哪几种方式？

(3) 比较基于电视节目和基于多媒体的两种数字视频制作方式的差异。

(4) 解释以下名词：无损压缩、有损压缩、帧内压缩、帧间压缩、对称编码、非对称编码。

(5) 简述常见的数字视频格式的差异。

(6) 简述位图图像和矢量图形的差异和适用范围。

(7) 影响和反映数字化图像质量的最基本要素是什么？

(8) 比较不同数字图像格式的差异。

(9) 解释与数字音频的技术特性有关的名词：采样频率、取样大小、声道数。

(10) 简述不同音频存储格式的差异。

2. 练习题

(1) 试使用 1~2 个视频格式转换工具软件完成视频文件格式的转换。

(2) 从互联网上搜索视频和图像文件，并将其保存到本地计算机中。

(3) 用数码相机拍摄图像，并将拍摄的图像输入计算机中。

(4) 使用扫描仪将图片扫描到计算机中。

(5) 采用 CD 转换、从互联网上下载和用 MP3 播放器录音的方法分别获取一段声音素材。

(6) 使用 Adobe Audition 对自己录制的声音进行降噪处理。

第 2 章

视听语言的视觉构成

- 景别
- 角度
- 方位
- 焦距
- 运动
- 长度
- 表现形式
- 构图
- 光线
- 色彩

学习目标

1. 理解视听语言的概念。
2. 掌握远景、全景、中景、近景、特写镜头的概念、特点与作用。
3. 掌握不同角度镜头的概念、特点与作用。
4. 掌握不同方位镜头的概念、特点与作用。
5. 掌握不同焦距镜头的概念、特点与作用。
6. 掌握运动镜头的类别、概念、特点与作用。
7. 了解决定镜头长度的因素。
8. 了解客观镜头与主观镜头的概念与特点。
9. 了解空镜头的概念与作用。
10. 掌握构图的要素、原则与要求。
11. 了解影响构图的因素。
12. 掌握常用的构图形式及其特点。
13. 了解光的散射特性、光线方向以及光的度量单位的相关概念。
14. 了解光线的种类及其效果。
15. 了解色彩的物质特征和心理倾向。
16. 理解色彩关系和色彩结构的相关概念。

思维导图

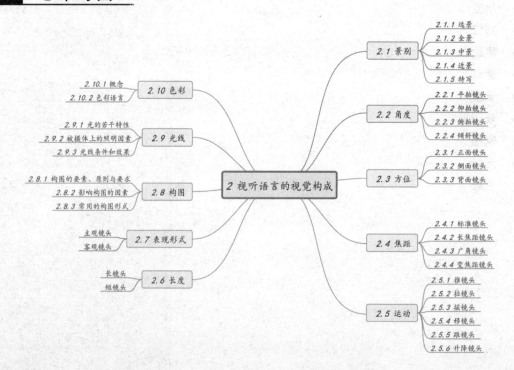

视听语言是数字视频作品在传达和交流信息中所使用的各种特殊媒介、方式和手段的统称，即数字视频作品用于认识和反映客观世界、传递思想感情的特殊艺术语言。

法国电影理论家马赛尔·马尔丹是较早把影视与语言结合起来提出"电影语言"这一术语的人。虽然此后"电影语言"一词使用了多年，但直到 20 世纪 60 年代中期，法国电影符号学家克里斯蒂安·麦茨发表的《电影：语言系统还是语言》一文中，才首次提出了电影语言的标准和条件，即"电影是否是一种语言"的问题。麦茨认为，以往的各种对电影语言的研究之所以不成功，是因为研究者既想把电影当作一种语言来考虑，却又不愿涉及任何语言学的成果。要想在电影语言和天然语言之间进行真正的比较研究，就必须坚持索绪尔的结构主义语言学的模式和概念。按照结构主义的方法，为确定某一整体的内在规律，首先要确定其基本单位，然后再研究其组合规律，这样一来，确立电影中的基本单位及可能由之构成的"语言系统"的状况，便成为电影语言学最重要的任务。但是，麦茨经过研究后却指出，电影缺少一个语言系统，不符合索绪尔对语言所下的定义。因此，目前电影只能是一种类语言现象，是一种"没有语言系统的语言"："既不包含相当于语素(或几乎相当于字词的东西)的第一分节中的单元，也不包含任何相当于语素的第二分节中的单元。"[1]

结构主义语言学把"语言的结构"划分为"组合关系"和"聚类关系"，也就是语法和词汇两大部分，这是语言进行表意的最基本的手段。以此类推，可以把"视听语言"也划分为两部分，一是作为视听语言"词汇"的影像和声音，即视听语言的视觉构成和听觉构成；二是作为视听语言"语法"的把影像和声音元素加以组织的规则。其中，视觉构成指的是镜头的景别、角度、方位、焦距、运动、长度、表现形式、构图、光线、色彩等；而听觉构成则包括语言、音乐、音响等。

2.1 景别

景别的区分与应用

景别是指由于摄影(像)机与被摄主体的不同，而造成被摄主体在摄影(像)机寻像器中所呈现出的范围大小的区别。景别一般可分为 5 种，由远至近分别为远景、全景、中景、近景和特写。

2.1.1 远景

远景镜头可细分为大远景和远景镜头两种。其中，大远景镜头特指那些被摄主体与画面高度之比约为 1∶4 的构图形式，也就是说，被摄主体处于画面空间的远处，与镜头中包含的其他环境因素相比极其渺小，甚至会被前景对象所遮挡或短暂淹没。但这并不意味着主体丧失了表现力。通过调度主体与环境的色阶、明暗关系或动静态势，通过安排画面构图形式中点、线、面的关系，虚实对照或透视变化，主体依然会成为鲜明的视觉焦点。换言之，被摄主体在画面中所占比例的大小并不是影响主体表现力的决定因素。大远景主要承担着提供空

---

1 王志敏. 电影语言学[M]. 北京：北京大学出版社，2007：73-80，223.

间背景、暗示空间环境与主体间的关系以及写景抒情、营造特定气氛等任务。如图 2-1 所示的是大远景镜头画面。

远景镜头与大远景镜头并无本质的区别。主体与环境关系的处理方法也大致类似,不同之处在于,主体在画面中所占的比例有了一定的提高,大致为 1:2 的高度关系,主体与画面环境之间的平衡关系也因比例的变化而发生了相应的改变,即主体的视觉形式得到了形式上的加强。如果说大远景的环境具有独立性,那么,远景强调的是环境与人物主体的相关性、依存性;大远景中人物主体只是画面的构成元素之一,远景中的人物则是画面构成的主导因素。所以,远景镜头通常要求展示人物动作的方向、行为和活动等,它相对突出的是具体性、叙事性等实在功能。许多影片常用远景开头,交代故事发生的具体环境,以此作为重要的导入手段。如图 2-2 所示是远景镜头画面。

图 2-1　大远景

图 2-2　远景

2.1.2　全景

全景镜头可以细分为大全景和全景两种。从主体与画面的大小比例来看,在大全景镜头中,人物主体大约占画面 3/4 的高度,如图 2-3 所示。全景镜头中的人物与画面的高度比例大致相等,如图 2-4 所示。从画面的整体视觉效果来看,大全景镜头中人物与景物平分秋色,其中的景物主要是为人物动作提供具体可及的活动空间,而人物的举动在镜头中占中心地位,较之远景更为具体、清晰。全景图为人物完整的全身镜头,所以,毫无疑问,人物是画面的绝对中心,而有限的环境空间则完全是一种造型的必要背景和补充。全景镜头着意展示人物完整的形象、人物形体动作及动作范围空间,最重要的是展示人物和空间环境的具体关系。对于叙事性作品而言,全景镜头极其重要,它常常承担着确定每一场景的拍摄总角度的任务,并决定场景中的场面高度、内容和细节。

图 2-3　大全景

图 2-4　全景

2.1.3　中景

中景的取景范围比全景小，表现人物膝部以上的活动。中景的使用较为广泛，因为它不远不近、位置适中，非常适合观众的视觉距离，使观众既能看到环境，又能看到人物的活动和人物之间的交流，如图 2-5 所示。

2.1.4　近景

近景的取景范围为由人物头部至胸部之间，主要用于介绍人物，展示人物面部表情的变化，用来突出表现人物的情绪和幅度不太大的动作，如图 2-6 所示。

图 2-5　中景　　　　　　　　　　　　　　　　图 2-6　近景

2.1.5　特写

特写镜头又可分为特写和大特写镜头两种。从画面结构形态来看，特写的取景范围为由肩至头部，主要用来突出刻画被摄的对象，观众能清楚地看到人物由肌肉颤动和眼神变化而表露出来的感情。这种表情比语言更富于表现力，更能感染观众，如图 2-7 所示。大特写则完全是人物或景物的某一局部的画面，在视觉上更具强制性、造型性，产生的表现力和冲击力也更强，如图 2-8 所示。

图 2-7　特写　　　　　　　　　　　　　　　　图 2-8　大特写

2.2 角度

视听语言是以模拟人的日常感知心理和思维运动为基础的。但是,视听语言要区别于视觉经验而晋升为艺术语言,很关键的一点就是要有"角度"。陌生化的感觉在绝大多数情形下是基于角度的作用,尤其是超越平视机位的角度的作用。

2.2.1 平拍镜头

平拍镜头是以人的正常视线(人眼等高的位置)为基准而拍摄的镜头。由于镜头与被摄对象在同一水平线上,其视觉效果与日常生活中人们观察事物的正常情况相似,被摄对象不易变形,能够使人感到平等、客观、公正、冷静、亲切,如图 2-9 所示。

2.2.2 仰拍镜头

仰拍镜头是摄像机低于被摄主体的视平线向上进行拍摄的镜头。仰角拍摄由于镜头低于对象,因此会产生从下往上、由低向高的仰视效果,如图 2-10 所示。

图 2-9 平拍镜头   图 2-10 仰拍镜头

在造型方面,仰拍镜头具有双面性。当低角度处理时能够净化背景。例如,在室外以空旷的蓝天为背景,在室内以明净的天花板为背景,显得非常简洁。而当仰角角度较小,天花板进入镜头时,画面则会产生泰山压顶的压抑之感。例如,在影片《公民凯恩》中,凯恩在进行竞选演讲时,就采用仰拍镜头塑造出凯恩的高大强劲的形象,如图 2-11 所示。而当凯恩与苏珊在一起,高高俯视苏珊的时候,镜头以室内屋顶为背景,通过巨大的人物投影,造成明显的压抑恐惧的感觉,凯恩的形象也变成专横跋扈的象征,如图 2-12 所示。

图 2-11 仰拍镜头表现人物的高大强劲

图 2-12 仰拍镜头表现人物的跋扈

2.2.3 俯拍镜头

俯拍镜头与仰拍镜头正好相反，摄像机的位置处于人的水平视线之上。

俯拍镜头使画面中地平线上升至画面上端，或从上端出画，使地平面上的景物平展开来，有利于表现地平面景物的层次、数量、地理位置以及盛大的场面，给人以深远辽阔的感受。一般来说，俯拍镜头具有如实交代环境位置、数量分布、远近距离的特点，如图 2-13 所示。

在俯拍镜头中，由于环境通常体现出"左右"人的力量，人物显得被动、软弱，因此俯拍镜头常用来表达对人物的批判、否定和鄙视，如图 2-14 所示。

图 2-13 俯拍镜头有利于表现地平面的景物

图 2-14 俯拍镜头表现人物的被动

2.2.4 倾斜镜头

倾斜镜头属于非常规镜头，它打破了横向和纵向的水平线，以不完整的、歪斜的结构形式进行画面构图。与前面几种镜头的形态相比较，倾斜镜头的主要功能在于表意，这种表意呈现出风格化的特征。

倾斜镜头首要的作用是表现人物特殊的心态：迷乱、破灭、失衡、畸变等。王家卫的许多作品都出现过倾斜镜头，如《阿飞正传》《春光乍泄》《重庆森林》《东邪西毒》等，最有代表性的是《重庆森林》。无论是警察 223(金城武扮演)，还是 633(梁朝伟扮演)，都在生活面前显得不知所措，迷惘和孤寂的心绪除了体现在连续的喃喃自语外，突出的一点就是体现在极富风格色彩的倾斜构图形式上。凌乱、颠倒、倾覆、残缺的画面景象成为人物主观情感的形象写照。张艺谋的都市电影《有话好好说》也借鉴了王家卫的镜头处理方法。影片从头到尾穿插了不少具有鲜明主观倾向性的倾斜镜头。在片首序幕中，男女主人公在北京长安街、公共汽车上就出现了为数不少的非常规镜头。在姜文扮演的男主人公当街打架的段落、在"李宝田"发疯的段落，均屡屡借助倾斜镜头刻画人物浮躁、绝望、无奈、失衡的心理，传达出作者对生活无可把握的不安感。其实，这样的镜头形态在法国新浪潮电影、在美国新好莱坞电影，甚至当代中国 DV 作品中都不少见。

其次，倾斜镜头还用于表现人物病态的情况。希区柯克的《精神病患者》称得上是这方面的典型。男主人公是患有恋母癖的精神分裂症病人，具有显著的人格分裂行为。在作品第一部分，女主人公来到旅店住宿，男主人公接待她。镜头中性、客观，是那种常见的叙事镜头形式。但当男主人公开始喜欢上她的时候，镜头形式随之打破常规，呈现为大量的倾斜构图，它既是人物情感矛盾的体现，也是人物精神错乱的病态展示。影片《低俗小说》里的女主人公在吸食毒品之后也有过类似的镜头处理。可以说，在今天，用倾斜镜头表现人物的特殊心态和病态已是相当普遍的现象，尤其是对于现代电影和心理电影已是一种频频出现的"常规"语言形式。

2.3　方位

镜头的方向

方位，即拍摄方向，是指摄像机镜头与被摄主体在同一水平面上一周360°的相对位置，即通常所说的正面、背面或侧面，如图 2-15 所示。摄像方向发生变化，电视画面中的形象特征和意境等也会随之发生明显的改变。

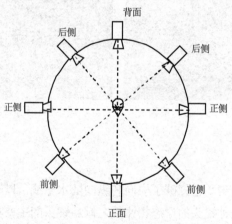

图 2-15　拍摄方向示意图

2.3.1　正面镜头

正面镜头是指摄像机在被摄主体的正前方进行拍摄的镜头。正面镜头有利于表现被摄对象的正面特征，容易显示出庄重稳定、严肃静穆的气氛；有利于表现被摄对象的横向线条，但如果主体在画框内占的面积过大，那么与画框的水平边框平行的横线条就容易封锁观众视线，无法向纵深方向透视，从而显得缺乏立体感和空间感。

正面方向拍摄人物时，可以看清人物完整的脸部特征和表情动作。如果使用平角度和近景景别，则有利于画面人物与观众面对面地交流，使观众容易产生参与感和亲切感。一般来说，各类节目的主持人或被采访对象在屏幕上出现时，都采用这个拍摄角度。

正面镜头的不足之处是：物体透视感差，立体效果不明显，如果画面布局不合理，被摄对象就会显得主次不分，呆板而无生气。

2.3.2　侧面镜头

侧面镜头分为正侧镜头与斜侧镜头两种。

正侧镜头是指摄像机在与被摄主体正面方向成 90°角的位置上(即通常所说的正左方和正右方)进行拍摄的镜头。正侧镜头有利于表现被摄物体的运动姿态和富有变化的外沿轮廓线条。通常，人物和其他运动物体在运动中，其侧面线条变化最丰富、最多样，最能反映其运动特点。

正侧镜头表现人与人之间的对话和交流时，如果想在画面上显示双方的神情、彼此的位置，正侧角度能够照顾周全，不会顾此失彼。例如，在拍摄会谈、会见等双方有对话交流的内容时，常常采用这个角度，多方兼顾，平等对待。正侧面角度的不足在于不利于展示立体空间。

斜侧镜头是指摄像机在被摄对象正面、背面和正侧面以外的任意一个水平方向(即通常所说的右前方、左前方及右后方、左后方)进行拍摄的镜头。虽然这些镜头的斜侧程度不同，但具有共同的特点。

斜侧镜头能使被摄物体本身的横线，在画面上变为与边框相交的斜线，物体产生明显的形体透视变化，使画面活泼生动，有较强的纵深感和立体感，有利于表现物体的立体形态和空间深度。

在画面中斜侧镜头还可以起到以下作用：突出两者之一，分出主次关系，把主体放在突出位置上。例如，在电视采访中，通常以近景景别构图，采访者位于前景、后侧面角度；被采访者位于中间偏后、前侧面角度。这样，观众的注意力将会很自然地集中到被采访对象的身上。

斜侧镜头既有利于安排主体的陪体，又有利于调度和取景，因此，它是摄像中运用得最多的一种镜头。

2.3.3　背面镜头

背面镜头是在被摄对象的背后，即正后方进行拍摄的镜头。

背面镜头使画面所表现的视向与被摄对象的视向一致，使观众产生可与被摄对象有同一视线的主观效果。当拍摄人物时，被摄人物所看到的空间和景物，也是观众所看到的空间和景物，给人以强烈的主观参与感。

当用背面镜头拍摄人物时，观众不能直接看到画面中所拍人物的面部表情，具有一种不确定性，带有一定的悬念，如果处理得当，则能够调动观众的想象力，引发观众更大的好奇心和更直接的兴趣。在背面方向拍摄人物时，面部表情退居其次，而人物的姿态动作可以表现人物的心理活动，成为主要的形象语言。

在影片《辛德勒的名单》中，导演为安排男主人公辛德勒第一次在纳粹酒店的"露面"可谓是挖空心思：以人物背影示众，跟进的背面镜头直到人物落座才告一段落。这样的运镜方法极大地增添了影片的趣味性，人物的神秘魅力理所当然地成为这一场面的视觉中心。

2.4 焦距

镜头的焦距

不同焦距的镜头各自所具有的光学特性，为摄影师刻画人物、描绘环境、烘托气氛、表现运动、把握节奏等，从造型上提供了有利的手段。同时，光学镜头在心理情绪渲染方面也能产生强烈的艺术效果。

2.4.1 标准镜头

标准镜头是正常的焦距镜头，利用它观察事物时，正常人的眼睛具有同样的视觉感觉、透视深度和视觉宽度。它既不把生活空间压缩，也不夸大，是畸变最小的镜头。利用它拍摄出来的被摄对象，使人感觉和实际生活中的一样。

2.4.2 长焦距镜头

长焦距镜头的视角窄，景深小，包括的景物范围小。它使横向运动的主体速度感加强，可以用于远距离拍摄，并将正常生活空间压缩在相应的空间中，形成景物压缩效果。长焦距镜头还可以利用焦点的变换取得特殊的视觉效果。

2.4.3 广角镜头

广角镜头在技术性能和视觉效果上则与长焦距镜头完全相反。广角镜头的视角广，涵盖的景物范围广，可以表现宏大的场面和气势。广角镜头景深大，拍摄纵深方向的物与物之间的距离比实际生活中的要远。由于广角镜头夸大了纵深方向物体之间的距离，因此可以使被摄物体本身纵向运动的速度感加强。广角镜头对纵深景物近大远小的夸张表现，可以创造极富感染力的情绪氛围和视觉影像。用广角镜头运动拍摄，也可以减少因运动带来的视觉晃动，因此广角镜头在新闻采访拍摄中大有用武之地。

2.4.4　变焦距镜头

变焦距镜头集以上 3 种镜头于一身,免除了拆卸与更换镜头的麻烦。若要利用焦距的变换拍摄推进和拉出镜头,可以在不动机位的情况下,实现各种景物的变换。变焦距镜头还可以利用焦距的变换与机位的移动,产生一种人们视觉经验以外的流畅多变的视觉效果。

2.5　运动

运动镜头是与固定镜头相对而言的拍摄方式。对摄像机位置进行安排的各要素、镜头的焦距等,只要其中的任何一项或全部要素发生连续变化都会产生运动镜头。运动镜头是指通过移动摄像机机位、改变拍摄方向和角度以及变化镜头焦距所拍摄出来的镜头。运动镜头的合理运用,将会为数字视频作品增添强烈的艺术魅力,主要表现在以下几个方面。

(1) 揭示和深化画面的内涵,赋予画面以情感。一个摄影师不仅要有感受、有激情,更要有把激情转化到摄影机上、拍出感人画面的能力。这种画面才会具有内涵,充满感情,并能打动观众。张艺谋的《红高粱》就是这样一部经典之作。影片中通过运动镜头把人性的豪放、狂野、洒脱无畏表现得淋漓尽致。

(2) 刻画人物心理,突出人物内心世界。运动镜头对于表现人物心理情绪与心理感受,有着特殊的效果和不可替代的作用。使用运动镜头来表现剧中人物的心理情绪,是大多数影视作品都使用的一种手段,而用运动镜头给观众制造某种心理感受更是某些类型的影片惯用的手法。例如,恐怖片、悬疑片和心理片就常常使用一些不规则的运动镜头来制造悬念,增加恐怖气氛。在影片《有话好好说》中,摄影师运用了大量的摇镜头、移镜头、推镜头等这些运动镜头的相互转换,使画面看上去摇摇晃晃,将城市的不安与内心的冲动凸显出来。

(3) 创造特定的情绪与氛围,增强画面的表现力。运动镜头丰富多彩、生动流畅,有着无限的表现力。恰当地运用不同的运动镜头,能够产生丰富的视觉效果,表现人物心理情绪、创造特殊气氛,营造紧张场面,抒发情感。影片《紧急迫降》中的摄影,比较成功地发挥了各种运动镜头的独特效果,为影片的惊险、紧张、悬念增色不少。其中的地面营救场景,运用了快速横移、跟摇、急速升降等镜头,表现了事件发生的急迫性和危险性。

运动镜头主要包括推镜头、拉镜头、摇镜头、移镜头、跟镜头和升降镜头等。

2.5.1　推镜头

推镜头

摄像机向被摄主体的方向推进,或者变动镜头焦距,使画面框架由远而近向被摄主体不断接近的拍摄方法,称为推摄。用这种方式拍摄的运动画面,称为推镜头。

推镜头可以采用两种方法实现:一种是变动焦距,另一种是移动机位。两种方法所产生的效果各不相同,如表 2-1 所示。

表 2-1　变焦距推镜头和移动机位推镜头之间的差异

	变焦距推镜头	移动机位推镜头
视距	不变	变化
视角	变化	不变
景深	变化	基本不变
镜头落幅	只是起幅画面某一局部的放大,没有新的形象出现	有新的形象出现
观看效果	通过视角的收缩取得景物变化,若人们没有这种视觉经验,很难产生身临其境的感觉	符合人们的观察习惯,易产生身临其境的感觉

推镜头的这两种拍摄方法,无论是利用摄像机向前移动,还是变动焦距,其画面都具有以下特征。

(1) 推镜头形成视觉前移效果。

(2) 推镜头具有明确的主体目标。

(3) 推镜头将被摄主体由小变大,周围环境由大变小。

推镜头具有以下作用和表现力。

(1) 突出主体人物,突出重点形象。

(2) 突出细节,突出重要的情节因素。

(3) 在一个镜头中介绍整体与局部、客观环境与主体人物的关系。

(4) 在一个镜头中景别不断发生变化,有连续前进式蒙太奇句子的作用。

(5) 推镜头推进速度的快慢可以影响画面节奏,从而产生外化的情绪力量。

(6) 推镜头可以通过突出一个重要的戏剧元素来表现特定的主题和含义。

(7) 推镜头可以加强或减弱运动主体的动感。

2.5.2　拉镜头

拉镜头

摄像机逐渐远离被摄主体,或变动镜头焦距(从长焦距调至广角焦距),使画面框架由近至远与主体拉开距离的拍摄方法,称为拉摄。用这种方法拍摄的电视画面叫拉镜头。

不论是调整变焦距镜头从长焦距拉成广角的拉摄,还是摄像机向后运动,其镜头的运动方向都与推摄正好相反。所拍摄的画面具有如下特征。

(1) 拉镜头形成视觉后移效果。

(2) 拉镜头使被摄主体由大变小,周围环境由小变大。

拉镜头具有以下作用和表现力。

(1) 拉镜头有利于表现主体和主体所处环境的关系。

(2) 拉镜头画面的取景范围和表现空间从小到大不断扩展，使得画面构图形成多结构变化。

(3) 拉镜头可以通过纵向空间和纵向方位上的画面形象形成对比、反衬或比喻等效果。

(4) 拉镜头从不易推测出整体形象的局部为起幅，有利于调动观众对整体形象逐渐出现直到呈现完整形象的想象和猜测。

(5) 在一个镜头中景别连续变化，保持了画面表现时空的完整和连贯。

(6) 拉镜头内部节奏由紧到松，与推镜头相比，较能发挥感情上的余韵，产生许多微妙的感情色彩。

(7) 拉镜头常被用作结束性和结论性的镜头。

(8) 可以利用拉镜头作为转场镜头。

2.5.3　摇镜头

摇镜头

当摄像机机位不动，借助于三脚架上的活动底盘(云台)或拍摄者自身，变动摄像机光学镜头轴线的拍摄方法，称为摇摄。用摇摄的方式拍摄的电视画面叫摇镜头。

摇镜头的画面具有以下特点。

(1) 摇镜头犹如人们转动头部环顾四周或将视线由一点移向另一点的视觉效果。

(2) 一个完整的摇镜头包括起幅、摇动、落幅 3 个相互连贯的部分。

(3) 一个摇镜头从起幅到落幅的运动过程，会迫使观众不断调整自己的视觉注意力。

摇镜头具有以下作用和表现力。

(1) 展示空间，扩大视野。

(2) 有利于通过小景别画面包容更多的视觉信息。

(3) 介绍、交代同一场景中两个物体的内在联系。

(4) 通过摇镜头可以把性质、意义相反或相近的两个主体连接起来，表示某种暗喻、对比、并列或因果关系。

(5) 在表现 3 个或 3 个以上主体或主体之间的联系时，镜头摇过时或做减速、或做停顿，以构成一种间歇摇。

(6) 在一个稳定的起幅画面后利用极快的摇速使画面中的形象全部虚化，以形成具有特殊表现力的甩镜头。

(7) 用追摇的方式表现运动主体的动态、动势、运动方向和运动轨迹。

(8) 对一组相同或相似的画面主体用摇的方式逐个呈现，可形成一种积累的效果。

(9) 用摇镜头摇出意外之物，制造悬念，在一个镜头中形成视觉注意力的起伏。

(10) 利用摇镜头表现主观性镜头。

(11) 利用非水平的倾斜摇、旋转摇表现特定的情绪和气氛。

(12) 摇镜头也是画面转场的有效手段之一。

2.5.4　移镜头

移镜头

将摄像机架在物体上随之运动而进行拍摄的方法，称为移摄。利用移动拍摄的方法所拍摄的电视画面称为移动镜头，简称移镜头。

移动摄像是以人们的生活感受为基础的。在实际生活中，人们并不总是在静止的状态中观看事物。有时人们把视线从某一对象移向另一对象；有时在行进中边走边看，或走近看、或退远看；有时在汽车上通过车窗向外眺望。移动摄像正是反映和还原了人们生活中的这些视觉感受。

移镜头的画面具有以下特征。

(1) 摄像机的运动使得画面框架始终处于运动之中。

(2) 摄像机的运动，直接调动了观众生活中运动的视觉感受，唤起了人们在各种交通工具上及行走时的视觉体验，使观众产生一种身临其境之感。

(3) 移镜头所表现的画面空间是完整而连贯的。

移镜头具有以下作用和表现力。

(1) 移镜头通过摄像机的移动拓展了画面的造型空间，创造出独特的视觉艺术效果。

(2) 移镜头在表现大场面、大纵深、多景物、多层次的复杂场景时具有气势恢宏的造型效果。

(3) 移动摄像可以表现某种主观倾向，通过具有强烈主观色彩的镜头表现出更为自然、生动的真实感和现场感。

(4) 移动摄像摆脱定点拍摄后形成多个煞费苦心的视点，可以表现出各种运动条件下的视觉效果。

2.5.5　跟镜头

跟镜头

摄像机始终跟随着运动的被摄主体一起运动而进行拍摄的方法，称为跟摄。利用这种方法所拍摄的电视画面称为跟镜头。

跟镜头大致可以分为前跟、后跟(背跟)和侧跟 3 种情况。前跟是从被摄主体的正面拍摄，也就是摄像师倒退拍摄；背跟和侧跟是摄像师在人物背后或旁侧跟随拍摄的方式。

跟镜头具有如下特点。

(1) 画面始终跟随一个运动的主体(人物或物体)。

(2) 被摄对象在画框中的位置相对稳定，画面对主体表现的景别也相对稳定。

(3) 跟镜头不同于摄像机位置向前推进的推镜头，也不同于摄像机位置向前运动的前移动镜头。

跟镜头具有以下作用和表现力。

(1) 跟镜头能够连续而详尽地表现运动中的被摄主体。

(2) 跟镜头跟随被摄对象一起运动，形成一种运动的主体不变、静止背景发生变化的造型效果，有利于通过人物引出环境。

(3) 从人物背后跟随拍摄的跟镜头，由于观众与被摄人物视点的合一，可以表现出一种主观性镜头。

(4) 跟镜头对人物、事件、场面的跟随记录的表现方式，在纪实性节目和新闻节目的拍摄中有着重要的纪实性意义。

2.5.6　升降镜头

升降镜头

摄像机借助升降装置等一边升降一边拍摄的方式，称为升降拍摄。使用这种方法拍摄的画面叫升降镜头。

升降拍摄是一种较为特殊的运动摄像方式，在日常生活中除了乘坐飞机、乘坐观景电梯等情况外，很难找到一种与之相对应的视觉感受。可以说，升降镜头的画面造型效果是极富视觉冲击力的，甚至能给观众新奇、独特的感受。

升降拍摄通常需要在升降车或专用升降机上才能很好地完成。有时候也可肩扛或怀抱摄像机，采用身体的蹲立转换来实现升降拍摄，但这种升降镜头幅度较小，画面效果并不明显。升降镜头在做上下运动的过程中也会形成多视点的表现特点。其具体运动方式可分为垂直升降、斜向升降、不规则升降等。

升降镜头的画面造型特点如下。

(1) 升降镜头的升降运动会导致画面视域的扩展和收缩。

(2) 升降镜头视点的连续变化形成了多角度、多方位的多构图效果。

升降镜头具有以下作用和表现力。

(1) 升降镜头有利于表现高大物体的各个局部。

(2) 升降镜头有利于表现纵深空间中的点面关系。

(3) 升降镜头常用于展示事件或场面的规模、气势和氛围。

(4) 镜头的升降可实现一个镜头中的内容转换与调度。

(5) 升降镜头可以表现出画面内容中感情状态的变化。

2.6　长度

镜头的长度

根据时间长度的不同，镜头可分为长镜头和短镜头两种。

镜头的长度取决于内容的需要和观众领会镜头内容所需的时间，同时也要考虑到情绪上的延长、转换或停顿所需的时间，所以，镜头长度又有叙述长度和情绪长度之分。

观众领会镜头内容所需的时间，取决于视距的远近、画面的明暗、动作的快慢、造型的繁简等因素。视距较近、光线较亮、动作强烈、形象显著而易于领会的，可采用短镜头，反之则用长镜头。

法国电影理论家巴赞认为，"电影蒙太奇手法是依靠分切而成的，是人为的方法，它往往破坏时间和空间的真实关系，从而使电影脱离了真实，违反了电影的本性。"他还提出，"在必须同时表现动作中两个或若干个因素才能阐明一个事实的情况下，运用蒙太奇是不允许的。"因此，他主张用长镜头代替蒙太奇的分切。在一定的情况下，这种理论是正确的。在许多场合中，采用长镜头会大大增加可信度和说服力。

长镜头的特征有如下 3 个方面。

(1) 长时间：用相对较长的时间，对一个物体或事件进行连续不断的拍摄，形成一个比较完整的镜头段落，以保持被拍摄对象时空上的连续性、完整性、真实性。

(2) 景深：空间的整体性比较强，远、中、近景同样清晰，整个场景尽收眼底，包含的内容和信息量比较丰富。

(3) 变焦距：根据需要把表现主体(拍摄)目标拉近或推远，可以把一个大全景变为全景、中景、近景、特写等不同景别的镜头。

长镜头的特点是能将镜头中的各种内部运动方式统一起来，使画面表现显得自然流畅又富于变化，可以在一个镜头中变换多种角度和景别，既能描写环境、突出人物，也能给演员的表演以充分自由，有助于人物情绪的连贯，使重要的叙事动作能够完整而富有层次地表现出来。同时，由于长镜头的拍摄不会破坏事件发生、发展中的时间和空间的连续性，因此具有较强的时空真实感，已成为纪实风格作品创作的重要手段。

2.7 表现形式

镜头的表现形式

根据表现形式的不同，镜头可分为客观镜头与主观镜头两种。

客观镜头代表观众和作者的眼睛，它客观地叙述所发生的事情。它全知全能，且无处不在，同时，因为它"超然物外"，所以显得相对理性、冷静和客观。在视听创作中，客观镜头通常数量较多。客观镜头类似传统小说中的第三人称叙事，讲述或描述出一幅幅人生图景。以《天堂电影院》为例，影片的前半部分，关于主人公托托童年时代生活的展示主要采用了客观镜头，尤其是对教堂及影院的许多事件、细节进行了生动具体的描写，人们正是凭借这些描写镜头走近了滑稽而慈爱的神父，富有智慧、思想与爱心的老放映员，当然还有可爱、聪明、执著的托托。镜头下小镇中人们的日常生活情景、托托当兵的过程，都是叙述性的展示，镜头选取其中的代表性形象，配上音乐或音响进行组织串联，起到交代介绍的作用。从整体的表达效果来看，它们往往充当的是过场戏。

主观镜头代表剧中人物的眼睛，表现剧中人物的亲切感受，带有强烈的主观性和鲜明的感情色彩，从而使观众与剧中人的眼睛合二为一，在思想感情上产生共鸣，共同体验剧中人的感受。例如，吴贻弓导演的《城南旧事》，通片采用女主人公英子的主观镜头表现一段难忘的童年故事。影片中的 3 个片段都围绕着英子展开，它们之间并无情节关联，但因为都是英子所见、所历、所感，所以它们成为英子少女时代的重要往事记忆。吴贻弓在《城南旧事导演总结》中就曾说过："我们尽力使摄影机的视点符合英子的心理,全片 60%以上的英子的'主观'镜头,全部都用低角度拍摄。从内容上说,基本上做到了凡英子听不到、看不见的东西都不在银幕上出现。"这样的镜头设计虽然因为视点限制而局限了故事的范围,但却也因为视点的缘故而使整个叙事弥漫出动人的诗意——如同所有的成长故事一样,《城南旧事》也笼罩着英子少女的伤感和怀恋的情思。小偷、宋妈、父亲、疯女人秀贞、妞儿,均恰似英子生命里的老照片,浸染上了强烈的英子的主观色彩。

主观镜头还可以表现人物在特殊情况下的精神状态或表现作品中人物的主观心理感受。例如,用天旋地转、摇晃不定的画面,表现人物的头晕目眩或伤势严重;用光怪离奇、混沌不清的形象,反映人物的醉眼朦胧,表现人物的幻觉与想象等。在影片《雁南飞》中,男主人公鲍里斯中弹牺牲前有一段精巧的镜头语言:旋转的白桦林,叠印出幻想中的婚礼,微笑着走来的新娘薇罗尼卡,新郎新娘拥吻的旋转镜头,亲友们的笑脸,然后再次回到旋转的白桦林,鲍里斯仰望天空缓缓地倒下。这一系列的镜头以鲍里斯中弹后天旋地转的生理感觉为基础,把人物的生理反应和心理活动巧妙地结合起来,形象地揭示了鲍里斯临死前对爱情、对幸福生活的渴望和期盼。

2.8　构图

构图原是绘画艺术的专用术语,它的含义是把各个部分组成、结合、配置并加以整理,构造出一个艺术性较高的画面,也称为"章法"或"布局"。在摄影中,这个术语包含着一种基本而概括的意义,那就是把构成整体的那些组成部分统一起来,在有限的空间或平面上对作者所要表现的形象进行组织,形成画面的特定结构,借以实现摄影者的表现意图。

2.8.1　构图的要素、原则与要求

1. 构图的要素

1) 主体

构图的要素、原则
与要求

主体是摄影中最主要的拍摄对象,是构图的主要成分。作为主体的事物或人必须具备两个条件:①它是画面所表现内容的主要体现者;②它是画面结构的中心。一幅画面要有明确的主体,没有明确主体的画面,将是失败的构图。在取景构图时,需要通过对各种被摄体的相互比较,找出最具特性、最具典型性的物体作为被摄主体。

2) 陪体

陪体是画面中陪衬主体的景物或人物,是帮助主体揭示内容的成分,在构图中有均衡画面、美化画面和渲染气氛的作用。陪体包括前景和背景两种。

前景一般是指在主体的前方,最靠近镜头的景物,从广义上讲,最靠近镜头的都是前景。

背景是指主体后面的景物。背景应使主体能从中分离出来。在构图中,要依据拍摄内容和拍摄要求合理地选择和布置背景。

3) 环境

环境是主体周围的景色。它的作用是烘托主体,帮助叙事,是表情表意的成分,它决定了画面的构图形式。

在环境的处理上,需要选择典型的环境;注意与造型有关的问题,即构图形式的问题;要简洁确切。

2. 构图的原则

构图的原则有以下两条:一是突出主体,揭示主题思想;二是从主题思想出发,正确处理好主体、陪体和环境的关系。一句话,即通过取景使拍摄的画面能够有力地表达其思想内容和摄影者的观点,说明问题,吸引和感染观众。

主体是主题思想的体现者,只有突出了主体才能揭示主题思想。人类社会的主体是人,因此,如何表现人物,是突出主体的关键所在。主体和陪体、环境的关系是突出和烘托的关系,既要主次分明,又要互相关联。一切造型手段,诸如空间位置的安排,光线、影调的处理,拍摄点的选择,不同视角的运用等,都要从内容的需要出发,尽可能地构成完美的表现形式,使画面产生更丰富的表现力、感染力和说服力,这就是构图的目的。

3. 构图的要求

构图的要求是:简洁、完整、生动和稳定。

简洁就是简明扼要。与主题无关的、不必要的景物一律舍弃。去芜存精,突出主体,使主题鲜明。只有主题思想明确了才敢于取舍,做到画面简洁。

完整是指被拍摄的对象在画面中应该给观众以相对完整的视觉印象,特别是主体不能残缺不全,影响主体和主题的表现。当然,完整不等于完全,也不同于完美。由于视觉的延伸作用,有时,不完全的景物同样会给观众完整的印象。但是,重要、醒目且能提示主题的标语口号或横幅一般要求完整,切忌因缺字而引起歧义。画面中人物的动作、表情和视线要和画面所表达的内容相协调,否则就破坏了内容的完整性。

生动是指在拍摄人物时,要抓住最能反映其性格特征、表情、动作的瞬间姿态;而在拍摄某一事件时则必须抓住事件发展的高潮,要注意其典型性。在表现方法上要有创新意识,有新的角度、新的手法,把景物拍摄得富有立体感、空间感和质感,有现场气氛。根据主题思想来考虑光线的运用,在画面结构上既要统一又要多样,不能呆板陈列,更忌杂乱无章,要有生气。

稳定是指画面景物能够给观众均衡安定的感觉,不会使人感到一头重、一头轻,或上重下轻,要在视觉感受上给人以安定之感,除非是画面内容的需要或摄像者有意追求某种特殊效果。景物形象的轻重取决于景物对视觉刺激的强度,这里不是指景物的实际重量,而是指感觉上的心理重量。对称虽然是稳定的,但显得庄严、变化小,比较呆板。而均衡却有变化,较活跃。此外,影调的深浅分布不当,拍摄角度的俯或仰,以及水平线、地平线的倾斜,都会影响到画面的稳定感。

2.8.2 影响构图的因素

影响构图的因素

1. 拍摄距离与角度

选择拍摄点，是摄像人员到拍摄现场后首先遇到的问题。摄像人员必须事先明确拍摄的目的与表现的内容，根据内容来考虑取景与选择拍摄点，即拍摄角度、距离与高度这 3 个方面。

确定拍摄点是为了突出事物最本质、最有代表性、最能说明问题的部分，也是最美的部分，任何妨碍主体、影响注意力的无关细节都应舍弃。

由于拍摄距离和角度的问题在 2.1 节中已有详细说明，这里就不再赘述了。

2. 突出主体

突出主体的目的是为了表现主题。主体是主题思想的体现者，突出主体能给观众鲜明的印象，能使观众明确画面的思想内容。

主体在画面中是景物的结构中心，占据显著的位置并吸引观众的视线。

要突出主体必须精简陪体和背景。陪体和背景能够烘托主体，故不能不要，但可以去掉不必要的部分，使对其着墨不多但能说明问题，使主体、陪体和背景组成一个和谐统一的整体。

突出主体的常用方法有以下两种。

1) 利用主体的位置和陪体、环境的指引突出主体

- 主体应占据画面的显著地位，在画面正中偏左或偏右的位置。如果主体人物较小，应置于画面的结构中心上，这是吸引观众视线的地方，如图 2-16 所示。
- 将陪体的视线集中在主体上，能够很自然地把观众的视线引向主体，这是一种间接突出主体的方法，是由陪体来实现的，如图 2-17 所示。
- 利用线条透视的汇聚作用，把主体放在交叉点上，即使交叉点也在结构中心上，也能够把观众的视线引向主体，这是利用环境指引的方法。

图 2-16　把主体安排在画面的显著位置以突出主体　　图 2-17　利用陪体和环境的指引突出主体

2) 利用对比突出主体

- 镜头靠近主体一方，使主体形象显得较大，利用大与小的对比来突出主体，如图 2-18

所示。

- 布光应以主体为主,用较强光线照亮主体,而环境较暗,通过明暗影调的对比来突出主体,如图 2-19 所示。

图 2-18　大小对比　　　　　　　　　　图 2-19　明暗对比

- 主体形象较完整、有动势,利用动与静的对比来吸引观众的视线,如图 2-20 所示。
- 在色彩的使用上,可以利用色彩的对比,例如,红与绿、紫与黄、橙与青这类补色的对比来突出主体。
- 用小景深使主体清晰,陪体和背景模糊,以虚和实的对比来突出主体,如图 2-21 所示。

图 2-20　动静对比　　　　　　　　　　图 2-21　虚实对比

3. 前景

前景在构图中的作用主要体现在以下几个方面。

(1) 美化画面,增强空间感。前景的景物离摄像机较近,成像一般都比较大,故能充实画面的内容。合理地选择前景,能起到美化画面、帮助完成构图的作用。如果没有前景的陪衬,画面上单一的主体会显得孤单。

(2) 交代环境、营造气氛。利用前景营造气氛,交代环境、地点和季节,能够进一步说明主体与陪体的关系,增强画面的表现力。如果没有前景,主体的表现就要逊色得多。

(3) 产生透视,增强纵深感。前景与主体之间有一定的距离,镜头成像的近大远小的透视变化易使画面产生纵深感,用广角镜头或超广角镜头拍摄时,透视变化更大,纵深感更强。

(4) 产生对比和夸张效果。利用前景陪衬就能知道主体在画面上的大小比例,还能产生戏剧性的夸张效果。有些主体如果没有前景作比较，观众就很难知道其大小范围。例如，标本、产品等，如果没有前景作陪衬，物体的大小就只能让观众去猜想。在野外拍摄岩石标本时，地质工作者就在岩石上面放置一把尺或榔头，其目的是为了让人们了解物体的大小比例，这些尺或榔头实际上就是起陪体的作用。

4. 背景

背景在选择运用上有以下几种方法。

(1) 用背景烘托气氛。这是指在构图中通过背景交代主体所处的环境，同时用背景烘托画面气氛。风光摄影中常用云彩、霞光作为背景。

(2) 用背景与主体产生对比作用。背景与主体产生的对比能够反映出主体的大小比例，这与前景与主体产生的对比作用极其相似。

(3) 用简洁的背景突出主体。杂乱的背景会分散观众的注意力，而简洁的背景能起到突出主体的作用。在室外进行拍摄时，可把主体衬托在天空或深色背景中；在室内进行摄影时，可选择干净的墙面作为背景。对于可有可无的背景，则可通过虚实对比使画面主次分明。对于没有意义的背景还是弃之为好，以力求画面简洁。

5. 透视规律的应用

绘画上的透视学是在平面上表现出立体的技巧。同样，在平面的二维空间中要表现出三维空间，也要善于运用透视的规律。透视关系处理得当，能增加画面的深度，加大画幅的容量，增大画面的空间，丰富画面的层次。

透视分为线条透视和阶调透视两种。

(1) 线条透视

线条透视的规律是近大远小，平行线条越远越集中，最后消失在一点上，如图 2-22 所示。具体而言，视平线以上的景物越远越低，视平线以下的景物则越远越高。视点右侧的景物在远处向左集中，左侧的景物在远处向右集中。

(2) 阶调透视

阶调透视又称空气透视。由于大气层的作用，物体所处的远近场景的色阶阶调有一定的变化，如图 2-23 所示，这些变化如表 2-2 所示。

图 2-22　线条透视

图 2-23　阶调透视

表 2-2　远近景物色阶阶调的变化

色　阶　阶　调	距离近的景物	距离远的景物
亮度	暗	亮
轮廓清晰度	高	低
反差	强	弱
色彩饱和度	高	低

在实际拍摄的时候，大气的状况经常不太理想，此时可以适当采用以下办法来加以改善。

(1) 选择较暗的前景可以映衬出背景的明亮，给人以深远的感觉，同时也丰富了画面的阶调。

(2) 控制景深，造成不同景别中轮廓的清晰度不同，使主体从背景中"跳"出来，避免"贴"在背景上，使画面产生空间深度。

(3) 使用人造光源可以使前景暗、背景亮，拍外景时可以借助人工烟雾降低远处景物的反差，增加远处景物的亮度。

(4) 逆光俯拍的空气透视效果比顺光仰拍要好一些。

2.8.3　常用的构图形式

常用的构图形式

1. 三角形构图

三角形构图是指画面中景物的形体、线条或不同的构图要素之间形成三角形的结构。以这种方式构图的画面给人以稳定、持久的感觉，如图 2-24 所示。

2. 水平式构图

水平式构图能营造宽阔、平静、安宁的气氛，适用于表现平展广阔的原野、河流、湖海等场面宽阔的画面，如图 2-25 所示。

图 2-24　三角形构图

图 2-25　水平式构图

3. 垂直式构图

垂直式构图画面的整体布局呈竖向结构。在表现竖向垂直、细高的被摄主体时，经常应用这种构图方式，例如，参天的大树、垂挂的瀑布、仰拍的人物等。

4. 斜线式构图

也称为对角线构图，是指用倾斜的线条，或呈倾斜状的物体，把画面的对角线连接起来。这种构图方式能增强运动感，给人以不稳定、倾斜摇晃甚至翻倒的感觉，如图 2-26 所示。

5. 环形构图

环形构图，即被摄对象本身为环形曲线结构，或被摄对象分布为环形曲线形状。这种构图方式给人以圆满完美、柔和、旋转向心之感，如图 2-27 所示。

图 2-26　斜线式构图

图 2-27　环形构图

6. S 形构图

S 形构图由于它的扭转、弯曲、伸展所展现的线条变化，使人感到意趣无穷。它展现出一种曲线美，给人以优美、柔和、宁静、含蓄和美好的感觉，如图 2-28 所示。

7. X 形构图

X 形构图与 S 形构图正好相反，一刚一柔。X 形构图由放射性很强的交叉直线分割画面，画面构图丰满、充实、直率而深远，空间感很强，如图 2-29 所示。

图 2-28　S 形构图

图 2-29　X 形构图

2.9 光线

2.9.1 光的若干特性

光的特性

1. 光的散射特性

根据光的散射特性可以将光分为硬光和柔光两大类。

硬光又称直射光,有明显的投射方向,是明显的窄光束,照射在有关的区域内,能在被摄体上构成明亮及阴影部位,或投射下轮廓分明的影子。硬光产生于无云雾遮挡的太阳或聚光灯等。

硬光能较好地表达被摄体的线条轮廓、表面特征、立体感和质感,有鲜明的造型性能。硬光光感强又便于控制,只要在光源前方加上挡板,即可将光束遮挡住或者改变光束的形状。但是,硬光产生的图像反差过大,显得生硬粗糙,在多光源的情况下所出现的杂乱的影子会分散人们的注意力,而且影子还会遮挡其他物体,使一些细微之处看不清楚,所以硬光通常要和柔光结合使用,才能产生生动而鲜明的照明效果。

柔光又称软光、散射光,是广阔的光束,没有明显的投射方向,照明均匀,并且不会产生明显的影子,如阴天的天空光和泛光灯等均属柔光类。

柔光照明使被摄对象明暗对比度降低,层次细腻,效果柔和。但是,柔光不易控制,用它照明目标时容易散射到邻近区域,易产生较平淡的无立体感又无特色的图像。另外,它的有效强度随着目标离开光源距离的增加而迅速衰减。

2. 光线方向

光源位置和拍摄方向(观察方向)两者中只要有一个发生变化,都可认为是光线方向的改变。光线方向在立体空间中的变化是十分丰富的,它是景物造型的主要条件。

3. 光度单位

1) 光通量

光源以电磁波的形式辐射能量。光通量就是人眼能感知的光线的能量。具体而言,就是光源在单位时间内(秒)通过一定面积时的辐射光能量,单位为流明(lm)。

2) 发光效率

光源发光,总要消耗一定形式和一定量的能,例如,电灯发光时要消耗一定数量的电能。所谓电光源的发光效率,指的是光源发出的光通量与其消耗的电功率的比值,单位是流明/瓦(lm/w)。

3) 发光强度

不同光源的发光强弱程度不一样,即使是同一光源,在不同方向上其强弱也可能不完全相同。发光强度表示光源发光强弱的程度，亦指光源在某一方向上光通量的多少。

4) 照度

当物体表面被光照射时，此表面就有明暗的感觉。表示被照射物表面明亮程度的物理量就是照度，即光线入射到某一表面时单位面积的光通量，单位是流明/米^2，也称为勒克司。

测量照度时，一般都是在与光源方向相垂直的平面上进行，若有倾斜，照度就会减弱。

5) 亮度

它是说明物体表面发光的物理量。光可以由一个面光源直接辐射出来(一次光源)，也可以由入射光照射下的某一表面反射出来(二次光源)，但后者要把物体表面的反射系数考虑进去。亮度单位有两类，一类是以每单位面积上的发光程度来表示，1尼特=1坎德拉/平方米；另一类则以每单位面积上发出的光通量来表示：1亚熙提=1流明/平方米。

4. 光源、色温和显色性

色温指的是热辐射光源的光谱成分。当光源的光谱成分与绝对黑体(即不反射入射光的封闭的物体，如碳块)在某一温度时的光谱成分一致时，就用绝对黑体的这一特定温度来表示该光源的光谱成分，即色温。色温的单位为K。

光源的色温，说明了光线中包含不同波长的光量的多少。色温低，表示光线含长波光多，短波光少，光色偏红橙；色温高，表示光线含短波光多，长波光少，光色偏蓝青；白光既不偏红也不偏蓝，各种波长的可见光含量比较接近。

2.9.2 被摄体上的照明因素

实际生活中，任何一个被摄体都是在一定的光线照射下，由不同的照明形成各种不同的表现力，但它们都是由以下几个基本照明因素构成的。

- 光：入射到被摄对象上的光，照亮了被摄对象的"受光面"(向光面)，从而在被摄对象表面有了光。
- 闪光：在被摄对象的镜面或光滑面上与入射光线方向构成镜面反射的地方，形成闪光。
- 自身阴影：被摄体的未被照明的表面上出现自身阴影(又称阴面)。
- 投影：被照明的物体将阴影投到它周围物体的表面上，这些阴影叫投影，又称影子。
- 反射：反射或散射投射到被摄体上的光线也能照明被摄体，这种辅光在阴影部分特别明显。

2.9.3 光线条件和效果

摄影艺术是用光来作画的。光线对于摄影者，被人们比作是"画家手中的笔，雕塑家手中的刀，音乐家手中的乐器"，可见其重要性。摄影时，画面造型的处理、画面中影像的形成、黑白影调的分布、色彩的还原，都离不开光线；在平面上真实地再现空间感、立体形象、质感以及造成某种特定的环境气氛、取得某种画面效果等也离不开光线。

光线是复杂多变的。不同时间的光线,给画面带来不同的时间气氛;不同环境中的光线,可以表现出不同的环境特征;不同的光线效果,可以营造画面不同的情调、气氛,影响人们的情绪,产生不同的艺术感染力。认识光线、掌握光线的变化规律是正确运用光线的基础。

光线分为自然光线和人工光线两大类。

1. 自然光线

自然光线以太阳光为光源的照明条件。自然光线受各种条件的影响变化很大,季节不同,时间、地理位置、环境的变化,都会产生不同的光线效果。自然光线照明条件包括晴天、阴天、多云天、雨雪天,一天中又有早、中、晚等时间的变化;从环境上又可分为室外自然光和室内自然光两类。下面分析常见的 3 种光线:室外直射光、室外散射光和室内自然光。

自然光线

1) 室外直射光

室外直射光指的是晴天或薄云天气里直接在阳光下拍摄的光线条件。此时,人们能看清太阳的位置,光线有明显的投射方向和入射角,照射在物体上可以形成明显的受光面、阴影面和投影。

一天之中,直射光的入射方向、角度及光线强弱因时间的变化而不断变化。摄影中常把一天分为以下几个阶段。

① 太阳初升和太阳欲落时刻。早晨太阳已升出地平线,傍晚太阳尚未落到地平线之前,即太阳光线与地面景物成 0°~15°角的一段时间。这段时间的特点是太阳入射角度小,光线要穿过较厚的大气层斜射到地面上,因此强度较小,显得柔和。由于入射角度小,会使地面景物朝向太阳的垂直面受光面积大,并在物体的另一侧会形成长长的投影。由于地面反射光少,因而景物受光面与阴影面的亮度反差大。这段时间地面上水蒸气多,常有薄雾,在太阳光的照射下,空气透视现象明显,景物像是披了一层纱,画面朦胧而含蓄。这段时间的光线色温较低,平均值范围为 2800~3400K,光线中多橙红色的长波光,画面的早晚效果明显。另外,这段时间光线亮度变化大、位移快,时间很短促。摄影者要事先做好充分的构思,才能抓住这转瞬即逝的时刻,拍摄出理想的画面来。

这段时间,常用逆光、侧逆光拍摄全景场面,可获得明显的空气透视效果;用仰拍,向着太阳,光线通过树木的枝叶可形成美丽的光束;地面景物多呈剪影或半剪影,轮廓姿态非常突出,但不利于表现立体感、质感。

② 正常拍摄时刻。即太阳光线与地面成 15°~60°角的一段时间,一般是上午 8~11 时左右、下午 2~5 时左右。当然,由于季节、所处纬度的不同,时间上会有所差异。这段时间光线入射角适中,光线稳定,亮度变化小,被称为正常摄影时间。这段时间的地面景物垂直面和水平面都有足够的亮度,景物的阴影面上可以得到地面的反射光,使景物的明暗反差减弱,而且阴影部分的质感也能充分表达出来。因此,在这段时间拍摄的景物,影调层次清晰、丰富而且比较柔和,能够表现景物的空间感、立体感,质感细腻、真切。这段时间光线的平

均色温为 5600K。

③ 顶光照明时刻。太阳光线与地面成 60°～90° 角时，即上午 11 点以后至下午 2 点以前这段时间。这段时间的太阳光线接近于垂直下射，景物顶部受光多，垂直面受光少。虽然地面很亮，但反射光向上，阴影部分反射光很少，因此景物明暗反差很大，不利于表现物体的立体感和质感。

这段时间由于阳光强烈，空气干燥，拍摄风光难于表现空气透视效果，景物层次不丰富；拍摄人像时，额头、鼻尖亮，眼窝、下颊等凹进去的部分很暗，不利于形象的表现，但若加上辅助光，顶光表现人像也可取得较好的效果。为了表现主题的需要，摄像师有时也有意利用顶光拍摄。利用仰拍表现层次多的景物，或俯拍以亮的地面衬托暗的主体等，也可获得层次分明的画面效果。

在对一天内室外直射光特点分析的基础上，摄像师可以根据创作意图，选择恰当的太阳光入射方向。由于拍摄方向与太阳光入射地面方向的不同，可形成顺光、侧光、顺侧光、侧逆光和逆光等几种光线方案，如图 2-30 所示。

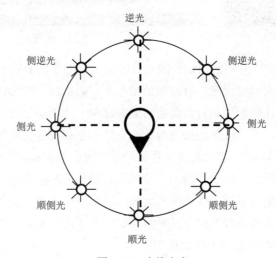

图 2-30　光线方案

① 顺光

顺光是指光线入射方向与拍摄方向一致，也称平光或正面光。光源在被摄对象的前方，景物朝向镜头的一面都受到同样的照明，阴影面和投影都在被摄对象的后方，因此，画面上没有明显的明暗配置和反差，影调配置只能靠景物本身的色调来完成，如图 2-31 所示。

顺光拍摄人物的中、近景，能够全面地表达对着镜头一面的外貌特征，层次过渡平缓细致、自然柔和，质感真切。若选择的景物本身轮廓清晰、前后景物都亮，可取得高调效果。由于顺光照明，前后景物同样受光，影调缺乏变化，画面平板，因此不利于表现被摄体的空间感和立体感。此外，顺光也不利于表现数量众多的内容。例如，对群众场面进行拍摄，若用顺光，前后人物就会叠在一起，分不出明暗，表现不出数量和层次。

② 侧光

侧光指光线的入射方向是从拍摄点的左侧或右侧照射到被摄对象上。侧光一般分为正侧光和斜侧光。

正侧光，光线来自被摄对象左侧或右侧，被摄体明暗各半，投影落在侧面，造型效果较强，能突出被摄体的立体形态和轮廓线条，如图 2-32 所示。

图 2-31　顺光　　　　　　　　　　　　　　　图 2-32　正侧光

斜侧光，一般指前侧光(顺侧光)。光源来自被摄对象的左前侧或右前侧方向。在这种光线条件下，被摄对象的大部分受光，有鲜明的受光面、阴影面和投影，并依光线斜侧程度的不同在画面上形成不同比例的面积，画面明暗配置鲜明、清晰，景物层次丰富。斜侧光有利于强调空气的透视现象，有利于塑造被摄对象的立体形象和表达空间纵深感。若加以适当的辅助光照明，使明暗反差减弱，可以表现出物体细腻的表面形状和质感特点，如图 2-33 所示。

运用侧光时，要根据被摄对象的特点，恰当安排受光面与阴影面在画面上所占的比例。例如，拍摄瘦脸、高鼻的人像时，受光面要大些，而在拍摄胖脸、塌鼻的人像时，受光面则要小些。利用侧光拍摄人像一般要避免受光面与阴影面各占一半的"阴阳脸"，还要注意把主要光线投射在脸部最富有表现力的部位上。

后侧光，即侧逆光，光线来自被摄对象的后侧方，使景物大部分处于阴影中，具有逆光的特点，如图 2-34 所示。因此，在使用中，人们常常把后侧光归于逆光。

图 2-33　斜侧光(前侧光，顺侧光)　　　　　　图 2-34　后侧光

③ 逆光

逆光也称为轮廓光、隔离光或背光。太阳光线从被摄对象的侧后方射出来，或者镜头正对着太阳方向进行拍摄。逆光能清晰地勾画出被摄对象的轮廓形状，宜拍摄剪影，如图 2-35所示。在表现数量较多的对象时，由于各个物体上都勾画出一个亮的轮廓，因此能够使物体彼此分开，区别出层次，从而强调了数量。

图 2-35　逆光

逆光拍摄有利于表现空气透视现象，能表达出空间深度及环境气氛。由于远近景物呈现出不同的亮度，近景暗、远景亮，因此可以形成画面丰富的影调层次。逆光能使物体的投影落在画面的前方，成为画面构图的因素，有时可以起均衡画面的作用，还可增强空间感和立体感。

逆光拍摄常常可以造成暗色背景，使背景中杂乱的线条和不必要的细节隐藏在黑暗中，从而简化了背景。逆光使主体与背景之间被阳光勾画出一道亮的轮廓线，使主体形象突出。

逆光不利于表达被摄对象正面的色彩和质感。拍摄近景人像时，正面要有足够的辅助光，才能使质感得到较好的表现。人物的表现，要注意将人物衬在深色调的背景上，以突出其明亮的轮廓线条，否则，人物的亮轮廓线条会被亮背景吃掉，影响立体感的表达。

除了为表现某种寓意或气氛外，逆光拍摄一般要避免太阳光直射到镜头上。

2) 室外散射光

室外散射光即室外无直射的光线，包括景物完全处于阴影中、日出前、日落后及阴天、雨雪天、雾天等。

① 景物完全处于晴天的阴影之中，靠周围物体的反射光和散射光照明，光线柔和，多蓝紫光。若环境中反射光强烈，阴影中的物体也会产生丰富的明暗层次，适宜细腻地表达物体的质感。

② 日出前及日落后，指的是黎明太阳即将升出地平线之前和黄昏太阳刚刚落山之后，即太阳在地平线 0° 角以下，这段时间，地面上无直射阳光，但天空很亮。地面上的景物处于云霞、天空的微弱反射光和散射光照明之中，亮度很低。可利用地面景物与天空较大的暗亮对比拍摄剪影，地面景物的轮廓可分明地衬在明亮的天空上。这段时间不宜拍摄人物近景，

也不利于表现人物的神情或细部层次。拍摄剪影要选择线条简练、清晰、富有表现力的景物，用仰角进行拍摄。

日出前和日落后这段时间通常是拍摄夜景的"黄金时间"，这是因为太阳即将升起或刚刚落山，天空还有一定的亮度，能与地面景物区别开来，地面景物也能表现出一定的层次。若完全天黑时拍夜景，景物的外部轮廓与天空融为一体，没有空气的散射光，景物层次也全部会消失。胶片与录像磁带远没有人眼的分辨能力强，只能记录下灯光的亮点。在接近夜景时拍摄夜景，能再现人眼对夜景的视觉印象，获得真实的夜景效果。

在这段时间拍摄夜景应特别注意以下两点。

- 注意保持画面上大面积的暗色调，形成夜的基调。不论是全景，还是中、近景都应保持背景中的暗色调占主要地位。人物中、近景可用侧光、侧逆光勾出轮廓。
- 注意亮处和暗处的分布，真实再现夜景的空间深度。在夜晚人眼能分辨出远近的景物，若画面需真实再现这种视觉印象，就要选择亮度较高的景物或物体，如路灯、车灯、窗户的光、炉火、篝火、地面上水的反光等与周围环境形成亮、暗对比，并注意画面的景物布局，形成远近明暗影调的配置、对比，以强调夜景的空间透视。

③ 在阴天，太阳被浓重的云遮住，景物主要依靠散射光照明，没有明显的投影。景物的明暗反差弱，主要依靠景物自身的明暗及颜色的深浅来表现亮暗区别。阴天光线色温偏高，范围在 7000~8000K，景物色调偏蓝，呈冷色调。如果运用不好，画面会缺乏明暗层次、灰平一片，色彩灰暗、平淡。

在阴天进行拍摄要注意选择亮度反差大、色彩明快的物体，用景物本身的明暗、色彩阶调形成画面的影调、色调层次；要注意选择较暗的前景，以造成前后景物影调的对比和大小的对比，从而表达出空间深度感。

拍摄人像近景，要以暗色调为背景，避免以天空为背景。天空是阴天光线下画面中最亮的部分，人脸亮度远不及天空，若衬在天空上，会变得灰暗、没有层次。晴天，蓝天下人脸虽然不是最亮的部分，但由于受到阳光照射，衬在蓝天上，因此并不影响人脸的亮度。若要表现人的姿态动作，就要使人物与背景、周围景物形成影调对比，暗的主体衬在亮的背景上，亮的主体衬在暗的背景上，以突出动作、姿态的轮廓线条。

阴天拍摄还要注意调整好白平衡。阴天光线的色温并不平衡，阴影处光线的色温比开阔地光线的色温高。调整白平衡时最好选择该场景中光线色温相对较高的地方，以提高摄像机记录低色温光线的能力，使画面不至于严重偏色。

3) 室内自然光

室内自然光由于受室外自然光变化和室内环境的影响，故比室外自然光线复杂。室内自然光有如下特点。

① 光线有固定的方向。光线通过门窗进入室内，方向一定。若一室有多处门窗，则有多光源的效果。除了直射光照明外，室内自然光随着室外自然光的变化时只有亮度大小的变化，没有方向的变化。

② 光线亮度变化大。室内光线的亮度不仅与室外早、中、晚及阴、晴天等因素有关，

还与门窗的朝向、大小和多少，以及室内墙壁和物体对光的反射能力有关，因此，不同时间室内光线的亮度变化很大，同一时间不同环境的光线亮度也有差别。

③ 光线柔和细腻、过渡层次丰富。有时进入室内的光线经过玻璃、纱窗、窗帘等介质后，光线的亮度、强度会减弱，有柔和细腻的过渡层次。有时门窗处有部分直射阳光，大部分为散射光和漫射光照明。由于距离门窗的远近不同，室内景物的亮度也不同，呈现出由亮到暗的丰富过渡层次。

④ 光线明暗反差大。室内景物反射光的能力远低于室外自然光下的物体反射光的能力，因此室内亮度间距较大，尤其室内有直射光照明时，被摄体受光面和阴影面的明暗反差会更大。

⑤ 富有环境气氛。光线真实、自然，利用室内环境、门窗开设情况的不同，光线强弱、反射的不同，可营造特定的环境气氛。

⑥ 室内色温偏高于室外色温。越远离门窗的地方，色温越高。

运用室内自然光线条件要注意以下几个问题。

① 用逆光、侧逆光表现室内空间、场面的规模和气氛。尤其有直射阳光进入时，明暗层次分明，一道道光束使气氛浓烈、环境特点明显。

② 利用门窗的光线侧光进行拍摄，有利于勾画人物的主要轮廓线，立体感很强。若有大面积的暗背景，易形成低调画面。

③ 利用门窗的光线顺光拍摄，主体亮、背景暗，形象突出，人物脸部神情细致，但要注意选择亮的物体作为背景或着浅色服装、头巾、帽子等，以避免人的轮廓和头发被暗背景吞没。

④ 若有两个以上的门窗，可将一个门窗的光线作为主光，其他门窗的光线作为辅助光或背景光。

在室内完全用自然光照明拍摄(直线拍摄)时要注意以下几个问题。

① 镜头尽量避开强光窗口，以减少画面中的亮度反差。可适当提高曝光量，以提高画面内室内景物的亮度。

② 在光线不平衡的室内拍摄运动镜头，需用手动光圈，避免画面忽明忽暗。

③ 应选择色调、亮度反差大的物体，以形成画面影调层次。

④ 在室内光线色温较高的地方调整白平衡，以减少画面中的蓝紫光调。

2. 人工光线

人工光线是指运用聚光灯、碘钨灯、强光灯、闪光灯等照明器械而形成的光线条件。人工光线可以按照摄影者的创作意图及其艺术构思进行配置，人为地控制、调整光线的投射方向、角度，改变光的强度或调整色温，从而艺术地再现现实生活中的各种光线效果。有时人工光线也用于对自然光线进行补充。人工光线是摄影艺术中有力的造型表现手段。

人工光线

人工光线的运用，要以生活中真实的光线效果为依据，不能违反现实生活中的照明规律。按照自然光的规律，人工光线一般分为主光、辅助光、轮廓光、背景光、装饰光等几种基本光线。除此之外，还有效果光、底子光、顶光、脚光等。

1) 主光

主光是表现被摄对象的主要光线，在整个照明方案中，它是最强光。主光用来勾画被摄对象的主要轮廓线和照亮物体最主要、最富有表现力的部分。它在形成画面的造型结构、表现对象的立体形象、建立画面的空间关系及造成画面影调的明暗配置中起主要作用。主光属于直射光，有明显的光源方向，可使被摄对象形成明显的亮部、阴影和投影。

配置人工光线时，首先要确定主光的方向、高度和亮度，然后在主光的基础上配置其他光线。主光位置的变化，会使光线的投射角度不同，导致被摄体受光面、阴影与投影的比例的变化，从而形成不同的造型效果。主光一般在被摄体左前侧或右前侧的顺侧光位置上，如图 2-36 所示。

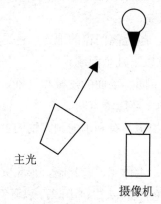

图 2-36　主光

当主光光位在被摄体左或右前侧 30°~45° 时，一般称为正常主光照明。水平位置上主光角度小于 30° 时，属正面照明，造型能力较弱。水平位置上主光角度在 45°~90° 时，称为窄光照明，适宜人物脸部较平或需要强调其立体感、质感的被摄对象的表现。垂直位置上主光角度在 45°~90° 时，顶光效果明显，一般不利于表现人物。

主光在水平线以下，由下向上照明，被称为脚光。脚光自下向上的投影，产生特殊的造型效果，可用于刻画特殊的人物形象、情绪或气氛。

主光的位置不是固定不变的，它要根据被摄对象的特点、拍摄环境的特征、创作的意图以及构图的要求等进行调整，例如，要表现被摄对象后侧面的轮廓特征时，其主光位置应在人物的后侧，以侧逆光射向被摄对象。而主光常用顺侧光则是为了突出被摄对象的正侧面特征。

2) 辅助光

辅助光是补充主光照明的光线。辅助光用于减轻或消除由主光造成的阴影，以调整画面影调，完善被摄对象形象的塑造。辅助光提高了阴影部分的亮度，有利于体现物体阴影部位的细部特征和质感。

辅助光光源属于柔光，通常用散射光作为辅助光，以避免使被摄对象造成第二个阴影。辅助光的亮度不能强于主光，不得破坏画面中主光的方向性和光线效果以及阴影部位的层次、质感。要恰当控制主光与辅助光的光比，它决定了画面的阴暗反差及画面基调。在主光亮度不变的情况下，辅助光越弱则反差越大，辅助光越强则反差越小。一般辅助光位于摄像机的另一侧与主光相对的位置，如图 2-37 所示，有时也与主光位于同一侧。辅助光在水平位置上的角度略大或略小于主光，在垂直位置上的高度略低于主光。

3) 轮廓光

轮廓光的作用是照亮、勾画被摄对象的轮廓，使之与背景分开，有助于表现被摄对象的立体感和空间感。轮廓光位于被摄对象的后方或侧后方，即逆光或侧逆光，一般与主光相对。例如，若主光用右前侧光，轮廓光则从对象的左后侧投向被摄对象，如图 2-38 所示。有时轮廓光的亮度与主光相同，有时强于主光。轮廓光不仅可以使被摄对象的轮廓线条清晰明亮，还可以丰富画面的影调层次，具有较强的造型性。为了避免轮廓"发毛"，轮廓光不可过亮。轮廓光属于直射光，一般从高于对象处向下投射，光区要限制在具体的部位上，例如，人物肖像的轮廓光，要照亮头部和肩部，以突出人物的立体感。

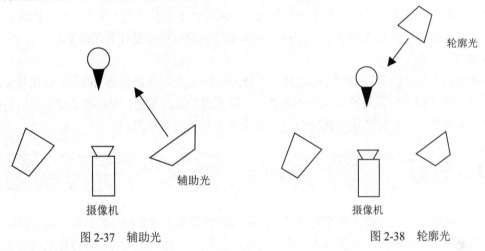

图 2-37　辅助光　　　　　　　　　　　图 2-38　轮廓光

4) 背景光

背景光是用于照明被摄对象周围的环境及背景的光线。背景光的主要作用是通过对被摄主体所处的环境和背景的照明，使背景的影调与主体形成对比，使主体形象鲜明、突出。通过对背景光亮度的控制和调整，可获得不同的画面影调，形成不同的画面基调。例如，背景光亮度与主光相同或略高于主光时，可得到高调画面；背景光亮度低于辅助光或不用背景光时，可得到低调画面；背景亮度控制在主光与辅助光之间，或者使主体的亮背景部分暗些、主体的暗背景部分亮些，则可以取得正常影调的画面效果。背景光还可以创造出特定时间、环境气氛和光线效果，有利于深刻地表现主题。

5) 装饰光

装饰光是对画面进行均衡修饰的光线。在主光、辅助光、轮廓光、背景光确定之后，用装饰光弥补局部照明的不足，达到画面照明的均衡，或对被摄对象的局部、细节进行修饰，使其形象更完美、突出。装饰光的运用要合理，照明要准确。运用时需进行必要的遮挡，避免对其他光线的干扰。眼神光就是一种装饰光，它可使人的眼球上产生闪烁的光斑。在拍摄人物的近景时，表现好眼神光是很重要的。眼神光的处理，光线要柔和，光束要尽量小。眼神光可用主光、辅助光构成，或用专用灯对眼睛照明。

6) 效果光

效果光是用来再现生活中某种特定光线效果的照明，例如，台灯光、炉火光、篝火等。使用效果光时，光线效果要真实，投射方向要符合特定光线效果的要求，例如，在拍摄白天内景时，主光要从窗户方向投入，而拍摄夜景中的房间时，主光则应从室内射出。运用效果光时，还要注意与其他光线之间的合理配置。

7) 底子光

底子光是从场景前方或中心的上方对场景进行普遍照明的光线。其目的是使场面和人物都受到均匀的弱光照明，以避免画面上出现死点。通常用低照度的散射光照明。

8) 顶光

顶光的光源来自被摄对象的正上方。与自然光中的顶光一样，拍摄人像会使人顶部、头发、前额、鼻尖、颧骨、眼眶等凸出的部位亮，而眼窝、下颊等凹进去的部位暗。因此，一般来讲，顶光不利于表现人物形象。演播室拍摄常用顶光对环境进行普遍照明。

9) 脚光

脚光是由下向上照明被摄对象的光线，可分为前脚光(在对象的前方)和后脚光(在对象的后方)。脚光除了用于刻画特殊的人物形象外，一般不用于表现人物。有时脚光用来产生特殊的情绪及环境气氛，有时还用于再现台灯、篝火等光源的照明效果。

2.10　色彩

色彩是视听语言的一种重要视觉构成。它是人的视觉器官对光的一种反应，是不同波长的光波的"颜色"体现，即光谱形式。换句话说，色彩在本质上是光的一种特殊呈现形式。基于此，讨论色彩问题时，读者就不会惊异于它在许多地方与光存在的惊人一致性。

2.10.1　概念

如果从造型语言的意义上来理解色彩的概念，只需要把握色彩的情感意向。可实际上，无论是色彩的直接意指还是含蓄意指，都与色彩的物质特征直接相关。所以，尽管本书不对色彩进行详细的物理说明，但在讨论色彩概念时，本书将从物质特征和心理倾向两个方面展开。

1. 物质特征

如上所述，色彩是光波的一种物质存在形式，不同的光波长形成了不同的颜色。有些能被人眼所感知(如波长范围在 380~760nm)，有些则为人眼所不及。而且，由于光源的光谱成分，物体本身对各种光波的吸收、透射和反射的特性，以及各物体之间的反射光的相互影响等，使物体颜色的构成表现得复杂纷繁，但于人眼而言，色光的混合呈现为红、绿、蓝三原色是基本的规律，而各种比例的三原色光相

色彩三要素

混合，可以生成自然界中的一切色彩。这是色彩最根本的物质特征。在此前提下，色彩还有种类、深浅、鲜艳程度等区分，分别呈现为色调、明度和纯度。

1) 色调

色调指的是颜色的主要特征，需要注意的是，同一色调的颜色不是指一种颜色，而是一类色彩，即显现彩色成分的三原色光组合比例相同。如深红、纯红和浅红三种颜色中，虽然三原色光的组合比例不同，但是显现彩色成分的都是红光，所以将这三种颜色统称为红色或红调。[2]色调具有天然的丰富性，人眼能看到的光谱色就有红橙、黄、绿、青、蓝、紫。自然界的实际色调更是万紫千红，五彩缤纷。它们与人类特有的色彩感受一起，为社会生活和艺术创作的丰富多彩提供了无限可能。

2) 明度

明度指的是颜色的深浅明暗的特征。它与反光率、透光率、光线的照度、大气透视及表面结构关系等因素有着密切的关联，而反光率是明度的具体知觉属性。一般说来，纯色类的色彩明度适中，如果加入黑色就会减低色彩明度(降低反光率)，而加入白色则相反，会增大色彩的明度(提高反光率)。例如，黑色、深绿、纯绿、浅绿和白色就表现了由于在色彩中逐级地加入了消色成分及使反光率的级别变化而形成了一系列明度不同的色彩。[3]在数字视频作品的创作中，色彩明度直接体现为画面的影调层次。换言之，明度是形成影调风格的色彩因素。

3) 纯度

颜色的纯度就是人们常说的色彩饱和度，主要指色彩的鲜艳程度。通常，色彩所含的消色(黑、白、灰)成分越多，色彩的纯度(饱和度)就越低；所含的消色越少，色彩纯度就越高，颜色就越鲜艳。此外，色彩纯度还会受到物体表面结构、照射光源特点以及人的视觉生理特性等因素的影响。物体表面光滑、光源的光线集射程度高、人眼感色纤维活跃，就会提高色彩纯度；反之，如果物体表面粗糙、使用漫射光源、再加上注视时间长，就会减低色彩纯度。纯度对于视听处理的影响主要集中在画面色彩美感和影调方面，纯度高，颜色鲜亮，影调就明艳；纯度低则相反。

2. 心理倾向

鲁道夫·阿恩海姆在《艺术与视知觉》一书中明确指出："色彩产生的是情感经验。"[4]各种不同色彩唤起不同的情调，甚至在各种不同的文化环境中表现不同的象征意义。而之所以会出现这样的现象，是因为色彩具有心理倾向。

色彩的心理倾向

1) 生理因素的影响

色彩的心理倾向首先取决人的生理因素。100多年前"杨-赫姆霍尔兹"学说就提出：人眼的视网膜中有三种感色纤维，它们在感受红、绿、蓝三色后通过发生兴奋的方式向大脑传递色光信息，这种生理活动必然对心理产生影响。感色纤维兴奋程度的强弱会在心理上形成

2 刘恩御. 电视色彩学[M]. 北京：北京广播学院出版社，1988：69.
3 刘恩御. 电视色彩学[M]. 北京：北京广播学院出版社，1988：70.
4 鲁道夫·阿恩海姆. 艺术与视知觉[M]. 成都：四川人民出版社，1998：455.

相应的"动""静"差别，这种差别与人的生活实践相联系，从而产生对等的情感体验，形成相关色彩的象征意义。

一般来说，红光的刺激能引发较强的生理兴奋，由此激起心理上的激进、热烈、不安等感觉，这也是在日常生活中"红灯"使人紧张、给人警示的原因。而蓝光刺激引起的兴奋程度较弱，心理影响也就转为平静，产生的是沉寂、冷静甚至冰凉的感觉。所以，蓝色在广泛意义上具有阴冷、忧郁的象征意味。绿光的刺激也能产生很强的兴奋，但由于三原色等量混合的效果，形成了生理刺激上的相对平衡，所以它的心理反应表现为"动中有静"，出现的是清新明快、宁静的感觉。因此，不少时候，绿色代表着健康、和平、生机盎然。当然，由三原色按照不同比例形成的众多色彩也就根据比例大小而表现出不同的心理情绪倾向。

2) 社会文化的影响

需要特别注意的是，色彩的心理倾向即引发的情感体验不仅受到生理因素的制约，还在相当程度上受到生活实践历史文化的影响，而且这种影响直接左右了色彩象征意义的特定内涵。

例如，绿色与"春天"的关系固然包含了生理刺激引起的"宁静的美"的联想，但更主要的还是由于对生活实践的联想。自然界的许多植物从冬眠的睡梦中醒来，披着嫩绿鲜明的色彩，以生机勃勃的姿态开始了又一年的新生。由于美丽的春天也同人的生息紧密相关，因此使人感到心情舒畅喜悦，充满希望，人们对春天这种形与色的感觉及对心理的影响，年复一年循环重现，便在色彩感情上使绿色同春天建立了紧密的象征性的联系。而绿色与"和平"的象征性关联主要源于人们对战争与和平景象的实际生活感受。战争与动乱、枯木焦土相联系，和平则与安宁、万物青葱相联系，于是绿色便与和平紧密相连，成了人们心目中象征和平的色彩。[5]

同时，色彩的心理倾向和象征含义还与时代、地域、人群等历史文化因素有关。比如红色和白色，在特定的时代地域和特定的人群中有着特定的情感倾向和文化含义。在革命战争年代，红色在革命人民心中唤起的无疑是积极昂扬的情绪，它象征着革命、希望，甚至无产阶级政权；白色则产生压抑暗淡的情调，是恐怖、消极、专制的象征。如果从不同地域各个民族的文化特性去考察，中华民族习惯以红色象征喜庆、白色象征悲哀，因为在国人的文化心理上红色与热烈激情相关，而白色与冷漠平静相关，所以传统的婚礼总是以红色为主调，葬礼则以白色唱主角。可是在西方不少民族中，白色的传统情调便是洁净、明朗，往往用来象征纯洁无邪，因此，在西方的婚礼上，新娘总是一袭白色婚纱，以表明自己身心的纯洁高尚。这一文化特征在视听创作中有着充分的体现。

---

5 刘恩御. 电视色彩学[M]. 北京：北京广播学院出版社，1988：152-153.

2.10.2　色彩语言

与光一样，当色彩超越了最初的自然还原开始作为深化内容、渲染情绪或表现思想的造型元素时，它便拥有了语言的品性，成为视听语言体系中不可或缺的一部分，色彩作为语言的含义也就有了明确的界限。也就是说，所谓色彩语言，指的是经过有意识的色彩选择和调配而建立起来的具有造型表现力的色彩关系和色彩结构，它具有独特的表现功能。

诚如前文所述，各种颜色有着自身的视觉效果，但于色彩语言而论，这种单一的颜色效果只是作为整体色彩语言构建的基础，它们彼此的匹配和调和及其所产生的复杂组合形式才是色彩语言的主要内容。当然，匹配也好，调和也好，组合也好，都有着一定的原则方法和要求。大致说来，可以归纳如下。

1. 色彩关系

在视听语言体系中，色彩的匹配和组合最终构成的是色彩的总谱。它融合作品的各种色彩并呈现为某种总的色彩倾向。它包含了整部作品色彩的总的关系，并直接造就色彩的整体基调，而这种色彩关系或基调主要体现为 4个方面的内容。

色彩关系

1) 色彩色调

如前所述，色调是色彩的主要特征，是颜色"类的倾向"的表现。如基耶斯洛夫斯基导演的《蓝色》就选择蓝调作为影片的色调。茱莉蓝色的大房子、蓝色的游泳池、蓝色的玻璃坠子，还有常常一闪而过的蓝色空白……导演不仅通过蓝色表现人物心灵深处那种深刻的孤独和忧郁，还借助蓝色传达出对自由的理解，一种萨特式的绝望的象征：真正的自由在哪里？影片《勇敢的心》反映的是古老民族的斗争历史和骑士式的浪漫爱情。作品在色彩色调的设置上突出了灰黑色，无论是道具、服装，还是场景，甚至主要人物的化妆等方面都有意进行了暗调处理，目的是取其浑厚而凝重，使其压抑而沉稳，扬其真实而神秘，从而在整体上使"色彩色调具有一种现实主义追求和浪漫主义描绘"[6]。

2) 色彩情绪

色调的确立实际上就意味着确定了某种色彩情绪。《美国往事》的色调是老照片式的黄白色。尽管该作品的内容充斥着暴力、阴谋和罪恶，但漫射光造就的明调成功地营造出浪漫和感伤的情调，它包裹着言说不清的往日情仇，缓缓地向人们展示出人生的残酷和无奈。《金色池塘》的色彩情绪是温馨的，黄昏的柔和光线给整个作品涂抹上了一层温暖明净的色调，人物、景物乃至整个场景都令人产生温情的联想。这种色彩情绪塑造了人物，塑造了故事，也塑造了人类与自然以及人类彼此间动人的诗意。

3) 色彩形式

色彩的基调总是以某种色彩形式呈现出来，如颜色的匹配形式、组合形式以及调和方式等等。像电影《黄土地》以土黄色为主色调，但实际影片出现的颜色并非只有大块的淡黄色，

---

6 张会军. 电影摄影画面创作[M]. 北京：中国电影出版社，1998：222.

而是将土黄色与红色、白色、黑色等几种颜色进行不同匹配而构成暖色背景下的特定色彩关系。各种花或者以谐调组合方式来强化黄色，或者以对比组合关系来突出黄色，由此形成影片"黄色"的基调。另外，影片中的这种土黄色也并非真实的黄土高原干涸贫瘠的土地色彩，而是经过摄影师特殊的写意处理后的"非现实"表现。张艺谋曾经谈到过他对《黄土地》摄影基调的设计："为了突出黄色的基调，时间选择在冬天去掉绿色；选择早晚，去掉天空的蓝色而渲染出温暖的黄色。在拍摄其他人物场景时尽量少用其他色，只用红色、黑色和白色加以点染。"[7]可见，摄影师对各种颜色间的关系、调配和表现形式有着明确的考虑，因此作品才能呈现出浑然一体的色彩效果。很显然，就《黄土地》而言，色彩形式既有力地强化了整体色彩基调，又起到了直接为主题表达服务的作用。

4）色彩风格

色彩风格是色彩基调的美学形态，是色彩色调、情绪、形式的概括表现。它有时是客观写实的，有时是浪漫写意的，有时是朴素的，有时是华美的，有时很古典，有时又很现代……如《红色沙漠》《黑炮事件》《辛德勒的名单》《红高粱》《菊豆》以及《天生杀手》等等，都是有着鲜明色彩风格的影片。以《天生杀手》为例，其色调的纷乱、对立式的匹配组合主观化的色彩运用、加上高纯度的色彩效果，形成了极具现代气息和迷乱感的色彩造型，形象地反映出人物变态的心理和极端的情绪。这里色彩充当的是符号化的视觉形象，构成的是风格化的效果。

2. 色彩结构

色彩的调配和组合是一种艺术手段，它最终体现为一定的色彩存在形态，即色彩的结构；而作为视觉语言，色彩的含义在很大程度上也取决于特定的色彩结构。

色彩结构

1）谐调结构与对比结构

如果从结构性质的角度考察，常见的色彩结构有两种，一种是谐调结构，一种是对比结构。

谐调结构的特点在于各种颜色之间的关系是和谐的，色彩的情绪呈现出同倾向性，更为具体的是各种色彩的反差很小。比如相近色调色彩的组合，像黄色、橙色、红色、粉色和品色这五种颜色的组合呈现出的就是暖色谐调结构，由蓝色、天蓝、青色和翠绿组合而成的色彩结构也是谐调结构，不过属于冷色系列。另外，明度和纯度相近的色彩组合在一起同样构成的是谐调结构。影片《黄土地》除了腰鼓戏一段外，其色彩结构基本呈谐调特色，黄、黑、红、灰的明度和纯度都比较低，一致呈现出暗淡的色彩倾向性。

色彩的对比结构与谐调结构相反，它通过各种在色调、明度、纯度等方面呈大反差特点的色彩的组合，形成对比关系；色彩的情感倾向也往往不同，甚至相对抗；造成的视觉效果十分鲜明。比如，绿色与红色的组合就是两种色调的对比结构，明月与黑夜的组合就是明度与纯度的对比结构。张艺谋导演的《大红灯笼高高挂》采用的也是对比的色彩结构。很多人

---

7 朱羽君. 电视画面研究[M]. 北京：北京广播学院出版社，1993：29.

误认影片以"红色"为基调,一个重要原因就是没有识别出作品在色彩上的对比结构。实际上《大红灯笼高高挂》的主色调是青灰色,整个环境(大宅)是无处不在的青灰色,除了那几个红灯笼和女主人公颂莲的红衣、红鞋外,实际上没有其他的红色出现。但因为青灰色是暗调,与红色相比没有那么夺目的视觉效果,所以在一般观众眼里会忽视它的存在。如果我们认真分析,就不难发现有限的红色之所以那么醒目刺眼,正是因为青灰色的有力反衬比照。从总体考察,影片设计上以青灰色作为环境空间的造型色,强化这一冷色调特有的压抑、冷酷的情调;而以红色作为女主人公的造型色,以热烈、兴奋的色彩意义象征她充满生命活力和反叛意识的性格特点。而最后作品以青灰色吞噬红色而告终,象征了女主人公被冷酷的环境毁灭的命运。不难看出,《大红灯笼高高挂》不仅通过对比的色彩结构刻画人物,还以色彩的对比展示冲突、较量,完成叙事甚至以对比的色彩结构直接揭示主题思想。

2) 空间结构与时间结构

另外,从结构方式的角度看,色彩结构又可以分为空间结构和时间结构两种。所谓空间结构,指的是同一镜头(画面)或场景空间内色彩的结构关系。它主要呈现为镜头内或场景内色彩的位置、面积及色调、明度、纯度的配置组合,比如在《黑炮事件》中,WD工地上鲜红的机器庞大无比,它横置于镜头前景部位,占据了镜头绝大部分的空间,而身穿黑衣的赵书信居于后景角落,被挤兑在机器与画框之间。人物与环境的冲突,或者说人物被环境所逼迫的处境通过色彩的横向结构得到了形象的表现。著名的"开会"片段也是色彩局部调配的典型,全景镜头展示的会议室几乎是纯粹的白色,白色的桌子、白色的墙、白色的窗帘、白色的茶杯、身穿白色衬衫的与会者……为了进一步突出大面积的、强势的白色,在画面中又添加了一个身穿黑衣的厂长李任重、一个有着黑色时针和分针的挂钟。这样的色彩结构对比十分夸张,白色与黑色在面积上大小悬殊,在明度上反差强烈,它以荒诞的风格表明了作者所要传达的批判意识。

所谓时间结构,指的是影片前后演进过程中的色彩关系。也就是说,它是从纵向角度考察色彩的分布规律。大抵说来,时间结构中的色彩关系有对比更替或转换等组合方式。比如上文分析的《黑炮事件》就存在着对比的现象。在转入大面积的白色会议室之前,出现的是大红大黄的建设工地,而在其后组接的又是灰黑色的房间。这样大跨度的色彩跳跃,成功地制造了情绪上的大起大落;同时也毫不掩饰地表明了作者对色彩表意功能、象征意义的强调,揭示出现代化建设的时代要求与僵化的思想观念和压抑的环境气氛所构成的尖锐冲突,从而唤醒人们的反思意识。有时候前后色彩的结构体现出的是更替的关系。比如电影《这里的黎明静悄悄》它先后使用了3种不同的色调:以洁白的充满诗意的高调镜头,展示记忆中美好的和平岁月;以单调、残酷的黑白画面,表现当年那场抗击法西斯的卫国战争;又以暖色调的彩色镜头,展现今天的和平生活。色调的变换,不仅划出了不同的叙事时空,而且对应着特有的情感;色调的更替,也不是简单的历史轮回,它标示着战争与和平的主题:往昔的和平图景是对罪恶战争的否定,而当今的和平生活又是对战争中付出的牺牲的肯定;除此以外,前后色彩的纵向转化也是时间结构中常见的情形。它往往通过色彩转换昭示情节的变化或人物命运、心境的改变。如《法国中尉的女人》影片的开头部分,莎拉始终披着她的黑色斗篷,守望着蓝色的大海,仿佛一个阴郁的幽灵。而当她与切尔斯在旅馆定情后,人物的色调变得柔和起来；最后当她真正拥有独立的生活获得新生时，她身穿白色的连衣裙，小小的居室里充满明亮的阳光。显然，导演赖兹设计这样的纵向色彩结构旨在刻画人物的心理，表现性格的发展。斯皮尔伯格在《辛德勒的名单》中也采用了色彩前后转换的处理方法，不同的是他巧妙地安排了前后照应。在影片的开头和结尾处，使用彩色，在中间段落使用黑白色将不堪回首的惨烈的历史与满怀宗教虔诚的昔日记忆及和平安详的现实相对照，由此去洞烛人性的卑劣和崇高，祈望为人类开启一个光明而安宁的未来。

2.11　思考和练习

1. 思考题

(1) 根据不同的分类方法，镜头可以分为哪几种？

(2) 不同景别的镜头有什么特点和作用？

(3) 不同角度的镜头有什么特点和作用？

(4) 不同方位的镜头有什么特点和作用？

(5) 不同焦距的镜头有什么特点和作用？

(6) 不同的运动镜头有什么特点和作用？

(7) 镜头的长度取决于什么因素？

(8) 比较主观镜头和客观镜头的差异。

(9) 解释名词：构图、主体、陪体、前景、后景、环境。

(10) 构图的原则和要求分别是什么？

(11) 前景在构图中有什么作用？

(12) 常用的构图形式有哪些？

(13) 比较硬光和柔光的差异。

(14) 解释光度单位：光通量、发光效率、发光强度、照度、亮度。

(15) 什么是光源的色温？它与颜色的显示有何关系？

(16) 比较顺光、侧光、顺侧光、侧逆光和逆光等几种光线方案的特点。

(17) 人工光线一般包括哪几种？它们各有什么特点和用法？

(18) 解释名词：色调、明度、纯度。

(19) 结合作品实例，体会色彩色调、色彩情绪、色彩形式、色彩风格的概念。

(20) 结合作品实例，体会色彩结构的种类与特点。

2. 练习题

(1) 观摩 5 部以上的优秀影视作品，注意揣摩其运用不同景别、角度、方位、运动形式、长度和表现方法的镜头的技巧和作用。

(2) 观摩 5 部以上的优秀影视作品，注意其摄影构图，体会构图的要素、原则和要求。

(3) 练习使用不同的室外直射光、室外散射光和室内自然光进行拍摄，比较其特点。

第 **3** 章

视听语言的听觉构成

- 声音在影视中的运用
- 数字视频作品中声音的种类

学习目标

1. 了解声音在影视中运用的发展史。
2. 掌握数字视频作品中语言的种类、特点与作用。
3. 了解数字视频作品中音响的种类。
4. 掌握数字视频作品中音乐的作用。

思维导图

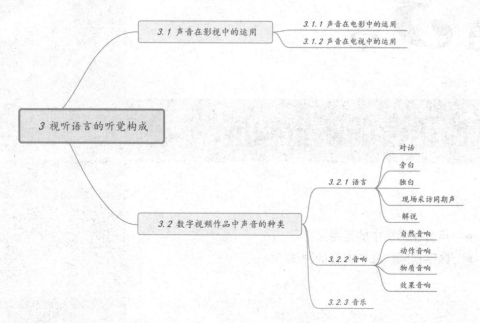

声音是塑造视听艺术形象必不可少的手段。声音在不同类型的数字视频作品中呈现出不同的形态,例如,在新闻类作品中主要是现场同期声的录制;而在社教类、文艺类作品中则既有同期声,又有配音配乐,这主要体现在各种文艺作品、剧情类作品的音频制作中。但不论是何种节目类型,声音制作的最基本要素是相同的。

3.1 声音在影视中的运用

3.1.1 声音在电影中的运用

从 1895 年电影问世到 1927 年有声电影诞生的三十几年中,电影是没有声音的:观众能看到演员在讲话,却听不到他(她)的声音。因此,电影被称为"伟大的哑巴",即默片。早期电影为了避免有声的运动过程变成无声的世界,常常用现场演奏音乐或播放唱片的方式来填充银幕无声的空白。格里菲斯执导的《一个国家的诞生》的首映式中就有管弦乐队的伴奏。

默片时代的画面语言经过卢米埃尔兄弟、英国布莱顿学派、美国的鲍特和格里菲斯、法国的梅里埃、德国的表现主义大师们以及西班牙的布努埃尔、苏联的蒙太奇学派等艺术家们的发展，也日臻完善。

1927 年 10 月，电影史上第一部有声片《爵士歌王》(如图 3-1 所示)在纽约上映后，引起轰动。从此，世界电影开始进入了有声电影历史时期。

图 3-1　电影史上第一部有声片《爵士歌王》海报

受到最大冲击的当数那些以夸张的戏剧动作吸引人的喜剧片。声音进入电影后，增加了电影的现实主义色彩，削弱了非现实形式的影片，尤其是对那些追逐性的喜剧片而言影响较大。于是，一批在默片时代大出风头的喜剧片渐渐淡出，只有像卓别林这样的天才生存了下来。卓别林对有声电影起初是排斥的，直到 1938 年，他才拍摄了自己的第一部有声电影《大独裁者》，而这一年离有声电影的出现整整隔了 11 年。

有声电影出现后的最初几年里，由于创作者只关心将对话大量地引入电影，拍摄所谓的百分之百的有声片，使得电影在默片时代形成的视觉表现力大大降低。那时，电影理论家们也对电影中的声音提出了质疑。德国电影理论家爱因汉姆指出，艺术应该追求表现媒介的特有潜力，而媒介与现实的不同构成了它特有的表现手段："为了创造艺术作品，电影艺术家必须有意识地突出他所使用的手段的特性，但与此同时，绝不应该因此而破坏拍摄对象的特点。相反地，应该加强、集中和解释这些特点。"[1]爱因汉姆将电影的无声看作电影区别于现实的特点，由此出发，他认为"电影正因为无声，才得到了取得卓越艺术效果的动力与力量"[2]，因为"默片把它特别希望强调出来的声音转化为可见的形象；它表现的不是声音本身，

---

1 鲁道夫·爱因汉姆. 电影作为艺术[M]. 北京：中国电影出版社，1981：35.

2 鲁道夫·爱因汉姆. 电影作为艺术[M]. 北京：中国电影出版社，1981：87.

而是声音的某些最足以说明的特征，于是声音就有了现状和含义"[3]。至于对话，爱因汉姆认为"默片中的对话并不仅仅是真正说出来的对话的可见的一面。一场真正的对话如果失去了声音，观众常常会不明所以，无法从面部表情和手势来加以揣测。在默片里，演员的嘴唇已不再是讲话的器官，而是一种视觉的表现手段。由于激动而张得很大的嘴或迅速扇动的嘴唇，这都不是发音的副产品。它们本身就是表达意义的手段。"[4]爱因汉姆最终认为，有声电影存在艺术上的矛盾，即声音媒介和视觉媒介不能统一在有意义的系统中，由于这两种手段努力用两种不同的方式来表现同一样东西，结果造成了一场乱糟糟的合唱，互相倾轧，事倍功半。爱因汉姆事实上混淆了视觉媒介和视听媒介的关系，完全以默片的美学原则对有声电影进行评价，但这两者却是不同的媒介，拥有不同的美学体系。不过，他对有声电影初期滥用声音的批评却是非常有力的。

1928年7月20日，苏联著名导演、蒙太奇学派的代表人物爱森斯坦、普多夫金及亚历山德洛夫联合发表了题为《有声电影的未来》的宣言。宣言对滥用声音的现象进行了批判，认为那种"机械利用声音来拍摄'高深的戏剧'和其他戏剧式的'照相演出'的方法，必将使蒙太奇文化趋于毁灭"。[5]爱森斯坦等人提出要把声音纳入蒙太奇的元素之中，将声音看成是一个与视觉镜头同等地位的蒙太奇元素。这样一来，声音所具有的那种现实性和倾向性便消融在蒙太奇的构成中。在他们看来，只有将声音纳入同蒙太奇视觉部分加以应用，才能为蒙太奇的发展和改进提供可能性。但是，由于种种原因，有关电影声音的理论研究和实践创作在此后的几十年间都进展缓慢。

20世纪60年代以后，录音技术发生了很大的变化。磁性录音技术比光学还音系统的音频效应好，而且高保真。随着录音技术的发展，电影的声音质量得到了保证，也为声音的运用提供了足够的技术支持。在常规性的影片中，同期录音注重了声音的丰富性，外景中的自然音响的成分比过去增加了，音乐在电影中的声音比例逐渐减少。一些有想法的创作者对声音的作用日益重视。安东尼奥尼在《奇遇》《红色沙漠》等影片中将各种自然音响作为音乐来使用。

20世纪70年代，电影多声道技术——杜比立体声(Dolby Stereo)成为标准的电影声音制式。杜比立体声制式实现了多声道的声音制作与还放，其光学声迹兼容影院单声道放映系统，既满足了电影创作者对声音品质(动态范围、频响宽度、声道数量)的要求，又为新影院安装多声道还音系统、老旧影院逐步更新设备提供了双重选择。[6]此后，电影制作的现场录音常常用多个话筒把环境中的各种声音分别录下来，并在后期进行艺术加工和合成。通过这种方式制成的电影声音不但丰富，而且可以根据故事的戏剧性安排声音的层次，既真实又富有表现力。于是，电影通过实践认识到环境音响的重要性，声音也可以像影像那样进行调度。

---

3 鲁道夫·爱因汉姆. 电影作为艺术[M]. 北京：中国电影出版社，1981：89.

4 鲁道夫·爱因汉姆. 电影作为艺术[M]. 北京：中国电影出版社，1981：90.

5 爱森斯坦，俞虹. 有声电影的未来(声明)[J]. 北京电影学院学报，1987，(2)：4-7.

6 王红霞. 20世纪70年代以来的电影声音技术发展史[J]. 电影艺术，2018，(5)：39-45.

20 世纪 90 年代以后，数字技术在电影声音制作中日渐完善。数字环绕声系统 DSS(Digital Surround System)以其更多的音轨数量(左、中、右、左环绕、右环绕、重低音)，更宽的频响范围和动态范围(90 分贝以上)，完全离散的编码方式，克服了杜比立体声矩阵转换的缺陷。2009 年前后，美国声音委员会又提出了"沉浸式声音"的观念，也就是能让观众完全沉浸在声音包围之中的声音制作观念。在原有的数字环绕声基础上，如何让声场真的"包裹"住观众，成为新的电影声音课题。以往的数字环绕声，其音箱的摆放基本是水平面的，没有头顶和前、后方高度上的声轨设置。因此，沉浸式环绕声秉承着 360 度都有声音覆盖的理念，在前后方的高处、头顶，都做了比较充分的考虑。[7]

声音的运用是电影发展史上第一次重大的技术革命。声音进入电影，使电影发生了质的飞跃，它由纯粹的视觉艺术变为视听结合的艺术。电影画面不再只是动作的影像。它还有声音的记录。声画两种元素的结合，使电影的表现力更为丰富。日臻完善的声音技术是视听艺术得以日新月异、迅速发展的重要保障。视听语言因此拥有了越来越丰富的声音造型能力和艺术表现力。

3.1.2　声音在电视中的运用

电视是在无线电和广播的基础上发展起来的。电视从诞生的第一天起就与声音结下了不解之缘。但长期以来，电视工作者却大多是以"图像比声音重要"的理论为指导的，从而使得电视节目呈现出"用电影方式做节目，用电视方式传播"的不协调状况。20 世纪 80 年代末开始，随着电视摄录设备的更新，电子新闻采集系统(ENG)、电子编辑机、数字特技等在电视节目制作中的推广运用，电视工作者在运用电视语言、电视表达方式以及电视声画关系等方面都进行了一系列新的探索。原北京广播学院朱羽君教授在一次电视声画关系研讨会上强调，要用"革命"二字来概括电视声画关系问题的意义。她指出："声画分离是机械时代的产物，而在电子技术高度发展的今天，声画关系自然具有了质的变化。""我们对'电视画面'必须有一个再认识，电视画面不同于电影画面，其中最重要的特征是：它一开始就同时包括生活中的形象在时空中的运动和时空中的声音，不能同时记录形象和环境声音的，不是真正的电视画面。"[8]

3.2　数字视频作品中声音的种类

数字视频作品除了利用画面表达内容、传递信息之外，还可以用声音来表达思想、叙述内容、描绘环境、抒发感情。在数字视频作品中，声音包括语言、音响和音乐 3 种。

---

7 王红霞. 20 世纪 70 年代以来的电影声音技术发展史[J]. 电影艺术，2018，(5): 39-45.

8 朱羽君. 屏幕上的革命[J]. 电视研究，1992，(2): 5-8.

3.2.1 语言

语言是人类独特、完善的传递信息的工具。它能够最直接、最迅速、最鲜明地体现人与人之间的关系，是人与人之间交流思想的工具。语言在数字视频作品中的地位非常重要。语言包括对话、旁白、独白、现场采访同期声和解说。其中对话、旁白、独白通常是剧情类作品的术语，而现场采访同期声和解说则是新闻类作品的术语。

语言

1. 对话

在剧情类的数字视频作品中，人物之间的对话主要有以下3种功能。

1) 展开情节内容

对话是表现整个情节内容的有力手段。通过对话可以使情节进一步发展，把情节一步一步地推向高潮。例如，美国电影《低俗小说》一开始就是以人物对白来交代事件起因的。男女主人公坐在小餐馆里用餐，而且和大多数情侣一样，亲热地边吃边聊。但他们对白的具体内容却不同寻常，既不是浪漫的恋爱告白，也不是温馨的夫妻细语，而是有关抢劫餐馆的部署分工。这段对白的安排为紧接着的抢劫事件做了内容上的铺垫，而且对白发生的特定时空、方式与对白的内容相结合产生了巨大的心理震撼，在男女主人眼里杀人越货如同用餐一样随意和轻松。

在中国香港著名导演王家卫的作品《花样年华》中，为了说明苏丽珍(张曼玉饰)和周慕云(梁朝伟饰)这两个人物是如何觉察到了双方配偶之间有不正常关系，并且随后展开调查，采用了以下的一段对白。

1. 周：这么冒昧约你出来，其实是有点事情想请教你。昨天你拿的皮包，不知在哪里能买到？
2. 苏：你为什么这么问？
3. 周：没有。只是看到那款式很别致，想买一个送给我太太。
4. 苏：周先生，你对太太真细心啊。
5. 周：哪里……她这个人很挑剔，过两天她生日，没想到买什么送给她，你能帮我买一个吗？
6. 苏：如果一模一样，可能她会不喜欢。
7. 周：对了，我没想到……女人会介意的。
8. 苏：会啊，特别是隔壁邻居。
9. 周：不知道有没有别的颜色？
10. 苏：那得要问我先生。
11. 周：为什么？
12. 苏：那个皮包是我先生在外地工作时买给我的，他说香港买不到的。
13. 周：那就算了吧。
14. 苏：其实我也有件事想请教你。你的领带在哪里买的？
15. 周：我也不知道，我的领带全是我太太帮我买的。

16. 苏：是吗？

17. 周：哦，我想起来了，有一次她公司派她到外地工作，她回来的时候送给我的，她说香港买不到。

18. 苏：会有这么巧。

19. 周：是啊。

20. 苏：其实，我先生也有条领带和你的一模一样，他说是他老板送给他的，所以天天带着。

21. 周：我太太也有个皮包跟你的一模一样。

22. 苏：我知道，我见过……你想说什么？

23. 苏：我还以为只有我一个人知道。

这段对话一共 23 句，可以分为 3 个层次。前面的 13 句是第一层次，是以周慕云主动发问为核心的，目的在于通过了解苏丽珍手提包的有关详情来判断自己太太与苏先生的关系，但这里的问答却包含了丰富的人物心理较量。周慕云貌似关爱太太，而苏丽珍则不动声色，含蓄婉转一层层地点破了周的伪装："你对太太真细心啊"，"如果是一模一样，可能她会不喜欢。""特别是隔壁邻居"，然后点明底细："那个皮包是我先生在外地工作时买给我的，他说香港买不到的。"到这里，周慕云虽然步步后退，但目的已经达到，于是他鸣金收兵了："那就算了吧"。

接下来的第 14 至 21 句是第二个层次，换成了苏丽珍的主动出击，她其实同样想了解自己丈夫与周太太之间的关系。通过这一层次的对白，不但对话双方都实现了自己的目的，观众也明白了其中的原委。

最后的第三层次虽然只有两句，但它却是重要的叙事环节，男女主人公在各自脱下家庭美满的伪装后，变成了同病相怜的"天涯沦落人"，故事也进入了一个新的发展阶段。可以看出，无论是情节发展、人物关系展开，还是对白的艺术性，甚至是人物的心理刻画，这段对白都堪称经典。

2) 刻画人物性格

精彩的对白不但可以传达叙事信息，还可以塑造人物性格。人物的年龄、性格不同，所处的地位不同，说话的内容、用词和方式也就不同。老农民和青年学生，做买卖的商人和做学问的学者，性格外向泼辣的人和内向寡言的人，他们在说话时的用词、语气和语调都不同，可以形成不同的风格。因此，在对话中，人物的语言是特定性格的产物。

例如，在影片《骆驼祥子》中虎妞跟他父亲是这样说话的："我有了，祥子的。老爷子你看着办吧。"那种粗犷泼辣、直来直去的性格非常鲜明。《英雄儿女》中王成的这一句"向我开炮！"对塑造王成的英雄形象产生了重要的作用。

3) 表达主题思想

影视作品中有很多精彩的对白，可以起到表达主题思想的作用。如电视剧《围城》中方鸿渐说的"城外的人想冲进来，城里的人想冲出去，对于婚姻也罢，职业也罢，人生的愿望大都如此"，表达的就是整部作品的中心思想。在冯小刚导演的影片《手机》中有这么一个非常精彩的片断，通过这一片断深刻地体现了手机对人类生活造成的影响：

《有一说一》栏目在开策划会。严守一、大段等几个编导散坐在桌子旁和沙发上。女编导小马在做会议记录。费墨穿着一件中式棉袄，脖子上搭着一条围巾，坐在一把藤椅上，居高临下地在点评节目。

费墨(一字一句地)：我常说，我们做节目就应该像坐火车一样，小站不停大站才停。我还要说，我们做节目要像拌萝卜一样，这个萝卜……

正在这时，严守一的电话响了。

严守一(接电话)：喂，你别来，我不在台里。

武月(在车里)：别编了，我都看见你的车了。

严守一：把电话给门卫吧。……喂，我严守一啊，给她登记。

费墨(继续)：萝卜皮……

大段：玩现了吧？你那车往那一停，谁都知道你跟台里呢。

严守一：明儿我停后边去。(对费墨)您说，您接着说。

费墨：好，我们就继续说。我说直接说萝卜，这个萝卜皮啊，通常人们认为它是无用的。

小马的手机响了。她拿着手机匆匆往外走。

严守一(起身)：本儿给我。

严守一(把笔记本接过坐下)：费老，咱不等了。

费墨：要等啊，怎么能不等呢。我不能每一个人来我都说一遍吧。

严守一：小马，你快点儿！

小马挂了电话，回到座位坐下。

费墨：那我就不说萝卜了，我说狗熊。我觉得我们做节目，就应该像狗熊掰玉米一样，掰一个……

男编导大段的手机响了。

大段：对不起啊。(开始接听电话)

费墨停止说话。

大段(支支吾吾地)：对……啊……行……哎……啧……(停顿不吱声)……我听见了啊，一会儿我给你打过去。

由于手机接得莫明其妙，大家反倒支起了耳朵。大段仰起头，发现大家都在看他。

严守一：肯定是一女的打的。

大段：又编，编，编。

严守一：费老，对面说什么我能给您学出来。(学着男女两种语气)开会呢吧？对。说话不方便吧？啊。那我说你听。行。我想你了。噢。你想我了吗？嗯。昨天你真坏。咳。你亲我一下。(停顿)那我亲你一下。听见了吗？

费墨生气起身要走。

严守一(起身拦住费墨)：开会呢，把手机都关上，认认真真听费老讲，要严肃。

他把费墨按到了沙发上。

费墨：严肃？我看你就是最不严肃。(把公文包扔在桌子上)

严守一：我把手机关了，你们也都关了。

众人开始纷纷关手机。

费墨：那我继续来说。我刚才都说什么了？

严守一(急忙翻记录本，神情极其认真)：火车、萝卜、狗熊、玉米。(抬起头，迷茫地看费墨)你到底要说什么呀？

众人想笑，但都压抑着。

费墨：是啊！我要说啥子啊？我自己都不知道我要说啥子了！我看我们就做一期这样的节目就挺好的嘛，就叫"手机"。(首先点着严守一)我不在台里啊，这个瞎话是张嘴就来。严守一，手机连着你的嘴，嘴巴连着你的心。你拿起手机来就言不由衷啊！(又点着众人)你们这些手机里藏了多少不可告人的东西？再这个样子下去，你们的手机就不是手机了，是什么啊？手雷！是手雷！

2. 旁白

旁白是代表剧作者或某个剧中人物对剧情进行介绍或评述的解释性语言。在绝大多数情节下，它以画外音的形式出现，超然于画面所表现的时空之外，直接以观众为交流的对象。它和画面中的任何一个人物均无交流关系。

旁白的作用视它在剧中出现的位置不同而不同。旁白在开头部分，通常是为了使观众能更好地理解即将开始的内容，从而对事件发生的时间、地点和时代背景等进行一些简单的交代；旁白若出现在剧情之中，多半是对省略掉的内容进行大体介绍，起到承上启下的作用，不会有中断感；旁白出现在剧终，通常是为了使全剧有一个结束感，并与开头的旁白在结构上相呼应。

例如，冯小刚导演的电影《甲方乙方》开头是男主人公的一段自我介绍，既介绍了故事的背景，也赋予了作品特殊的格调：

我叫姚远，现年 38 岁，未婚，人品四六开，优点六，缺点四，是个没戏演的演员。1997年的夏天，我和在家闲着的周北雁、道具员梁子、编剧钱康合伙填补了一项服务行业的空白，名曰好梦一日游，就是让消费者过一天梦想成真的瘾。目前刚刚起步，正处在试营业阶段。

在弗兰克·达拉邦特导演的电影《肖申克的救赎》中，瑞德(摩根·弗里曼饰)的旁白共出现了 27 次，共 18 分 24 秒。这 27 次旁白串联起了整个故事的开端、高潮和结局。影片中对监狱的本质进行定义的一段旁白，代了肖申克监狱里大多数因犯对待现实生活的看法，也进一步深化了影片的主题：

这些墙很有趣，刚入狱的时候，你痛恨周围的高墙，慢慢地，你习惯了生活在其中，最终你会发现自己不得不依靠它而生存。

3. 独白

独白是用语言形式再现人物内心活动的一种方法，它表现为画外音。独白不同于旁白，旁白超然于画面的时空，是一种解释性的语言。而独白发自于画面中某一个角色的内心，是角色思想活动的表现。它是画面所表现的那个特定时空里发生的语言，不是直接讲给观众听的。

在现实生活中，人的内心常常会和外表不一致。当一个人内心非常焦急的时候，他的外表可能会表现出非常平静；当一个人在进行复杂的分析、判断、抉择时，很可能只是一动不动地坐着。仅仅通过人物的外部动作，很难把他的内心活动表现出来。如果非要使用这种方法来表现，外部动作就会被处理得很夸张，从而失去了真实感。这时，可以借助于独白，用富有个性的独白语言，把人物的内心活动表现出来。

独白的主要作用是描写心理，抒发情感。例如在电影《重庆森林》当中，导演王家卫用100分钟的时间讲述了两个警察的故事，其中的人物独白段落多达32次，其中的警察633(梁朝伟饰)看似无厘头的独白，却形象地反映出主人公失恋之后内心的伤痛、自我安慰以及努力自省自强的复杂心理。

她走了之后，家里很多东西都很伤心，每天晚上我都要安慰他们才能睡觉。

(对着肥皂)你知不知道你瘦了很多，以前肥嘟嘟的，看看现在，整个都干瘪了。那又何必呢？要对自己有信心，知道吗？

(对着湿淋淋的毛巾)都叫你不要哭了，你要哭到什么时候？做人要坚强点嘛!

(对着玩具)为什么不出声呢？别生她气了。是人都有不清醒的时候的，给她个机会，好不好？

(对着衬衣)是不是很寂寞啊？几天罢了，也不用这么皱巴巴的吧？很冷吗？让我给你一点温暖吧。

而在王家卫导演的另一部电影《东邪西毒》中，错综迷乱的现代独白与悠远传奇的武侠故事叠加交织在一起，形成了奇特的叙事风格。

很多年之后，我有个绰号叫作西毒。

任何人都可以变得狠毒，只要你尝试过什么叫妒忌。我不介意其他人怎样看我，我只不过不想别人比我更开心。

我以为有一些人永远都不会嫉妒，因为他太骄傲。

在我出道的时候，我认识了一个人，因为他喜欢在东边出没，所以很多年后，他有个绰号叫东邪。

因为今年五黄临太岁，到处都是旱灾。有旱灾的地方一定有麻烦，有麻烦，那我就有生意。我是西域白驼山人氏，我叫欧阳峰，我的职业是替人解决麻烦。

看来你年纪也四十出头，这四十多年来，总有些事你不愿再提，或有些人你不愿再见，因为他们曾做过些对不起你的事。或者你也想过要把他们杀了，不过你不敢，或者你觉得不值得。其实杀一个人好简单。我有个朋友，他武功很好，不过最近生活有点困难。只要你随便给他一点银两，他一定可以帮你杀了那个人，你尽管考虑一下。

其实杀一个人不是很容易，不过为了生活，很多人都会冒这个险。

离开白驼山之后，我去了这个沙漠，开始这种买卖。

4. 现场采访同期声

现场采访同期声是指新闻类数字视频作品的拍摄现场中画面上所出现的人物的同步说话声音。由于这种声音发自拍摄现场人物本身，不是编辑记者后期加工制作的，所以属于纯客观的声音语言。

"从声画结构看，同期声讲话是一种有声画面，应属直观形象系统(亦即解说系列)，但是，从表意形式看，它却属于语言系统(亦即解说系列)。在这样的画面中，人物的动作和声音的同步出现，作为一种复合形态，它具有图像与解说的双重功能。"[9]可见，在节目传播中，同期声可以发挥声、画的双重功能。

1) 增强信息传播的可信性

因为人物既是事件当事人、目击者，又是第一手材料的拥有者，其谈话的可信性和说服力远远超过第三人称的议论和评说。在现场采访的过程中，录下人物所讲的一句话，往往胜过编辑时运用的十句话。此外，它能给观众造成一股不可遏阻的冲击力，在表现人物自身的思想、情感，或交代所经历的事物发展变化过程或感受时，更能达到真实效果。

2) 增强交流感

亲切、自然的同期声可大大激发观众已有的感知经验，缩短交流双方的心理距离，增强感情色彩，从而导致情感认同。

另外，在面对面交流的情况下，既可以听到对方的声音，又可以看到对方的表情、眼神和手势，甚至还可以嗅到对方的气味，感受到交流的环境、距离、气氛等，获得多种感官感知，使人同时得到更多、更全面、更准确的信息。因此传播效率高、效果好。

3) 增强感染力

同期声的大量采用强化了现场感和感染力。同期声可以真实地记录下现场的真实气氛，使事件得到概括和浓缩，并调动观众的视听感觉和亲临其境的感觉。声音对揭示主题、烘托现场气氛、渲染环境、增强真实感、可信性和感染力具有重要的作用。

电视纪录片《刘翔的 12 秒 91》是运用现场采访同期声的精彩范例。全片除了比赛现场的画面，只利用了对刘翔、中央电视台记者、国家田径队总教练等人的采访同期声，就生动、完整地表现了刘翔在 2004 年雅典奥运会上与对手斗智斗勇的过程。其中现场采访同期声的运用，不但增强了信息传播的可信性，也增强了节目的交流感和感染力。

镜头 1: (比赛现场画面)运动员在起跑线准备起跑，随着裁判员的声音"预备"特拉梅尔跑了出来。解说员：特拉梅尔抢跑。

镜头 2: (采访中的)刘翔: (这)属于要诈。

镜头 3: (比赛现场画面)特拉梅尔在准备起跑。

镜头 4: (采访中的)刘翔: 他因为起跑，

镜头 5: (比赛现场画面)运动员在起跑线准备起跑，裁判员的声音：预备。

镜头 6: (采访中的)刘翔: 人家还没预备，他"噌"地出去了，他成心犯规。

镜头 7: (比赛现场画面)运动员在起跑线准备起跑，随着裁判员的声音"预备"，特拉梅尔跑了出来。

镜头 8: (比赛现场画面)特拉梅尔在跑。

镜头 9: (采访中的)冬日娜(中央电视台记者): 特拉梅尔是一个经验特别丰富的对手，

镜头 10: (比赛现场画面)特拉梅尔在跑。冬日娜的画外音：跟起跑线上的其他 7 位选手相比，特拉梅尔的经验是最丰富的。他是上一届奥运会的银牌，而且是世锦赛的银牌，对于他来说，阿兰·约翰逊的缺席，给了他一个很大的机会。

---

9 钟大年. 纪录片创作论纲[M] 北京：北京广播学院出版社，1998：369.

镜头 11: (采访中的)冯树勇(国家田径队总教练): 叫作趁火打劫,趁乱打劫,他把你都弄乱了,大家都在危险的时候,谁都会很谨慎,

镜头 12: (采访中的)刘翔: 一个人犯规,所有的选手都要黄牌警告,8 个人,第二枪就不敢谁抢跑,谁压枪,

镜头 13: (采访中的)冯树勇: 谁抢跑谁就被罚下,

镜头 14: (采访中的)刘翔: 犯规就回家,背着铺盖卷好,回家喝粥了。

镜头 15: (采访中的)冯树勇: 明显地就看谁的反应更快,

镜头 16: (采访中的)刘翔: 我就感觉那个时候,心里确实很紧张,

镜头 17: (采访中的)冯树勇: (看)真本事,

镜头 18: (比赛现场画面)刘翔的画外音: 但是那个时候我的脑子就一直在想,

镜头 19: (采访中的)刘翔: 刘翔,刘翔一定要听好、听准枪。

镜头 20: (采访中的)冯树勇: 千万别抢跑,千万别慢。所以就出于这个,你又不能慢又不能抢跑。

镜头 21: (比赛现场画面)特拉梅尔在向回走。冯树勇的画外音: 特拉梅尔来了这么一下,那这一下又增加了我们受折磨的时间。那个心跳得,嗵嗵嗵,简直控制不了自己,越来越厉害。音乐起(紧张)。

镜头 22: (比赛现场画面)8 位选手回到起跑线,裁判员拿着黄牌走来。

镜头 23: (比赛现场画面)裁判员举起黄牌。

镜头 24: (比赛现场画面)裁判员拿着黄牌逐个向运动员出示。

镜头 25: (采访中的)刘翔: 这小子够阴险的。

镜头 26: (比赛现场画面)特拉梅尔。

镜头 27: (采访中的)冬日娜: 他的这一个小的抢跑能感觉到反而真的是激怒了刘翔。

镜头 28: (比赛现场画面)8 位选手站在起跑线上。冬日娜的画外音: 你对刘翔这么多年的采访拍摄当中,从他的表情、从他的表现能看得到。

镜头 29: (采访中的)刘翔: 我就(有一点)被他激怒了。我感觉,好,你给我这样,好,来吧!

镜头 30: (采访中的)冬日娜: 来吧!

镜头 31: (比赛现场画面)8 位选手站在起跑线上。刘翔的画外音:"那就拼吧。"

镜头 32: (比赛现场画面)发令员在观察。

镜头 33: (采访中的)刘翔:"听好枪,听好枪。"

镜头 34: (比赛现场画面)选手们准备起跑。

镜头 35: (采访中的)冬日娜: 决赛直到第三枪才发出去。

5. 解说

解说是对画面内容的解释和说明。它一般出现在新闻、专题片、科教片或教学参考片等作品中,配合画面阐述作品的内容,对画面内容进行必要的解释和说明,使观众对画面有深刻、正确、全面的理解。它的作用主要是: (1) 扩大信息含量,补充画面不足,挖掘画面内涵; (2) 渲染烘托气氛,提炼升华主题; (3) 连接画面,顺利过渡转场。

画面和语言不同,画面提供的信息是多方面的、多层次的。有时画面的意思十分明确,有时却十分含蓄、混杂。观众对画面内容的理解往往又因为各自的文化修养、兴趣爱好而有

所不同。这时，如果没有解说作适当的引导，就很难做到深刻、正确、全面地理解画面的内容。

例如，当看到以下画面：

青菜地，蝴蝶飞来飞去，

蜜蜂在花朵上采蜜，

蝴蝶飞落在大葱的花上……

观众将怎样理解呢？可以理解成："啊，春天来了！"然而，它却是一部科教片的开头，解说词是："在自然界，到处都可以看到形形色色的昆虫。"

在电视纪录片《话说长江》中，则采用诗一般的语言表达了对母亲河的深情和感激：

多少年过去，岷江一直不知疲倦地流着、流着……她既不因寒暑的变易而枯竭，也不因长久的奔腾而停滞；她用自己的乳汁浇灌着千万顷肥沃的土地，陶冶着川西儿女淳朴而又坚强的性格。流进我心里的是摇篮曲，在耳边回响着母亲的述说……

在电视纪录片《故宫》的第一集《肇建紫禁城》中，采用的是抒情与叙事相结合的解说：

是谁创造了历史？又是谁在历史中创造了伟大的文明？

公元 1403 年 1 月 23 日，中国农历癸未年的元月一日。这一天，生活在这块土地上的人们，依然延续着自古以来的传统，度过他们一年中最重要的节日——农历元旦。

这一年，人们收到的类似今天的贺年卡上，不再有建文的年号了。建文帝四年的统治，在一场史称靖难之变的战争后，成为了往事。

电视纪录片《舌尖上的中国》的解说词受中国传统文化、审美习惯和叙述方式的影响，文笔较优美清新、生动活泼、凝练含蓄、音韵和美，并追古溯今、娓娓道来，具有丰富的感情色彩：

酥油煎松茸，在松茸产地更常见。用黑陶土锅溶化酥油，放上切好的松茸生片，油温使松茸表面的水分迅速消失，香气毕现。高端的食材往往只需要采用最朴素的烹饪方式。以前藏族人都不爱吃松茸，嫌它的味儿怪。原来的松茸也就几毛钱一斤，可是这几年，松茸身价飞升。一个夏天上万元的收入，使牧民在雨季里变得异常辛苦。松茸收购恪守严格的等级制度，48 个不同的级别，从第一手的产地就要严格区分。松茸保鲜的极限是三天，商人们以最快的速度对松茸进行精致的加工。这样一只松茸在产地的收购价是 80 元，6 个小时之后，它就会以 700 元的价格出现在东京的超级市场中。(第一集：《自然的馈赠》)

草原之外的地区，游牧被农耕取代，人们没有条件大规模地放牧牛羊，有限的土地首先被用来耕种，乳制品最终没能在中原的厨房占得一席之地。农耕文明中的人们转而将目光投向另外一种植物资源，去获取宝贵的蛋白质。另辟蹊径地在植物的范畴寻找到了蛋白质的支持，这对历史上缺乏肉食的中国人来说既是智慧，也是一种幸运。(第三集：《转化的灵感》)

3.2.2　音响

在数字视频作品中，除了语言、音乐外的所有声音统称为音响。它的范围很广，几乎包括了自然界所有的声音。常用的音响主要有以下 4 种。

音响

1. 自然音响

自然界里非人为发出的声音，例如，风声、雨声、雷电声、山崩石滚声、惊涛骇浪声、潺潺流水声等。

2. 动作音响

由人或动物的行动直接发出的声响，例如，人的走路声、跌跤声、关门声、拳打脚踢声；动物的奔跑声、践踏声、喘气声、吞食咀嚼声、吼叫声等。

3. 物质音响

由各种机械工具、枪炮弹药、生活用品等发出的声音，例如，汽车、火车、轮船、飞机的发动声、行驶声、轰鸣声、汽笛声等；纺织机的织料声、各种机器的轰隆声；枪炮声、爆炸声、子弹炮弹的弹道呼啸声；电话铃鸣声、钟表滴答声等。本书将一切物质工具所发出的声响都归为物质音响。

4. 效果音响

效果音响是人为制造出来的非自然音响或对自然声进行变形处理后的音响。作为艺术创作的一种手段，效果音响是为创造某种情绪、意境等特殊效果而加入的。

3.2.3　音乐

音乐是抽象、概括的艺术。它善于表达情感、影响人们的情绪。在数字视频作品中，它能控制、影响观众对所表现内容的态度。为追求作品的整体效果，音乐与其他视听因素共同发挥作用。

音乐

(1) 概括画面的基本性质，有利于内容的阐述。例如，获得 2000 年奥斯卡最佳原创音乐奖的影片《卧虎藏龙》中，谭盾选用的古琴，带着几分神秘，又有一些感伤，正好符合整个故事的基调。古琴和沉静的大提琴音相配合，更营造出了极具中国特色的武侠江湖。在画面呈现江南烟雨的时候，音乐用的是悠扬的笛声。而在画面呈现为竹林时，箫这一音乐元素就很好地传达了武林江湖中的神秘感。在电影中人物打斗的时候，谭盾则选用了铮铮琵琶声，不仅是金戈铁马的铮铮之声，还是隐藏的杀气，都在音乐中得到了极好的呈现。在永恒的誓约这个片段，画面呈现的是天山的草原景象，而与之相呼应的音乐则由维吾尔族特色乐器热瓦普演奏，这与画面中的场景十分契合。在夜斗中，葫芦丝的运用，也使得画面中的夜晚显得愈加的静谧。

(2) 烘托、渲染特定的背景气氛。用背景音乐可以烘托、渲染作品的情绪和气氛，或紧张热烈，或欢快轻松，或沉闷压抑。美国电影《人鬼情未了》中当山姆和莫莉相拥在一起制作软陶时，伴随着飞转的软陶，唱机中的音乐缓缓飞出，一曲《Unchained Melody》将两人爱情的缠绵表现得淋漓尽致。山姆车祸身亡后，不忍离开心爱的未婚妻，终日守护在她身旁却不能现身，片终，终于借助灵媒奥塔的力量，与莫莉重逢。在短暂的相视片刻，任何话语都显得苍白，《Unchained Melody》的旋律再次响起，不过此刻抒发的感情除了不变的爱恋，更有一种天人永别的伤痛。

选用富有地方特征的旋律，可以渲染出地方特色。不同的腔调、不同的配器、不同的旋律风格，构成了独特的"方音"。《有话好好说》里京腔十足的说唱，《勇敢的心》中苏格兰风笛独特的音色，都为作品平添了许多地域风情。

借助于具有时代特征的音乐，可以使画面更具时代感和真实感。《阳光灿烂的日子》里，那些热烈的革命歌曲，让观众回到了那个热血澎湃、群情激昂的"文革"时代；《甜蜜蜜》中，邓丽君的一曲《甜蜜蜜》把观众带回了二十世纪八九十年代的时光；《站台》与《网络时代的爱情》几乎用尽了故事叙述年代所流行的全部代表性歌曲，人们踏着歌声走进了一个又一个过去的历史年代。

(3) 有助于形成节奏。如果音乐的小节、节段的转换与主体的动作、镜头的转换配合一致，将有助于节奏的形成。如电影《红高粱》中的《颠轿歌》，就以飞扬跳脱的四度跳跃和富有浓郁山东地方特色的节奏，很好地配合了电影画面中轿夫戏弄新娘子的场面。而《妹妹你大胆地往前走》则采用了富有特色的切分音节奏，音域高亢、语言酣畅，颇有秦腔的神韵，又有陕北民歌的粗犷豪放。这首歌曲当年可谓是红遍大江南北，并在歌坛造就了"西北风"的蔓延之势。

(4) 描绘富有动作性的事物或情景。恰当旋律的曲子对追逐、争斗等较紧张的运动形态具有描述性的作用，使其动感更强。节奏舒缓的音乐能够使速度较慢(或慢动作)的运动形象产生美感或表达出某种特定的情绪，给人留下深刻的印象。

3.3 思考和练习

1. 思考题

(1) 为什么说声音的运用是电影发展史上第一次重大的技术革命？

(2) 在数字视频作品中声音可分为哪几种？

(3) 数字视频作品中的语言可分为哪几种？它们各有什么功能？

(4) 数字视频作品中的音响分为哪几种？

(5) 数字视频作品中的音乐有何作用？

2. 练习题

观摩 5 部以上的优秀影视作品，注意揣摩其运用语言、音响、音乐的技巧和作用。

第4章

视听语言的语法

- 蒙太奇
- 声音蒙太奇

学习目标

1. 理解蒙太奇的概念与作用。
2. 掌握蒙太奇的常见形式。
3. 理解声音与画面的 3 种关系。
4. 理解声音与声音的 3 种关系。

思维导图

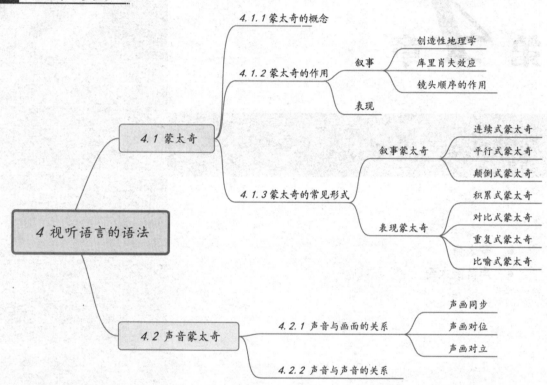

4.1 蒙太奇

蒙太奇的
概念与应用

爱森斯坦曾经说过,蒙太奇是电影的一切。马赛尔·马尔丹也说,对蒙太奇的研究是电影语言研究的核心。[1]同样,蒙太奇是视听语言的基础,也是视听语言的核心。蒙太奇是视听语言的"语法",是把影像和声音元素加以组织的规则,它贯穿于数字视频作品的整个生产过程。

---

1 马赛尔·马尔丹. 电影语言[M]. 北京:中国电影出版社,1980:108.

4.1.1　蒙太奇的概念

蒙太奇(Montage)这个词本来是从法国建筑学上借用来的，原意是指各种不同的材料，根据总体设计方案进行组合、安装，使其成为一个整体。这个名词后来被应用到电影艺术中，成为电影艺术的一个术语。

蒙太奇这一术语的含义，世界上还没有一个统一的、公认的定义。

我国《现代汉语词典》中解释为："蒙太奇为电影用语，有剪辑和组合的意思。它是电影导演重要表现手法之一。为表现影片的主题思想，把许多镜头组织起来，使其构成一部前后连贯、首尾完整的电影。"

大英百科全书解释为："蒙太奇指的是通过传达作品意图的最佳方式对整片进行的剪辑、剪接以及把曝光的影片组接起来的工作。"

法国电影理论家马赛尔·马尔丹在《电影语言》中写道："蒙太奇是电影语言最独特的基础。……蒙太奇意味着将一部影片的各种镜头在某种顺序和延续时间的条件下组织起来。"

我国电影理论家夏衍说："所谓蒙太奇，就是依照着情节的发展和观众注意力和关心的程序，把一个个镜头合乎逻辑地、有节奏地连接起来，使观众得到一个明确、生动的印象或感觉，从而使他们正确地了解一件事情的发展的一种技巧。"

尽管蒙太奇的定义众说纷纭，但基本论点没有太大的出入，这就是：蒙太奇是镜头组接的章法和技巧。随着影视艺术的发展，蒙太奇已经不只是镜头组接的章法和技巧，而是影视作品的思维方法、结构方法和全部艺术手段的总称。

4.1.2　蒙太奇的作用

1. 叙事作用

经过若干个镜头的组接，能叙述事件发展的过程，这就是蒙太奇的叙事作用。

电影理论家库里肖夫和导演普多夫金最早通过实验研究了蒙太奇的叙事作用，他们曾经做过 3 个著名的实验。

1) 实验一：创造性地理学

库里肖夫在 1920 年做过一个实验，他把以下 5 个镜头按次序连接起来放映。

镜头 1：一个青年男子从左到右走过去。

镜头 2：一个女青年从右到左走过去。

镜头 3：他们相遇，握手，男青年挥手指向他的前方。

镜头 4：一幢有宽阔台阶的白色建筑物。

镜头 5：两双脚走上台阶。

这 5 个镜头给观众形成了这是一个完整场景的印象。大家都认为男青年带着他的女友，走向那座白色大厦。其实，1、2、3、5 这 4 个镜头都是在相距很远、不同的地方拍摄的，而镜头 4 则是从电影资料里剪下来的，是美国华盛顿的白宫。

库里肖夫根据这个实验提出了著名的"创造性地理学"：镜头的组接可以把不同时空的片段构成一个整体。也就是说，镜头的组接可以创造出不同于实际空间的荧屏空间和不同于天文时间的影视时间。

2) 实验二：库里肖夫效应

库里肖夫和普多夫金完成的第二个实验是：从某部影片中选了著名演员莫兹尤辛的一个静止的、没有任何表情的脸部特写镜头，把这个特写镜头与其他影片的 3 个不同的镜头连接，形成了 3 个不同的组合(如表 4-1 所示)。当他们把这三种组合放映给一些不知道秘密的观众看的时候，观众对艺术家的表演大为赞赏。观众认为，演员看着桌上的那盆汤的时候，表现出沉思的心情；看着女尸的时候，表现出沉重悲伤的心情；而在观察孩子玩耍的时候，则显得轻松愉快。分别产生了不同的含义。

通过这个实验，库里肖夫认为，每一个单独的镜头，都是独立的、孤立的、没有意义的素材。只有把这个镜头和其他许多镜头放在一起，作为各个不同的视觉形象组合的一个部分被表现出来的时候，这个镜头才会被赋予完整的意义。这就是著名的"库里肖夫效应"。

表 4-1　库里肖夫效应

上　镜　头	下　镜　头	产生的含义
一个男子面无表情的脸	一盆色彩鲜艳的汤	沉思
	一个小女孩在玩着一个滑稽的玩具狗熊	愉快
	一具女尸	悲伤

3) 实验三：镜头顺序的作用

库里肖夫还将以下 3 个不同的镜头按不同的次序进行了组接，产生了不同的效果。

镜头 1：一个演员在笑。

镜头 2：一把手枪。

镜头 3：这个演员恐惧的表情。

按照 1、2、3 的顺序组接，观众认为这个演员是胆小鬼；按照 3、2、1 的顺序组接，观众认为这个演员是一个有勇气的人。由此可以看出，只改变一个场面中镜头的顺序而不改变镜头本身，就足以改变一个场面的意义。

2. 表现作用

根据人们的心理逻辑以及事物的内在关系，打乱正常的时空关系，以平行、交错等多种形式组接镜头，从而激发观众的情绪，引起观众的联想、对照、反衬，这就是蒙太奇的表现作用。

4.1.3　蒙太奇的常见形式

在数字视频作品中，镜头的组接若能恰当运用蒙太奇的表现形式，则能够使画面具有更强的表现力，产生更好的效果。下面介绍几种常用的蒙太奇形式。

1. 叙事蒙太奇

叙事蒙太奇以交代情节、展示事件为主要目的，按照事件发展的时间顺序、逻辑顺序、因果关系来组接镜头。它包括以下两种具体形式。

叙事蒙太奇

1) 连续式蒙太奇

连续式蒙太奇是绝大多数影视节目的基本结构方式。它以事件发展的先后顺序、动作的连续性和逻辑上的因果关系为镜头组接的依据。

如著名悬念片大师希区柯克导演的电影《精神病患者》中的"浴室杀人"片断，就连贯地表现了整个案件的过程。

镜头 1：近景。玛丽安在洗澡，背后出现杀手黑影。(镜头摇移)杀手近景，猛然拉开浴帘，看不清其面部，举刀刺向玛丽安。

镜头 2：近景。玛丽安转过身，表情惊恐。

镜头 3：特写。玛丽安尖叫。

镜头 4：大特写。玛丽安张大嘴巴尖叫。

镜头 5：近景。杀手举起尖刀刺下。

镜头 6：近景。玛丽安面部扭曲，想要闪躲。

镜头 7：近景。杀手举起尖刀猛力刺下。

镜头 8：近景。玛丽安转身要闪躲。

镜头 9：近景。玛丽安抓住杀手的手，想要阻止尖刀刺向自己。

镜头 10：特写。玛丽安大声尖叫。

镜头 11：近景。玛丽安不断推开杀手的尖刀。

镜头 12：特写。玛丽安不断地尖叫。

镜头 13：近景。玛丽安一只手拼命阻止尖刀，另一只手保护自己的身体。

镜头 14：近景。杀手继续不断地举刀刺向玛丽安。

镜头 15：特写。玛丽安左右摆动身体挣扎。

镜头 16：特写。杀手再次刺向玛丽安。

镜头 17：特写。玛丽安躲闪挣扎。

镜头 18：特写。杀手再次刺向玛丽安。

镜头 19：特写。玛丽安躲闪挣扎。

镜头 20：特写。杀手再次刺向玛丽安。

镜头 21：特写。玛丽安躲闪挣扎。

镜头 22：特写。杀手再次刺向玛丽安。

镜头 23：特写。尖刀刺中玛丽安的腹部。

镜头 24：特写。玛丽安极度疼痛扭曲的脸。

镜头 25：特写。锋利的尖刀猛地刺下。

镜头 26：特写。玛丽安用手臂格挡尖刀。

镜头 27：特写。玛丽安痛苦绝望地喊叫。

镜头28: 特写。鲜血不断地从上半身顺着双腿流到浴缸里。

镜头29: 特写。玛丽安痛苦地扭动头部。

镜头30: 近景。玛丽安转过身体把手扶在墙上支撑身体。

镜头31: 特写。腿部也在不断地挣扎,鲜血在不停地流。

镜头32: 特写。玛丽安手部不停地挣扎晃动。

镜头33: 特写。玛丽安无力地趴在墙上,已没有了反抗能力。

镜头34: 中景。沐浴喷头还在不停地喷水,杀手匆忙离去。

镜头35: 特写。玛丽安扶墙的手已经无力,慢慢下滑。

镜头36: 近景。玛丽安意识已模糊,慢慢转过身来,身体倚着墙不断下滑,绝望地伸手去抓向浴帘。

镜头37: 特写。玛丽安死死抓住了浴帘。

镜头38: 全景。玛丽安无力地坐在浴缸中,右手抓着浴帘。

镜头39: 特写。浴帘横杆上的扣环被一个接一个地拽掉。

镜头40: 近景。玛丽安手抓浴帘倒在马桶旁。

镜头41: 特写。淋浴喷头依然在不停地喷水。

镜头42: 特写。玛丽安在浴缸中的双脚,鲜血从身体下方流出,沿着水流流进地漏,形成了一个漩涡。

镜头43: 大特写(拉到特写)玛丽安的一只睁着的眼睛,(拉成近景)她的脸紧贴在地面上。

2) 平行式蒙太奇

它是两条或两条以上的情节线索的交错叙述,把不同地点而同时发生的事件交错地表现出来。这种叙述方法可使两个或两个以上的事件起到互相烘托、互相补充的作用。

例如,在影片《教父》的结尾就采用了平行式蒙太奇的形式,一条线索叙述迈克尔的手下在血洗纽约黑帮另外五大家族首领,另一条线索叙述他在教堂参加妹妹康妮的孩子的洗礼仪式,如表 4-2 所示。

表 4-2　影片《教父》的平行式蒙太奇段落

画　　面	声　　音
教堂内。	
镜头 1: 大远景。仪式正在进行。	
镜头 2: 全景。康妮抱着孩子,主教在讲话,凯和迈克尔并排站在圣水罐旁。	教堂里的管风琴声。
镜头 3: 近景。主教对迈克尔说: 此儿如失其父时,尔愿否教之育之?	
镜头 4: 近景。迈克尔在倾听。	
镜头 5: 特写。康妮的手把孩子的帽子解开。	
汽车旅馆内。	
镜头 6: 特写。兰浦恩(迈克尔的手下)在窗前准备枪支。	教堂里的管风琴声。
镜头 7: 近景。兰浦恩在准备。	主教在说话。
镜头 8: 全景。兰浦恩在准备。	
克莱门萨(迈克尔的手下)家的周围。	

（续表）

画　面	声　音
镜头 9：远景。克莱门萨腋下夹着一个大纸盒走到车旁。	
教堂内。	
镜头 10：近景。迈克尔在倾听。	
镜头 11：特写。主教为孩子耳鼻处涂油。	
发廊内。	
镜头 12：特写。理发师把剃须泡沫涂到威利奇契的脸上。	
镜头 13：远景。理发师在给威利奇契刮胡子。	
旅店内。	
镜头 14：全景。奈利(迈克尔的手下)在换上一身警察的制服。	
教堂内。	
镜头 15：特写。主教为孩子额头处涂油。	教堂里的管风
旅店内。	琴声。
镜头 16：特写。奈利取出手枪。	主教在说话。
镜头 17：近景。奈利用毛巾擦了擦脸。	
旅馆楼梯。	
镜头 18：全景。克莱门萨在一家大旅馆的后楼扶梯上。上楼。	
教堂内。	
镜头 19：远景。仪式在进行。	
镜头 20：特写。主教为孩子嘴唇处涂油。	
镜头 21：近景。迈克尔在倾听。	
镜头 22：近景。主教在讲话。手伸向孩子。	
镜头 23：特写。主教为孩子耳鼻、额头等处涂油。	
镜头 24：近景。迈克尔在倾听。主教的画外音："迈克尔，你相信神造世界吗？"迈克尔回答："我相信。"	
大街上。	
镜头 25：远景。迈克尔的手下从远处走来。	(画外音)主教问：
洛克菲勒中心大门外。	"你相信耶稣是唯
镜头 26：中景。奈利在一辆高级轿车前，拍拍汽车遮泥板，示意司机将车开走。司机微微举手，并未开车。奈利又重重地拍了拍，示意司机将车开走。	一的神子吗？"迈克尔回答："我相信。"
旅馆楼梯。	主教问："你相信
镜头 27：近景。克莱门萨还在上楼。	圣灵和教会吗？"
汽车旅馆内。	迈克尔回答："我
镜头 28：全景。兰浦恩把枪递给助手。	相信。"
发廊。	
镜头 29：中景。威利奇契(迈克尔的手下)走出发廊。	
教堂内。	
镜头 30：特写。孩子在母亲的怀中安睡。似乎突然受了惊吓。	

(续表)

画　　面	声　　音
镜头 31：远景。仪式在进行。	孩子的哭声。
洛克菲勒中心大门。	教堂里的管风
镜头 32：全景。两个人正要下楼。听见了车旁的争吵。	琴声。
镜头 33：全景。奈利正在对司机进行违章登记。司机一脸不屑。来到了奈利身旁。	主教在说话。
旅馆楼梯。	
镜头 34：全景。威利奇契在上楼。停下。	
旅馆楼梯。	
镜头 35：全景。克莱门萨走完最后几级楼梯，来到电梯门口。他按了一下电梯的开门按钮。	
按摩店内。	
镜头 36：中景。按摩师正在给莫格林进行按摩。	
教堂内。	
镜头 37：特写。主教在给孩子涂油。	
镜头 38：近景。迈克尔在倾听。主教的画外音："迈克尔，你是否排斥魔鬼？"	
旅馆楼梯。	
镜头 39：全景。电梯门打开。柯尼奥和偎偎的摩尔·格林惊呆了。	
镜头 40：全景。克莱门萨用猎枪向电梯内射击。	
教堂内。	
镜头 41：近景。迈克尔回答："是的。"	
按摩店内。	
镜头 42：远景。店门打开。一个人的背影出现在店内。	
镜头 43：中景。莫格林从床头取来眼镜带上，想看清楚进来的是谁。	教堂里的管风
镜头 44：特写。莫格林的眼镜被子弹击碎。血从眼睛处流了出来。	琴声。
教堂内。	主教在说话。
镜头 45：特写。迈克尔在倾听。主教的画外音："迈克尔，你是否排斥一切罪恶的行为？"	
楼梯处。	
镜头 46：全景。威利奇契把手上的香烟扔下，上楼。	
镜头 47：全景。威利奇契跟着科里奥来到转门处。在科里奥走进转门的时候，他上前把门锁住。	
镜头 48：近景。科里奥惊恐地发现了威利奇契，他大叫起来。枪响了，科里奥中弹。	
镜头 49：近景。威利奇契端着枪在射击。	
教堂内。	
镜头 50：近景。迈克尔回答："是的。"	
汽车旅馆房间。	
镜头 51：全景。房门。兰浦恩和助手突然破门而入，举枪射击。	
镜头 52：全景。菲力普·塔塔格利亚和一个半裸体的年轻妇女从床上跳起来，一串子弹射向他们。	
镜头 53：中景。子弹不停地射向床上的两人。	
教堂内。	
镜头 54：近景。迈克尔在倾听。主教的画外音："迈克尔，你是否排斥一切诱惑？"	

（续表）

画　面	声　音
洛克菲勒中心大门外。	
镜头 55：全景。奈利拔枪向身旁的两人射击。两人应声而倒。	迈克尔回答："是的。"
镜头 56：全景。奈利向楼梯上逃跑的巴西尼射击。	
镜头 57：远景。巴西尼中弹。	教堂里的管风琴声。
镜头 58：近景。巴西尼中弹。倒下。	
镜头 59：远景。巴西尼倒下，一辆车开到奈利身旁，奈利迅速上车，车开走。	主教在说话。
教堂内。	
镜头 60：特写。迈克尔在倾听。主教的画外音："迈克尔，你愿否受洗？"迈克尔回答："我愿意。"	
镜头 61：特写。牧师向孩子额头倒圣水。	
镜头 62：中景。汽车旅店内。血泊中的菲力普·塔塔格利亚。	
镜头 63：中景。转门处。血泊中的科里奥。	
镜头 64：洛克菲勒中心大门外。远景。倒在大街上的 3 人。	
教堂内。	
镜头 65：特写。迈克尔在倾听。主教的画外音："迈克尔，上帝与你同在。"	

3）颠倒式蒙太奇

这是一种打乱时间顺序的结构方式，它将自然的时空关系变成主观的时空关系，使各镜头间的逻辑关系发生变化，可以表现为整个作品的倒叙结构，也可表现为闪回或过去与现实的混合。例如，很多侦探片和悬疑片中，在叙述案件的时候，就不断通过回忆、复述等形式将案件的起因、过程逐渐展现在观众眼前。

2. 表现蒙太奇

表现蒙太奇是为了某种艺术表现的需要，把不同时间、地点、内容的画面组接在一起，产生不曾有的新含义。它不注重事件的连贯、时间的连续，而是注重画面的内在联系。表现蒙太奇主要包括以下 4 种常见的形式。

表现蒙太奇

1）积累式蒙太奇

若干内容相关或有内在相似性联系的镜头并列组接在一起，造成某种效果的积累，可以达到渲染气氛、强调情节、表达情感的目的。

2）对比式蒙太奇

镜头或场景的组接是以内容上、情绪上、造型上的尖锐对立或强烈的对比作为连接的依据。对比镜头的连接会产生互相衬托、互相比较、互相强化的作用。下面是一个对比式蒙太奇的典型例子，它生动地表明了资本家与工人之间强烈的阶级对比关系。

镜头 1：大腹便便的富豪用过丰盛的晚餐以后坐在沙发上。

镜头 2：在这个富豪开设的工厂里工作的一位工人，因"罪"被关进监狱，坐在电椅上。

镜头 3：富豪按一下开关，天花板上的枝形吊灯亮了。

镜头 4：监狱里也按了一下开关。

镜头 5：富豪打了一个哈欠躺在椅子上。

镜头 6：工人躺在那里已经死了。

3) 重复式蒙太奇

为了强调作品表达的深刻含义和主题，可将同一机位、同一角度、同一背景、同一主体的镜头在作品中重复出现，以加深观众的印象，取得良好的艺术效果。

例如，在影片《公民凯恩》中，就采用了重复式蒙太奇的形式，通过同一场景——餐桌旁凯恩夫妇对白的变化，非常简洁地讲述了凯恩的婚姻史。

又如，在法国电影《这个杀手不太冷》当中，也多次重复使用了莱昂打开窗户将栽有龙舌兰的花盆放在阳台上的镜头。这些镜头对于塑造这个"不太冷"的杀手发挥了极其重要的作用，这个本应是冷酷无情、神秘莫测和行踪诡异的杀手莱昂，其实有着细致严谨的生活态度，而且充满了温情。

4) 比喻式(或称象征式、隐喻式)蒙太奇

它是用某一具体形象或动作比喻一个抽象的概念。例如，用鲜花象征爱情和幸福；飞翔的鸽子象征和平等。普多夫金在《母亲》一片中将工人示威游行的镜头与春天冰河水解冻的镜头组接在一起，用以比喻革命运动势不可挡。

比喻式蒙太奇将巨大的概括力和极度简洁的表现手法相结合，往往具有强烈的情绪感染力。不过，运用这种手法应当谨慎，比喻与叙述应有机结合，避免生硬牵强。

4.2　声音蒙太奇

在数字视频作品中，声音与画面的有机结合可以补充和深化画面含义，渲染和烘托画面气氛。同时，声音的各种成分都可以在作品结构中发挥重要的作用。像画面蒙太奇一样，声音也有着丰富多样的组合关系。在画面蒙太奇的基础上，以声音的最小可分段落为时空单位，进行声音与画面、声音与声音的各种形式和关系的组合，称为声音蒙太奇。

声音蒙太奇

4.2.1　声音与画面的关系

1. 声画同步

声音与画面中的发声体发音形象同步发展变化保持一致，称为声画同步。在这类声画关系中，画面居于主导地位，声音必须与画面结合在一起才有意义，必须与画面相配合才能发挥作用。简单地说，就是观众看到的口形和听到的声音保持同步，听到的声源即在画面中。

人讲话的声音与口形要严格同步。一些自然音响有时只要时间长度大体一致即可。对于动画中拟人化的表现，人或动物口形开合与配音语言要基本同步。

另外，为使画面的转换具有一定的节奏感，可将画面的切换点选在语言与音乐的停顿或节拍处，这种画面和声音的节奏相应也是声画同步的一种处理方法。

2. 声画对位

声画对位是指声音与画面中视觉形象非同步地有机结合的剪辑。这种剪辑方法的特点是，其声音不是画面中人或物动作的自然音响，而是根据需要选编的，但它的含义与画面的表现内容一致。这种内容和气氛对位但又相对独立的声画结构形式，通过声音与画面的相互作用，可以调动观众的联想，从而取得某种超出声、画本身的新寓意。

例如，在伊朗电影《小鞋子》(一译《天堂的孩子》)中，当参加长跑比赛的阿里临近终点的时候，其他的声音都消失了，只剩下了他的喘息声。这种夸张的手法使观众不仅能明显地体会到阿里的疲惫劳累，更能感受到他的坚强和对希望的坚持。

又如，在著名影片《现代启示录》中，飞机轰炸越南村庄的画面配上了瓦格纳歌剧《尼伯龙根的指环》第二部《女武神》中的《女武神的骑行》(Ride Of The Valkyries)。此次轰炸的目的就是为了建立一个"安全"的冲浪场。载有"雷神"机枪和火箭发射器的攻击性直升机在不停轰鸣，宛如在天空巡弋的女武神，给人间带来无尽的灾难。直升机上的喇叭此时也以大分贝的功率播放着《女武神的骑行》，越南村民在战火和音乐中呼号奔跑，其中还有学生。导演科波拉选用瓦格纳的音乐，是因为其音乐多少含有一些大国沙文主义、军国主义色彩(战争狂魔希特勒也是瓦格纳的忠实拥趸)，充分显示出战争的非正义性。

3. 声画对立

这也是一种声音与画面非同步有机结合的剪辑方式。它与声画对位的区别在于，其声音与画面之间在情绪、气氛、节奏或内容等方面是互相对立的。这种声画的结构方式更强调声音的独立作用，使声音在与画面的对立中产生某种寓意，从而更深刻地体现主题思想。

例如，在电影《天云山传奇》中宋薇与吴遥举行婚礼的段落，画面是婚礼的各种场面与细节，声音却是伤感的音乐。声音与画面的对立，表现了女主人公宋薇接受了一桩并不情愿的婚姻。

又如，在电影《霸王别姬》中小豆子被张公公欺凌的段落，观众听到的却是屋外远处传来的喜庆的音乐，这种画面悲惨而声音喜庆的对立，充分体现小豆子的悲惨命运，也使得声音更能发挥出独立的作用，表现出创作者对小豆子的同情。

可以看出，与声画同步相比，声画对位和声画对立具有更鲜明的表现性特征。正如巴拉兹在他的《电影美学》中评述的那样："同步声音，老实说，只是画面的一个自然主义的辅助而已，它只能使画面显得更真实；但是非同步的声音(即影片中的声音和画面互不吻合)却能独立于形象而存在，并对场面起到说明性的作用。非同步的声音效果是有声电影最有力的一种方法。非同步声音的效果是象征性的，观众能感觉到它与它所衬托的场面之间的联系，这并非由于观众感到它真实,而是由于它引起的观众的联想。"可见,声画对位和声画对立突破了简单的声音复制,是以视听创造为出发点而建立起来的视听处理的语言规则。

4.2.2　声音与声音的关系

数字视频作品中的声音往往不只是一种,而是以多个声源的声音与画面结合构成多层次的声音空间。声音与声音可形成不同的关系,相互配合、相互作用。

(1) 相互补充。当一种声音表现力不足时,增加一种或多种声音,多种声音混合运用,互相加强、补充,共同表现出同一内容,可再现现实生活中复杂多样的声音空间,使观众获得真实可信的空间感。

(2) 相互替代。当某种声音不能充分发挥其表现特长时,可以用另一种声音进行代替,例如,有时用自然音响代替人的内心独白,表现人的心理活动;有时用音乐代替自然音响渲染特定的环境气氛。

(3) 相互对列。与镜头对列相似,把情绪、气氛、节奏、内容相互对立的声音对列表现。声音的相互对列与画面的对列相互加强,造成更强烈的对比效果。

4.3　思考和练习

1. 思考题

(1) 解释以下名词:蒙太奇、创造性地理学、库里肖夫效应。

(2) 蒙太奇有何作用?

(3) 蒙太奇有哪些常见的形式?

(4) 解释以下名词:声画同步、声画对位、声画对立。

2. 练习题

(1) 观摩影视作品,总结其中运用的蒙太奇形式。

(2) 观摩影视作品,总结其中运用的声画关系。

编导篇

编导篇由两章内容构成。其中第
5 章为数字视频作品的设计与策划，
第 6 章为导演工作。

第 5 章

数字视频作品的设计与策划

- 数字视频作品的一般设计过程
- 策划不同类型数字视频作品的要领
- 数字视频作品的稿本

学习目标

1. 理解数字视频作品的设计过程。
2. 了解文字稿本的类型与格式。
3. 掌握文字稿本的撰写要领。
4. 理解分镜头的依据。
5. 了解分镜头稿本的性质与作用。
6. 掌握分镜头稿本的格式与撰写要领。
7. 掌握画面稿本的格式与撰写要领。

思维导图

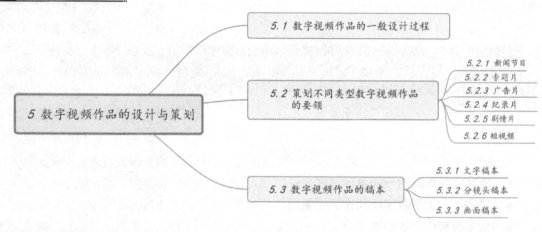

5.1 数字视频作品的一般设计过程

数字视频作品的设计是根据作品表现的主题，确定过程、方法和方案，进而制定出作品的拍摄方案、风格的过程。

1. 确定主题

确定主题就是要有创意地设计出视频表达的主要信息内容，也就是说，要通过视频来讲述一个故事或描述一段场景运动变化的过程。这个过程非常重要，视频设计不是各种素材的堆砌，而是通过各种类型的素材表达出具有逻辑关联的信息。例如，为自己或者朋友、客户制作一个电子结婚纪念册，因此主题被确定为结婚纪念，这个主题应该突出喜庆的气氛，同时要把一些最具有纪念意义的内容保存在电子纪念册中。又如，要拍摄一部反映大学生友情的 DV 剧，这个主题将要求接下来选择和编写的故事都应该与之相关，无关的故事应毫不犹豫地舍弃。

无论是哪种类型的数字视频作品，其主题都必须十分明确。因为主题犹如一个指南针，它会引导创作作品和贯穿作品中的枝节，而最重要的是在创作中它能避免偏离主道。

2. 安排结构

有了明确的主题，又有了表现主题的素材，接下来就需要考虑如何将素材组织成一个整体，从而完美地表现主题。这就是作品的结构问题。

有人把结构比作骨架，它支撑着整体。就像盖房子，一个好的房屋结构，可以使砖、石、木料等构成一座结实、完美的房子；否则，材料再好，盖出的房子歪歪斜斜，甚至根本盖不成，只能是废料一堆。同样，一部好的作品也要有一个好的结构形式。在动笔编写文字稿本之前，对未来的作品，要有一个完整的设想，应该考虑以下问题。

- 作品怎样进行整体布局？
- 作品如何开头？如何结尾？首尾如何照应？
- 中间内容按怎样的层次展开？
- 作品分几个段落？段落间如何衔接？
- 作品高潮安排在哪里？怎样表现？

只有预先进行认真、周密的设计，才能使作品形成一个完整的整体，从而充分体现创作意图。

3. 设计创意

主题和结构确定后，紧接着是要设计出用视频来实现的具体方案，即根据每一段落要表达的具体内容，进行主要画面、主要声音和主要字幕的配合设计。这就是将主题"翻译"成为视频画面的过程。

5.2　策划不同类型数字视频作品的要领

5.2.1　新闻节目

新闻节目策划主要包括选题策划、采访策划、嘉宾策划、节目形式策划、编排与播出策划。

1. 选题策划

新闻从业者常说："好的选题是成功的一半"。一般来说，新闻选题的标准主要包括以下几个要求。

(1) 新鲜性：新闻选题要重点关注社会生活中的新事物、新现象、新问题。"新"是新闻的核心价值之一，它所强调的是新信息，新观念。新闻不"新"，便失去了传播的必要。发现和捕捉新闻的能力，不仅是一个记者的基本素养，也是一个媒体核心竞争力的重要表现。

(2) 时效性：新闻的时效性要求媒体力争在第一时间，对新闻事件进行第一家报道，进而争夺第一解释权。这也是媒体新闻节目定位语的核心内涵。

(3) 典型性：在确定一个新闻选题时，要充分认识到这个新闻是否具有丰富的社会内涵，是否体现着事物的某种本质特征，是否包含有价值的、能够进一步挖掘的信息。这也是衡量媒体新闻采集和加工能力的一个重要指标。

(4) 独家性：独家包括两个层面的含义：一是指新闻事件的独家报道，二是指对一个新闻事件的解释是独家的，与众不同的。

(5) 可操作性：任何策划都应该能够落实到实际操作中，以实现其价值。

2. 采访策划

采访是新闻工作者为了采集新闻而进行的活动，包括了解情况、分析情况、组织报道和写作的整个过程。在新闻节目中，采访占有非常重要的地位。它不仅是节目内容的主体，还是节目的基本构成因素和基本形态。

采访策划与采访技巧、采访经验、采访准备、采访程序等内容紧密相关。视频新闻的采访是在镜头前完成的。在具体拍摄时，采访记者与被采访对象还要根据摄像师的一些要求进行配合。比较复杂的拍摄还会有灯光、音响等其他技术条件的要求，需要同期录音、现场抓拍、完整调查等的配合。

从策划角度来说，新闻类节目的采访要求记者具备以下 4 种意识：

(1) 换位意识：采访记者要考虑和尊重被采访对象在镜头前的感受，使他们放松紧张情绪，进入自然的谈话状态，这是取得良好的采访效果的一个前提。另外，采访记者要设身处地从被采访对象的角度思考问题，尽可能充分地掌握对方的思想、心理、语言习惯，扫除双方交流中间的障碍，赢得采访的主动权。

(2) 无知意识：出镜记者在采访过程中要保持一种无知心态和求知的好奇心，有些采访即使知道结果，也要在设计采访问题时从无知开始，到获知结束。此外，记者面对被采访对象时的问题设计要有逻辑性，使前一个问题与后一个问题之间能呈现出层层递进的关系。

(3) 怀疑意识：在调查采访时，采访记者始终要保持一种警惕，不要轻易相信眼前看到的场景、耳朵听到的话语，要用足够的怀疑来做出冷静的判断，尽可能采访到方方面面的事实和证据。

(4) 现场意识：现场记者的采访要和事件同步进行，尤其要善于抓住每一个反映事物本质的瞬间，并把它通过采访的形式揭示出来。

3. 嘉宾策划

新闻节目中的嘉宾包括两类人：一类是以专家、知名人士为代表的社会精英人士；另一类是以新闻事件当事人为代表的社会各阶层人士，尤其是中下层人士。

从新闻传播的规律来看，媒体管理者越来越多地认识到，嘉宾是新闻节目不可或缺的一个重要组成部分。特别是在直播报道中，嘉宾可以承担的功能有 3 点：首先可以对新闻现场第一时间获取的新闻事实进行解读和分析，深化新闻节目的内涵；其次可以增加节目的信息量，嘉宾精彩的分析也能够成为新闻信息的一个有机组成部分；最后能够帮助控制节目进程。在前方新闻信号不能及时传送的时候，嘉宾的谈论能够有效地延时。

嘉宾策划主要应该遵循以下几条原则：

(1) 知情原则：嘉宾要么是新闻的当事人，要么是对新闻解读和评价有充分知情的专家学者。相较于一般观众，他们共同的特征是掌握着重更多的关于新闻本身或者新闻背后的信息。

(2) 对应原则：针对不同的节目内容，要邀请合适的嘉宾谈论合适的话题。

(3) 权威原则：邀请的嘉宾是某个专业领域中身份地位、专业造诣和知名度都比较高的权威人士。

4. 节目形式策划

在确立了选题和主题的情况下，可以采取不同的形式进行新闻报道。形式的选择所体现的就是如何运用电视特有的声画结合手段将策划者的报道意图充分实现。构成节目形式的要素主要包括：节目类型、播出长度、编辑特点、结构方式、交流方式、形象包装等。

5. 编排策划

在专题类新闻节目和新闻特别报道中，围绕某个主题进行编排是一个普遍而重要的策略。一般来说，新闻节目的编排需要明确如下几个原则：

(1) 重要性原则：根据新闻事件的重要性或者新闻本身的价值，安排新闻的播出时间和播出次序。

(2) 贴近性原则：节目编排应符合观众的收视心理和习惯，按照接近观众和观众感兴趣的程度大小进行。

(3) 同类原则：集中同一类型的报道，形成整体的播出效果，容易给观众留下比较深刻的印象。这样的处理能够使节目编排显得有层次，增强节奏感。

(4) 间隔原则：这个原则是对重要性原则的一个补充。重要的、有价值的新闻不能集中在一起顺序播出，而要加以分割。有经验的编辑善于在一个线性的时间过程中，在不同的时间点上安排不同的兴奋点，这样才能吸引观众持续不断地关注节目进程。[1]

以下是一个新闻节目的策划示例。

《听我说南邮》节目策划稿(节选)

《听我说南邮》是一档由南京邮电大学(以下简称"南邮")"紫金漫话工作室"推出的新闻专题类视频节目。

一、节目定位：新闻类

二、目标受众：大学生

三、节目宗旨：听我说南邮，陪你看身边

四、节目特色：本节目强调以学生为中心。跟学生息息相关的各类事件，是我们关注的焦点。

---

1 胡智锋. 电视节目策划学[M]. 上海：复旦大学出版社，2006.

五、节目流程：

1. 一周南邮快递(快讯)：一周来南邮发生的重大事件。这一板块强调新闻性，"时效性"是首要的选材标准。

2. 南邮多看点(看点)：对南邮乃至南京、江苏、全国、世界大学生活中有看点的事件进行深度报道。这个板块强调"看点"，也就是说要有吸引观众的力量，是大学生感兴趣的新颖话题。

3. 南邮大调查(调查)：对南邮乃至世界大学生活中有深度的新闻事件进行解读和调查。这是一个深度报道板块，强调的是"调查"的过程。既然是调查，就要用调查研究的思维和方法去报道。

六、节目时长：15分钟

5.2.2　专题片

专题片在表述上要求简洁精炼，条理清晰，新颖别致。

专题片的开场既要开门见山，直点主题，又要与众不同，独具特色，富有吸引力。

专题片的内容不可过于繁杂，以免头绪混乱，脉络不清。

专题片的结尾要有力量，要有冲击力和感染力，给观众留下不可磨灭的印象，回味无穷。

力求精练，有所创新，是优秀专题片的标准之一。概括地讲，专题片的设计与策划要注意以下几个方面。

(1) 主题立意新颖，艺术构思完整。要做到这一点，创作者需要大量收集与主题有关的素材并进行研究，形成主题，确定人物、事件及其相互关系，确定主要线索，写出拍摄提纲。

(2) 视听语言简洁优美，蒙太奇运用准确通顺。这要求编导要注意设计一些与主题相关的画面造型语言，并对声画组合进行初步的考虑。

(3) 对特技、动画和字幕的初步设计。在专题片创作的初期，就要对其中可能用到的特技、动画和字幕进行初步的设计。要做到特技、动画和字幕与主题内容相符，力求做到简明扼要，生动活泼，技术精良，艺术精彩。

以下是一个专题节目的策划示例。

《媒介故事》节目策划稿(节选)

《媒介故事》是由南京邮电大学"紫金漫话工作室"推出的一个专题类视频节目。

一、节目定位

故事记录历史　媒介聚焦时代

二、节目宗旨

在媒体中有很多关于媒介的故事，既有为了帮助他人的QQ爱心传递，面对绝症却乐观的年轻母亲的微博，用手机短信形成的爱国热潮，也有因为不熟悉媒介特性的贪官下马、家庭破裂……无论是什么样的故事，都深刻地反映了媒介的特性。媒介故事如影随形，折射着人生百态。

三、目标受众

关注媒介、关注社会进程的人们。

四、节目特色

"故事"与"评论"是本节目的两大特色。

本节目以故事的方式讲述媒介。故事可以用自拍、自导、自演的方式，也可以是图片加解说，还可以是主持人的讲述……不管是什么故事，都要求具有内涵、能引起人们的反思。

评论是节目的重点。评论的目的是与观众共同思考、讨论媒介特性和社会现象。评论一般由节目编导采访的专家根据自己的研究来撰写，并由节目组共同讨论决定。

五、节目流程

主持人导语＋VCR 讲述故事＋主持人串联评述＋主持人总结

六、节目时长：20 分钟

5.2.3　广告片

1. 创意策略

广告创意的策略是对广告创作和表现带有原则指导性的手段或方法。常用的广告创意策略主要有以下几种。

(1) 差异化策略。该策略源自美国广告学者罗瑟·瑞夫斯提出的 USP 理论。USP 即 Unique Selling Proposition，中文翻译为"独特的销售主张""最佳促销力点"，内涵包括：其一，一则广告必须向消费者明确陈述一个消费主张；其二，这一主张必须是独特的，或者是其他同类产品宣传不曾提出或表现过的；其三，这一主张必须对消费者具有强大的吸引力和感染力。在这一理论主张的指导下，罗瑟·瑞夫斯和他的同事创作出了许多极具销售力的广告，例如，总督牌香烟有 2 万个滤泡；神奇洗衣粉是没有臭味的清洁剂；奇妙面包含丰富的矿物质等等。

(2) 品牌形象策略。品牌形象这一理论概念，是大卫·奥格威于 1961 年撰写的《一个广告人的自白》一书中正式提出的。其基本观点就是，要把广告看作是品牌长期投资的一部分，广告要为塑造品牌的性格和形象服务，其经济性和重要性远胜于对单个商品具体功能的表达。与差异化策略关注消费者实际得到的利益不同，品牌形象策略关注的是消费者的内心感受。例如，万宝路香烟最初是一种供女士享用的产品，其广告口号也带鲜明的女性色彩——像五月的天气一样柔和，投放市场以后境况十分凄凉。1954 年，全新的万宝路香烟广告正式推出，广告中那策马奔驰、目光深沉、皮肤粗糙、浑身散发粗犷、剽悍、刚毅之气的男子和他们的刺青于臂，一下子便打动了无数美国人的心。在短短一年中，万宝路香烟一跃成为全美十种畅销烟之一。事后的广告调查显示，人们选择万宝路香烟，并不是因为它的味道有什么与众不同，而很大程度上是为了表现自己的男子汉气概。

(3) 定位策略。"定位"是 20 世纪 60 年代末 70 年代初出现于美国广告界的一股新思潮。艾·莱斯和杰·屈特于 1969 年提出的定位理论认为，定位就是将广告作为一种传播活动，为了提高传播效果，从市场出发，确立传播对象；从消费者的信息心理与品牌认知实况出发，确立诉求点，投消费者之所好，从而在消费者心目中的产品阶梯上占据有利的位置，这个位置一旦确立起来，就会使人们在产生某一特定需求时，首先考虑该品牌。如光明牛奶的电视广告，通过一系列给奶牛称体重、量身高、测智力等幽默画面，推出口号"好牛好奶百分百"，强调企业严格的质量把关。而蒙牛牛奶则定位于"来自大草原"，广告创意是一群活泼可爱的奶牛像孩子一样被精心照料，在大草原上无拘无束、自由自在地生活，强调的是奶源的可靠与无人能及的地理优势。

(4) 共鸣理论。其主张在广告中诉说目标对象珍贵的、难以忘怀的生活经历、人生体验和感受，以唤起并激发其内心深处的回忆，同时赋予品牌特定的内涵和象征意义，建立目标对象的移情联想。如曾在第八届中国广告节中获奖的力波啤酒的影视广告，就借一个上海土生土长的男士之口道出"力波啤酒，喜欢上海的理由"，营造了一种亲切、熟悉、让人怀念的氛围。

(5) 整合营销传播理论。整合营销传播(IMC)是美国学者舒尔茨于 1993 年提出的。整合营销传播是一个业务战略过程，它是指制定、优化、执行并评价协调的、可测度的、有说服力的品牌传播计划，这些活动的受众包括消费者、顾客、潜在顾客、内部和外部受众及其他目标。其基本目标是通过制定统一的架构来协调传播计划，从而使组织达到"一种形象，一个声音"的效果。按照这种理论，广告创意活动的立足点不能仅仅是一则广告本身，而应该立足全局，成为整个营销传播活动的一部分。

2. 创意过程与方法

1) 广告创意过程

创意过程是一个发现独特概念并将现有概念以新的方式进行组合的循序渐进的过程。遵循创意过程，人们可以提高自己发掘潜能、交叉联想和选取优秀创意的能力。

(1) 调查阶段——收集大量的资料。

广告创意者的工作首先从收集资料开始。优秀的创意是以缜密的调查和分析为基础的。创意者在这一阶段必须收集有关的所有资料。在广告环境如此复杂的今天，仅凭个人的经验和感觉要正确地把握是不可能的。所以，资料收集作为创意过程的第一阶段，是最重要的基础工作之一。

资料的具体内容应该包括：第一，有关商品的知识——其优点和制造方法等；第二，有关消费者的知识——他们的欲望、对该商品的心理态度等；第三，有关竞争者的广告——要研究怎样直接地吸引消费者；第四，要尽力发现产品的特色、与其他竞争商品的不同点，并确定其在情感诉求上的特色。

(2) 分析阶段——探询有魅力的诉求点。

分析从调查资料中获得的问题点，并从中提取该商品吸引顾客的重要卖点，从而引出产品概念、定位、广告的诉求等等，并形成一个创意的纲要。第一，目标说明。具体、准确地描述广告打算达到的目的、要解决的问题。第二，支持性说明。对支持产品承诺的证据进行简要说明。第三，基调或品牌特点说明。基调说明是对广告战略的短期感性描述，品牌特点说明是对品牌持久价值的长期说明。

(3) "孵化阶段" ——构思的孕育、开发。

也就是创意的实际形成阶段。在创意过程阶段，出色的艺术家有许多策略。如广告大师冯·奥克推荐了几种产生创意的技巧。

调整：将产品以一种令人意想不到的方式表现出来，尤其是一些不利于电视表现的服务类产品。如某牌汽车的诉求主题是装备了防撞安全气囊，其电视广告的表现是婴儿与母亲的乳房相撞。

想象：最无拘无束，让生活中不可能的事情发生。如某牌汽车用油的广告中，外星人驾驶飞碟从天而降，地球人吓得四处奔走，俨然星球大战来临，但之后却发现飞碟只是来加油而已。

颠倒：故意说反话，故意将不协调的情境放在一起。大众老爷车的广告语是："丑陋只是表面现象。"又如当大塞车的时候，大众 POLO 的车主却在吟咏着这个美丽的天堂，因为坐在车里实在是太舒服了。

联系：把两个表面上不相干的想法合并在一起。国外某电脑公司的广告画就是一串类似葡萄的鼠标，暗示该公司技术上的成熟和先进。

比喻：用一个概念描述另一个概念。用麦田、竹林、江河来表现中国银行的企业形象。麦田的丰饶寓意"富而不骄"；竹的直而不倒寓意中国银行的"有节，情义不动"；江河奔腾入海，寓意"止，而后能观"。

幽默：开玩笑，逗乐，讲笑话。如果运用得当，能产生事半功倍的效果。如百威啤酒的系列广告中一群小蚂蚁想尽千方百计撬开啤酒瓶盖以畅饮啤酒的故事，让人开心大笑并印象深刻。酷儿饮料广告中，大猩猩拿出所有的橙子交换一瓶酷儿汽水却未能如愿，可爱的卡通形象让人莞尔。

当然，好创意的诞生更需要广告人平时的留心和思想的积累。如果没有对生活的热情和细致的观察，仅凭知识和"技巧"也难以产生富有生活情趣的广告创意。

(4) 评价阶段——决定好的创意。

这个阶段，创意人员要一个个审核第三阶段所产生的诸多构思，决定最好和最合适的一个。对这个创意的优缺点，可能使用或不能使用的东西，新颖的或平凡的构思，一定要加以分析和评价。在这一步，再次确认已经形成的买点和产品概念是非常必要的。与竞争对手商品的表现相比较是否有创造性等等问题都需要严格分析，以做出明智的评价。

2) 广告创意的方法

广告创意是一种极其复杂的心智活动，是极富创造性的工作，很显然，没有一个固定的方法能保证产生优秀的创意。但经过历代广告人的经验和总结，已形成了一些行之有效的创意方法。

(1) "二旧化一新"创意方法。

其基本含义是：新构想常常出自两个想法相抵触的再组合，这种组合是以前从未考虑过、从未想到的。就是说，两个原来相当普遍的概念，或两种想法、两种情况、甚至两种事物，把它们放在一起，结果会神奇般地获得某种突破性的新组合。有时，即使是完全对立、互相抵触的两个事件，也可以和谐地融为一体，成为引人注目的新构想。

澳大利亚一家航空公司为吸引游客乘坐该公司的飞机，打出了"下雨，免费旅游"的广告。就一般生活常识而言，下雨与旅游应是一对几乎不可调和的矛盾。旅游者大多热衷于选择晴天出发，而天气的变化，尤其是恶劣的天气往往会让人改变主意。此创意将两个相互抵触的事物组合在一起，形成"下雨旅游"的新构想。这个表面看来违反常规、不合常理的组合却产生了极佳的广告效果。虽然广告内容里附加有下雨时间不满三天，旅游者不能享受免费优待的条款，但该航空公司的年营业额仍增加了30%。

(2) 水平思考创意方法。

水平思考的概念是由英国心理学家爱德华·戴勃诺博士在进行管理心理学的研究中提出的。其含义是：人们在解决问题时，总是习惯于沿着一条线形的思路，缜密、精确、严谨、有序地一步步深入思考，直至找到答案。他认为，大多数人过于重视旧知识与旧经验，根据所谓旧经验，逐渐产生了"创意"，这就是以垂直思考法观察思考某一件事。这种思考法往往会阻碍"创意"的产生。而水平思考法恰恰相反，它追求的是在横向、广泛的"面"上或"点"上的思考，每次思考都是"不连续的""多方向的"，以寻求突破固有的框架，发现从前没有考虑过的解决问题的新构想或可能性。假如问你这样一个问题：小李进房间后，没有开灯就找到了桌子上的黑手套，这是为什么？在解决这个问题时，"没有开灯"这个条件容易使人们进入一种思维定势："在晚上如何照明取物"。而用水平思考法，不受思维定势的影响，这个问题十分简单：白天进房间即可。水平思考法能有效地弥补垂直思考法的不足，克服垂直思考法所引起的头脑的偏执和旧经验对人的思维的局限，进而有利于人们突破思维定势，转变旧观念，获得创造性构思。

当然，水平思考法也有自身的缺陷，它不能像垂直思考法那样对问题进行深入的研究和挖掘，常流于浅尝辄止，难以透彻地把握对象。因此，对两种思考方式要综合运用，以水平思考法拓展思维，用垂直思考法纵深挖掘，相互结合，才能促成新颖、独特、深刻、有效的广告创意的产生。

(3) "集脑会商思考"创意法。

其又被称为头脑风暴法、脑力激荡法，主要是组织广告公司内各方面的人员聚集在一起，以"头脑风暴会议"的方式寻求最佳广告创意。它依靠的是集体的智慧和力量，故又称为集体思考法。在一次集脑会上，可能产生大量新的构想，会后由专人整理会议记录，由创意人员综合、归纳、改进、发展并完善，最后形成满意的创意。

这种方法也有缺陷，对它的批评主要集中在它阻碍了具有独创性的广告人的创意力量，迫使优秀的创意者去迎合其他缺乏创造力的成员提出的平庸构想。

5.2.4 纪录片

1. 纪录片的创作方法

纪录片的创作方法有如下几种类型：

一是先写出完整的解说词或脚本，按词或脚本去拍摄画面，或寻找视听资料；

二是先去采访拍摄，然后剪辑成片，最后配以解说、音响等；

三是列出结构提纲，再据此列出拍摄提纲。

这三种方法有各自的优缺点。第一种方法限制了拍摄创作欲望，画面往往是对解说的一种图解，但对于新手来说不失为一种首选方法。第二种方法适合于经验较为丰富的创作者。因为这种方法的准备时间少，如果是经验欠缺的创作者，拍摄完成后很可能难以将素材组织成片。第三种方法准备充足，创作者已经有了全片的大概结构，在拍摄时还可以最大限度地发挥随机拍摄的优势。

2. 拍摄提纲

拍摄提纲是未来影片的蓝图，是创作过程中始终应遵循的主线思路。它是在构思的基础上产生的。纪录片构思的特点直接影响提纲的编写。纪录片的提纲，根据题材内容的不同和个人爱好的不同，会有各种各样的编写方法，但大致有两种情况：一种是有完整细致的构思甚至分镜头计划，如历史题材、歌舞或风光等题材，因为它们的内容已相对定型，不会有新的变化，这样就有条件在拍摄前进行仔细的构思和具体的设计。但大多数情况则不可能。因为拍摄的事件如果是正在发生的或尚未发生的，再高明的创作者也不可能知道事件发展过程中的具体细节，只能对事件的发展趋势有个大致的预测。对这类题材，提纲的写作就不能过于具体，只能是一个大致的方案，应随着事件的发展变化来进行切合实际的调整。所以，完成的作品与最初的提纲设计往往相差很远，甚至完全不一样，这种情况在纪录片创作中经常出现。

一般来说，提纲编写的准备工作要尽量充分，熟悉素材，明确立意，做到心中有数，使它成为创作过程中收集形象素材和进行综合处理的依据。

在拍摄提纲中，一般要求做到以下几点。

(1) 阐明主题。通过提纲可以看出作品的主题是什么，它要向人们说明什么样的问题。这是在以后整体创作中所应遵循的基本出发点。只有主题明确，才能使创作者在创作中始终保持清晰的思路，及时纠正失误与偏差。

(2) 确定主要内容。根据主题要求，决定选用哪些内容来表现它。这些内容是选择形象素材的依据。

(3) 形成大致的段落层次。根据内容的性质，考虑具体的结构形式，哪部分内容应在前，哪部分内容应在后，内容之间如何过渡，形成作品的雏形，这个雏形是后期编辑的依据。

(4) 确定风格样式。根据题材性质，决定作品的表现风格，是用纪实的方法，还是用表现的方法；是加强文学性，还是加强新闻性；是以叙事抓人，还是以情感人，等等。风格的不同决定了内容性质和结构方式的选择。

(5) 确定综合处理方式。在提纲中要体现出同期声、音乐、音响和解说词综合处理的设想，特别是对于重点段落和高潮部分，如何发挥综合效果的作用要尽量有所考虑。

提纲的写作，各人有各人的爱好和习惯，不可能有统一的格式和方法。这里介绍常见的几种。

1) 粗线条式

只记录与表现对象有关的主要因素、段落、上下文的连接以及创作风格等。比如电视片《丝绸之路》里《流沙古道》一集中的一段。

地点：昆仑山深处山谷。

时间：每星期二下午由山里运出。

运载：骆驼队，毛驴队。

表现中心：玉石出昆仑。

影片上文：莽莽昆仑山川大势。

影片下文：玉石加工及雕刻。

风格基调：艰难、缓慢、深沉、原始。

这个粗线条的提纲只是提供了一个创作的总精神。在具体拍摄时，需根据这个总精神和实地情况决定镜头的景别、顺序等具体设计。在最后编辑和完成时，可能会有很大的改变。

2) 段落式

把影片要表现的主要内容按结构层次的发展排列出来，把每段要表现的大致内容和要点扼要地写出来。比如《当代大学生印象》的提纲。

一、大学生在校学习、生活片断：解说词介绍高等教育的发展、受教育人数的比例，目前的竞争等。

二、主持人讲述新中国成立以来三代知识分子的特点，以及当代大学生的不同之处，社会上人们对此众说纷纭，很难有一个统一的结论。

三、采访社会上各种各样的人对大学生的看法。（采访十来个人，在各地抓拍）

四、转入"理想与青春"夏令营的活动。

再比如，《丝绸之路》里《敦煌》一集中的一段构思提纲：

中唐时期的第329窟，它的北壁有两处揭掉的痕迹。上面究竟画的是什么？据说被美国人华尔纳拿走了。

请常书鸿先生讲解壁画之所以能被剥离的缘由。

访问美国波士顿博物馆，把其所藏第329窟壁画局部"供养菩萨像"复原在被剥离残留的痕迹上。

这样的提纲虽然简单，但为拍摄提供了较完整的内容基础，而且能够较清楚地表达出作品结构层次的发展。

3) 分镜头式

把影片的画面内容和解说词同时写出，每一部分都有较细致的设计。根据作者掌握情况的不同和习惯不同，有些以解说词为主，镜头只是大意；有些以镜头为主，解说只是大意，这种提纲写作方法人们采用得最多。特别是对初学者来说，掌握大量的材料，做好细致充分的案头工作是非常重要的。

在纪录片创作中，有些有经验的创作者经常不列提纲，只在头脑中有一个主题和要拍摄的大方面的内容，拍摄时凭直感和应变能力来创作。这样有较少的框框，可随时根据遇到的情况改变想法，但这要求创作者必须有相当的经验和处理特殊情况的能力。

构思和提纲编写是创作的重要环节，特别是构思，往往关系到影片的成功与否。作为一个纪录片创作者，应当把训练自己的构思能力，作为一种基本功训练经常进行。

5.2.5　剧情片

剧情片要运用视听手段和镜头语言来表述故事情节，刻画人物形象，所以剧情片的设计与策划要注意遵循视频作品的传播规律，符合视频作品的特点，并进行相应的艺术、技术处理。具体而言，在剧情片的设计与策划时应特别注意处理以下几点。

(1) 剧情片的故事内容主要以戏剧性的情节为主，基本上运用的是叙述(连续)式蒙太奇的结构方法，而表现蒙太奇的结构方法不是不可用，而应慎用、少用。剧情片的故事表述一般是世俗化、平民化的，而诗意化、散文化的表现形式对剧情片不大适合。这一点，将直接关系到剧情片剪辑手法的运用。

(2) 剧情片强调情节发展的起伏跌宕、变化有致。但同样重要的是，要做到叙事清晰，让观众能够充分理解剧情。

(3) 在景别的运用上，剧情片要多用近景、特写，少用大场面、大全景。

5.2.6　短视频

随着移动终端的普及和网络的提速，以抖音、秒拍、快手等为代表的短视频快速兴起且规模持续扩增。据中国互联网络信息中心发布的第 45 次《中国互联网络发展状况统计报告》显示，截至 2020 年 3 月，我国短视频用户数量已达 7.73 亿，占网民整体的 85.6%。短视频已经成为碎片化娱乐时代的主要内容载体。短视频具有内容短小、制作门槛低、参与性强等特点，超短的制作周期以及内容创意对短视频制作团队的策划功底有一定的挑战。

短视频主要包括新闻资讯类、知识分享类、娱乐搞笑类、生活记录类、美食分享类等。[2]在策划短视频时，需要根据不同类型采取相应策略。

1. 内容策略

1) 垂直定位

随着市场需求的日益多元化，短视频内容的分众化、垂直化已成为必然趋势。短视频的垂直化是根据不同用户的心理特点和关注倾向投其所好，推送与这些要素相关的短视频。垂直化的核心是分众，根据受众需求的差异性，面向特定的受众群体或者大众的某种特定需求，提供特定内容。为了满足用户个性化的信息需求，未来短视频将会垂直细分出越来越多的领域。[3]

---

2 赵冰清，林林，耿仕洁. 自媒体短视频的内容创新策略研究[J]. 传媒，2019，(4)：47-48.
3 李天昀. 短视频崛起——短视频的内容生产与产业模式初探[J]. 艺术评论，2019，(5)：27-35.

2) 创新发展

近年来，短视频内容同质化的现象引起了研究者和业界的关注。一些专家认为，从短视频内容和技术上进行创新是促进其持续发展的关键。例如，PGC(Professionally-generated Content，专业生产内容)与UGC(User-generated Content，用户生产内容)的内容聚合，有助于将品牌传播力与用户参与较好地结合起来；全景拍摄技术和虚拟现实技术的运用，有助于增强用户的真实体验。

3) 专业化、规模化生产

短视频生产有用户生产和专业生产之分，优质短视频内容的生产需将二者结合，形成以专业生产模式为主，用户生产模式为辅的内容生产体系，实现专业化、规模化信息内容的呈现。[4]

2. 叙事策略

不同长度的短视频的叙事策略各有不同，主要的叙事方式有直接叙事、间接叙事、顺叙、倒叙、插叙、平叙等。对于时长较长(3~10 分钟)的短视频，以上叙事方式均适用，而时长较短(3 分钟以下)的短视频一般采用直接叙事和顺叙的方式。

一些较长的短视频内容有意采取了分割的方式。创作者将较长的内容分割为多个可以独立成篇的短视频，有时又在各个短视频结尾处采取连环悬念策略，如同超短的电视连续剧一般，充分发挥了短视频的优势。

3. 传播策略

短视频的传播应充分利用视频平台、社交平台以及其他平台的优势，多渠道提升短视频的影响力。短视频制作完成后，可以利用视频平台进行传播，如短视频平台"抖音""快手"以及传统视频网站"腾讯视频""爱奇艺""优酷"等。除此之外，也可以利用微博、微信等社交平台以及知乎、豆瓣、百家号及头条新闻等分享平台进行传播，扩大短视频的影响力和传播范围。[5]

5.3 数字视频作品的稿本

在进行数字视频作品的前期拍摄之前，需要编写稿本，没有稿本的创作是盲目的、低效率的，难以保证创作作品的质量。同时，稿本还是后期制作的文字依据，因此，稿本是制作数字视频作品的基础和出发点。

在编写稿本之前，首先要编写一个提纲，编写提纲的目的是整理出写作思路，确定作品的内容；明确作品的主题思想；明确作品的风格；明确作品的结构等。

数字视频作品的稿本主要有以下 3 种：(1) 文字稿本；(2) 分镜头稿本；(3) 画面稿本。

4 赵冰清，林林，耿仕洁. 自媒体短视频的内容创新策略研究[J]. 传媒，2019，(4)：47-48.
5 陈永东. 短视频内容创意与传播策略[J]. 新闻爱好者，2019，(5)：41-46.

5.3.1 文字稿本

1. 文字稿本的格式

根据数字视频作品种类的不同，数字视频作品的文字稿本可以有不同的格式。

1) 提纲式

这种文字稿本一般用于以记录为主的作品中。严格地说，这不算是文字稿本，只能说是一个拍摄提纲。它主要用于确定详细的拍摄计划，包括具体的拍摄对象、拍摄场景、采访话题、线索的安排，以及结构的设计等。除此之外，这种稿本还可能只是对某个题材感兴趣(譬如，是某个人物或事件的戏剧因素、命运感、典型性等)，并对其中的价值有个相对的判断，并没有一个具体的拍摄大纲和实施计划，通常是边拍边看，在拍摄过程中寻找线索、安排结构、确立主题。

2) 声画式

这种格式的稿本适用于类似电视专题片的数字视频作品，其中包括详细的画面和解说词两部分。一般来说，画面与解说词在编写时是左右两边分开的，相应一组画面有对应的解说词。对于纪录片的创作，可以事先把提纲式文字稿本稍加完善，成为声画式文字稿本。如表5-1 所示就是文字稿本的一个例子。

表 5-1 文字稿本示例：新闻消息《南京邮电大学首次进入 ESI 百强》

画　面	解　说　词
外景主持人	根据 ESI(是基本科学指标数据库的简称，英文为 Essential Science Indicators)最新公布的数据，南京邮电大学(以下简称南邮)在 2018 年 5 月中国内地高校 ESI 综合排名 TOP100 中位列第 97 位，首次进入 ESI 全国百强
南邮校门以及校内重要建筑 图书馆和教室内学生在认真学习 实验室内学生在做实验	本次南邮进入 ESI 全国百强，标志着我校 ESI 学科建设迈上了新台阶，为世界一流学科和江苏高水平大学建设奠定了坚实的基础。
解释 ESI 概念的动画和图表演示	近年来，ESI 已成为当今世界范围内普遍用以评价高校、学术机构、国家/地区国际学术水平及影响力的重要评价指标工具之一，其数据库以学科分门别类，共分为 22 个学科，采集面覆盖全球几万乃至十几万家不同研究单位的学科。ESI 数据库每两个月更新一次，本次数据的更新时间为北京时间 2018 年 5 月 11 日，覆盖时间段为 2008 年 1 月 1 日至 2018 年 2 月 28 日
ESI 发布最新数据的网页 与 2018 年 3 月的数据进行对比的折线统计图	在最新一期的 ESI 数据统计周期内，我校 4 个 ESI 全球排名前 1%的学科齐头并进，排名较上期(2018 年 3 月)均有较大幅度提升
材料学学科楼 化学实验室 工程训练中心 计算机科学学科楼 各学科上升的统计图汇总	其中，材料学学科较上期提升 38 位，首次进入全球前 5‰；化学学科上升 58 位，接近全球前 5‰；工程学科上升 62 位；计算机科学学科上升 45 位。南邮 ESI 全球排名较上期大幅提升 125 位，是进步最大的几所中国高校之一，仅次于华北电力大学

(续表)

画　　面	解　说　词
中国大学评价排行榜南邮排名变化图表：2013 年第 169 名，2014 年第 143 名，2015 年第 130 名，2016 年第 115 名，2017 年第 106 名，2018 年第 96 名	2013 年，南邮第二届党代会确立了进入全国高校百强的奋斗目标。经过全体师生五年的共同努力，这一目标已经顺利实现
外景主持人	2017 年，南邮入选国家世界一流学科建设高校。全体南邮人将以此为新的起点，群策群力、发奋图强，面向世界科技前沿和国家重大需求，坚持"中国特色、世界一流"的建设原则，加快将世界一流学科建设的"路线图"转变为"施工图"，为努力建成在电子信息领域特色鲜明的一流大学而继续奋斗。 以上是紫金漫话工作室新闻部记者从南邮仙林校区发回的报道

3) 剧本式

这种文字稿本的格式就像话剧的剧本一样，但与话剧剧本不同的是，它特别强调视觉造型性。一般来说，剧本创作要把握好以下 4 个要点。

● 人物

人物是脚本的灵魂，是否能塑造出一个典型的，或是能引起观众产生共鸣的人物形象是一部作品成功与否的关键。

无论这个人物是来自现实生活、魔幻虚拟、抑或是动物造型，在人物的身上和言语中，都应体现出作者的审美取向和价值评判。人物也分主要人物和次要人物，主要人物，也就是故事中的主人公。主人公是矛盾冲突的主体，是作品主题思想的重要体现者，其行为和思想贯穿整个故事。简单地说，故事中的大部分事情，都发生在主人公身上，或是和他有密切的关系。在大量优秀的影片中，观众都是通过对影片主人公的理解和接受，进而接受整部影片的。如《红高粱》中的"我奶奶"，《乱世佳人》中的斯嘉丽，《这个杀手不太冷》中的莱昂等。

要塑造一个生动的人物形象，离不开创作者平时对生活细致的观察，对人物的理解。这种理解不仅有自身的、作者本人的理解，同时也包括对人物社会环境的理解，对当时的历史条件、政治背景等的理解。托尔斯泰在刚开始写《复活》的时候，先是将女主人公玛丝萝娃写成"黑色的眼睛带着堕落的痕迹"，后来多次易稿，直到最后修改为我们现在看到的"她那双眼睛，在苍白无光的脸庞衬托下，显得格外乌黑发亮，虽然有些浮肿，但十分灵活。"这其中对人物感情的变化，也就是作者对主人公理解、同情以后产生的变化。

优秀的文学作品中，大多用人物的动作和肢体语言表现人物的性格或心理。如鲁迅的小说《药》中，对刽子手康大叔的描写是这样的："黑的人便抢过灯笼，一把扯下纸罩，裹了馒头，塞与老栓；一手抓过洋钱，捏一捏，转身去了。嘴里哼着说，'这老东西……。'"简短的几个动作，就已经把康大叔市井无赖的嘴脸表露无遗。在改编后的电影中也可以看到，演员的表演和作家的描写是一致的。在文字稿本中，为了让演员的表演能充分表达作品的意思，要更注意对人物动作的刻画。

- 对白

对白应该简洁明了，意味深长，即便是反映一个聒噪的形象也应如此。

剧本中角色的语言有其对应的个性。中国有句古话，"言为心声"，这时的"言"，不仅包括说话者已经传达出来的信息，还包括了言语之外的信息，这些信息，读者可以从上下文关系，或是通过说话者、表演者的表情、肢体语言等获得。

在中国古代文艺理论中，也有"言有尽而意无穷"的说法。著名作家海明威认为，作品展现在读者面前的只是冰山的八分之一，还有剩下的八分之七隐藏在海面之下。而一部作品真正能够让读者和观众回味无穷的，恰恰是这隐藏起来的八分之七。

- 场景

任何一个故事的发生总是在一定的环境中，即便是荒诞的、跨越时空的故事，主人公也只能是在其中一个特定的环境中进行自己的行为、思考、言说。环境决定了主人公的成长和生活背景，也为观众了解主人公提供了一个客观的视角。故事发生的环境在故事脚本中，就是场景。

作者在创造典型人物的时候，同时也刻意地创造了一个和主人公生活环境相匹配的典型环境。例如，电影《红高粱》中表现主人公追求幸福的广袤的红高粱地。

- 动作说明

视频作品是通过画面和动作来传达信息的。剧本中的动作说明主要有两个作用，一是明确故事中人物的动作形式，有时也通过肢体语言来表达人物微妙的情绪；二是为下一个工作环节，也就是分镜头脚本做铺垫工作。

下面是文字稿本的两个例子。

文字稿本示例 1：《招聘》

办公桌(从摆放总经理牌子的一侧拍)。总经理在对着笔记本电脑看东西。

秘书(入画)："总经理，参加面试的人来了。"

总经理："请他们进来。"

四位面试者入画。总经理："请坐。对不起，我有点事要出去十分钟，你们稍等一下。"总经理起身出画。稍后，四个人的手先后从侧面伸向了办公桌。

D(女)(拿电话拨号码)："喂，妈呀，我在总经理办公室等着面试呢，你知道我用的是谁的电话？是总经理的免费长途！……我觉得应该不会有问题吧，毕竟我们是百里挑一的。这也是最后一关，应该是走走形式了吧？要不然总经理也不会面试一开始就有事离开了。"

(在 D 打电话的同时)C 在总经理的座位上看笔记本电脑。

A 拿起桌上的报纸。

B 拿起一个文件夹翻看。

门响了。四人急忙收拾东西坐下。

总经理走进办公室，坐下："让你们久等了。不过，你们四位都没有被录取，请回吧。"

四人面面相觑。

D："可面试还没有开始啊。"

总经理："不。我刚才离开的时候面试就已经开始了。但是你们的表现都没有达到我们公司的要求，因为你们在我离开的时候随意动了我的物品。"

A、B、C、D一脸的惊讶。

文字稿本示例2：×××洗发水电视广告

场景：一间整洁有序的公寓内，从摆放的物件看得出来是一位女孩的居所。

1. 公寓门口

门铃响了，女孩去开门。

一位英俊的年轻男士手持玫瑰，笑容可掬地站在门口。

女孩将男士迎进门，请他坐下。她对着男士嫣然一笑，走进了浴室。

2. 公寓内

听着浴室的水声，男士眼睛注视着浴室的门，脸上露出微笑的表情。

3. 浴室内

女孩正在愉快地洗头。画面上出现了某品牌洗发水的产品形象。

女孩在洗发水泡沫中露出舒畅的表情，长发在泡沫的围绕中显得柔顺和具有垂感。

4. 浴室外

男士开始有些心不在焉，开始左顾右盼，脸上长出了胡茬，玫瑰有些蔫了。

5. 浴室内

女孩还在继续洗浴，泡沫轻盈地飞舞。她的脸上一直有很享受的表情。旁白响起，介绍该产品的特点。

6. 浴室外

旁白停止。男士开始打盹，头发和前一镜头相比长了，还有了些许白发，玫瑰枯萎了。

7. 浴室内

女孩丝毫没有察觉，甩着长头发，表情始终很惬意。

8. 浴室外

终于，女孩打扮好出来了。头发十分漂亮，整齐光亮，富有垂感。她看到男士有些吃惊，坐在沙发上的男士已经谢顶，人明显地变老，玫瑰彻底地干枯了，花头全部垂了下来。

看到女孩亮泽的头发，男士露出一丝苦笑，幽默地说："再长一点点，我就等不下去了。"

女孩摇摆了一下头发，十分的飘逸和顺滑。

两人微笑着走出画面。

×××洗发水产品标版飞出，伴随标版音乐和广告语旁白。

2. 怎样写好文字稿本——视觉造型性

用文字写出来的画面形象，最终是要表现在屏幕上的，因此，描写的画面内容要具体，要有视觉造型性。所谓具体，即通过描写提供真实、确实的形象，从而可以使人产生相似的思维联想。

例如，有一位同学在稿本中写道："三人从此有了印象，互相认识了。"这是一种概括描述性的语言，没有具体的形象，应该在编写文字稿本时避免。

小说、诗歌形象是用文字描写出来的，音乐形象是通过声音演奏出来的，但这些形象都不能直接作用于人们的视觉，它们必须经过人们的想象，才能在人们的脑子里形成"形象的印象"。由于读者、听者文化、艺术等素养的差异，这个"形象的印象"是不确定的，是千差万别的。

能表现在屏幕上，这是文字稿本画面写作最基本、最重要的要求。对此，电影大师普多夫金曾作过精辟的论述，他说："编剧必须经常记住这一事实，即他所写的每一句话将来都要以某种视觉的、造型的形式出现在银幕上，因此，他写的字句并不重要，重要的是他的这些描写必须能在外形上表现出来，成为造型的形象。"用文字写出来的画面形象，最终是要诉诸视觉的，因此，编剧不必在意所写的字句本身是否优美，也不必担心由于细致的情景说明、动作介绍而显得"啰嗦"，最重要的是通过这些字句清楚地表达出可以从外观上体现出来的造型形象。

画面写作要避免那些空洞的、逻辑推理式的叙述及抽象、概念化的讲解或文字性的抒情，这样的文字并不能给导演提供"能在外形上表现出来，成为造型形象"的可供加工的材料。例如，"一个在沙漠中迷失方向的旅人，疲惫而干渴"，其中"疲惫"和"干渴"都是人的心理感觉，作为画面阐述，它缺少的是具体可见的外部动作、形态，因此是无法表现在画面上的。

5.3.2　分镜头稿本

分镜头稿本是对文字稿本的分切与再创作，也是一部作品的总体设计和制作蓝本。

1. 分镜头及其依据

分镜头的工作，就是要将文字稿本上写出的画面意义分成若干个镜头，以表现文字稿本的内容意义。例如，在文字稿本上写出的形象为："一个小孩在马路上捡到了一分钱，把钱交给了民警叔叔。"在分镜头时可以分成以下几个镜头。

镜头 1：全景，小孩在路上边蹦边跑，突然停下，低头。

镜头 2：近景，小孩低头看。

镜头 3：特写，马路上的一分钱硬币。

镜头 4：中景，小孩弯腰下蹲拾钱。

镜头 5：全景，小孩向前方跑去。

镜头 6：近景，小孩将钱交给了民警叔叔。

导演应重视与做好分镜头的工作，充分利用分镜头这一艺术手法，使数字视频作品具有较强的表现力。导演在分镜头时的依据主要有以下两种。

1）视觉心理的规律

画面是给观众看的，观众看时就会产生如何将被拍摄对象看得更清楚的心理活动。例如，是从远处看，还是近处看；是整体看，还是局部看；是从高处往下看，还是从低处往上看；是跟着看，还是固定下来详细看；另外，是观众看，还是剧中人看等，这些都是根据视觉心理规律去分镜头需要用到的景别与拍摄技巧。

2）依据蒙太奇组接的原则

用蒙太奇手法进行镜头组接，从而构成镜头组，是分镜头的重要依据。

2. 分镜头稿本的性质与作用

分镜头稿本指的是依据文字稿本分出一个个可供拍摄的镜头，然后将分镜头的内容写在专用的表格上，成为可供拍摄、录制的稿本。它的内容包括：将文字稿本的画面内容加工成一个个具体形象的、可供拍摄的画面镜头；将镜头排列组成镜头组，并说明组接的技巧；相应镜头组或段落的音乐与音响效果。

将文字稿本加工成分镜头稿本，不是对文字稿本的图解和翻译，而是在文字稿本的基础上进行画面语言的再创造。虽然分镜头稿本也是用文字进行书写的，但它可以在脑海里"放映"出来，获得某种可见的效果。

分镜头稿本的作用犹如建筑大厦的蓝图，旨在为作品的摄制提供依据，全体摄制人员根据分镜头稿本分工合作，协调摄、录、制的各项工作。

3. 分镜头稿本的格式

分镜头稿本一般采用如表 5-2 所示的表格形式进行书写。其内容包括镜号、机号、景别、技巧、时间、画面、音响、音乐、备注等。

表 5-2　分镜头稿本的格式 1

镜号	机号	景别	技巧	时间	画面	音响	音乐	备注

镜号：即镜头的顺序号，按组成作品的镜头的先后顺序用数字标出。它可作为某一镜头的代号。拍摄时，不必按此顺序进行拍摄，而编辑时，必须按这一顺序号进行编辑。

机号：现场拍摄时，有时会用 2~3 台摄像机同时进行工作，机号则代表这一镜头是由哪一台摄像机拍摄。前后两个镜头分别用两台以上的摄像机拍摄时，镜头的连接就在现场通过特技机将两镜头进行编辑。若是采用单机拍摄，后期再进行编辑的录制，标出的机号就没有意义了。

景别：有远景、全景、中景、近景、特写等，它代表在不同的距离观看被拍摄的对象。

技巧：包括摄像机拍摄时镜头的运动技巧(如推、拉、摇、移、跟、升降等)、镜头画面的组合技巧(如分割画面和键控画面等)以及镜头之间的组接技巧(如切换、淡入淡出、叠化、圈入圈出等)。一般在分镜头稿本的技巧栏中只标明了镜头之间的组接技巧。

时间：指镜头画面的时间，表示该镜头的长短，一般以秒为单位。

画面：用文字阐述所拍摄的具体画面。为了阐述方便，推、拉、摇、移、跟等拍摄技巧也在这一栏中与具体画面结合在一起加以说明。有时也包括画面的组合技巧，如画面是由分割的两部分合成，或在画面上键控出某种图像等。

音响：在相应的镜头标明所使用的效果声。

音乐：注明音乐的内容及起止位置。

备注：方便导演记事用，导演有时把拍摄外景地点和一些特别要求写在此栏。

注意：
如果作品是纪录片或专题片类型，当需要配上解说时，则应增加"解说"栏。它应当与画面密切配合，如表 5-3 所示。

表 5-3　分镜头稿本的格式 2

镜号	机号	景别	技巧	时间	画面	解说	音响	音乐	备注

如表 5-4、表 5-5 和表 5-6 所示分别是分镜头稿本的几个例子。

表 5-4　DV 短剧《缘起缘灭》分镜头稿本

镜号	景别	技巧	时间	画　　面	声音	音乐
1	全	摇	6"	酒吧内部灯光闪烁，在不太明亮的灯光中，人们在吃喝、闲聊	喧闹声	
2	全		4"	酒吧靠窗的双人桌旁坐着一个男子。桌上放着一枝玫瑰，男子面色有点焦急		
3	中		15"	男子手机响起，急忙拿出手机，开始对话。 男子："喂，哪位？……哦，她还没来呢，我在蒙娜丽莎咖啡馆等着呢！……收到，还是原计划，再过 15 分钟打你手机，美人就 OK，恐龙就说宿舍着火了。……OK，拜托了。"	手机铃声	
4	近 -> 全	拉	6"	酒吧里的人们在吃喝、闲聊。		爵士乐
5	全		4"	镜头对准大门口，慢慢靠近，一红衣女子推门而入，站住了看了看		
6	特		3"	大美女，惊艳		
7	特		2"	红玫瑰	喧闹声	
8	近	跟	3"	美女走到桌边，与男子对面坐下		
9	近		3"	男子："啊，Hi！"		
10	近		3"	女子："呵呵，你好啊！"		
11	近		3"	男："你是'梦雪'吧？"		
12	近		3"	女："是啊，你是'寒冰'吧！"		
13	近		5"	男："是呀……你真的就像我梦中的雪一样，冰雪聪明，美丽无瑕！"		
14	近		5"	女："真的吗？！谢谢。其实你也很 Cool 啊，呵呵。"		
15	近		3"	男："是啊，别人都这么说。"		
16	近		10"	女子手机响起，女子急忙接听。 女子："喂，我是小雪。……真的吗？……好的，我马上赶回来！"	手机铃声	
17	近		10"	女子："不好意思，我得马上回去！" "为什么，不才来嘛？" "宿舍着火了！Bye Bye！"		
18	近		4"	男子木然地坐在那	铃声	
19	特		10"	男子手机响，但他一直没接，任凭它响	渐强	

表 5-5　电视散文《一棵开花的树》分镜头稿本

镜号	景别	技巧	画　面	解　说	音乐	效果
1	特		一朵在风中摇曳的粉红色小花,背景为一片青青的草地			
2	全	化	屏幕正中出现字幕"电视散文欣赏"			
3	全	化	字幕换为"一棵开花的树——席慕容"			
4	中		夕阳下,阳光映出一女子的侧脸,此女子迎风而立,长发随风飘散,双手合十。背景为葱郁的树木	(慢速)如何让你遇见我,在我最美丽的时刻		
5	近		几根香在香炉中缓慢燃烧,背景为一寺庙大堂	我已在佛前求了五百年,求佛让我们结一段尘缘	略为哀伤慢速的音乐	木鱼声
6	全		一棵长满翠绿叶子的树	佛于是把我化作一棵树		
7	特		阳光下闪光的叶子,随风摆动	长在你必经的路旁		
8	特		树枝上的淡粉红色花朵随风轻摆	阳光下/慎重地开满了花/朵朵都是我前世的盼望		
9	全		正午的阳光下,一棵开满花的树			
10	远	慢动作	远处走来一男子,越走越近	当你走近/请你细听		
11	全		男子经过树旁	那颤抖的叶/是我等待的热情		
12	远		男子缓缓走过,走远,消失	而当你终于无视地走过		
13	全		静静的树			
14	近		一朵花飘然落下			
15	全		路面上散满花瓣。一阵风吹过,花瓣随风飘起	而你身后落了一地的/朋友啊/那不是花瓣		
16	近		一片完整但枯黄的叶子落下	那是我凋零的心		
17	全		叶子被风吹至空中,背景为灰蒙蒙的天空			
18	全		叶子打着转缓缓落至地面(淡出)			

表 5-6　专题片《留学热》分镜头稿本

镜号	景别	技巧	画　面	解　说　词
1			字幕:"谨以此片献给奋战在出国留学道路上的战士们……"	
2	全		高楼大厦	随着改革开放步伐的日益加快,经济全球化、教育全球化的概念被提上了议事日程
3	远		街景	
4	近		行色匆匆的人们(长焦)	
5	全		外商和内地商人签订合同并握手致意	越来越多的国家向中国敞开了大门

(续表)

镜号	景别	技巧	画　面	解　说　词
6	近	移	教室里，一些同学在听一位老师做报告，黑板上写着"留学出国前的准备工作"	出国留学也已经成为一件很普通的事
7	中	跟	南京邮电大学门口背着书包往校园内走的两位女生	从 20 世纪 90 年代开始，我国有数以万计的大学生
8	全		放学时走出校园的中学生	中学生
9	近		校园内嬉戏玩耍的两名小学生	甚至是小学生走上了出国留学的道路
10	全		新东方课堂内上课的老师	近些年的发展也表明，留学归国的"海归派"们，带回了国外先进的科学理念
11	全	移	从南京依维柯汽车有限公司驶出的一辆辆依维柯汽车	为我们的社会创造了巨大的财富
12	远		学校下课后的人流(长焦)	然而，正是这种留学热潮，引发了一系列不良的社会效应。在不久的将来，当这些负面效应反作用于我们的社会时，我们又该如何面对
13	特		行走的人群匆匆的脚步(长焦)	
14			字幕：负面效应一：留学低龄化	
15	全		教室里坐满着自习的大学生	中国学生之间的竞争随着国门的打开而愈演愈烈
16	特	跟	从三牌楼小学走出的一个小学生走进路旁停着的汽车里	有条件的家庭为了让孩子逃避竞争
17	中		一名中年男子拿着报纸	开始考虑过早地将孩子送出国门
18	特		中年男子看的留学中介广告	
19	全	跟	两个小学生在路上走	于是出国学生的年龄越来越低，有些甚至才刚上小学
20	中		南京邮电大学里面一个身着奇装异服打街头篮球的男生	但是多年过后，当他们发现自己孩子的人生观
21	全	跟	一对穿着校服的高中生情侣在嬉戏打闹	价值观全盘西化，已经和他们格格不入的时候，他们才意识到问题的严重性
22			字幕：负面效应二：留学盲目性	
23	特		南京日报上的出国中介广告	自从 2000 年开始，留学生突然增多，所到的国家也越来越繁杂，可谓五大洲四大洋到处都有，就连冰岛等一些偏远国家也有很多的中国留学生
24	特		现代快报上的出国中介广告	
25	全		某留学中介门口	
26	近		工作人员向家长、学生说着什么	与此同时，各种中介公司在这样的大环境中
27	近		家长和学生在认真听着	犹如雨后春笋般涌现出来
28	中	摇	从工作人员摇到咨询客户	这更加迎合了很多愿意自费出国的人的胃口
29	全 -> 特		屏幕显示网络文章"留学黑中介魅力的陷阱" (快推)"黑中介"	可是，近年来由于中介市场的急剧扩大，黑中介应运而生
30	全 -> 特		屏幕显示网络文章"郑州打击留学黑中介" (快推)"黑中介"	多少留学生和他们的家人成为这些中介的牺牲品，直至走到人财两空的境地
31	特		"教育部曝光留学黑中介"	可以说，留学热正是"黑中介"滋生的温床
32	中	跟	金川亭旁早晨朗读英语的一个男生	出国留学，是很多人心中梦寐以求的人生经历

（续表）

镜号	景别	技巧	画　　面	解　说　词
33	特	跟	操场上正在打球的一个男生	但是，当需要做出选择的时候我们切不可被留学的热潮冲昏头脑
34	全	摇	眼镜湖左边的一对情侣，摇到在看小说的一个女生	毕竟，出国留学并非我们唯一的道路。事实证明，大洋彼岸的天空也并不像大多数人想的那样蔚蓝
35	远	摇	俯瞰校园全景上摇到蓝色的天空	只要充实自己的现在，把握自己的未来，不论在什么地方，我们都能找到一片属于自己的天空

5.3.3　画面稿本

分镜头稿本已经使创作者清晰地看到了作品的拍摄结构。为了进一步明确创作意图，体现整体构思，有时还会把分镜头稿本视觉化，也就是创作画面稿本。

1. 画面稿本的概念

画面稿本，又称故事板、画面分镜头稿本或镜头画面设计，是为了体现未来影片各镜头画面形象的构思而设计的图样。

电影美术师在影片开拍前，按分镜头稿本的提示和银幕画面的比例规格，以草图、绘画或照片的表现方法，制作出单色或彩色镜头画面，描述出未来影片主要的场景气氛、段落蒙太奇的造型意图、主要人物在情节中的动作和造型形象、光线处理、色彩基调、静态和动态构图、特殊场面的效果以及运动中的造型节奏变化等。

2. 画面稿本的目的及作用

画面稿本是按照分镜头稿本的顺序，将影片段落或整部影片的主要动作和叙述流程视觉化地表现出来。画面稿本的主要功能是使分镜头稿本视觉形象化，它是深入研究镜头的有效手段。画面稿本把各个艺术部门的想象汇成可视的造型语言，把分镜头稿本的构思和设想——如画面的节奏变化、构图特点以及影片的色彩等具体化、视觉化，用图画的方式展示出各种造型因素在影片中的运用。通过画面稿本来统一影片各部门的创作意图，体现影片的整体构思，从而起到形象的分镜头的作用。画面稿本被广泛用于动画片的制作，以及呈现给客户审阅的电视广告影片企划中。

3. 画面稿本的创作原则

画面稿本需要用图画的方式落实故事稿本的内容，标出演员的旁白和解说词，用画面而不是用文字来描述镜头所表现的内容。具体来说，画面稿本创作要做到以下几点。

(1) 将导演的创作意图充分体现在整个稿本中。

(2) 根据不同的内容和影片风格，流畅、自然地使用分镜头。

(3) 画面形象应该清楚明了，简单易懂。

(4) 分镜头的连接，例如切换、淡入淡出等要标识清楚。

(5) 演员站位的空间感要明确。

(6) 演员服饰的重点和细部要标识清楚。

(7) 对话、声音效果要标记明确。

(8) 要标明摄制组成员的工作注意事项。

4. 画面稿本的创作方法

1) 画面稿本的制作格式

画面稿本的制作没有固定的格式，它以能使人看懂为标准。画面稿本的主要内容是图画描绘和文字提示，其次是镜号、长度、背景音效等，如图 5-1 所示。

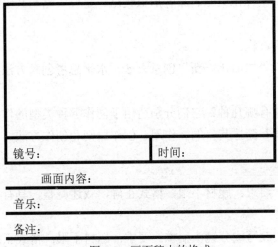

镜号：　　　　　　　　　　时间：

画面内容：

音乐：

备注：

图 5-1　画面稿本的格式

2) 画面稿本的制作方式

画面稿本的制作方式可以采用多种不同的方法，例如，采用手绘草图的方式快速表现；在手绘草图的基础上对画面着色；以照片的方式拍摄镜头构图；借助计算机软件合成照片或手稿研究镜头画面等。在制作画面稿本的过程中，还可以将不同的方法综合起来。如图 5-2 所示是画面稿本的一个示例。

镜号：21 时间：4秒　　　镜号：22 时间：5秒　　　镜号：22 时间：5秒

画面内容：出租车上。王芝　　画面内容：张小勇的话外音，　画面内容：王拿出钱递给了出靠在张小勇的肩上说："你真　"是的，不走了。"出租车拐　租车司机，回头对张说："伯父的不走了吗？"　　　　　了个弯，停了下来。　　　　和伯母一定等着急了。"

图 5-2　画面稿本示例

5.4 思考和练习

1. 思考题

(1) 数字视频作品的设计过程分为哪几步？

(2) 剧情片的设计与策划应注意什么？

(3) 专题片的设计与策划要注意什么？

(4) 解释以下名词：差异化策略、品牌形象策略、定位策略、共鸣理论、整合营销传播理论。

(5) 简述广告创意的过程。

(6) 解释以下名词："二旧化一新"创意方法、水平思考创意方法、"集脑会商思考"创意法。

(7) 文字稿本的格式有哪几种？它们分别适用于创作哪种类型的作品？

(8) 什么是画面稿本？简述其目的、作用、创作原则和创作方法。

2. 练习题

(1) 编写文字稿本。要求：题材不限，格式正确，叙述完整，具有视觉造型性；全文不少于 500 字。

(2) 将以下文字镜头改写成分镜头稿本。要求：题材不限；格式正确；合理分镜头，充分运用蒙太奇技巧；不少于 20 个镜头。

紫金漫话工作室

紫金漫话工作室成立于 2004 年 10 月 28 日，是南京邮电大学教育技术学、广告学、数字媒体技术、数字媒体艺术、动画等专业学生的数字视频制作实践基地。紫金漫话工作室积极为有志于从事数字视频作品编导与制作的学生提供实践训练的机会，积极为教育科学与技术学院、传媒与艺术学院人才培养目标的实现做贡献。紫金漫话工作室努力通过开展的一系列实践活动，训练学生的数字视频制作技能，提高学生的数字视频制作水平，培养学生的团队合作意识和创新意识。

工作室现设有新闻部、专题部、广告部、DV 部、新媒体部等部门。

工作室的管理机构为理事会。理事会设理事长一名，由指导教师担任；副理事长一名，理事若干，由学生担任。

多年来，紫金漫话工作室秉承"守时负责，追求卓越"的工作要求，培养了大批优秀的人才，完成了大量数字视频作品的创作，在校内外产生了积极的影响。工作室成员在历届全国计算机设计大赛、全国大学生广告艺术大赛、江苏省数字媒体作品比赛中频频获奖，并完成了南京市城市形象宣传片、校庆晚会视频等大型项目的制作任务。

第 *6* 章

导演工作

- 前期准备
- 现场拍摄和场面调度
- 后期制作

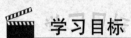

学习目标

1. 了解导演的主要工作。
2. 了解选内景和选外景要考虑的因素。
3. 了解选演员的主要原则。
4. 掌握确定拍摄日程的原则。
5. 掌握导演阐述的写作要领。
6. 了解现场拍摄的工作程序。
7. 掌握被摄主体(演员)调度的主要方式与作用。
8. 掌握摄像机调度的主要方式与作用。

思维导图

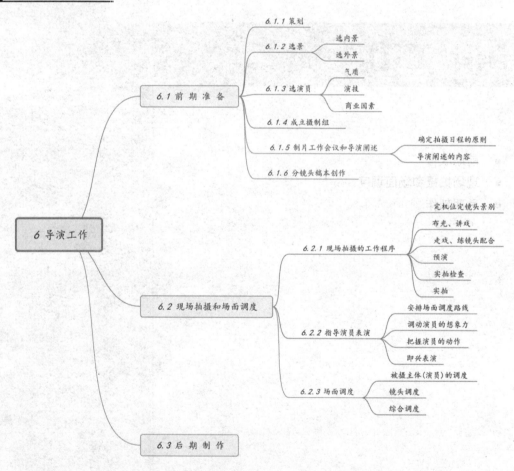

　　导演 "Regin" 这个法语单词原是指管理、特别是收入管理的意思，18 世纪以后引入德语，是演技指挥(Spielleitung)的意思。导演艺术家(Regisseur)是演出的指挥者，舞台的指导者，影视艺术创作的组织者和领导者，是把影视文学剧本搬上银幕的总负责人。

作为视听兼备的综合艺术，数字视频作品集表演、摄影、美术、灯光、音响、化妆、服装等多项艺术于一炉，需要各制片部门团结一致共同奋斗，才能完成全部的创作任务。因此，导演必须组织和团结摄制组内所有的创作人员和技术人员，发挥他们的才能，使各部门人员的创造性劳动融为一体，这样才能保证制作出高质量的作品。一部作品的质量，在很大程度上决定于导演的素质与修养，一部影片的风格，也往往体现了导演的艺术风格。

具体而言，导演的工作包括前期工作、指导现场拍摄和后期编辑。在前期工作中，除了制定方案，甄选分析剧本并创作分镜头稿本外，导演还要进行拍摄前的大量准备工作，如选景、选演员、成立摄制组和召开制片会议并对全体摄制组成员进行导演阐述。导演的这些主要的前期工作也称为导演案头工作。现场的拍摄则包括调度设计和指导演员。在紧张的拍摄阶段结束后，导演指导工作团队完成的后期工作主要包括剪辑、录音、主题曲、动画、字幕和特效等。

6.1 前期准备

6.1.1 策划

不同类型的数字视频作品需要完成不同的策划工作。

剧本是每一位导演的财富，是每一部剧的根本来源。剧本往往可能开始于一个想法、印象、故事、戏剧、绘画、音乐、诗歌或是舞蹈等。总而言之，剧本始于一个可知的现实。

当前的社会形态下，选择剧本时的衡量体系有两个层面。第一个层面便是剧本的衡量指标，即政治、经济、文化。从政治角度出发，应考虑到这部作品反映的人们的思想深度或者社会的风貌等。从经济角度出发，应考虑到这部作品的市场价值。而文化方面即要看这个题材是否具有新意或者衡量在同类题材上这剧本的创意是否有所突破。

例如《幸福像花儿一样》在敲定剧本时，制片人张谦是这样说的："这个题材写的是不太遥远的一个年代的爱情故事，穿着军装在军营里面，作为青年人都能接受。那是一个特殊的历史背景，所以从政治上来说这个题材会引起很多人的共鸣，在我们目前这个影视态势下，还是有些新奇独到的东西。在经济方面，我们选用演员如孙俪、邓超等，不管是电视媒体还是观众对这两个形象都很认可，在得到观众认可之后，我们会相应地获得回报。从文化方面来说，我们拍出来的东西不能太低俗，要有引导作用。"

第二个层面是从技术方面考虑，通过实践和摸索证明，一个好的剧本要具有戏剧结构、人物和故事，然后逐步去丰满，成为一个成功的剧本。

6.1.2 选景

不同类型的数字视频作品对选景的要求是不一样的。纪录片强调在拍摄主体活动范围内对场景进行选择，必须符合真实性的原则。纪录片的选景主要是为了摄制组的方便和构图上的基本要求，而艺术片的选景，导演考虑得更多的是从艺术上要求场景符合剧本提供的规定情境。

选景包括选内景和选外景两种。

1. 选内景需要考虑的因素

(1) 选内景需要符合规定的情境：要考虑时代因素，符合剧本描写的年代特征；符合主人公的身份。

(2) 在符合规定情境的前提下，选内景时一般要选择大一些的房间，这样有利于场面调度。如果内景戏较多，更要慎重考虑。场地小，对过场戏影响不大，但如果有大段的戏，机位就会转不开，影响摄影角度的选择，这样会使场面调度单调，从而影响戏的质量。开阔的场地自然不存在这些问题。但若场面内景太大也要当心，例如大的群众场面、大型车间，则需考虑布光的因素，场景太大且光线又不好的地方也不能选择。不过要造成特殊效果的场景除外。

(3) 注意光线和照明电源。选内景要注意光线。光有两种光，一种是自然光，另一种是人工光。一般生活环境的自然光和照明光源是不符合摄影造型标准的，摄制组灯光师一般都要重新安排照明设备，所以，内景看场地时导演需要带上灯光师一同到现场查看。在看场地时要注意有没有容量比较大的电源。一般居民住户电表容量较小，保险功率也不大，难以承受大电流长时间的照明。检查现场电源就是为了避免拍摄时因电源负荷不够，拍摄中间因断电出现问题。检查现场电源还有一个目的，就是能够给摄像机电池随时充电，尤其是在野外、山区、草原等远离城市的地方进行拍摄时，选拍摄场地需选择有交流电源并且不停电的地方。

(4) 注意周围有无噪声源。

2. 选外景需要考虑的因素

外景的选择相较于内景容易一些，只要符合规定情境的要求即可。一般要注意下列情况。

(1) 在符合规定情境的前提下，交通要便利。特别是在偏远地区拍戏，交通是大问题，如果每天摄制组成员把时间都消耗在赶路上，成本就会很高，除非是万不得已，一般需要以节省时间就近为原则。

(2) 要选择适合摄制组正常工作的环境。在交通繁忙的地方和闹市区拍摄时，环境会带来许多想象不到的困难，甚至会堵塞交通或造成群众围观，如果一定要选择这些环境来拍戏，需要和交通、公安等部门联系，做好协调工作。在拍摄中也要抢时间，不能在现场一遍又一遍地说戏和重拍。必要时可以采用偷拍的办法。

(3) 如果是同期录音，要选择远离噪声源的地方，避免同期声后期制作无法使用。

(4) 注意环境光线，特别是太阳的位置，尤其是一早一晚要有光线和太阳造型的镜头，必须在一早一晚进行现场查看。如无特殊光线效果的要求，拍摄建筑物下的戏要尽可能选择背景是顺光的场地，逆光不仅使建筑物看不清，人物在阴影中也不利于造型的要求。

(5) 选择内景可以不考虑天气情况，外面刮风下雨都不影响工作，而选择外景则不一样。即使已选择好了一个理想的外景，下雨了也照样拍不成。有一些导演提出要查看未来外景地十年来的气象记录，这是有道理的。

有些场景在现有的生活环境中很难找到，这就要求拍摄者自己制作，如张艺谋在拍摄《红高粱》的时候，就提前在拍摄地种植了很大的一片高粱。《泰坦尼克号》的船模型和水环境也都是人工制作的。此外，通过计算机也可以制作出一些特殊的场景。

6.1.3　选演员

编剧的剧作和导演的构思只有通过演员展现的屏幕形象才能最终实现。

无论是业余演员还是专业演员，不怯场是基本的要求。例如，张艺谋在《一个都不能少》中选演员时，据这个剧组的摄影师侯咏回忆，这部影片是围绕女主角进行的，所以女主角的选择特别重要。魏敏芝是另一个村的，找到她很困难，副导演在全县找遍了所有的中学，找了成千上万的人，在其中选出了几个人选，导演在这几个人中又选出最后两个人。本来在这两个人中，魏敏芝排在第二号，排第一号的那个孩子更有一根筋的执拗感，而且戏好，但年龄偏大一点。比较起来，魏敏芝更有点像还在儿童范畴内的少女，片中的人物需要的正是魏敏芝这个年龄段的外表状态。从戏的要求来说，她与她看着的这帮孩子在年龄上相差无几，这样就更有意思，她根本就不是一个老师，还不具备老师的素质，让她来看管这帮孩子，矛盾就建立起来了。最主要鉴别她们两个人选的是最后一次试戏，导演准备在这次试戏中决定让谁上、让谁下。具体的办法是让她们俩站在街上大喊，随便喊什么，一定要放开嗓子喊，喊的时候街上好多人在看，结果原定为一号的女孩有点不好意思，她的声音老出不来，可能顾及大街上这么多人的观看，可魏敏芝就喊出来了，她可以什么也不顾。在考虑其他综合因素后，导演选择了魏敏芝。她的状态特别符合要求，好像天生就有一种能放开的气质，所以，她的表演在镜头前看起来特别舒服。

是否有"放开的气质"，是一个人是否具备表演潜能的重要依据之一。张艺谋指出："大部分的非职业演员，在面对镜头，面对导演看他时都不能适应，手足无措，我们留下的都是能适应这一切的。在开拍之前我们做过反复的测试，用各种机器对着他，看他的人一会儿多，一会儿少，对他进行测试。我们反复测试的目的就是看他是否有这个能力，你不能否认生活中有人有这个能力，他面对很多人，面对镜头不在乎，当然我不能钻到每一个人心里去，我想当一个摄像机对着人的时候，每一个人都有镜头意识，他不可能像在自己家里时没有任何人的时候那样放松，但是有些人有这样的能力，慢慢地会克服这种别人在盯着他看的感觉，慢慢可以恢复我们从外表看起来还自然的状态。实际真正在他们内心，肯定还有摄像机存在的意识，他是躲不掉的，这种深层的镜头感不可能克服掉。但他可能慢慢适应这个东西。这种能力许多人都有，我们选演员就是选能够克服镜头感的人。当然形象也符合我们的要求。他的个人经历也是我们要的。我们《一个都不能少》中的全部演员都是能够适应镜头的人，能够较好地克服镜头感。"[1]事实上选演员就是选择那种不怕镜头的人，这的确是一种天生的本事。在选演员的时候，一般情况下，在没有面对过镜头的人当中，文化越高的人，越怕镜

1　张卫，张艺谋.《一个都不能少》创作回顾[J]. 当代电影，1999，(2)：5-7.

头,他们的杂念越多。

在不怯场这个大前提下,导演在选择演员时还要遵循下列原则。

1. 和角色气质上接近或气质上有可塑性

这一点是导演挑选演员要考虑的最重要因素。气质上和角色接近,表现在年龄、文化层次、修养,甚至是职业、身高相貌等外型条件上与角色接近。

从国内外一些著名导演选演员的故事中也许可以得到启发。

谢晋在拍摄《红色娘子军》中,在众多的女孩子中选出了祝希娟。祝希娟那圆圆的脸,厚厚的嘴唇,怎么看都不漂亮,普通话也不那么地道,外形上是一个很一般的农村女孩子的形象。但谢晋发现她身上有一种气质,尤其厚厚的嘴唇,嘴角透出一种刚毅倔强的性格,这正是剧本中琼花的那种性格特征的女孩子。为了证实自己的想法是否准确,谢晋把挑选来的十多个女孩子排成一排,请编剧梁信来挑选。梁信一眼就看中了祝希娟,就是她!显然导演和编剧英雄所见略同,看中了祝希娟和女主角琼花气质上相近。

著名导演格拉西莫夫在拍摄肖洛霍夫的长篇小说《静静的顿河》时,为寻找葛利高里·麦列霍夫花了半年的时间,导演反复看过许多演员和非演员,"后来我甚至决心甘冒使工作大为复杂化的危险,邀请一位非职业演员,从捷列克,从库班,当然最好是从顿河地区去寻找一个土生土长的真正的哥萨克。挑选主角扮演者的问题拖延了很久(选择其他角色的演员也差不多同样困难),这使影片的开拍推迟了大约有半年时间。"

一个偶然的机会解决了扮演者的问题。有一次,在未开灯的摄影棚里,导演听到演员格列波夫的嗓音,那嗓音非常合适。再看,也看不出与葛利高里有什么相似之处,只是两只眼睛令导演惊奇,本来格列波夫准备演一个只有几句台词的小配角,而且这个人连导演也不知道他演过什么东西,导演通知化妆师为他试妆。第二天,导演去厂里,迎面走来一位"葛利高里",就像长篇小说中插图上走下来的一样。格拉西莫夫这样写道:"诚然,这时还需要进一步弄清楚,在这种相像背后存在着什么东西,这个演员的个性如何,他身上具备些什么。过了没多久大家就都认定,格列波夫具备一切必要的特征,甚至包括一个长年同大自然接触的、习惯于农村生活的人的那种嗓音和风度;对于他能够出色地驾驭战马也没有任何疑问。大家都发现,他的手是一双真正劳动者的手,令人明显地可以感觉到那筋肉的力量。演员身上有许多东西是可以依人们的愿望来加以改变的,是可以化装的,如果你的手是一双市民的手,那么在银幕上表现出来就仍然是一双市民型的手。"

"事情就这样决定下来了,只差等待到肖洛霍夫的'祝福'了。米哈依尔·亚历山大洛维奇当时正在莫斯科,他看了格列波夫以后,干脆地说了一句:'就是他'。"

"这时一切都变得比较顺利了。关键问题一解决,其余的一切便都迎刃而解了。选定格列波夫之后,怎样给他搭配其他角色的扮演者,——譬如使得将来银幕上出现的麦列霍夫一家人具有明显的'血统关系',——就变得明确起来。"[2]

通过上述几位著名导演挑选演员的故事,可以明白一个导演如何挑选符合剧本中人物外

---

2 С. 格拉西莫夫. 电影导演的培养[M]. 北京:中国电影出版社,2001:168.

貌特征和性格特征的演员。选择一个外貌特征和性格特征相似的演员，戏可能就成功了一半。

2. 演员的演技和表演才能的因素

挑选演员还要考虑演员的艺术才能，这是每一个导演必须认真对待的问题，这主要是指主要角色和重要配角的选择。有些演员气质看上去还可以，但是在表演上功力不足，对于主角和重要角色难以胜任，特别是那些非专业演员。有些专业演员是从事舞蹈、戏曲等表演艺术的，没有从事过影视剧的表演，他们像话剧演员一样，习惯了程式化的表演风格，走路和平时的一举一动，都带有其原来专业的特点，所以重要角色的选择，导演一般不敢用这些没有影视表演经验的非电影表演专业的演员。但并不是说只能从电影演员和从事过电影电视剧表演的演员中选拔。如果是一个初出茅庐，经验不足的导演，从有电影电视剧创作经历的演员中选择演员是有一定把握的。

3. 商业因素的考虑

任何一个导演、制片人更不用说投资人对商业的考虑都是必然和无可厚非的。商业思考有可能变为"第一思考"。明星在电影中所具的商业价值是不可置疑的。导演在演员的选用上对于明星的首先考虑是势在必行的，它的出发点就是商业考虑。

导演艺术是一种充满个人风格的艺术活动，导演对演员的选择各有不同的看法，甚至是同一个导演在这部作品和那部作品中都截然相反。这是一种审美活动，也是一种实践过程。不能说选演员只能这样，不能那样，穿衣戴帽，各有所好，但有一点是可以分出高低的，这就是观众看到的效果。成功的作品，自然有成功的导演和演员。

6.1.4 成立摄制组

在导演的前期工作中，成立摄制组是一项重要的工作。这项工作，导演在看场地选景和分镜头时就要同步进行。

作品的长度不同，摄制组大小也不一样。除导演外，一般摄制组要配有编剧、摄影师、录音师、灯光师、作曲家、场记和制片主任等人员。如果是纪录片，有时一个摄制组成员可能出现同时兼任几项工作的情况，为了行动方便，一个编导，一个摄像，两个人就可以组成一个小摄制组，录音用随机话筒和导演持手执话筒兼任，自己带上新闻灯。

6.1.5 制片工作会议和导演阐述

摄制组成立后，工作千头万绪，导演的一个重要任务就是把全体摄制人员的积极性调动起来，让大家知道每一个人目前最主要的工作是什么，并分头去准备。因此，导演和制片主任应及时召集制片工作会议，把工作布置下去。

制片工作会议需要由主要的创作人员参加。参加人员有制片、导演、摄像、美工、灯光、音响、服装、化妆等从事各类艺术创作的人员。

制片工作会议上，各个部门要针对导演的分镜头剧本提出自己的设想和打算。事实上，导演在接到剧本后就可能多次和摄像师、美工师等摄制组成员分头进行过讨论。对于摄像、灯光、化妆、录音、道具也都要事先分别做安排部署，这个会议只不过像走形式，但很必要，一来可以检查各项准备工作的进度，二来可以督促工作进展，另外，还可以调节各部门之间的工作冲突，营造一个良好的工作氛围。因此，这个会议是必要的。

制片工作会议上，导演和制片还要把拍摄日程的安排告诉大家，让各部门在这个安排的前提下，开始做拍摄前的最后准备。

一般来说，确定拍摄日程要遵循以下两个原则。

(1) 先易，后难，再易，难易结合。所谓先易，是指要先拍摄场面小、调度简单和表演难度小的镜头。这是因为在拍摄初期，各部门正处于磨合阶段，演员还未进入角色。所谓后难，是指随着拍摄日程的深入，再逐渐加大戏的分量，拍摄场面大、调度复杂、表演难度大的重场戏。而再易，则指的是到了拍摄后期，由于摄制组成员体力、精力都很疲劳，应该安排较容易的戏，以便轻松结束拍摄。难易结合指的是对一些周期较长的电视剧或电影，应该有张有弛，难易结合。

(2) 先外景，后内景；先实景，后置景。这是因为外景、实景外界干扰、可变因素较多，内景、置景可避免外界干扰。

在制片会议上，导演也可以做一次全面的导演阐述。实际上，导演在和每一个创作人员交换意见时，就已把自己对节目的整体构思和艺术上的各种想法分别告诉了摄制组成员，但那是导演对每一个环节的想法，其他工作人员不一定很清楚。在制片会议上，导演把自己对节目的全部想法告诉大家，让每一个人都清楚，这样大家对整个作品的导演构思和对各个环节的要求就会做到心中有数。

那么，什么是导演阐述(director's interpretation)，导演阐述又包括哪些内容呢？

《宣传舆论学大辞典》上对电视导演阐述是这样定义的："电视导演在指导电视作品拍摄之前，以书面形式写成的对作品的具体解释和说明。它既是导演对未来作品的时代背景、动作环境、人物形象、人物关系的理解、分析以及对作品艺术处理的意见和主张，又是在未来拍摄过程中对剧组的重要组成部分——演员、摄像、作曲、美工等提出的要求和规范。"

导演阐述没有固定的规格和形式，但对于一般的导演阐述，每个导演往往从以下几个方面进行考虑。

(1) 立意：也称为创意，就是编导拍摄作品的基本目的和构想。

(2) 主题或中心思想：导演在作品中或明或暗表达的思想，或要阐述的观念。

(3) 结构：作品内在连接和组成的形式框架，例如电视剧按长短划分，可分为短剧、单本剧、连续剧；按情节形式划分，可分为情节连贯的连续剧，情节不连贯、人物关系在各集之间也不相关联的系列剧；也可以按空间形式划分成时空交替、内外景变换的连续剧和单一时空的室内系列剧等。

(4) 风格：作品对画面语言、文学语言以及表演上的不同表现特点，如悲剧式的、喜剧式的、正剧式的；语言诙谐幽默的、方言特征的、职业性的、粗犷或细腻的等，要有一个总体的把握，使摄制组的主创人员心中有数。

（5）节奏：对全片整体上的节奏，特别是段落节奏、情绪节奏的设计。节奏主要分为整体节奏和局部节奏。整体节奏表现为故事情节进展的快慢，局部节奏表现为段落的场面调度的缓急。节奏还可分为内部节奏和外部节奏。内部节奏主要是演员和运动主体动作的快慢；外部节奏表现为镜头运动的速度和剪接的速度。情绪节奏表现为音乐音响节奏的变化和演员对外界的反应的变化。这些因素会导致整个节目节奏的变化。

（6）人物：就叙事类作品而言，要把握对人物的理解和认识，特别是性格特征，这一点是导演阐述最重要的内容之一。人物性格刻画往往隐含在情节之中，化妆、服装也往往能反映一个人的文化层次和兴趣爱好，道具和环境的设置安排也会对典型性格的塑造起重要作用。导演阐述的目的是统一全摄制组对主要角色的设计和把握，使彼此达成共识和默契。

（7）表演：要对演员表演上的要求和表演风格有整体把握，因此，在摄制组制片会议上，在导演进行阐述时要通知主要角色和主要配角参加。

（8）摄像：摄像是全部艺术创作最后在屏幕上的体现，对摄像的摄影风格、构图要求、镜头特点，导演要一一进行解释，以求导演的场面调度安排最终能通过摄像体现出来。例如，电视连续剧《水浒传》的导演兼摄像在《水浒传》的拍摄中，全片利用了大反差的用光和较阴暗的影调，关于其中的原因，导演兼摄像张绍林说："《水浒》这部电视剧的年代离今天有八百多年，我们追求古朴的生活的真实感，因此我们有意识把鲜艳的色彩压了压，有些不可避免的放烟，使这个片子整体有一种凝固的古典感，这个效果整体上追求生活化，这是我们这部片子所追求的。我们向电影界的老大哥学习，使电视剧的层次感，使磁带里面的成像开发得更丰富，使画面看了有韵味，不是大白光，不是大平光。这个追求我们是花了很大的心血。"

（9）音乐：如果作品需要有音乐，导演则需要就音乐创作和运用音乐的设想与主要创作人员相沟通，导演要像分析把握人物一样对音乐创作进行总体把握。导演对音乐语言的节奏、旋律、风格和音画关系要有个总体的设想和要求。

（10）音响和录音：对于音响效果的要求和对于画面的要求应提到同等重要的地位，这包括同期声录音和音响的质量，即保真度问题。

（11）其他方面：如美术，对屏幕造型、场景设计、色调风格的具体设想，对服装、化妆的要求和想法等，多方面的问题在导演阐述中都要一一提及。

当摄制组前期准备一切就绪后，导演要和制片商量拍摄日程安排，并将拍摄日程列表分发到全体摄制组成员手中。

拍摄日程表将每一天的工作内容、包括拍摄场景、每场戏参加的演员以及服装、道具都列成清单，由制片或场记通知有关人员。剧组工作人员按场景表的安排开始分头进行准备，等待导演宣布开机。

下面是两部影视作品的导演阐述示例。

示例1：四十集电视连续剧《金粉世家》导演阐述

导演：刘国权、李大为

一、立意

《金粉世家》是著名作家张恨水的惊世之作，小说长达 80 万字。

恨水先生是现代文学史上著名的社会言情小说家。据此改编的电视连续剧《金粉世家》故事发生的背景，正是 20 世纪 20 年代初，北洋军阀统治中心的北平。当时正值辛亥革命和五四运动之后，又处在大革命前夕，各种社会矛盾十分尖锐，新旧势力和思想观念激烈冲突，自然也反映到本剧当中。本剧通过表现国务总理金铨家族的兴旺与衰败，折射出豪门家族内部的各种矛盾，从侧面反映了北洋政府内部勾心斗角的矛盾冲突。剧中人物在爱情、婚姻的悲欢离合中，门第、金钱、利害左右着人们的行为和命运，扭曲和摧残了人性，演绎出惊心动魄的故事情节和精彩场面，讴歌了人性中的真、善、美，闪现出新思想和新时代的曙光。

我们在原作的基础上，锐意摄取历史资料和生活素材并加以提炼和丰富，剧情延伸到社会的各个层面，塑造了一批性格鲜明的人物形象，使作品具有强烈的现代意识，并使该剧成为近年来电视剧的精品制作。

该剧通过两对(即金燕西和冷清秋，柳春江和小怜)齐大非偶的爱情故事，表现主角们的悲欢离合、生死离别的坎坷命运，以及金家众多儿女失败的婚姻，他们受着生活的煎熬，生活在不幸之中。反映社会下层与上层之间根深蒂固的、不可调和的矛盾。尽管他们对爱情如痴如狂地执着追求，但是在半殖民地半封建的腐朽观念的影响下，加上人物自身的局限性，最终造成他们的悲惨命运。

二、风格样式

1. 这是一部民国时代的《红楼梦》，但它所展现的社会背景比曹雪芹的《红楼梦》更加广阔，更加深刻；它是中国的《豪门恩怨》《华丽的家族》，不管怎么比喻，都说明了《金粉世家》是一部非同一般的大片。然而，这些比喻都不足以概括该剧的总体风格。可以说，它是一幅豪门家族摧残爱情、毁灭人性的巨幅画卷，是一部民国时期的社会言情情节剧。

2. 故事情节与抒情煽情并重。该剧深入片中人物的情感世界，这里既有生死恋情，手足之情，家庭亲情，并加以开掘和展示。

3. 该剧将采用不完全拘泥于真实生活的手法，进行大胆的创新与加工，使人物形象从外形到内心都更加突出和完美，以取得观众的充分认同和赞赏。

三、造型浪漫、唯美与现实主义相结合

该剧的故事发生 20 世纪 20 年代初的北平，我们不刻意去追求地域特色，但北京特点和时代的特点仍是造型创作的基础。

1. 人物外部造型(服装、化妆、环境造型)

A) 在服装造型和化妆造型上，要求既要有时代感又要有现代感，顺应当代审美潮流，以唯美为基础。

B) 环境造型和空间造型，中西合璧。金公馆、白公馆以西式为主；冷清秋家、夏家、王幼春家突出北京特点(即胡同、四合院)。基本以搭景为主，实景为辅，即 60%在棚里搭景(金公馆全部内景和冷家内景)。

2. 人物内部造型

A) 塑造鲜明生动的人物性格

本剧人物众多，应调动一切创作手段塑造鲜明的人物性格。这些生活在不同社会层面人物的感情，人格魅力，丰富多彩的性格特征均应有充分的展现。

B) 主要人物的分析

金燕西、冷清秋——原著中这两个人物有一定局限。燕西是豪门中的纨绔子弟，花花公子。改编后，着重调整了燕西和清秋这两个人物。燕西是一个心地善良，为人仗义，感情专一的青年。他追求自由纯真的爱，他厌恶花花世界里的依红偎翠。当清秋这样一个素净清纯的女子涉入他的生活时，他便一见钟情，欲罢不能。从此改变了他的生活。但是，由于他所生活的独特环境，造成了他自身独特性格的弱点，他仰仗着担任国务总理父亲的权势，整日游手好闲，不务正业，没有追求，没有责任感，养尊处优。这样独特的生活环境，给他打上了深深的社会烙印。

冷清秋生长在一个清贫人家，她努力读书，主张自立，依靠自身的力量去摆脱贫困，融入社会，体现自己的人生价值。这与燕西的人生观形成鲜明的反差。他们在观念上的冲突和生活道路上的选择，造成了两个人爱情的悲剧。

小怜、柳春江——这是一对罗密欧与朱丽叶式的爱情人物，是理想主义的爱情，也是该剧的另一条重要主线。小怜活泼可爱，聪明伶俐，从小在豪门中当丫环，在金家备受关爱。但是她自身所处的独特环境，摆脱不了丫环的身份。她曾默默地暗恋着金燕西，但是齐大非偶的封建礼教，使她只能暗自流泪，羡慕冷清秋与七少爷的爱情。当她与出身显贵的财政总长的儿子柳春江邂逅之后，两人一见钟情，相亲相爱。不料，柳公子家的门第观念斩断了他们之间的爱情。他们没有能力与传统观念抗争，最后小怜看破红尘，削发为尼；柳春江为爱而死。一对生死恋人，就这样被封建传统观念摧残、毁灭。

金铨——北洋政府国务总理，学贯中西，精于官场，既要跻身于北洋政府的明争暗斗，又要表现出开明大度的姿态，表面上的德高望重多于他的虚伪做作，他的矛盾性格，导致了他的悲剧结局。

金太太——知书达理，具备驾驭豪门世家的能力，具有慈祥、严厉、精明、狭隘等多侧面的复杂性格。

白秀珠——专横跋扈，傲慢自负的一个阔小姐，她深爱着燕西，而燕西并不在乎她，由于她的个性太强，使得燕西越来越反感她。加上她那个已荣登北洋政府要职的哥哥白雄起从中干预，使白秀珠成为白雄起往上爬的筹码，成为政治联姻企图的牺牲品。后来，她的爱转变成了恨，她想方设法破坏清秋和燕西的感情。她的哥哥白雄起阴谋篡权，取代了国务总理金铨的地位，金铨气极毙命，致使一代豪门陨落，衰败。金家妻离子散，家破人亡。最后，白秀珠离开了这个令她痛苦的城市。

冷太太——没落家族的遗孀，典型的中国妇女形象，贤妻良母，性格温柔聪慧，她信仰佛教，她的思想深深地影响了女儿清秋。

润芝、欧阳于坚、浩然——本剧的亮点，社会的希望。

玉芬——王熙凤式的人物。金家的祸水，她想稳定自己在金家的地位，不惜一切为白家出谋划策，周旋于金白两个家族的矛盾之中。

其他人物就不在此一一阐述了。

四、形式

以崭新的电影形式包装该剧。

1. 本剧的诸多因素为该剧的艺术形式提供了绝佳的机会。剧中在置景、服装、道具、化妆造型等方面都将进行精益求精的设计加工，产生美轮美奂的视觉效果。

2. 本剧将力求做到当代审美潮流的统一，这既是为了求得最佳的艺术效果，也是为了满足当代观众的观赏需求，即采取写实与浪漫有机结合的创作风格，这将使本剧的创作者能够尽情发挥创作想象并给他们足够的创作唯美包装的创作空间，做到各方面的完美结合，使观众充分领略这一美的享受。

3. 行云流水般的运动镜头。内部调度(即镜头运动)和外部调度(即人物调度)相结合，使全剧在动感之中，增强了全剧的节奏张力。

4. 两极镜头的组合，近景和全景交相呼应。

5. 横向调度(移动轨)和纵向立体调度(升降)相结合。

6. 油画式的棕色凝重色调。

7. 流畅、鲜明、沉稳的节奏感。

8. 追求层次丰富，电影化的影调。

9. 平铺直叙的叙事方式，穿插个别倒叙。

10. 用细节贯穿，细部描写的电影语言的表现手法。

11. 采用电影平行、交叉蒙太奇的剪辑手法组接全剧。

12. A、B组要统一景别、统一色调、统一影调、统一风格。

我们拍摄40集电视连续剧《金粉世家》这样一部社会言情情节剧必将在导演、演员等所有创作人员的心中激起飞扬的想象和活跃的灵感。在创作上取得新的突破，制作出享誉荧屏的精品。

总之，该剧制作要求精益求精，一丝不苟。各部门要熟读剧本，严格按照剧本和导演阐述的要求，总体把握，层层把关，团结一致，保质保量，将《金粉世家》拍成一部近年来的经典之作。

示例2：电视连续剧《洪湖赤卫队》导演阐述

导演：石伟

一、关于主题

新中国成立后，由于受苏联十月革命及卫国战争题材电影的影响，我们的电影亦如雨后春笋蓬勃而生，成为那个时代电影的主旋律。这个阶段的电影为新时期的社会主义建设提供了丰富多彩的精神食粮。可以说，几万万民众从这些电影中受到了启迪，振奋了精神，鼓足了干劲。仅十余年时间，我们的电影事业便发展到了中国电影史上的第一个巅峰时期。歌剧电影《洪湖赤卫队》便是那个时代多部红色经典电影其中之一。它那整整影响了两代人的经典人物，经典的音乐歌曲，观众耳熟能详的"洪湖水浪打浪"，在经历了五十年的风风雨雨之后，依旧能在人们的耳畔回荡着……这，就是红色经典的魅力。

《洪湖赤卫队》是中国歌剧史上的不朽名作。此剧描写的是20世纪30年代初第二次国内革命战争时期，湘鄂西洪湖地区赤卫队、工农红军与国民党反动派及湖霸进行斗争的故事。其中成功塑造了支书韩英、赤卫队长刘闯、地下党员张副官、叛徒王金标、湖霸彭霸天等一系列生动鲜活的艺术形象。这部歌剧由朱本和、张敬安、欧阳谦叔、杨会召、梅少山等人联合编剧，张敬安、欧阳谦叔作曲，湖北省实验歌剧团1958年排练，1959年首演于武汉。同年10月，该剧作为湖北省向国庆十周年献礼剧目首次进京演出，一炮走红，从此成为中国民族歌剧瑰宝。我国老一辈党和国家领导人周恩来、董必武、贺龙、陈毅、李先念等都欣赏过该剧的精彩演出，并给予高度评价。

该剧于1960年由北京电影制片厂与武汉电影制片厂联合摄制成电影公映后，更是家喻户晓，风靡华夏大地，深受广大群众的喜爱。尤其是电影中的几段歌曲更是被人们广为传唱。悠扬的旋律，宽广的节奏，配合曲折的剧情，深深地打动着每一位观众。

在20世纪70年代中期，周恩来总理在病重弥留时，还对身边的工作人员说："再让我听一遍'洪湖水浪打浪'吧。"

电影是由同名舞台歌剧改编而成，该片的格调高昂，气势宏伟，在主人公韩英等人身上洋溢着浩然正气和革命的乐观主义精神，在情节、语言和音乐方面富有鲜明的民族和地域特色。影片既保留了原舞台剧的全部精彩唱段，又让演员在实景中，以生活化的表演去追求更为真实感人的银幕效果。影片音乐创造性地吸取了色彩明快、韵味浓郁的地方曲调，在继承中有所创新，为发展我国的民族音乐做出了有益的尝试。其中，"洪湖水，浪打浪""没有眼泪，没有悲伤""盼天下劳苦大众都得解放"等唱段已成为中国歌剧电影的经典篇章。

该片曾于1962年荣获第一届《大众电影》百花奖最佳音乐奖。

在怀着崇敬的心情回顾了歌剧及电影的同时，我们也迎来了目前最大的困难与挑战，即：红色经典的翻拍。

二、叙事结构

电视作为当代广为应用的大众文化传播媒介，已经与老百姓的生活息息相关，密不可分了。那么，电视连续剧则是最家庭化、最便利、最大众化的艺术形式之一。在当今风起云涌的电视剧大潮中，较高的收视率也就成了各电视台、各制片商及各导演们相互拼搏厮杀，锲而不舍所追求的永无止境的目标。

接下来，便是我们的最高任务：给观众看什么？

对于红色经典影视剧的再创作，近几年已有不少作品，我暂且不去评估它的优劣成败，但就创作上所遇到的困难及难度，我想大家的感受恐怕是一致的。就《洪湖赤卫队》而言，从舞台歌剧到电影，再从电影到电视剧，五十年的间隔，3种不同的艺术形式，但讲的却是同一个故事，给观众展现的是一个故事当中的同一群人物。此次翻拍的一个重要的艺术原则就是在红色经典的基础上，进行再创作。既要充分尊重原著，又不能完全拘泥于它，要让观众耳目一新。既不能彻底脱离母体，又要获得一个全新的艺术生命。

总之，就是要将革命的英雄主义与革命的浪漫主义有机结合，真正做到思想、艺术、观赏三性的统一。

这就是我们创作时所面临的最大课题：叙事结构。

电视连续剧的叙事结构和方法较舞台剧与电影有着很大的区别。其一，它吸纳了长篇章回小说与长篇评书连播的形式特点与养分，能够充分利用电影蒙太奇及制作上的各种手段而形成自己独树一帜的特异功能。其二是它的故事容量及信息量增大，叙事中的细节增强。其三是它几乎不受时间长度的制约，一个故事可20集也可30集。这样，它就可以将一个相对简单的故事变得更加复杂、曲折和惊险。由于它是家庭式的大众传媒，因此应该怎样才能满足人们连续观看与不断期待的观赏心理？怎样才能适应人们的观赏习惯？这些都是值得我们深思的问题。

好在编剧给我提供了一个经部分专家、学者和同行们都较认可的一个故事框架，使我身负三座大山(歌剧、电影、观众)的躯体有了一丝喘息的机会，也为我们日后能够大踏步前进奠定了一个坚实的基础。

在叙事结构上，剧本除了较好地保留了原故事中的主要线索、主要人物、主要场景之外，还增加了纵横洪湖若干年打家劫舍的湖匪头目谢十三与打着宗教的旗号行骗、愚昧百姓的白极会坛主赵阴阳这两个重要人物，从而使整个故事形态发生了根本的变化，形成了赤卫队以一敌四(彭霸天及民团、国民党保安团、湖匪谢十三、白极会赵阴阳)的险峻态势。5条线相互编织，互有关联，时而交汇一处，时而独自成章，通过对故事中戏剧矛盾冲突的纵向与横向的梳理，着重表现"五国四方"的各种矛盾冲突以及各自阵营内部的矛盾点。剧本全面铺排由这些交织在一起的内外矛盾，组成整个情节编排发展错综复杂的故事结构，并精雕细刻矛盾中的人物在叙事进程中变幻不定的不同命运以及不同时期微妙的人物关系，运用这些东西来强化戏剧悬念及戏剧张力，准确制定了所有主要人物的言行标尺，使人物性格的形成、发展与变化有了更加充分的依据。在创作过程中，我们要以人物性格自然发展轨迹为基础，下大力气深度挖掘每个人物在不同时刻所怀有不同的内心活动而表现出来的言行及人物的豪情、悲情、柔情与友情，以此来确定故事当中丰富的思想内涵。

三、总体追求

在明确了故事框架之后，剩下的就是怎么拍的问题了。

首先，它是一个通俗易懂的故事，很难用文字表述其中深奥的哲理。我以为，只要你严肃认真地对待它，它就能用自己博大的艺术感染力去影响每一位观赏者。尽量使故事悬疑抓人，激情叠起，情节合情入理，冲突强烈，结构紧凑。

简而言之，就是尽最大可能拍好每一个镜头，力求有所创新，争取在红色经典已扎根观众心灵深处的地方，也有你的一席落脚之地。而且，随着社会的发展和时代的进步，在艺术创作上，晚辈不必像长辈，每一代应有不同的创作理念和想法。

如同母子关系：孩子虽然是母亲生的，即使长得特别像母亲，终究还是两个人。孩子可能比母亲还俊，也许比母亲要丑。

四、环境造型

拍摄环境与景物的选择，是本剧成败的关键。影视剧中的环境，不仅仅是给人物提供一个活动的场景，更为重要的作用是渲染气氛，增加历史感与真实性，从中能更好地塑造人物性格。在敌我几方的环境选择上，要特别注意，大与小，明与暗，城市与乡村，华贵与质朴，富庶与贫穷，深宅大院与茅草房的对比，强调地域特色和差别，强调洪湖的壮阔及芦苇荡与荷花的自然美。

我们要表现的已是近八十年前的事了，要给观众留下那个战争年代的环境烙印。但是，我们所需要的真实环境，经过了几十个春秋的洗刷和时代变迁的风风雨雨，已经变得面目全非或荡然无存了。这更需花大力气，下大功夫来寻觅或加工，在很短的时间内，提供一个较为真实可信且能达到拍摄水准的环境来，进一步突出洪湖地区的风土人情、地域地貌等荆楚文化特点。但绝不是要搞民俗方面的展览，要在所选场景的整体与局部细节真实上做足文章。

五、摄影造型

色彩、构图、光线、运动四大要素构成了影视摄影的风格。

整体基调为：深沉、浓郁的时代气息和强烈、悲壮的震撼力。

1. 色彩

战争中的人物与环境，要浓墨重彩，突出沉重与力度。表现赤卫队要强调洪湖地区的水、芦苇荡、茅草屋及瞿家湾的青砖黑瓦白墙，以及渔民身上那种古铜色的肌肉感。表现彭霸天则要突出深宅大院的凝重与古朴，以暗色为主，内外景的色彩要统一和谐。但在抒情段落中要拍出荷花的艳丽庄重。整体上追求油画式的暖色凝重色调。

2. 构图

饱满、强烈、勿松散、勿繁杂、突出主体，形式服从内容。两极镜头的组合，近景和全景交相呼应。不求奇特大胆，只求朴实完整。

3. 光线

光线是最能产生画面意境的元素。

内景拍摄中，要大胆运用场景的房屋结构所产生的明暗光区；而在外景中，则运用自然阳光下的光亮和阴影。当然，磁带的宽容度不及电影胶片，还要适当地用大面积的黑白布来稍加遮挡，以免曝光过度。无论你面对的是男人还是女人，都要用大反差的光线处理。

光线主要作用于表达情感，而不仅仅是保证正确曝光。要根据人物在不同环境下，在战争进程与事态发展当中，不同的心态来设计和处理，重点突出人物棱角与肖像的硬度。

总之，要追求层次丰富，电影化的影调。

4. 运动

考虑到总的基调是强烈、深沉、浑厚、悲壮，加之转移突围的特点，所以全剧拟以运动镜头为主。

内部调度(即镜头运动)和外部调度(即人物调度)相结合，造成固定与变化，静止与动态，对比与层次的力度美，增强全剧的节奏张力。

但有些运动镜头，比如人物的台词过长等，要以人物动作心理活动为依据，以准确表达人物情感为依据。坚决反对"为动而动"的无谓的场面调度。

庄子曰："既雕既琢，复归于朴。"

最后我想说的是：摄影一定要懂戏，要懂表演。你必须参与到演员的表演当中，并且你心里要特别明白此刻他们在表演什么？这样就能够更加积极地配合他们完成任务。

六、关于演员和表演

总体形象：黑、瘦、土。

为什么说人是高级动物？简单说，就因为人比其他动物复杂得多。其复杂性在于，绝对不会将喜怒哀乐以生活方式的表象全部堆砌在脸上，而此时人的思维逻辑、行为方式及内心活动是你不可能洞察的。

演员是一部影视剧当中人物和主题的具体体现者，是荧屏主要造型手段之一。故事中的众多人物究竟是些什么人？是要靠演员在屏幕上的形象体现出来的。

其实，演员需要领悟、掌握、体现的一切元素均在剧本之中。这就要求演员一定要深读剧本，熟能生巧。只有坚决抛弃自我，只有与人物零距离的贴近，只有注重对人物性格细致入微的刻画与神韵的传递，才能产生鲜活的人物，即所谓神似而非形似。

全剧的角色有几十位，可以说不分大小，要求每一位演员都要表演准确、到位。从人物个性出发，从生活真实出发，从人物的特定身份出发，赋予人物以准确而鲜明的时代感。追求一种性格美、气质美，使演员具备人物所需要的力度和气质，尤其是战争当中的人物更要有阳刚之美。要做到质朴、自然，具有时代感，使人物个性更加鲜明，有血有肉，真实可信。

就本剧表演而论，我希望演员们千万不要走时装戏表演的所谓生活流的路子，那种看似生活实际上尽显拖沓、松散和带有水分的表演不是本剧所追求的效果。

我认为还是应当遵循过去红色经典电影的表演风格，如《甲午风云》中的李默然、《林则徐》中的赵丹、《烈火中永生》中的于岚与项昆、《风暴》中的金山、《南征北战》中的冯喆、《青春之歌》中的谢芳、《野火春风斗古城》中的王晓棠、《白毛女》及《党的女儿》中的田华、《平原游击队》中的郭振清、《洪湖赤卫队》中的王玉珍等等。这些老一代的表演艺术家，对红色经典作品中人物的诠释和演绎更符合广大观众对英雄人物的理解和判断。他们那些真诚、动情、炽热、质朴、忘我的表演元素最能与观众的审美期待产生共鸣，最能与观众的审美习惯相吻合，并以极大的感染力影响着一代又一代的观赏者。

这些生动鲜活的银幕形象已经在广大观众的内心深处生根、发芽、开花、结果。

故此，我恳切希望无论是韩英或是刘闯乃至全体演员都要认真严肃虚心地向老一代表演艺术家们学习，用他们身上那种宝贵丰富的表演经验来指导我们今天的创作。我想，这不仅对你们，对我甚至对观众来说都是有益的。

斯坦尼斯拉夫斯基曾说过："爱你心目中的艺术而不是爱艺术中的你。"

我觉得这是对演员最准确的定位。

七、服装、化妆、道具的造型处理

在设计与使用上，一定要围绕着那个年代，围绕着那群人物，力求准确、细致入微，做到细节的真实。一个发式及造型，一件服装，一件道具使用的准确与否都将影响整部剧的质量。特别应注意敌我几方及人民群众的整体造型，要突出是在战争年代中的人，而且要具有地域和文化特点。

故此，请大家多欣赏过去的红色经典电影，包括《洪湖赤卫队》。多翻阅图片资料，增加对湖北尤其是荆州洪湖地区旧社会老百姓穿着打扮的感性认识。在人物不同性别、年龄、身份、职位及性格特点上下功夫。

你们三个部门要时刻牢记你们是创作人员，切勿简单地蜕化为保管员，要积极主动地参与创作，充分发挥每个人的主观能动性，激发出你们的创作热情，拿出专业水准，为本剧的创作添砖加瓦。毫不夸张地说，本剧的成败与你们有直接的关系。你们强则戏成，你们弱则戏败。

化妆要特别注意人物发型的时代感与人物肤色的职业感和身份感。无论男女演员都要特别留神他们脸上嘴上的红。对女演员切不可过多粉饰，一定要保持人物朴实的自然美。由于天热，化妆在现场要及时跟妆修补。定期定时修剪演员的发型胡须，杜绝不接戏的情况发生。

服装造型在全剧中尤为重要。各式人物在不同时期所表现的不同造型，是推动剧情进展不可缺少的主要因素之一。另外，在为演员衣服做旧和加补丁时要注意真实感，把握好艺术分寸。在剧本上严格详细地记录演员前后场的接戏问题，以免出现漏洞。在筹备期就要了解掌握洪湖地区老百姓服装鞋帽的特征特点。

道具的重要性就不必多说了。本剧相类似的场景不少，在大道具陈设时要抓住不同人家的不同特点。陈设时要注意人物的职业特点，喜好与身份年龄。着重体现江汉平原尤其是洪湖地区水乡渔村的人文特色。尽最大可能去设计每处生存环境中的道具细节，增强生活真实感。另外，演员随身的戏用小道具要提前设计好，并与演员和我互相沟通，尽早确定方案。

在剧本中，如果有涉及你们三个部门的描写使用存在不妥或不准确时，请你们及时指出并提出具有建设性的方案，我会采纳。

最后，希望大家要珍惜自己的岗位而努力工作。

八、音乐音响的构成

音乐和音响在本剧中具有极为重要的作用，它作为情绪表现的辅助手段，可以肯定地说：音乐是这部戏的主要灵魂，因为它参与了叙事结构。

整体音乐风格为：既要高亢激越、浑厚朴实，又有优美、深情、悲愤、凄凉。既具有乡土气息浓郁的湖北地方音乐特色、又透露着清新明亮的现代感。"洪湖水、浪打浪"运用通俗唱法重新演唱就是最好的证明。

经反复研究后确定，除了保留原歌剧中的几个著名的唱段与旋律外，还要进一步挖掘创作新的曲目，以满足长篇剧所需求的多样性。另外，将具有湖北地方特色情真意切的小调小曲融会到主体音乐中，起到烘托氛围，渲染人物的不同情绪、使画面更加立体、生动、感人，使之在不同的段落中有不同的变化(包括配器和旋律)。

在创作中，一定要让音乐旋律和剧情相互渗透，这样，不仅戏剧结构会因此变得更加紧凑，能够环环相扣，同时也能使画面节奏与音乐节奏达成内在统一，促进画面的抒情色彩和音乐抒情色彩的完美结合。

在后期制作中，要充分调动一切有利手段，使整个音响(包括对白与动效)达到假定性的生活真实。在为画面服务的前提下发挥特长，弥补画面中的不足之处。对白要让观众听清楚，这样才能了解剧情，产生共鸣。

另外，声音的处理也算总体节奏的一个重要组成部分，它能使画面产生张力，使画面活起来，有助于画面的真实感与流动感，要注意文戏与武戏的声音处理上的变化，静中有动，动中有静。有些小的音乐段落可以用来做环境音响，加强环境气氛，也可起到段落间的起承转合作用。

总体来讲，我们这次对于红色经典的翻拍，压力是巨大的，信心是百倍的，干劲是十足的。无论如何，想的总比干的多，但敢想才能敢干。不管成败，我们都会齐心协力共闯难关。这个故事的再创作我估计可能是'后无来者'了，我们会尽最大的努力给它画上一个圆满的句号。

6.1.6　分镜头稿本创作

有关分镜头及其依据、分镜头稿本的性质与作用、分镜头稿本的格式与示例请参见第 5.3.2 节。

6.2　现场拍摄和场面调度

一切工作准备就绪后，摄制组就要到现场，按照一定的工作程序进行拍摄了。在拍摄现场，对演员和摄像机进行调度，是导演的重要工作。

6.2.1　现场拍摄的工作程序

1. 定机位、定镜头景别

选定机位也就是确定摄影机的方向与位置，同时决定这一镜头的景别和摄法。

2. 布光、讲戏

在机位确定以后，要根据具体的时间和光效的要求进行布光。随后，导演要根据不同的镜头设计向演员讲清环境和镜头的调度，讲解剧作与人物的规定情境以及这一镜头的任务与目的，具体的演员调度与行走路线等。

3. 走戏、练镜头配合

走戏为的是让演员的表演与各技术部门的运作达到完美统一。在这个阶段，导演主要把握的是技术层面的实施与实现——摄影机的运动、镜头内外部的调度，影像与光效、录音的位置与效果等。在走戏的过程中不要一再地指责演员的表演状态，要让演员有充分"放松"自己找到角色感觉的过程。

4. 预演

预演是实拍前的整合练习。预演是对于实拍效果的综合演示，此时对于一切镜头中的技术与艺术要求要做到完备——完全准备好，并不一定完全实施，例如烟、火、炸点等。在预演中唯一不对演员要求的是内心和情感的全部投入——因为预演不一定能够一次完成。

5. 实拍检查

这是一个全技术过程。在这个阶段，要检查摄影部门是否准备好，轨道等技术设备是否平衡；布景与环境布置是否还有缺失，是否接戏；录音要检查演员的话筒是否理好等；导演要让场记进行接戏的服、化、道检查：服装部门检查服装，特别要注意演员的服装的接戏；化妆部门要补妆、蘸汗或做汗、检查头饰、配饰，做特殊效果(血水等)；道具检查特别要注意演员手持的道具拿错没有，扇子、手杖等即将打碎的是否是替代品；枪械员要重点把握好确定是实拍时才可压装空炮弹等。

6. 实拍

实拍是一切想法和准备的实施。但实拍常常会重复进行——重复是为了修正和达到更完善的结果。

下面介绍在拍摄现场时导演是如何指挥整个剧组进行工作的。

化好妆的演员来到现场，摄像师指挥人在铺设移动车的轨道，把摄像机架起来，录音师将吊杆话筒架高高地支起来，灯光师将聚光灯放在表演区外，导演把演员召唤到摄像机前："我们先走一遍位置，对一遍台词。"演员按照导演的布置开始排练。摄像师在一边聚精会神地看着。导演和演员交谈几句，哪个地方表演还不行，哪个地方要把剧本上的台词改一下。然后转身对摄像说："这场戏我打算用这么一组镜头。第一个镜头的机位是……"摄像往往会表示同意或者提出自己的想法："这样是不是更好。"导演想了想，"有道理，我想这样也许会更好。"俩人交谈了两句。然后大声对摄制组人员说："各就各位，准备开拍!"

现场灯光亮起来，人们开始安静下来，摄像找好了机位，演员各就各位，导演说："我们先拍一个全景角度。"随后喊了声："预备——"向摄像师示意一下，摄像机正要开机，场记跑上前，把一块板放在镜头前不远的地方，板上写着第2场、第3号镜头、全景等信息。随后，她一抽板，导演喊："开始——"

导演满意地看着监视器，对摄像说："这条保留，再来一条。"场记在场记单上写下，又用粉笔在黑板上写道：第2场，第3号镜头，第2条等信息。

随后，导演又对摄像说："先把女主角的正打镜头全部拍完。"男主角抗议道："这场戏不让我露脸呀?""不要脸!"摄制组全体成员哄地笑起来。导演似乎觉得自己刚才这话不礼貌，马上更正说："你别误会，我是说先拍你的后脑勺，先拍你的背面，然后再拍一组你的正面镜头。"

许多作品就是这样一个镜头一个镜头地拍摄出来的。从上面的一场假设戏中，可以总结出以下拍摄的基本方法。

(1) 拍摄无先后顺序：在一部戏中，后面场景的戏可能先拍；在一场戏中，后面的镜头也可能先拍。上面的做法是使用专业演员的方法，也是一般影视剧的拍摄方式。个别情况下也有特殊的方式，如张艺谋在影片《一个都不能少》中，由于全部动用非职业演员，特别是演员对下一步的发展完全不知情节，因此采取完全按时间顺序拍。剧本中，魏敏芝见到孩子很陌生，她刚到剧组对眼前的孩子也很陌生，这种一开始的陌生状态不是演戏演出来的，而是一种真实的情感表现，所以必须按这种时间顺序来。

(2) 同一个机位方向的戏，不换机位，集中在一起，一块拍完，然后再调换机位，将另一个机位同一方向的戏也一块拍完。这是最省时最快速的办法。省时主要是省在布光和调整机位上。每换一次机位，特别是内景戏，都要重新布置灯光，布光是最费时间的，如果布好一次光，把同一摄影方向的戏都拍完，这显然会大大提高工作效率，几乎所有具有经验的导演都会这么干。

(3) 总角度要先拍，不管是在这场戏中处于什么位置，是开头、中间，还是结尾。

(4) 在一部戏中，也无先后顺序之分，同一场景或同一个地区的戏，要集中在一块，一次拍完。

(5) 要有灵活机动的拍摄日程，例如，原计划明天拍外景，但由于到时候阴天下雨，外景戏无法完成，就应随时改变拍摄方案，改拍内景戏。不然就会造成窝工现象，无形中增加拍摄成本。

(6) 人数较多的群众场面一定要争取当天完成，如果实在完成不了，要争取把大场面全部拍完。

(7) 在一个场景的戏拍完后，最好在现场把镜头都看一遍，如果有问题就立即补拍，细心的导演总是很少出错的。

6.2.2 指导演员表演

在拍摄现场，导演要根据事先或刚刚和摄像商量好的分场分镜头稿本，对演员的表演位置、行动路线和方向、与其他演员之间的位置关系，在拍摄前要对演员进行交代。

1. 安排场面调度路线

场面调度包括摄像机的调度和演员调度。演员调度是和演员本身有关系的问题。如果演员不按照导演的调度要求，在走位过程中不到位或超出了导演的指定位置，摄像的镜头就无法实现导演镜头调度的要求，所以，导演在说戏的过程中，往往要把演员走位安排好，并大体走一遍，通过摄像机输出的监视器看一看自己的镜头调度设计是否合理，如果有问题，立即进行必要的调整，改变拍摄方案，在导演认为满意时才能进入实拍。

2. 演员不出戏怎么办？——如何调动演员的想象力

演员因为种种原因常常不出戏，或者是在戏的关键地方推不上去，像温吞水。分析原因，一是演员缺乏表演上的才能，二是演员不熟悉角色，缺乏想象力。

演员不出戏或者戏不够是常有的事，一般来说导演要启发演员的想象力。著名导演普多夫金在拍摄《普通事件》中，有这样的一个场面：一个女人坐在重病的丈夫身旁；危险刚刚过去，病人初次醒过来，认出妻子；饱受惊吓的妻子开始哭泣，眼泪和幸福的微笑交织在一起。导演想通过一个特写镜头来表现。普多夫金考虑了很久，决定不经预先排练就开拍。摄影机和灯光已准备好了，导演坐在女演员的一旁，开始启发演员的想象力。普多夫金说她多么爱她的丈夫，丈夫病时她的处境多么艰难，她又以怎样的信心去努力克服绝望的情绪，等待着亲人从死神魔掌中挣脱出来的一线希望。说到她当时过分疲劳，描述她一想到可能发生可怕结局就感到时隐时现的悲痛，力图确切地描述出她那不可抑制的内心痛苦的各种表情，并诱导她去感觉到这种痛苦。正是这种感觉，而不仅是理解，普多夫金看到他的描述逐渐地起了作用。导演用催眠者的声调描述着，直到她的咽喉收缩起来，好像有什么东西梗塞着，眼泪已经要夺眶而出了。最后，女演员真的淌下了眼泪。于是立刻开始拍摄。女演员几乎没有觉察到正在进行拍摄。她之所以痛哭，并不是出于强迫自己哭泣，而是因为积压在内心的激动已经无法抑制而终于迸发出来。可是导演又命令她微笑，快点微笑！她透过不断落下的泪水，强作苦笑。这场戏就这样成功地完成了。这个女演员完全沉浸在角色之中，她仿佛就是那个女人。

普多夫金认为，这个情况绝不能奉为导演指导演员创造角色的范例。在这以后，也没再采用这种方法。但从这场戏中，普多夫金得出了一些有原则意义的重要结论："我相信，通过被激发出来而十分活跃的想象，可以达到演员表演的真实。"[3]

的确，一流导演拍心灵，二流导演拍动作，三流导演拍场面。导演能否通过调动演员的想象力和创造力，发掘人物的内心世界，打开演员的心扉，在细微之处见精神，是检验导演功力和能力的试金石。

3. 把握演员的动作

人们的思想是看不见的，但思想会以各种方式表现出来。

人首先表现思想的器官是眼睛，眼睛是心灵的窗户，喜怒哀乐都可以从人的眼睛里表现出来；随后是身体其他部位的动作。一个人表示愤怒，首先从眼睛里流露出来，接着，就会有行为，例如握拳头。

普多夫金把面部表情也看成是手势。手势，换句话说，就是演员的全部动作。手势总是先于语言的，例如，你向一个人喊："滚出去！"然后你才用手指指门。你会发觉，手势和情感脱了节，而是纯粹从理智出发，让对方从那一扇门出去。结果，它可以表达以下两个意思：第一，滚出去；第二，手势——从那扇门出去。显然，手势在语言之后，和语言脱节了。若反过来，先用手指着门，然后再喊"滚出去"，手势和情感直接联系起来，就会表达你要对方离开此地的愤怒情绪。

从上述例子可以知道，人们互相交往时的行为是不可分割的整体。如果加以分析，就可

---

3 多林斯基.普多夫金论文选集[M]. 罗慧生等，译. 北京：中国电影出版社，1985：301.

以看出这样的顺序：思想、情感、手势、语言。

所以，演员在表演的过程中，思想、情感、手势和言语这一链条直接反映着每个人的真实行为中的自然联系。而手势则比其他一切因素都更密切也更直接地和情绪与情感相联系。手势才是情绪状态最初的外部表现者。

导演在拍戏中对于演员手势——动作的要求和把握，必须遵循上述规律，才能做到准确无误。手势不是言语的附加解释性动作，而是语言的先导者，导演在处理演员言语和动作关系时，需要注意到这个原则，否则，动作将变成言语的附属物。

4. 即兴表演

事实上，由导演进行演员调度，由导演指示并把握的演员的动作并不一定是最好的表演方式。有时演员通过对人物和规定情境的把握，在不走戏、不排练的情况下，即兴表演会大获成功。导演不仅要允许而且应该支持演员在符合角色性格和规定情境的前提下，临场创作，即兴表演。

张艺谋在谈到影片《一个都不能少》的创作时说："电影表演的过程是一个模仿的过程，是一个高级模仿过程，从内心深处开始模仿，但不是演员的亲身经历，电影的剧情也不是当时发生的真事情。这是演员调动自己的内心和形体进行了一次高级模仿。模仿的可能是某一个他曾经有印象的人物，或者是他塑造出了一个他想象中的人物。""我发现我们生活中的人容易受到影视文化的负面影响，你真给他一个剧本，你真给他说要表达这个人物，连最普通的小学生的反映都是：我要准备怎么演，他就开始模仿，模仿什么呢？他看过的电视剧，平时看到电视上是怎么个样子，第二天来了以后，就模仿电视上的样子和腔调，他们觉得那就是表演，所以干脆就不让他们事先想戏，就不告诉他们剧情，更不能给他们看剧本，也不能给他们说演什么人物，完全是懵里懵懂就来到现场，然后再要求他做出在这种情境下平常的样子，他们说平常的样子那我会，我们就让他照平常的样子做。他们说我们平常是这样说话，我们就让他照这样说，这就是我们要的。"在这部纪实风格的影片中，张艺谋以此作为表演创作美学的准绳。[4]

即兴表演的确会给表演带来鲜活的气息，它有以下两个优点。

(1) 具有真实、生动、新鲜和富于变化的特点，较少虚假、呆板、陈腐和单调的弊病，没有设计好的动作程式化的毛病，更接近生活。

(2) 对表演对手来说，会给对手以出乎意外的刺激，这种突如其来的新鲜刺激，会使对手产生未曾预料的生动反应。这种反应反过来又传达给对方。一来一往，势必会形成完全生活化的交流。

强调演员的即兴表演，并不意味着导演就放弃了对演员表演艺术上的指导和把握。即兴表演必须建立在对角色的深刻理解的基础上，因此，具有生活化特征的即兴表演不是本色的表演和类型化的表演，而是性格化的表演。导演在鼓励演员即兴创作的同时，要将不符合角

---

4 张卫，张艺谋. 《一个都不能少》创作回顾[J]. 当代电影，1999，(2)：5-7.

色性格的表演引导到正确的方向上来，因此，一方面导演要允许并提倡演员以积极的态度投入创作，同时，要在表演前对演员的表演做充分的准备。这种准备不是细节动作的死板的设计，而是对角色的精神世界的掌握。导演让演员把握的是角色的精神状态、思想感情变化的心理线索、人物基调，以及与他人的关系(基本态度)等，这是导演要指导演员应该掌握的角色的总基调。在把握了总基调的基础上，对演员在镜头前的具体的手势(动作)、幅度大小和声音的高低不必过分拘泥，规定得太死板。

影片《一个都不能少》的摄影师侯咏说："据我的观察，导演说戏不在表情动作方面说，只给他一个规定情境，给他说明现在是怎样一个状态，你需要给你的交流对象说什么。""拍摄中还会遇到意想不到的好戏出现，或者好的苗头出现，这时候张艺谋就会发现好的苗头，让演员向这个方向发展，向这个方向多演多说。让演员临场发挥，说明导演也在临场发挥，这部影片就是在相互启发下拍摄出来的。我看完片子的时候，数了一下，好几个精彩之处，好几个特别出效果的地方都是我们大家事先没有想到的。"

允许演员即兴表演并不会影响导演的统一构思和整体安排。张艺谋认为："即兴表演不是漫无节制的，不是完全没有目标的，是有一个大走向的，因为这毕竟是一个故事，必须按照这个故事的规定情境走，超出这个情景，超出这个范围也不能要，游离于故事之外也不行。"[5]

导演如何指导演员拍戏，怎么样才能把戏拍好，一个导演一套方法。只要把握在镜头前表演的基本要求，一些没学过导演的导演，比如搞编辑(剧)摄像出身的导演，也在指导演员拍戏过程中有较好的表现。事实上，我国的许多电影和电视的导演并不全是从电影学院导演系出来的。导演过电视剧《北洋水师》和电影《红河谷》的冯小宁说得好："重要的还是实践。"一个好的导演不完全是在课堂上教出来的。

6.2.3　场面调度

场面调度这个词源于戏剧，《电影艺术词典》中有关场面调度是这样解释的："(mise-en-scene)出自法文，意为'摆在适当的位置'或'放在场景中'。最初用于舞台剧，指导演对一个场景内演员的行动路线、地位和演员之间的交流等表演活动所进行的艺术处理。由于电影和戏剧在艺术处理上具有某些共性，场面调度一词也引用到了电影创作中来，意指导演对画框内事物的安排。"[6]

电视的场面调度，《中外广播电视百科全书》中是这样解释的："场面调度是电视导演对一个场景内，演员行动路线、位置的转换与移动的安排，通过人物的外部造型形式与景物的配置和组合，调动摄像机方位的运动，形成一幅幅角度、景别不断变化的活动画面，达到屏幕造型与艺术感染力最佳效果。"[7]

可以说，场面调度是导演和摄像师为了达到某种目的，对进入画框的人物形象和视觉效

5 张卫，张艺谋. 《一个都不能少》创作回顾[J]. 当代电影，1999，(2)：5-7.
6 许南明 等. 电影艺术词典[M]. 北京：中国电影出版社，1996：208.
7 赵玉明. 中外广播电视百科全书[M]. 北京：中国广播电视出版社，1995：85.

果进行安排和统筹调配的一种系统工程。

导演在场面调度过程中，一般最基本的处理方式是单个镜头的场面调度和一个场景的场面调度两种主要处理方式。这两种类型的场面调度都包括两个方面：被摄主体(包括演员)的调度和摄像机的调度。

1. 被摄主体(演员)的调度

1) 横向调度

这是被摄主体沿上下画框并与画框平行移动的方式。被摄主体此时的移动方向与摄像机成 90°角，这种水平横轴的调度就像戏剧中的上台和下台，常表现为入画和出画。导演在调度过程中有以下 3 种方式可供选择。

(1) 穿越式的横向调度。

被摄主体沿画面水平轴穿越画面。这种调度受景别和被摄主体的运动速度的影响，被摄主体在画面中的面积越大，速度越快，穿越画面的时间就越短。这种调度方式具有一般的介绍性功能，因为画面中的横向移动长度有限，一般不用它来展开剧情。

例如，在影片《阿甘正传》中有一个阿甘长跑穿越美国的片断，其中就有穿越式横向调度的大远景镜头：阿甘独自一人在旷野中跑着，富有诗情画意，表现了阿甘不屈不挠、不达目的誓不罢休的性格，如图 6-1 所示。

(2) 突出被摄主体的横向调度。

被摄主体从画面左右两侧入画后，在画面中停顿。例如，在电影《卧虎藏龙》的"竹林打斗"一场戏中，玉娇龙从左边入画，在画面中停顿，慌张地用目光四处寻找李慕白，如图 6-2 所示。

图 6-1 《阿甘正传》中的穿越式横向调度

图 6-2 《卧虎藏龙》中的突出被摄主体的横向调度

(3) 被摄主体的往返式横向调度。

被摄主体入画后，沿水平轴运动后转向后向相反方向运动，这种演员调度方式在舞台上很常见，要么是忘了什么东西，要么就是有件未了的事放心不下，所以会瞻前顾后。《阿甘正传》中也采用往返式横向调度，说明了阿甘创造穿越美国长跑奇迹的真实想法，如图 6-3 所示。

2) 纵深调度

这种调度是影视区别于舞台戏剧调度的最主要形式。巴赞推崇的景深镜头，其镜头内在的表现形式最主要的是纵深调度。纵深的演员调度有以下 3 种方式。

(1) 穿越式的纵深调度。

被摄主体迎着镜头或背对着镜头沿纵向轴的一种运动方式，这种被摄主体的纵深调度是每个电影和电视剧的镜头中都可以找到的演员调度方法。在电影和电视剧中有一种称之为挡黑镜头的演员调度方式，即被摄主体向镜头走来，挡住镜头的光线，这个镜头还有一个和它对应的镜头，同一个或不同的拍摄主体，从镜头前向前走去，镜头由黑到亮，两个镜头连接在一起主要用做转场。和这类似的镜头如汽车等交通工具向摄影镜头驶来，并在头顶上疾驶而过。影片《罗拉快跑》中罗拉迎着影片向我们跑来，再背对镜头向远处跑去，就是这样的用法。这种"过客"式的镜头，都是用作过场戏的过渡方式，它会产生纵深的空间感，如图6-4 所示。

图 6-3　《阿甘正传》中的往返式横向调度　　　　图 6-4　《罗拉快跑》中的穿越式纵深调度

(2) 突出被摄主体的纵深调度。

被摄主体从景深深处向镜头运动，然后停在镜头前。这不像前一种调度，被摄主体在镜头前是一个由远及近的"过客"，消失在镜头中(如挡黑)或镜头外(如在镜头前左右上下跃过)，被摄主体在镜头前停下来，具有展示和突出被摄主体的作用，它往往会引发一段戏剧故事。《阿甘正传》中，阿甘从远处向镜头前跑，跑着跑着他突然停住了，后面跟着跑的人也站住了，阿甘转过身，对身后跟跑的人群说："我该回家了。" 如图6-5 所示。

(3) 被摄主体的往返式纵深调度。

被摄主体从镜头前向景深深处运动，然后停住，向反方向运动；或者和这种形式相反。

在影片《阿甘正传》中，阿甘从美国大陆的一头跑到另一头，到了海边一个在水中搭建的小屋的小木桥上，没了路，又折返跑。这种往返式纵深调度往往喻示着故事将发生某种形式和内容的转折，为他后面要回家做铺垫，如图 6-6 所示。

图 6-5 《阿甘正传》中突出被摄主体的纵深调度　　图 6-6 《阿甘正传》中的往返式纵深调度

3) 斜线调度

斜线调度是沿画框的对角线的调度方式，所以也可以称为对角线调度。对角线在构图中是最长的直线。利用对角线最长这一特性可以表现运动，尤其是动感强烈的镜头。例如电视中的体育比赛，往往选用对角线构图。又如冬季奥运会上的跳台滑雪，往往采用斜线调度。在影视作品中，表现动感强烈的镜头也常常用斜线调度来表现。

影片《真实的谎言》开始的一段雪地里精彩的枪战戏之所以动感强烈，和导演运用了一系列的斜线调度不无关系，如图 6-7 所示。

4) 交叉调度

交叉调度是为了避免镜头缺少变化，通过演员的交叉换位，使这种场面富于生气。例如，电影《小兵张嘎》中嘎子给躲在村子里的老钟叔送饭，开始老钟叔坐在画左，嘎子在画右。老钟叔掏出给嘎子做的小手枪，嘎子站起来，跑到老钟叔身边，高兴地拿着小手枪，磨老钟叔讲罗金保用笤帚疙瘩缴鬼子王八盒子的故事，这时两个人又坐下，双方自然地换了个位置。这种交叉调度使一个较长的镜头富于变化，使人感到富于生气，如图 6-8 所示。

图 6-7 《真实的谎言》中的斜线调度　　　图 6-8 《小兵张嘎》中的交叉调度

5) 上下调度

被摄主体沿画框左右两侧进行纵向移动，和横向移动一样，一般也有 3 种方式：穿越画面、进入画面后在画面中停留、进入画面后又转向重新出画。上下调度一般被摄主体要利用立体空间物进行上下移动，如台阶、山坡等，这是利用演员自身的运动，还有一种是利用上下移动的工具，如电梯、直升机、降落伞等。

演员的上下调度在舞台剧中是极少出现的。在电视晚会中，近年来，通过搭台阶实现了演员在舞台上的上下调度。

6) 曲线调度

与直线调度不同，被摄主体是进行曲线运动。其中有以下 4 种形式。

(1) 弧线调度：被摄主体进行半圆形的走位。

(2) 圆形调度：被摄主体围绕某一特定物体或没有一个特定物体，而进行圆周运动的形式。后面这种空心转的形式以歌舞片中出现居多。美国音乐歌舞故事片《出水芙蓉》中，在游泳池中，女演员们通过游泳造型在水中组成了一个圆圈，这是一个比较有名的圆形调度，如图 6-9 所示。获 1987 年第 60 届奥斯卡六项大奖的影片《末代皇帝》中，溥仪要在弟弟溥杰面前显示皇上的威风，便吆喝太监放下轿子，和溥杰在前面跑，而抬轿子的奴才们跟在后面追。两人跑到太和殿前的广场上，转着圈跑，后面簇拥的轿子和随从紧跟其后。镜头通过高角度的俯拍，使队伍出现了圆周形的演员调度。另一处圆形调度不是空转圈，而是围绕一个道具。这种形式要比转空圈更容易被观众接受，却不容易看出这是导演有意在进行场面调度。例如，溥杰说溥仪现在已不是皇上了，溥仪说是，溥杰还说不是，于是溥仪气愤地开始追溥杰，俩人围着写字的台案转起了圈子。导演在处理这个圆形场面调度的过程中，用了长镜头，既有顺时针追，也有逆时针追，使并不很规则的圆周形的场面调度真实可信，不留人为的导演痕迹，如图 6-10 所示。

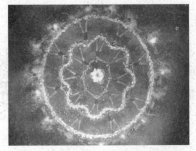

图 6-9 《出水芙蓉》中的圆形调度

图 6-10 《末代皇帝》中的圆形调度

此外，在电视综艺晚会舞蹈节目中，舞蹈演员组成的圆周图案会形成这种圆形调度。对于这种调度，拍摄角度是关键问题，如果角度太低，利用平拍，镜头前往往不会形成圆形调度，只有高角度进行俯拍或者镜头与地面垂直的扣拍，才会产生圆形调度的构图。如果被摄主体是两队人或三队人组成圆周运动，而且各队运动方向相反，则会形成非常好看的画面构图，这在大型团体操中常采用直升机航拍或热气球上拍摄，会产生非常壮观的场面。

(3) S 形曲线调度：被摄主体呈 S 形运动，规则型的 S 形曲线运动在实际生活中很难找到，往往出现在舞蹈节目和一些特殊项目的体育比赛中，像高山滑雪的大回转和在大海冲浪运动中被摄主体是呈现 S 形运动的，S 形运动如果是沿画框横轴方向曲线前进，其前进方向时而朝向摄像机，时而背离摄像机，呈∽形运动，被摄主体在画框中的面积不会发生太大的变化，景别变化不大；如果是沿画框纵轴方向曲线前进，表现为景深方向的移动，被摄主体在画框中的面积会发生变化，即景别会有改变。S 形调度常常用于表现一个拍摄主体(演员)在众多陪体中穿行，会形成不太规则的 S 形场面调度，例如，在某些地方找人或找什么东西时，通过走向镜头和离开镜头，出现两次往返，或向画框两侧反复运动，便可以形成这种被摄主体或演员调度。

(4) 螺旋式调度：螺旋式表现为立体的圆周式运动，这种调度方式与平面调度不同，摄像机一般要居高临下，被摄主体借助旋转楼梯或是可以构成这种运动形式的特殊设施进行纵深调度。

7) 不规则调度和综合调度

在实际生活中，人们不可能都机械地按上述图形方式活动，往往表现为不规则的运动形态，有时在一个镜头内也会同时出现几种调度，称为综合调度。一般来讲，被摄主体往往是处于不规则和综合调度之中，在导演要拍摄的一个镜头中，演员既可能进行水平的横向调度，也可能突然改变为其他运动方向，因此这种调度是最多的，往往在水平调度的过程中也会出现上下调度，如一个人最初在大街的人行道上直走，拐了个弯向路边的方向走去，然后又登上了一个台阶。如果是一个镜头拍下来，就有了横向、纵向和上下 3 种调度。这样的镜头既可以看成是不规则的图形，也可以看成是综合图形。这种类型的演员或被摄主体的调度是很多的。在纪录片中，这种不规则或综合的调度更是司空见惯，导演不可能过多地干预采访对象的活动，特别是纪实性很强的抓拍镜头，导演无法去调度被摄主体，因此这种不规则的调度往往是纪录片的主要调度形式。

2. 镜头调度

导演在场面调度的过程中，除了指导演员走位——调度被摄主体外，还要调度镜头。镜头调度主要指摄像按照导演的要求，对所要拍摄的每一个镜头画面的景别变化、摄影角度和运动形式的具体实施。镜头调度包括单个镜头的调度和组合镜头即一场戏的镜头调度两种。

单个镜头的调度

1) 单个镜头的调度

单个镜头的调度包括两层含义：一是光轴的变化，即通过改变摄影镜头的摄影焦距可以改变景别，使被摄主体在画面中的面积发生改变，这主要是指推、拉、摇镜头；二是改变摄影距离，即摄像机与被摄主体的位置，即改变景别，主要通过移镜头，包括水平移和垂直移(升降)镜头，使被摄主体在画面中的面积发生改变。

前面介绍了各种被摄主体的场面调度形式，这些调度形式在镜头调度的过程中也可以表现出来，这主要通过移镜头来实现。

镜头在移动的过程中，与被摄主体的角度会发生变化，产生不同的视觉感觉。如果移动镜头在被摄体前做直线横移，那么，物体在画面中会与镜头方向做逆向直线运动；如果镜头在被摄体前做斜线运动，物体将出现斜线上升或下降；如果镜头在被摄体周围做圆弧运动，被摄体将会出现旋转。此外，还可以拍摄出被摄体上下运动和综合的不规则运动。总之，镜头的移动使得在视觉上不断出现新元素，它的强烈动感和不断进入镜头的戏剧因素，充分表现了视听艺术的优点和独具的特点。移镜头的这些特点，是定点的推、拉、摇运动镜头的视觉感受所无法比拟的。这就是现代视听艺术在表现手法上特别注重使用移动摄影的原因所在。

(1) 横向调度。

这是指镜头的横移。在横移的过程中，前景的景物移动快，后景的景物离得越远则移动得就越慢；速度越快，前景就会越模糊，运动感就越强烈。横移的镜头调度主要有以下几个作用。

● 展现大场面

由于被摄体呈静止或相对静止的状态，摄影机在移动中，被摄景物依次在镜头前闪过，可将整个大场面巡视一番，对全局有个全面的认识。因此，横移镜头常用于表现大的战争场面。

美国电影《西线无战事》以连续性的移动镜头拍摄美国士兵进攻德军战壕的情景。摄像机沿着战壕快速移动，它的视野包括冲向战壕的士兵和中弹倒下的士兵。在前景中，不时有机枪手射击的背影，一批又一批的士兵倒下，有人冲出战壕后又倒下。如果用一系列单独的镜头来表现倒下、搏击、死亡、射击等，永远也不能获得如此规模的集中表现。正是借助于镜头的运动，即表现不断的死亡，才使得镜头画面获得充分的表现力。在这里，镜头调度的任务在于在一个地点、在一秒钟内表现出动作的同时性和动作的空间局限性。在电影《战争与和平》中，在表现著名的波诺基诺战役中，用了长达上百米的横移镜头，表现了史诗般的战争场面。我国影片《大决战》中，凡表现三大战役的宏观场面均采用了横移镜头。辽沈战役中通过杜聿明坐在飞机上的主观镜头，用空中移动摄影，将我军围歼廖耀湘兵团的场面表现得非常壮观，平津战役则用移动摄影表现我军海河大桥上胜利会师的场面，淮海战役则表现我军发动最后进攻的快速横移，与《战争与和平》波诺基诺战役有异曲同工之妙。

● 表现大场面或一般环境中的局部细节

在 1998 年中央电视台春节歌舞晚会《致春天》的《战友之歌》中，从台阶上走下一排排戴贝雷帽的驻港部队指战员，为了表现他们的精神风貌，通过多次运用横移，将战士们的一个个近景展现在观众面前。

(2) 纵深调度。

镜头的纵深调度需要采用纵深移和跟镜头来实现。在纵深移的过程中，景物和被摄体会产生向观众移动的感觉，速度越快，感觉就越强烈。在移动的过程中，当前面有障碍时，拐过去或跨越过去，就会发现新的空间。而跟镜头跟随着被摄主体移动，特别是在新闻和纪实摄影中，由于被摄主体不规则的行动方向和路线，呈现出不规则的镜头调度。纵深调度的作用有以下几点。

● 移镜头作为摄影师的主观镜头，可以代替观众的眼睛去探寻事物的奥妙

镜头在前移的过程中，方向、视点、角度、景别可以在移动中不断变化，可以用一个镜头获得所在空间的不同方位、侧面的总体印象。《望长城》中有一段探寻水下长城的精彩的水下移动摄影。既是潜水员又是摄影师的记者一头栽进水中，镜头在水草中穿行，渐渐地，前面出现了一段修水库后淹没在水中的完好的长城。镜头不仅看到水下长城的外观，而且钻进长城的敌楼中探幽，随后镜头掉转方向，又钻了出来，沿着城墙向前游去。这是一段让电视界津津乐道的不可多得的水下摄影场面。

● 移镜头和跟镜头可以代替拍摄者的眼睛搜寻感兴趣的人和事

定点拍摄的主观镜头无法深入现场，而移动镜头却可以根据需要随意前行，它可以跟着主持人走，也可以不设主持人跟着采访对象走，甚至可以自己向前，拍摄视点之内一切有趣的东西。例如《望长城》中，主持人焦建成去寻找王向荣，他一路打听，包括询问牧羊人，随后向一位背柴草的妇女打听，又跟一个小孩进了村，在村里碰上一位村民，村民对焦建成说明了王向荣的家所处的位置，焦建成费了几番周折才进了王家的院子，后来才见到了王向荣的婆姨、孩子、年迈的母亲。这一段镜头一直跟着主持人走。

跟镜头和前移镜头的纵深场面调度有一些区别。顾名思义，跟镜头是跟随拍摄主体前进，摄像机通过前跟(摄像机在被摄主体前，镜头方向朝后)、后跟(摄像机在被摄主体后，镜头方向朝前)和侧跟(摄像机在被摄主体一侧，处于基本平行的位置)的方式进行拍摄。跟镜头拍摄的画面中被摄主体的大小基本一致，而移镜头则没有一个固定的拍摄主体，前景和后景的动态构图会产生前快后慢的效果。意大利著名导演安东尼奥尼拍摄移动镜头时，为了获得真实的影像，常把摄影机扛在肩上，镜头朝后，用偷拍的办法获得真实感人的场面。

● 移镜头可以作为剧中人的视线

电影和电视剧中，剧中人行走或坐上车，为模拟剧中人的视线，导演常根据剧情需要，在行进中，或在车上拍摄一些车窗外的移动镜头。在汽车拉力赛中，每当我们看到镜头放在驾驶员的位置上向前拍摄时，我们就能体验到驾驶员此时此刻的视觉感受。

● 当移动镜头的方向与被摄主体的运动方向相反时，移动速度的快慢制约着节奏

电影《战争与和平》中法军从莫斯科撤退，移动摄影方向和法军运动的方向是相反的，这是一段空中摄影，开始是法军队伍前列的中景，镜头升起后，向队伍尾部移动，表现这个逆历史潮流而动的侵略军的悲惨结局。这段逆向摄影，摄影机是架设在直升机上，移动速度很慢，法军行军的速度也很慢，导演用慢节奏表现了这支败军的心理。

高速运动的物体的逆向摄影会使镜头内部节奏加快，可产生特殊的效果。这种镜头往往用来表现某种特殊效果，或烘托剧中人突然爆发的某种感情。

(3) 曲线调度。

通过曲线移动可以表现镜头的半圆和圆形调度、S形调度、螺旋形调度等。

● 半圆和圆形调度

例如，在《望长城》中，主持人焦建成在内蒙古东部赤峰看到清朝皇帝立的一块要求臣民保护塞外长城的石碑，为表现这个石碑碑文的内容，摄像师跟主持人焦建成围着石碑整整转了一圈。在焦建成访问王向荣途中，碰上一个唱爬山调的种地人，焦建成和他交谈，了解爬山调的来历，并请种地人唱了一段。这一段对话时间很长，如果主持人和种地人面对面站着，摄像机一动不动，画面就会很呆板，摄像机通过圆形调度使画面变得生动起来。

● S形调度

S形的纵深曲线调度由于无法在被摄群体中间架设移动轨道，一般需要摄像师扛着沉重的摄像机在被摄群体中间快速移动，要求速度均匀，持机平稳。一般情况下，摄像机需要有减震架设备，这对摄像师的操作水平提出了很高的要求。陈凯歌导演、张艺谋摄影的影片《黄

土地》中，在表现陕北解放区人民的秧歌表演时，就创造性地采用了摄影机在秧歌队中 S 形移动的方式，充分展现了解放区人民欢天喜地的氛围。

2) 多镜头场面调度的组合

场面调度从话剧舞台上演变到电影电视上，形成了一个系统性的导演理论：它不仅可以体现在一个场景中，导演如何指导演员和摄像机的运动和演员运动，也可以在整场戏与整场戏之间实行两场戏完全相同或相似的场面调度。

多镜头场面调度的
组合

(1) 一个场景的镜头调度——机位三角形原理。

摄像机的 3 个机位连接构成一个三角形，该三角形的底边与轴线平行，这一规则被称为三角形原理，也称为机位三角形原理。

最常见的机位三角形有内反拍三角形和外反拍三角形。

内反拍三角形如图 6-11 所示，其中底边的两个机位所拍摄的镜头称为内反拍镜头。

内反拍镜头的特点是：在画面中只有一个主体出现，而无陪体出现，并且主体处在画面突出的位置上，常以近景别的形式来进行拍摄。

外反拍三角形如图 6-12 所示，其中底边上两个机位所拍摄的镜头称为外反拍镜头，有时也称为过肩镜头。

外反拍镜头的特点是：镜头中的两个人物互为前后景，使画面具有很强的空间透视效果；靠近镜头的在画面上表现为背面，距镜头较远的表现为正面。

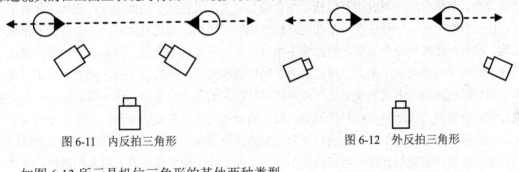

图 6-11　内反拍三角形　　　　　　图 6-12　外反拍三角形

如图 6-13 所示是机位三角形的其他两种类型。

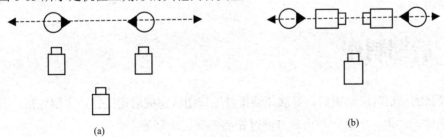

(a)　　　　　　　　　　　　　(b)

图 6-13　机位三角形的其他类型

(2) 重复性场面调度。

重复性场面调度最重要的特征是戏剧情节的完全相同或相似，表现为环境空间的相同，人物对话和行为动作的相同，导演在摄影摄像的处理上也尽量保持相同，观众会对这种场面的重复产生强烈的心理反应和荧屏效果。

影片《老井》里张艺谋饰演的孙旺泉 3 次倒尿盆就是精彩的重复性场面调度。第一次是身着新婚学生装的旺泉打开房门后，先探头探脑向四周看了看，认定没有人，然后再走到厕所去倒。第二次是旺泉穿着变旧的学生装，手持尿盆慢腾腾、懒洋洋地走进厕所。第三次则是身披黑色老棉被的旺泉步子麻利地大踏步地走向厕所。通过这样的重复性场面调度，表现出孙旺泉对于"入赘女婿倒尿盆"这一北方山村的传统习俗从不自觉到自觉的顺从与适应。

这种重复性场面调度既可以是同一拍摄对象的重复调度，也可以是不同主体的重复调度。在电视连续剧《宰相刘罗锅》的第 34 集中，乾隆皇帝认为自己年事已高，决定让位，于是让大臣爬梯子去取他早已写好的密诏。他第一个让和坤去取，和坤怎么也爬不上去，只好说自己的两条腿实在是不管用了。乾隆又让另一位大臣去爬，他当下跪倒在地，表示不中用。乾隆最后让刘墉去取，刘墉尽管年龄也不小了，但腿脚还麻利，一步一步稳稳当当爬上去，取下装有皇上密诏传位于皇十五子嘉庆的手谕。这同一件事让 3 个人去重复表现的手法，可以让观众感受到 3 个人物在性格和心态上的差异。

3. 综合场面调度

所谓综合场面调度，包括镜头调度和被摄主体两者都在运动的场面调度。在镜头调度过程中，也不会只有一种运动形式，往往要有两种以上的镜头运动形式，这种形式被称为综合镜头调度。而综合场面调度则既包括了综合镜头调度，又包括了场面调度。例如，在故事片《逃往雅典娜》中，一开头有一个在直升机上的航拍镜头，画面是大海，一会儿远方出现了陆地，接着又出现了一个城堡，航拍镜头中城市从远景变成小全景，摄影机开始用降镜头，城里一间屋子内跑出来一个人，挣脱了两个纳粹德国士兵，跑出院子后，沿着小巷跑，直升机上的摄影机跟拍，小巷变成近景，而对被追赶的人则是个小全景。这个精彩的长镜头既有镜头的综合调度，包括跟镜头和降镜头，城市的景别从大远景变成全景、近景，还运用了变焦距和变机位相结合的推镜头；也有较为复杂的演员调度，包括从屋内逃出来的人和德国兵的追杀。这两种调度结合在一起已经很不容易，加上镜头始终是在直升机上拍摄的，这就更增加了难度。

6.3 后期制作

在紧张的拍摄阶段结束后，导演还要指导工作团队完成后期工作，主要包括：剪辑、录音、主题曲、动画、字幕、与出品方商讨作品的宣传计划等。

随着数字视频制作的迅速发展，后期制作又肩负起了一个非常重要的职责——特效的制作。特效镜头是指拍摄无法直接得到的镜头。早期的影视特效大多是通过模型制作、特殊摄影、光学合成等传统手段完成的，主要在拍摄及冲印的阶段完成。计算机数字的使用为特效制作提供了更好更多的手段，也使许多过去必须使用模型和摄影技术完成的特效可以通过计算机科技来制作完成。

6.4 思考和练习

1. 思考题

(1) 导演有哪些主要工作？

(2) 选内景和选外景分别要考虑哪些因素？

(3) 选演员应遵循哪些原则？

(4) 确定拍摄日程要遵循哪些原则？

(5) 解释以下名词：场面调度。

(6) 被摄主体(演员)的调度包括哪几种方式？

(7) 镜头调度包括哪几种方式？

2. 练习题

自由组建 5 人左右的摄制组(不包括演员)分工合作完成一部作品的拍摄。要求完成以下工作。

- 撰写导演阐述。
- 制定拍摄日程表。
- 运用 5 种不同的演员调度的方式。
- 运用 3 种不同的镜头调度的方式。

摄像篇

摄像篇由两章内容构成，其中第 7 章为数字视频作品的画面拍摄，第 8 章为数字视频作品的声音录制。

第 7 章

数字视频作品的画面拍摄

- 摄像机及其使用
- 摄像用光
- 蒙太奇意识和成组拍摄
- 一些典型场景的拍摄技巧

学习目标

1. 了解摄像机的工作原理。
2. 理解与镜头相关的焦距、视场角、光圈和景深等概念。
3. 了解摄像机的种类。
4. 了解摄像机的基本构造。
5. 掌握聚焦环的调整方法。
6. 了解外出摄像时需要准备的设备。
7. 掌握摄像的基本要领。
8. 了解常见的人工光源。
9. 掌握三点布光和交叉布光的方法。
10. 了解判断镜头好坏的标准。
11. 掌握成组拍摄的要领。
12. 了解典型场景的拍摄技巧。

思维导图

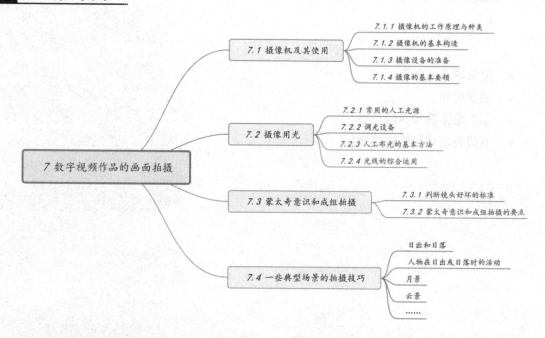

7 数字视频作品的画面拍摄

- 7.1 摄像机及其使用
  - 7.1.1 摄像机的工作原理与种类
  - 7.1.2 摄像机的基本构造
  - 7.1.3 摄像设备的准备
  - 7.1.4 摄像的基本要领
- 7.2 摄像用光
  - 7.2.1 常用的人工光源
  - 7.2.2 调光设备
  - 7.2.3 人工布光的基本方法
  - 7.2.4 光线的综合运用
- 7.3 蒙太奇意识和成组拍摄
  - 7.3.1 判断镜头好坏的标准
  - 7.3.2 蒙太奇意识和成组拍摄的要点
- 7.4 一些典型场景的拍摄技巧
  - 日出和日落
  - 人物在日出或日落时的活动
  - 月景
  - 云景
  - ……

7.1 摄像机及其使用

摄像机是拍摄工作的物质基础。目前数码摄像机发展速度之快，超出了人们的想象。只有系统地学习摄像机的工作原理、构造、种类和使用技巧，并且在实践中不断总结经验，才能高质量地完成拍摄工作。

7.1.1 摄像机的工作原理与种类

1. 摄像机的工作原理

摄像机的工作原理
与种类

摄像机主要由光学系统、光电转换系统和录像系统 3 部分构成。其中，
光学系统的主要部分是镜头，镜头由各种各样的透镜构成，当被摄对象经过
透镜的折射在光电转换系统的摄像管或电荷耦合装置的成像平面上形成焦
点时，光电转换系统中的光敏元件就会将焦点外的光学图像转变成携带电荷
的电信号，从而形成被记录的信号源。录像系统则把信号源送来的电信号通
过电磁转换成磁信号并将其记录在录像带上。因此，从能量的转变来看，摄像机的工作原
理是一个光-电-磁-电-光的转换过程，摄像机的工作就是一个成像、光电转换和录像的过程。

要弄清摄像机是如何成像的，首先要弄清什么是镜头。镜头是摄像机的重要部件，一般
被突出安装在摄像机机身的前面，被称为摄像机的眼睛。它不但能将要拍摄的景物真实而清
晰地反映到成像装置上，而且能改变被摄景物的客观影像。要了解镜头的成像原理，首先要
了解与镜头相关的焦距、视场角、光圈和景深等概念。

1) 焦距

焦距即焦点距离，是光学镜头的中心到摄像管前的靶面或固体摄像器件成像装置靶面(前
表面)之间的距离。焦距是标志光学镜头性能的重要数据之一。在摄像的过程中，摄像师可以
经常变换焦距，从而采用标准镜头、长焦距镜头和广角镜头等来进行造型和构图，以形成多
样化的视觉效果。

2) 视场角

不同焦距的光学镜头，在水平方向上可摄取的景物范围也不同，这一特征主要表现为视
场角的不同。视场角指的是摄像管或 CCD(电荷耦合器件)中有效成像平面边缘与光学镜头的
中心所形成的夹角。从造型角度上来说，镜头的视场角反映了摄像机所拍摄景物范围的开阔
程度。在摄像机与被摄物体之间的距离相对固定的情况下，镜头的视场角越大，所拍摄画面
的视野就越开阔，被摄物在画面中也就越小；反之，镜头的视场角越小，所拍摄画面的视野
就越狭窄，被摄物在画面中也就越大。镜头的视场角主要受镜头成像尺寸和镜头焦距的制约，
但由于摄像机的成像面积基本上是固定不变的，因而在实际的拍摄中，影响镜头视场角变化
的往往只有镜头焦距的变化。镜头焦距与视场角的大小成反比关系，焦距越长，视场角就越
小；焦距越短，视场角就越大。

3) 光圈

光圈是镜头里面用来改变通光孔径、控制通光量的机械装置，它由一组弯月形的薄金属
片组成。在实际的拍摄中，通过调节这些金属片来构成大小不同的镜头开口，可以改变光圈
通光口径的大小，控制进入摄像机光线的多少，光圈越大，通光量就越大；光圈越小，通光
量也就越小。

镜头的光圈一般用光圈系数来表示，如 2、2.8、4、5.6、8、11、16、22 等。光圈与光圈系数成反比，即光圈越大，光圈系数就越小，如光圈 1.8 的通光量比光圈 22 的通光量要大。提高或降低一档光圈数，其通光量就减少或增加一倍。因此，镜头的光圈系数越小，就意味着其能在越低照度的条件下工作。

现在的摄像机一般都有自动调节光圈的装置，在很多情况下，自动光圈可以根据拍摄场景的平均照度而自动开启或闭合，给摄像师带来了很多便利，但在光照条件发生快速而频繁的变化时，若被摄物明暗对比过分强烈，自动光圈调节就不能完全代替手动光圈，摄像师只能采用手动光圈来选择适当的通光孔径。

4) 景深

当镜头聚集于被摄影物的某一点时，这一点上的物体就能在电视画面上清晰地成像。在这一点前后一定范围内的景物也比较清晰。这就是说，镜头拍摄景物的清晰范围是有一定限度的。这种被摄景物中可以成像清晰的纵深范围就是景深。景深有一个最近距离和最短距离，当镜头对准被摄景物时，被摄景物前面的清晰范围称为前景深，后面的清晰范围称为后景深。前景深和后景深加在一起，也就是整个电视画面从最近清晰点到最远清晰点的深度，称为全景深。通常所说的景深指的是全景深，如图 7-1 所示。

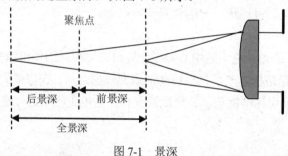

图 7-1　景深

正确地理解和运用景深原理，有助于拍摄出满意的电视画面。如果景深大，焦点清晰的区域也就大，被拍摄的人和物能够在景深范围内移动而不会离开焦点；如果景深小，焦点清晰的区域也就小。决定和影响景深的主要因素有光圈、焦距和物距。

- 光圈：在镜头焦距相同和拍摄距离相同的情况下，光圈口径越小，画面的景深范围就越大；反之，光圈口径越大，景深的范围也就越小。
- 焦距：在光圈系数和拍摄距离都相同的情况下，镜头焦距越短，画面的景深范围就越大；镜头焦距越长，景深范围就越小。
- 物距：物距指的是被摄物体与镜头之间的距离。在镜头焦距和光圈系数都不变的情况下，物距越远，画面的景深范围就越大；物距越近，景深范围也就越小。

2. 摄像机的种类

摄像机的种类繁多，用途也越来越广泛。可以按不同的标准对摄像机进行分类。

(1) 按性能和用途的不同，可将摄像机分为广播级、专业级和家用级 3 种。

广播级摄像机是最高档的，主要用于广播电视领域，其图像质量最好，彩色、灰度都很逼真，几乎无几何失真，具有优良的暗场图像。在允许的工作范围内，图像质量变化很小。即便是在工作环境恶劣的情况下，也能拍摄出比较满意的图像，性能稳定，自动化程度高，遥控功能全面，体积稍大，价格也最高。

专业级摄像机主要用于电化教育、闭路电视、工业、医疗等领域。图像质量低于广播级，但价格便宜、小巧轻便。

家用级摄像机主要用于家庭娱乐，如旅游、婚礼、生日、聚会等场合，图像质量一般，价格低廉。但是，它在节目制作上也十分有用，例如，业余人员遇上突发事件时，用家用级摄像机可拍摄一些趣闻奇观的场面。近几年来，家庭级摄像机逐渐向着高质量、固定化、小型化、自动化、数字化的方向发展。

(2) 按制作方式的不同，可将摄像机分为演播室用(ESP)、现场制作用(EFP)和电视新闻采集用(ENG)3 种。

演播室用摄像机图像质量最好、清晰度最高、信噪比最大、体积也稍大。

现场制作用摄像机图像质量等指标略低于演播室用摄像机。

电视新闻采集用摄像机主要用于外景工作环境下，要求体积小、重量轻、便于携带、机动灵活、操作简单。

(3) 按摄像器件的不同，摄像机可分为固体摄像机和摄像管摄像机两种。

固体摄像机的光电转换是由半导体摄像器件完成的，其中，广播电视用摄像机是由电荷耦合器件(CCD)构成的。其主要方式有 3 种：行间转移方式，简称 IT 方式；帧间转移方式，简称 FT 方式；帧-行间转移方式，简称 FIT 方式。

摄像管摄像机目前已被淘汰。

(4) 按摄像器件的数量，可将摄像机分为三片摄像机、两片摄像机和单片摄像机 3 种。

三片摄像机使用 3 个 CCD 芯片，分别产生出红、绿、蓝 3 个基色信号，能够得到很高的图像质量，彩色还原好，清晰度与信噪比高，用于广播级和专业级摄像机。

两片摄像机的图像质量低于三片摄像机，价格并不便宜，是一种过渡型机种。

单片摄像机使用了一个 CCD 芯片，利用特殊的方法产生出红、绿、蓝 3 个基色信号，图像质量一般，多用于监视系统及家庭娱乐类摄像机。

(5) 按摄像机存储介质的不同，可分为磁带式摄像机和硬盘式摄像机两种。

磁带式摄像机是将所拍摄的素材保存在磁带中，其主要优势在于使用方便，价格相对比较低，技术相对而言比较稳定和成熟，维修也比较便宜。而购买方面从低端入门到中高端机器，不论是品牌或型号以及价格都非常丰富，能满足各类消费者的需求。主要不足在于其后期的采集、压缩和编辑，需要专门的视频采集卡和采集软件。

硬盘式摄像机的存储介质采用的是微硬盘。在用法上，只需要连接电脑，就能通过摄像机或者读卡器将动态影像直接复制到电脑上，省去了磁带式摄像机采集的麻烦，非常方便。当然，由于硬盘式摄像机出现的时间并不长，还存在诸多不足，如怕振、价格高等等，但随着技术的不断进步和价格的进一步下降，未来对硬盘式摄像机的需求必定会大大增加。

7.1.2 摄像机的基本构造

无论是哪种档次的摄像机，一般都是由镜头、寻像器、机身和话筒等部分组成，如图7-2所示。

图 7-2 摄像机的基本构造

1. 镜头

镜头是一种光学装置，由许多光学玻璃镜片和镜筒等组合而成。它的最基本的作用就是把景物的影像经过选择之后投影到摄像管靶面上而成像，一般为变焦距镜头，由遮光罩、聚焦环、变焦环和光圈等部分组成，如图7-3所示。

图 7-3 镜头的组成部分

1) 遮光罩

遮光罩在拍摄时主要用于遮挡余光。

2) 聚焦环

聚焦环用于调整被摄物体的虚实，以达到聚焦的目的。

聚焦环的调整方法主要有特写聚焦法和自动聚集法两种。

- 特写聚焦法：选定机位、角度和画面构图之后，选择构图中的主体(主要表现物)，推至主体特写或大特写，观察寻像器并调整聚焦环使主体清晰，调好后再将焦距改为原定画面构图进行拍摄的聚焦。以上调整应确保从广角(W)到摄远(T)镜头之间的变焦均能使图像清晰。这是经常采用的一种聚焦方法。

- 自动聚焦法：通过电子线路的方法或光学的方法进行自动聚焦。自动聚焦功能在很多情况下不能实现，如被摄物体照度过暗、对比度太低、画面没有垂直线条、远近物体同时在检测范围之内、由远到近连续移动的物体、画面具有等距的细条纹状的物体等，在这些情况下应使用手动聚焦。

3) 变焦环

变焦环用于改变视场角的大小，以达到改变景别(景别指被摄主体在单个镜头中所呈现的范围)的目的。

变焦镜头具有在一定范围内连续变换焦距而成像位置不变的特性，在拍摄中对景物画面取景的大小可相应地连续变化，即景别可以从大到小或从小到大连续变化。

在摄像机和被摄景物距离不变的情况下，应用不同焦距的镜头摄取画面，画面效果将存在很大的差异，主要体现在对景物构图剪裁的范围大小的不同。广角镜头所拍摄的范围最大，标准镜头居中，望远镜头最小。

目前有很多摄像机都具有数字变焦功能，该功能可增加原焦距的倍数，延伸镜头的长焦范围，但会影响图像质量，一般在要求较高的艺术节目中不宜使用。

4) 光圈

光圈是一个由许多互相重叠的金属片组成的开度可调的圆形光阑，能在一个很大范围内变换镜头的有效孔径，可以用来控制通光量的多少。调整光圈可改变图像的亮度和景深。光圈环上有一组数字，称为光圈系数，如 2、2.8、4、5.6、8、11、16 等。光圈系数越大，通光量就越小；光圈系数越小，通光量就越大；C 为关闭。

5) 手动变焦杆

当手动/电动(MANU/SER)变焦选择开关位于手动位置时，转动此杆可以达到手动变焦的目的。

6) 放大杆/微距(近距)摄像调节杆

大多数摄像机镜头在靠近接头的地方，有一个 1~2cm 的拨杆，旁边标有英文字母MACRO或 M，此杆称为放大杆或微距(近距)摄像调节杆，调节此杆可实现近距离拍摄。需要注意的是，近距离拍摄后务必将放大杆再拨回到原来的位置。

7) ZOOM 变焦距选择开关

此开关用于选择变焦方式是手动还是电动。手动拨至 MANU，电动拨至 SER。

8) FB 焦点长度调整环及后聚焦固定杆

FB 焦点长度调整环也称为后聚焦调节环。此环可调整焦点长度，与聚焦环配合调整可使摄像机在变焦过程中始终保持良好的聚焦，一般情况下不需要调整。后聚焦固定杆用于旋松或固定后聚焦环。

9) 电动变焦选择开关

当摄像机手动/电动变焦选择开关置于 SER 位置时，按此开关的两端，可实现摄远(T)或广角(W)。电动变焦的速度可由开关选择，也可由按动的力度控制。当变焦速度开关置于 FAST 或用力按下时，变焦速度快；当变焦速度开关置于 SLOW 或轻按时，变焦速度慢。

10) 光圈自动/手动选择开关 IRIS

用于选择光圈是处于自动调整状态还是手动调整状态，A 为自动调整，M 为手动调整。

11) 光圈临时自动调整按钮

当光圈自动/手动调整选择开关置于 M 位置时，如果按住此按钮，光圈就处于临时的自动调整状态；当松开这个按钮时，光圈就固定于刚才自动调整的位置。如果需要，还可以再进行手动调整，此按钮可在手动调整光圈时为摄像人员提供一个参考值。

12) 视频返回按钮 RET

此按钮可以用于检查录像信号。在摄录状态下，按下此按钮，可以把 E-E 录像信号从 VTR 传送到寻像器，如果有视频线路输入，按住此按钮时，摄像人员可以在寻像器查看线路输入的视频信号而不影响正在拍摄的影像。如果摄像机与摄像机控制器(CCU)相连接，按下此按钮可将返回的录像信号从 CCU 传送到寻像器，即可以将导播台上输出的信号反馈到寻像器屏幕上，以便于合成画面的特技制作。

13) 录像机启/停按钮 VTR

摄录一体机，或摄像机与便携式录像机一起连用时，这个按钮可以控制录像机的启用和停止，当第一次按下为录时，则第二次按下为停。

2. 寻像器

寻像器主要供摄像人员观看画面，一般为 1.5 英寸的黑白监视器。必要时也可外接寻像器。现在有不少机型具有液晶显示器，也可以起到监看画面的作用。

寻像器通常包括以下几个部分。

1) 屈光度调整旋钮

寻像器可以上下、左右调整，也可以进行屈光度调整。

2) 斑马纹开关 ZEBRA

斑马纹开关是确定手动光圈的一个参考量，当此开关打到 ON 位置时，寻像器画面上 70%~80%的亮度部分会出现斑马纹图形，可利用它来判断曝光量的大小。斑马纹越多，曝光量就越大；斑马纹越少，曝光量就越小。

3) 亮度旋钮 BRIGHT

该按钮可用于调整寻像器的亮度，顺时针调整将增加亮度，逆时针调整则减小亮度。

4) 对比度旋钮 CONTRAST

该按钮可用于调整寻像器的对比度，顺时针调整将增加对比度，逆时针调整则减小对比度。

5) 峰值控制开关 PEAKING

峰值控制开关用于调整寻像器中图像的轮廓，以帮助聚焦，不影响摄像机的输出信号。

6) 演播指示开关 TALLY

演播指示开关用于控制播出指示灯。当 TALLY 开关在 ON 位置时，此灯进入工作状态。当录像机部分进行记录时，此灯点亮，它和寻像器中的 REC 指示灯以同样的方式闪亮，以提示操作者。不用时应将其置于 OFF 位置。

3. 机身

机身是摄像机的主体部分，它可将镜头形成的光信号转换为电信号。机身包括以下几个部分。

1) POWER(电源)开关

开机拍摄时将此开关置于 ON 位置，关机时将此开关置于 OFF 位置。

2) 警告音量控制键 ALARM

用于调整从扬声器接到 PHONES 插孔的并可在耳机中听到的警告音量的大小。

3) 监听音量控制键 MONITOR

用于调节扬声器或耳机的音量。

4) 增益开关 GAIN

此开关有多个数值可供选择，数值越大，图像信噪比就越小。目前有些摄像机具有数字超级增益功能，这种增益对图像质量基本没有损伤。当景物亮度低于摄像机最大光圈所需的亮度时，需要调整此开关。正常情况下，应将其置于 0dB 位置。

5) 输出信号选择 OUTPUT/自动拐点开关 AUTOKNEE

此开关有以下 3 项设置。

● BARS：需要调整视频监视器或需要记录彩条信号时，需要将此开关置于该位置。

● AUTO KNEE OFF：在 CAM 状态下，当开关在该位置时，输出摄像机拍摄的图像，但不启动自动拐点功能。

● AUTO KNEE ON：在 CAM 状态下，当开关在该位置时，输出摄像机拍摄的图像，启动自动拐点功能。当拍摄处于非常亮的背景前的人或物时，如果根据人或物来调整电平，背景会过白，同时背景中的景物将会模糊不清。若启动了自动拐点功能，则背景能呈现清晰的细节。

6) 白平衡存储选择开关 WHITEBAL

此开关有以下两种设置：PRST(预置)位置，在应急状态下，当来不及调整白平衡时，可将此开关置于此位置；A 或 B 位置，当 AUTO W/B BAL 打到 AWB 时，白平衡根据滤色片的位置设定自动调整，且将调整值保存在存储器 A 或 B 中。

7) 录像机节电/等待(磁带保护)开关 VTR SAVE/STBY

此开关用于选择录像机记录暂停时的电源状态。录像机记录暂停时有以下两种电源状态。

● SAVE：磁带保护模式，磁鼓停在半穿带位置，与 STBY 状态相比，电源消耗更少，主机使用电池可以操作更长时间。

- STBY：按下 VTR START(录像机启停键)时，立即启动记录状态，超过等待时间后，自动转到 SAVE 状态。

8) 自动白/黑平衡调整(AUTO W/B BAL)开关

当此开关置于 ABB 位置时，摄像机可自动调整黑平衡，并将调整值自动存储起来，连续按动 10 秒以上，将自动进行黑斑补偿。

当此开关置于 AWB 位置时，摄像机可自动调整白平衡，并将调整值自动存储起来。

9) 快门(SHUTTER)开关

使用电子快门时，需将此开关置于 ON 位置，反之置于 OFF 位置。当置于 SEL 位置时，"速度和模式显示"将会在设置菜单预置的范围内变化。

10) 音频通道 1/2 记录电平选择(AUDIO SELECT CHl/CH2)控制键

音频通道 1/2 记录电平选择控制键用于选择调整音频通道 1 和 2 的音频电平的方法，AUTO 为自动，MAN 为手动。

11) 音频通道 1/2 记录电平(AUDIO LEVEL CHl/CH2)控制键

当 AUDIO SELECT CHl/CH2 开关设为手动时，音频通道 1 和 2 的音频电平可以使用这些控制键来调整。

12) 音频监听选择(MONITOR SELECT)开关

该开关用于选择输出的音频通道，其声音可以从扬声器或耳机中听到。

13) 电池仓

电池仓用来安放电池，同时对电池起保护作用。

14) 音频输入通道 1/2(AUDIO IN CHl/CH2)接口

使用音频组件或话筒时，将其接在此处。

15) 音频输出(AUDIO OUT)接口

此接口可将音频输出到其他音频组件。

16) 耳机(PHONES)插孔

将耳机插入此插孔，在耳机中可监听声音，此时，扬声器会变为静音。

17) 外部电源输入(DC IN)接口

当主机使用交流电源时，将交流适配器插入此接口。用外接电池组时，也将外接电池组的电源线插入此接口。

18) 视频输出(VIDEO OUT)插孔

此插孔可与录像机或监视器的视频输入插孔相连接。

19) 锁相进入(GENLOCK IN)接口(BNC)

摄像机部分要进行锁相操作，或者要将时码锁定到外部时，可将基准信号接入此接口。

4. 话筒

话筒是用来拾取声音的，一般需配备较高质量的话筒。

7.1.3　摄像设备的准备

1. 需要准备的其他设备

当外出摄像时，除了摄像机外，还要根据工作的需要携带以下设备。

1) 三脚架

三脚架如图 7-4 所示。三脚架要配合摄像机的云台一起使用，使用前要检查支脚是否拉伸自如，各个固定螺丝能否旋紧稳固。

2) 外接话筒

外接话筒如图 7-5 所示。外接话筒往往要配一条话筒连线。话筒要避免碰撞。有些话筒内装电池，长期不用时需将电池取出。

图 7-4　三脚架

图 7-5　外接话筒

3) 充电器

所有的摄像机在出售时都有适配的充电器。长时间连续拍摄时要带上充电器随时充电。

4) 反光板

反光板如图 7-6 所示。

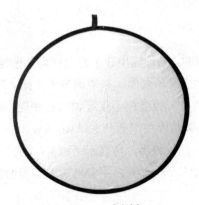

图 7-6　反光板

反光板的基本作用是反射光线，为画面配光。如何用好反光板反射的光线，使影像臻善臻美，其中大有学问。从"少用正面光、不用单一方向光"这一摄影戒律出发，反光板是改变自然光单一方向的重要辅助工具。阴天时，反光板可以提亮被摄主体一侧的光照度，形成两个方向光的照明效果，从而改变阴天摄影影像平淡的弊病；晴天时，它可以改变被摄主体光照不均匀、降低影像反差；逆光拍摄时，反光板可以补光、配光，保证影像的完美。一个成熟的摄像师外出工作时，应当是驾驭自然光的高手，做到随身携带反光板，随时使用反光板。在演播室内，反光板同样是配光的重要工具。

反光板无论是市场成品还是自制品，其反光性能可分为柔性反光和镜面反光两大类。柔性反光板耗光亮大，大致可反射原投射光强度的 30%~45%，它反射的光线柔和；镜面反光板耗光亮小，大致可反射原投射光强度的 60%~80%，它反射的光线刚硬。两类反光板无优劣之分，实际应用时应视摄影环境与需要分别取舍。成品反光板的形状、大小、材质都不尽相同，应根据具体需要进行购买。

从自制的角度上讲，可准备 1 米见方的五层夹板(或较厚的纸板)，裁制成便于携带的尺寸，用铰链接合，使之可折叠，既便于携带又可整体展开。在此基础上，于夹板平整的一面贴上铝箔(建材装饰店有售)即可。铝箔大面积平整为镜面反光，将铝箔大面积揉皱成漫反射状态则为柔性反光。

从色温的角度上讲，常见的反光板多为白色和银色，它们基本不会改变现场光的色温。根据节目色调的不同要求，还可以通过反光板的不同颜色(如金色、黑色、红色等)来改变它的反射光的色温，以求达到特殊的色彩效果。

5) 常见附件

- 机箱：专用或特别配制的机箱需能防撞抗震，长途运输摄像机一定要装箱。
- 镜头盖：保护镜头的必需附件。若经常外出拍摄，可用细绳将其系在机身上，以免遗失。
- 背带：可减轻长时间持机的疲劳，山地拍摄尤其好用。
- 平台：是连接三脚架必不可少的配件。
- 雨衣：雨中拍摄的机用雨衣。

2. 调黑平衡

彩色摄像机拍摄黑白图像时，必须输出 3 个完全相同的图像信号，才能重现出黑白图像。因此，要想在没有光照时呈现出纯黑画面，必须调节黑平衡，即在输出端要输出 3 个很低但却是完全相等的基准电压。所以，摄像机不仅要调节白平衡，还要调节黑平衡。

黑平衡的调节很简单，只需将黑白平衡开关(ABB/AWB)向下拨，镜头光圈自动关闭，寻像器显示"BLK：OP"字样，几秒钟后，再显示"BLK：OK"字样，表示黑平衡调节完毕。

黑平衡调节好后，相当长的一段时间内不必再调，当画面的黑色不纯时才需要重调。

3. 调白平衡

调白平衡的目的是保证摄像机获得机器需要的标准光源，从而使拍摄画面的色彩还原正常。它的原理是让摄像机认知"眼前"的白，调节摄像机的滤色片和放大电路，使它输出的红、绿、蓝 3 路信号电平相等，还原出正确的颜色。

1) 选择滤色片

调白平衡首先要选滤色片。专业摄像机一般都预设了一组滤色片来保证进入摄像机的光线色温正常。

A 档——3200K 色温;　　　　　B 档——4300K 色温;

C 档——5600K 色温;　　　　　D 档——6300K 色温。

色温指的是热辐射光源的光谱成分。当光源的光谱成分与绝对黑体(即不反射入射光的封闭的物体,如碳块)在某一温度时的光谱成分一致时,就用绝对黑体的这一特定温度来表示该光源的光谱成分,即色温。色温的单位为 K。

光源的色温,说明了光线中包含的不同波长的光量的多少。色温低,指光线含长波光多,短波光少,光色偏红橙;色温高,指光线含短波光多,长波光少,光色偏蓝青;白光既不偏红也不偏蓝,各种波长的可见光含量比较接近。

为了拍摄的画面色彩正常,必须做到色温平衡。色温平衡主要是指照明景物的光源与摄像机之间的色温协调关系。摄像机对被摄体色彩的还原情况与光源色温有密切的关系。如果光源色温与摄像机要求的色温一致,物体的颜色将会得到准确的还原;如果光源色温高于摄像机要求的平衡色温,画面的色调就会偏蓝;如果光源色温低于摄像机要求的平衡色温,画面的色调就会偏红。

常见光源的色温如表 7-1 所示。

表 7-1　常见光源的色温

光　源	色　温
一般的新闻灯	3200K
高色温灯(如镝灯)	5600K
一般的太阳光	4200~8000K
日出不久和日落前	2800~4200K

和滤色片并排在一起的还有一组衰减滤光片,分为 4 档,每档以其上一档的 1/4 衰减滤光。

- 1 档=直通(Clear)
- 2 档=1 档光通量的 1/4
- 3 档=1 档光通量的 1/16
- 4 档=1 档光通量的 1/64

实际拍摄时,最好能根据光线的强弱选择相应的衰减滤光片,保持自动光圈 f=8 为最好。

目前流行的专业和广播级摄像机的滤色片和滤光片已经合二为一。

(1) 3200K,这一档是摄像机的标准光源,所以,滤色片不带任何颜色,光线100%通过镜头成像设备的靶面。

(2) 5600K,该档滤色片专供室外拍摄。因为日光的色温较高,所以滤色片呈橘黄色,能够吸收较高色温的蓝光,使它与 3200K 的色温接近。

(3) 5600K+1/4ND，该档滤色片的颜色与 2 档相同，但带有一些衰减光线的作用，主要用于室外强光。

(4) 5600K+1/16ND，该档滤色片的颜色也与 2 档相同，只是加大了衰减作用。

2) 调白平衡

选定滤色片后，调白平衡的方法如下。

- 镜头对准光照下的白色物体，变焦使白色充满画面。
- 拨动白平衡调节开关 AWB 向上，寻像器显示"WHT：OP"，几秒钟后，出现"WHT：OK"字样，表明白平衡已调好，并被自动记忆。

有时寻像器会显示一些信息，其含义如表 7-2 所示。

表 7-2　寻像器中显示的信息及其含义

显 示 信 息	含 义
WHTNG	白平衡未调好
TEMP	色温低
CHGFILTER	重新变换滤色片
TRYAGAIN	再试一次

这时应按提示重新选择滤色片并重新调白平衡。

调白平衡是保证摄像色彩正常的关键，所以，只要感觉拍摄的色温有改变，就要调白平衡。野外拍摄时，如果暂时找不到白色，可以向天空调白平衡。

7.1.4　摄像的基本要领

摄像一般可以采用两种方式进行：(1) 三脚架拍摄；(2) 肩扛或手持拍摄。
无论采用哪种方式，都要做到：平、稳、匀、准、实。

摄像的基本要领

- 平：拍摄画面的地平线一定要平。
- 稳：拍摄的镜头应该消除任何不必要的晃动。
- 匀：技巧施加的速率要匀，不能忽快忽慢，无论是推、拉、摇、移，还是其他技巧，都应该匀速进行。
- 准：技巧性镜头成为落幅画面时一定要准确无误。
- 实：正常的拍摄应力求图像清晰。

要做到平、稳、匀、准、实，应该注意以下问题。

(1) 保持心情放松，注意屏气，降低重心，使用"腹式呼吸法"。

(2) 手持或肩扛拍摄时应优先采用广角镜头。

(3) 如果用三脚架拍摄，身体要注意离开机器，避免因为呼吸和心跳影响拍摄。

7.2　摄像用光

7.2.1　常用的人工光源

常用的人工光源有新闻灯、便携式聚光灯、三基色荧光灯、PAR 灯、柔光灯、散光灯以及其他各种灯具。

1. 新闻灯

新闻灯常用于现场采访与外景摄像，以弥补光线的不足。它是一种碘钨灯，功率大、亮度高、色温稳定，是一种很好的外景光源，适合用于大面积照明。但是，新闻灯的移动不灵活，需要交流电源才能使用。常用的新闻灯有单联新闻灯和双联新闻灯，如图 7-7 和图 7-8 所示。双联新闻灯最为常用，它有两个开关，一个灯先开，另一个灯后开，既可接成单灯，又可接成双灯。

图 7-7　单联新闻灯　　　　　　图 7-8　双联新闻灯

2. 聚光灯

聚光灯是一种硬光型灯具，如图 7-9 所示。其主要用于内景照明，如摄影棚、演播室等。它的投射光斑集中、亮度较高，边缘轮廓清晰，大小可以调节，光线的方向性强，易于控制，能使被摄物体产生明显的阴影，照明时常用作主光、逆光、造型光或效果光。

3. 三基色荧光灯

三基色荧光灯如图 7-10 所示。

图 7-9　聚光灯

图 7-10　三基色荧光灯

　　三基色荧光灯装在灯箱中,灯箱采用非金属玻璃钢材料制成,使用比较安全,且不会被腐蚀。灯箱可在一定幅度内随意升降,也可在一定的角度内前后俯仰,常被悬挂在演播室灯架顶上,用作天幕光、顶光和正面辅助光等。

　　三基色荧光灯一般只发出红、绿、蓝 3 基色可见光,其光束完全能够满足摄像机所需要的色温要求。它属于冷光源,几乎不发出热量,既省电,又减少了空调的通风量。它的灯管使用寿命长,更换费用低。

7.2.2　调光设备

　　20 世纪 80 年代以前,电视演播室的灯光控制以模拟控制系统为主。20 世纪 80 年代中期,由于计算机技术的迅速发展,调光及控制设备已进入数字化时代,并且随着网络技术的普及和成熟,在灯光控制系统中应用 TCP/IP 网络技术也已经成为一种明显的趋势。这些新照明设备的使用极大地丰富了视听创作手段,大大地提高了视听作品的技术质量和艺术效果。

　　调光设备的发展经历了若干阶段,从最初的三相闸刀控制、空气开关控制、可变电阻器控制、自耦变压器控制、可控硅控制,到今天的计算机监测控制,实现了控制的数字化、网络化。

　　数字化灯光控制系统具有以下特点。

　　1) 数字化、智能化

　　近几年,调光设备发展很快,调光台由模拟手动调光台、数字化手动调光台发展到大型电脑调光台,调光立(硅)柜也由模拟式、数字模拟式发展到全数字式。

　　电脑调光台是计算机技术与调光技术相结合的产物,它在控制灯光亮度变化中具有准确、容量大、操作方便灵活等特点,可编几百至上千个灯光场,新编资料还可以保存。它不但具备常规的调光台功能(如场、集控、效果、配线等),还拓展了调光台的使用空间(如双用调光台兼有智能灯具控制及调光功能),具有多种特殊效果及效果模型的效果库,用户友好的编辑器和各种信息的反馈。电脑调光台如图 7-11 所示。

图 7-11　电脑调光台

2) 网络化

计算机网络的不断普及，网络化技术已经开始渗透到各个应用领域，演播室灯光控制系统也不例外。图 7-12 所示的是数字网络调光台。

图 7-12　数字网络调光台

随着网络灯光设备技术的成熟，应用 TCP/IP 灯光控制网络的工程案例将逐步增加。由于国际上各灯光设备厂商和有关技术标准组织近几年来的共同努力，灯光控制系统也正在逐步实现所有灯光设备之间的双向高速数据传送。灯光网络的应用将成为演播室网络化、信息化和自动化管理的重要组成部分。

网络化是数字化灯光控制系统的一个新的发展趋势，它具有以下几个优点。

● 资源共享。主控台上存储有各类信息资源，如灯光设计方案资料、电脑效果灯信息资料、演出数据库、演播室灯光系统资料等，通过网络，分控台可以随时调用有关的资料，实现资源共享。

● 集散控制。演出时分控台可以放置在不同的地方，主控台借助网络将任务分解到各个分控台上。在主控台的统一协调下，分控台分工合作，共同完成整台节目的制作播出任务。

● 风险分散。在调光网络中，当一台调光台发生故障时，另一台立即自动转入跟进输出，实现无缝切换。整个过程瞬间完成，保证了节目制作播出的顺利进行。

- 实时监控。网络化技术的信息反馈功能，能够监控到任意设备的运行情况，对系统的故障点一目了然，为及时、快速处理故障设备提供了可能。
- 便于管理。利用网络可以进行远程监控，可以和各种管理网连接，有效地提高了现代化管理水平。

电视演播室灯光控制系统的网络化，满足了当今社会数字视频制作的需要，体现了视频制作技术的先进性，是视频制作数字化的又一个飞跃。

7.2.3 人工布光的基本方法

为了实现拍摄构思，产生特定的光线效果，人工布光的基本方法是确定光位、光照强度，调整光比，弥补局部缺陷，协调整体光线效果等。一般按照主光、辅助光、轮廓光、背景光、修饰光等的顺序安排各种光线。

1. 三点布光

上述几种光线是人工布光的基础，各种布光方案都是以上几种性质光 线的组合。但是，这几种光线并非在任何场合、对象都必备，有时只需要其中的两三种，有时甚至只用主光也能较好地实现创作意图。所谓三点布光，即指对被摄对象以主光、辅助光和轮廓光 3 个基本光位照明，完成人物基本造型任务的照明方法。不论多么复杂的照明方案，都是以三点布光为基础的。这 3 种光线分别承担不同的造型任务，它们相互制约，又相互补充。如果主光的光位高，则辅助光就要低；主光光位侧，辅助光就要正；而逆光则根据主光和辅助光的位置决定其高低、左右。三点布光中的 3 种光线，如果处理得当可以相互补充，从而取得满意的造型效果；如果处理不当，则会相互干扰，影响形象的表现。

2. 交叉布光

它是指光线交叉照射的布光方法。根据主光的不同位置，交叉布光又可分为前交叉光(如图 7-13 所示)、后交叉光(如图 7-14 所示)和对角交叉光(如图 7-15 所示)3 种。

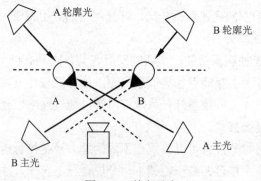

图 7-13　前交叉光

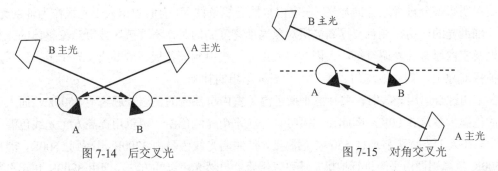

図 7-14　后交叉光　　　　　　　　　图 7-15　对角交叉光

在拍摄两人对话的场面时常用后交叉光。它使主体从背景中分离出来，有助于表现被摄对象的立体形态，使主体形象突出。后交叉光也常用于多人活动的场面。前交叉光用于人物背靠墙壁时的表现，但一般不适用于人物的近景，尤其是正面静态的近景，因为双鼻影的产生会影响人物形象的表现。使用前交叉光时，要注意使主体投影于镜头视角之外，避免画面中出现多余的影子。

为了使画面形成丰富的影调层次，交叉的两条光线在照度和照射方向上常常有明暗区别和分布变化，因而不采用相等或对称的方式。

3. 布光示例——三人照明

如图 7-16 所示，每个被摄对象都有各自的主光、辅助光和轮廓光。每个人的形象都可以得到完美的表现。拍摄多人对话的场面可以采用这种布光方法。但是，为了减少光线的相互干扰，一般是减少光源的数量或使光线尽量简单。因此，有时利用一个光可以取得多种效果。例如，一个被摄对象的主光可以兼作另一个被摄对象的辅助光或轮廓光；几个被摄对象也可以共用一个辅助光或轮廓光等。有时几个灯以相近的机位和角度取得一种光线效果，使所用的光简化。

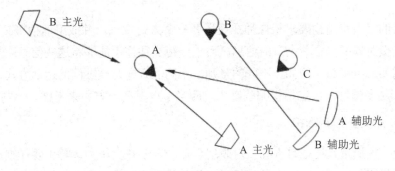

图 7-16　三人照明

7.2.4　光线的综合运用

为了弥补自然光条件下拍摄的某些不足，常采用自然光线与人工光线的综合方案。例如，在室外直射阳光下拍摄人物的中、近景时，常常由于受光面积和阴影面的亮度反差大，使阴影部分的质感得不到很好的表现，这时，可用反光板调节，使反差减弱，也可用闪光灯等人工光线对阴影部分进行适当的补光。在室内自然光线条件下，有时也用人工光线作为辅助光，此时，辅助光的运用需注意在提高被摄对象局部亮度的同时，不要破坏被摄对象整体的光线效果以及室内原有的光调气氛。人们常将人工光线投射到天花板、墙壁或反光伞上，然后反射到被摄对象上，其光线均匀、柔和，是一种理想的补光。

在室内综合运用光线时，要注意平衡色温。室内自然光的色温普遍高于 5500K，而人工光源的色温大多是 3200K，因此在拍摄时首先应平衡光线色温。可以用提高人工光线色温的方法，即在人工光灯头前加挂 5500K 色温纸，使照明光线色温由 3200K 提高到 5500K，然后以 5500K 色温档调白平衡进行拍摄；还可以用降低自然光色温的方法，即用 3200K 色温纸粘贴在室内所有的自然光入口处，使自然光色温由 5500K 降低到 3200K，以 3200K 色温档调白平衡进行拍摄。

7.3 蒙太奇意识和成组拍摄

7.3.1 判断镜头好坏的标准

判断镜头的好坏有以下 3 个标准。

(1) 技术标准：即清晰度、曝光、聚焦、白平衡是否准确合适，画面是否稳定。

(2) 艺术标准：即镜头构图如何、主体是否突出、色彩是否和谐均衡，以及立体感、空间感、表现力等因素如何。

(3) 剪辑标准：镜头是否符合编辑的要求，在编辑中是否好用。

7.3.2 蒙太奇意识和成组拍摄的要点

视频作品的蒙太奇结构要求摄像师在现场要有蒙太奇意识，并成组地拍摄。

每一个被摄对象都包含着大量的信息，而单个镜头往往不能够将这些信息完整地传达出来，这时就需要一组镜头，例如，不同的景别、不同的方向乃至不同的运动方式，但并不意味拍摄的镜头越多越好。决定拍摄哪些镜头，应当从以下两个方面来考虑。

1. 表现重点要多拍、细拍

一般来说，拍摄重点往往是人物。对表现重点一定要花大精力，首先要仔细地观察，细心地体会，尽量深入地理解被摄对象；然后抓住其最重要、最富表现力的形态、动作重点拍摄。每一个人物都是处在具体的环境中的，因此，对主要人物的交流对象、环境等也要加以注意。

例如，在拍摄一个会议时，应对在主席台发言的人物进行重点拍摄，发言中最精彩、最具代表性的段落一定要拍到，还要拍到听众的反应镜头，如鼓掌、不满等，与会的主要代表、会议的规模、会场的环境等等也是不能漏拍的。

2. 要为编辑后的效果而拍

摄像师在拍摄时，脑海中应有编辑后节目的大体模样，这样才能做到有的放矢。比如说要遵循轴线规律以保证正确的方向性，要有景别、角度的变化以保证剪辑的流畅性，要拍摄全景做定位镜头，重点人物用小景别以突出其在段落中的地位，整个场面的色调要保持一致等等。有时还要拍摄一些多余的空镜头以备编辑中的不时之需。总之，摄像师不仅要能处理具体的画面，还要有节目的总体观，只有做到了这一点，才能用最少的镜头表现最丰富的内容，所拍摄的镜头才能说是成组的。

7.4　一些典型场景的拍摄技巧

1. 拍摄日出和日落

日出和日落的景色，是指太阳被直接表现在画面中，东方刚刚升起或即将西沉的太阳就是主要的被摄对象。这时，太阳本身以及太阳附近的天空很亮，地面的景物以及离太阳较远的天空较暗，自然景物的明暗分布很不均匀，画面上的明暗反差较大。

拍摄日出和日落的景色时，最好天空有彩霞，这样可使画面的色彩丰富，气氛浓郁。摄像机的滤色片可选用 3200K 档次，调整白平衡后即可拍摄。在实际拍摄时，日出或日落的最佳时间并不很长，如果来不及调整白平衡但摄像机有 3200K 选择器时，应将其调到相应的位置上，这时摄像机的白平衡相当于 3200K，即可马上进行拍摄。

当太阳不在地平线以下，还要拍摄旭日东升的画面时，如果用 3200K 的滤色片，经白平衡调整后再进行拍摄，太阳在画面上的效果将是白色的。此时应使用 5600K 的滤色片，不需再调整白平衡，直接拍摄日出，也可获得较好的画面效果。

拍摄日出和日落的景色时，需要处理好地平线。一般来说，不要将地平线置于画面的中心而把画面分割成两半，这是不符合审美要求的。应根据被摄主体的需要，将地平线置于画面的上 1/3 处或下 1/3 处。如图 7-17 所示为地平线在画面的上 1/3 处的效果。如果需要把太阳拍摄得大一点，最好用长焦距镜头，同时宜用手动光圈。

2. 拍摄人物在日出或日落时的活动

拍摄人物在日出或日落活动的场面的，如意的镜头只有不多的几分钟时间，这是由天体运行的自然规律所决定的，因此，在拍摄前必须把各项准备工作做好。

日出或日落时，太阳的光谱成分是以红色为主，光线色温较低，而且很不稳定，范围一般为 1500K~2400K。随着色温的变化，产生了由浓到淡，由深至浅的过渡层次，天体和地面有较大的明暗对比，在这种情况下，不适合拍摄人物的近景和表现人物的神情与细部的层次，而有利于拍摄剪影，如图 7-18 所示。应充分利用天体的暖红色调，把富有表现力的人物轮廓线条衬托出来，用轮廓线条塑造形象。

图 7-17　地平线置于画面的上 1/3 处　　　　图 7-18　日出或日落时有利于拍摄人物剪影

例如，拍摄日落时人物在水上活动的逆光画面，人物的轮廓线条会形成"镶上金边"的特殊效果，画面不仅给人以强烈的艺术感染力，还具有较高的审美价值和深刻的寓意。又如，清晨，当一轮红色的太阳从地平线露出头时，用长焦距镜头和手动光圈，焦点对准运动的人物，背景是一轮虚化的巨日，其艺术感染力将唤起人们对美好生活的渴望。

拍摄时，人物的轮廓线条一定要简练和引人入胜，富有表现力，防止线条过于庞杂的重叠。摄像机的滤色片宜选用 3200K 档次，调整白平衡后再进行拍摄，得到的画面效果较为理想。

3. 拍摄月景

月景中的主体是月亮，要拍好月景，首先要熟悉月亮的自然特征。月亮本身不发亮，只反射太阳光，所以它的亮度很低。如果以中午时的日光与满月时的明朗月光相比，日光要比月光亮 6 万倍。在拍摄时，要兼顾月光的这一特征，否则很容易使画面出现虚假的效果。

拍摄有月亮的镜头不单是为了美化画面，更主要的是使其成为画面的重要组成部分，起到烘托及深化主题的作用。在拍摄有月亮在内的镜头时，如果把月亮的轮廓拍得过分清晰，效果并不好，因为它不符合人们对月亮的视觉印象，风吹枝曳，月亮朦胧，也别有一番意境，如图 7-19 所示。拍摄时可用手动光圈，控制景深，把月亮拍得模糊些，并让它的四周出现绮丽的光晕现象，以使月景增添多姿的光彩。拍摄月景时，景物的选择也很关键，如果拍摄的内容是月光经水面或冰面反射形成的光路，它不仅便于构图，还能丰富画面的影调。如果画面的前景有物体存在，则要布光照明，使画面布局均衡。

拍摄时，随着摄像机镜头焦距的变化，月亮成像的大小也会相应地变化，即焦距越长，月亮成像越大，反之则越小。另外，摄像机与月亮应当尽量保持垂直的角度，倾斜的角度不宜过大，否则，画面上月亮的形状就会呈椭圆形，不利于月亮形象的正确再现。

4. 拍摄云景

云景不仅能增加景物的美感，还可以使画面的构图更加严谨。

下雨前后的早晚，或雨后天晴的下午，或在台风到来之前，常会出现各种意想不到的云景。但是，因地区的不同，拍摄云景的最佳时间和季节也不一样，这就要求摄像者因地制宜，灵活掌握。

云景在视频作品中常与人物的喜怒哀乐紧密地联系在一起，成为人物某种情感的寄托。

拍摄云景时要选择造型优美的景物作陪衬，这样可以使画面具有一定的深度感，如图 7-20 所示。

图 7-19　朦胧的月亮别有一番意境　　　图 7-20　拍摄云景时有一些陪衬可使画面具有深度感

5. 拍摄雪景

要尽可能地利用带雪的树枝、树干、建筑物等为前景，以提高雪景的表现力，如图 7-21 所示。

如果想要在画面上取得白雪茫茫的效果，最好是在下完大雪之后马上拍摄。

在拍摄以景物为主的大雪场面时，摄像机要放在侧光或逆光的位置上，这样可以表现出雪的质感和层次，如图 7-22 所示。

图 7-21　用树枝作前景有助于提高雪景的表现力　　　图 7-22　从逆光的角度拍摄可以表现雪的质感

6. 拍摄水珠

为了确保玲珑剔透的水珠成为画面中的中心，可在摄像机的镜头前加用星光镜。

拍摄水珠用散射光较为理想，同时，为了使水珠保持一定的清晰度，要用手动的小光圈进行拍摄。

水珠所依附着的物体应是小型的，这样水珠容易成为画面的中心，如图 7-23 所示。

7. 拍摄小雨

在小雨的环境中拍摄，不要用顺光机位，应选择较暗的背景，这样方能衬托出明亮的雨点，如图 7-24 所示。

图 7-23　水珠依附小型物体容易形成中心

图 7-24　选择暗背景有助于拍摄雨景

如果画面中有水，不论是河湖水面，或是街道上的积水，雨点落在水面上溅起的一层层涟漪，也有助于雨景的表现，如图 7-25 所示。

为了使画面上呈现出雨丝的效果，应尽量减少摄像机的运动，同时拍摄距离应远一些。

8. 拍摄大雨

突出倾盆大雨的气势，不在于场面的大小，而是应注重背景的选择。较深的背景，可使雨滴形成线条，画面效果较为理想。

倾盆大雨的特点是风和雨同行，拍摄时要注意风向，最好是侧风，使雨点形成斜线，借以渲染风雨交加的气势，如图 7-26 所示。

图 7-25　雨点溅起的涟漪有助于雨景的表现

图 7-26　雨点形成的斜线渲染了风雨交加的气势

拍摄大雨宜用侧光或逆光的机位，这样可使雨线形成闪亮的银丝状，如图 7-27 所示。

9. 拍摄雨景中的人物

拍摄人物在雨景中活动的场面有一定的难度，那就是光线暗弱。但是，雨景中的光线也有比较细微的明暗过渡层次，人物在雨景中活动也有一定的投影，这很容易被摄像者忽视。如果对此加以挖掘和运用，辅之可行的手段加强人物的明暗对比，就能拍出与晴天不同而富有雨天特点的理想画面。

拍摄雨中的人物要注重背景的选择与处理。在表现以人物神情为主的画面时，要使人的面部始终处于画面中的明亮区域，背景的色调一定要比面部这个中级亮度稍深一些，但要尽量避免以亮的物体或天空为背景，因为雨景中的天空发白，是画面最亮的部分，常常会破坏平衡。

雨景的光照度比较低，拍摄人物在雨中活动的场面时，为满足拍摄的要求需开大光圈，并用长焦距镜头进行拍摄，这样能虚化背景，突出主要的被摄对象，营造特定的环境气氛。

人物在雨中活动时，由于空气透视弱，画面明暗反差太小，其形象多呈暗灰的调子。拍摄时要注意前景的选择，特别是拍摄雨景中的群众场面时，要注重画面内深色阶调的配置，即选择较暗的物体作为前景，因为选用暗的前景能够加强空间的透视感，构成影调和物体大小的对比，如图 7-28 所示。另外，选择较暗的对象作为前景，也是克服画面色调灰暗的重要手段之一。

图 7-27　侧光或逆光使雨线形成闪亮的银丝状　　图 7-28　选用暗的前景拍摄雨景能加强空间的透视感

10. 拍摄瀑布

瀑布是自然界的一大景观，拍摄时以显示出它澎湃的气势为主。最佳的拍摄时间在七八月份，此时雨量充足，山洪急泻，瀑布的景色尤为壮观。

拍摄时，飞流直泻、气势磅礴的瀑布流水是瀑布景观的主体部分，也是画面构图的重点所在。但是，这并不意味着使瀑布在画面形成水天一色的格局。取景时，镜头的视角要大，景深要长，最好以远景和全景为中心进行景别组合，如图 7-29 所示，这样可同时拍摄到更多具有特点的陪体景物。例如，在瀑布的落点，水流飞溅的上空，偶见五彩缤纷的彩虹，会给画面的构图增加神韵，如图 7-30 所示。

图 7-29　拍摄瀑布时最好以远景和全景为中心　　图 7-30　拍摄瀑布时出现的彩虹

拍摄瀑布要重视光照角度的选择，因为不同的光照角度，会使瀑布流水产生相应的色彩变化。用正面光拍摄时，瀑布流水表现为耀眼的白色，缺乏光影对比，显得比较平淡。用侧光、顶逆光拍摄时，瀑布流水的受光部分呈白色，阴影部分则呈浅蓝色，两种色彩相互映衬，流水质感晶莹，画面效果极佳。

洁白的瀑布流水，在各种光照条件下(除逆光外)，其亮度往往居于画面中所有景物亮度的首位。白平衡的调节要以瀑布流水的亮度为准，这样才能使瀑布流水的影纹、层次、质感和动势都得到完美的再现。另外，瀑布景观的平均亮度变化较大，拍摄时宜用手动光圈。

11. 拍摄自然水景

江河湖泊的自然水景，有的浩浩荡荡，气势非凡；有的平缓似镜，清秀逸丽；有的曲折逶迤，气象万千。水景是视频作品中经常被拍摄的对象。

江河湖泊的景色有自身的缺点，即水面的线条过于僵直呆板，给人以平淡单调之感。弥补的措施是选择理想的机位，将众多的景物有条理地安排到一定的空间中，使画面呈现出远近、大小、高低的透视变化，让自然水景具有宽度广、纵深大、层次多的审美特征，如图 7-31所示。

在一定条件下，利用自然界的某些有利因素，弃其所短，取其所长，也能弥补自然水景的不足。例如，当水面过于空旷而景色又过于分散时，恰当地选用前景，不仅能美化构图，还能起到加深画面的层次、突出季节的特点、渲染色彩气氛、点明地方特征等作用。在拍摄水景时，经常会发生的情况是，找到了理想的机位，却不一定找得到理想的前景。这时可运用"虚化前景"的技巧，即用长焦距镜头和手动光圈，将光圈开大，使镜头近端处的景物全部处于景深之外，使影像极度虚化，并以此作为前景。

用逆光机位拍摄日出或日落时的自然水景可获得较好的视觉效果，因为此时低色温所形成的红色色光，能使水面呈现出金红的色泽，加上水中不断翻卷着无数鱼鳞般的水花，可烘托出无限壮观的景象，如图 7-32 所示。

图 7-31　拍摄江河湖泊要注意选择机位　　　　图 7-32　逆光拍摄的水景比较壮观

12. 拍摄海景

海洋的特性是空气中的湿度大，远景的能见度弱，光线呈漫射状态，景物反差小。由于阳光的照射，近景水面有较强的反光，景物反差大。拍摄时宜采用侧光或逆光的机位，这样可减少远处的雾障，如图 7-33 所示。

大海的水面宽阔，光线变化大，不同的水域其海水的颜色不尽相同。在拍摄海景时要尽量在同一水域拍完所需的一切镜头,不要将甲地拍的海景镜头接到在乙地拍的海景镜头后面,这样会使相连镜头之间的色调不一致,视觉效果不协调。

拍摄海景时,如果要表现熠熠反光的水面,应在摄像机的镜头前安装星光镜,同时用逆光进行拍摄,以获得网状的银线条的画面,给人以诗情画意般的感觉。

海水和蓝天的色彩表现在画面上基本相近,弥补的措施是选择天空有云彩的时候进行拍摄,这样,蓝天会更加湛蓝,加上朵朵白云,会使画面的气氛倍增,如图 7-34 所示。如果遇上雨后天晴,天空中有彩云或霞光出现,海面会呈现出色彩斑斓的光斑,此时拍摄出来的画面,其艺术效果会更加强烈。拍摄因海浪冲击岩石而浪花飞舞的镜头时,要注意海水涨潮时的风向。逆风时,海浪冲击岩石产生的浪花大;顺风时,浪花平淡,拍摄点也容易被水冲击。

图 7-33　用侧光或逆光拍摄大海可减少远处的雾障　　　图 7-34　有云彩时拍摄大海让蓝天更蓝

13. 拍摄船舟渔筏

拍摄船舟渔筏首先要注重造型美,这与它们在画面构图中所呈现的角度有密切的关系。一般来讲,船舟渔筏若以垂直的角度出现在画面中时,由于只能表现船首或船尾的面貌,其形态造型很难达到完整优美的要求。若船舟渔筏以 45° 左右的角度出现时,其形态造型往往较好,二度空间明显醒目,形体线条流畅舒展,如图 7-35 所示。由此可见,45° 左右的角度是表现船舟渔筏造型美的最佳角度。

利用理想的制高点进行俯摄,不仅能够充分展开江湖景色的纵深感和宽广度,同时也使船舟渔筏三度空间的形态得到较好的表现。另外,船舟渔筏在行进中激起的 V 形波光水纹,在画面上可产生最佳的视觉效果。

利用制高点拍摄时还应注意,当船舟渔筏以单个形式出现时,它应该在画面中最醒目的位置上;若以群体形式出现时,则不仅要重视构图位置安排的问题,还要注意它们之间的队形变化,应使画面疏密相间,错落有致,如图 7-36 所示。

当船舟渔筏作为陪体出现在画面中时,其形体是宜远不宜近、宜小不宜大,要与江面或湖中的景色相映成趣。当船舟渔筏在江湖景色的整体美中起着重要的点睛作用时,应注重操作船舟渔筏的人物形态,这是点睛之处的精华所在。如果处理不当,则有损于江湖景色的整体美。

图 7-35　45°是表现船舟渔筏造型美的最佳角度　　图 7-36　船舟渔筏以群体出现时要注意队形

14. 拍摄船在水上航行

当船是用同一速度运行时，因角度或景别的不同，可产生不同的速度感。当船横过画面时，速度显得较快；迎着镜头前进时，给观众的感觉是速度较慢。

拍摄演员在小船上活动的场面时，摄像机最好放在另一条小船上，这样可使画面产生船在水上运动时的晃动效果，真实感较强。

15. 拍摄倒影

江河湖塘、乡村池水、雨后积水、光洁的地板和冰面等，都有倒影存在。倒影产生于实物，是实体的"第二个自我"。不少优秀作品中的画面，由于充分表现了倒影的变形美、对称美和宁静美，从而给人以丰富的联想和美的感受。

拍摄倒影的关键在于掌握构图的技巧。除特殊需要外，一般不宜将倒影放在画面正中形成对称，否则会显得呆板，应略偏某一边，使构图在均衡中又有变化，如图 7-37 所示。

倒影与实体不宜都在画面上求全，应根据环境的情况和作品的表现意图，或多取倒影，或多取实体，或全取倒影。如图 7-38 所示为多取实体的效果。有些变形扭曲的倒影往往会被分割成条状或变虚变幻的形态，令人遐想。

倒影大多产生于水面，但水面常有反光。为了防止镜头眩光，拍摄时应加偏振镜。另外，明亮的反光还会造成光照度高于实际状态的假象，拍摄时宜用手动光圈，仔细调节白平衡以获得较好的拍摄效果。

图 7-37　倒影略偏某一边的效果　　　　　图 7-38　多取实体的效果

16. 拍摄夜景

夜景主要是指在夜晚户外灯光或自然光下的景物。拍摄夜景的关键在于保持夜晚的特色，同时还要考虑夜间景物的光源特点，并兼顾人物和其他被摄对象，如图 7-39 所示。有些作品常把夜景拍得过亮，这不仅减弱了夜晚的气氛，还降低了作品的艺术感染力。

拍摄夜景除了要正常布光外，还要利用其他一些便利的客观条件，例如，雨后地面的积水，即使没有积水，地面也是湿漉漉的，也可增加反射光，使地面产生层次，可以表现出建筑物和灯光的倒影。又如，图 7-40 所示的画面中表现的是海边、河流、湖泊旁的建筑，由于水的反光而产生的倒影，可使岸上或周围的灯光增加亮度，并能衬出人物或景物的轮廓。

图 7-39 拍摄夜景关键是要保持夜晚的特色

图 7-40 水的反光会增加画面亮度

冬季地面上的雪，空中的烟雾等，也是拍摄夜景时可以利用的有效因素。雪可以增加夜间的反射光，使景物富有层次感。烟雾有利于较大场面的拍摄，能调和阴暗部分和强光部分，并能增加背景或远景的亮度。

在拍摄夜景时，如果得不到足够的光线，可使用摄像机上的特殊装置——增益选择器，它能使被摄主体在照度不足的情况下，使画面保持相对的清晰度。在将增益开关调整到相应档位的同时，宜将摄像机的光圈改为手动控制，以使画面效果得到进一步的改善。

17. 拍摄篝火

用自然光勾画人物的轮廓，并用火光刻画人物的形象，可弥补篝火自身的不足。

在靠近篝火的地方挖个坑，将主光灯放在坑里，并调整灯光的照射角度，可使最远处的人物在有效照度的范围之内。

拍摄篝火晚会一类的场面时，重在用篝火描绘人们在夜间活动的情趣，常常需要篝火闪闪跳动的效果。最常用的方法是用棉絮做成一个火把，蘸上煤油或汽油点着，放在灯的前面，灯的光束照射过去即可得到这种效果。另外，在一根小棍上绑些细线，或是将带网眼的柔光纱放在灯光前抖动，也能获得这种效果。

18. 拍摄焰火

拍摄焰火时，画面上焰火的数量要适量，不宜太多也不宜太少，最好在画面上有个较大的主体，周围有两三个作陪衬，如图 7-41 所示。

拍摄时要考虑焰火的造型效果，同时还要将焰火一次性的发射过程拍全。

拍摄焰火时要将焰火与地面上的景物或人物恰当地结合起来，否则会导致画面徒有美感而缺乏意蕴，如图 7-42 所示。

图 7-41　拍摄焰火时数量要适当

图 7-42　结合景物拍摄焰火增加了画面的意蕴

19. 拍摄灯会景观

拍摄灯会景观时，不仅要注意采用摄像手段表现各种灯品的造型风格和特点，还要根据主体的需要对画面的色彩进行合理的安排，尽量避免出现面积相等的大块对比色的色块，如图 7-43 所示。

拍摄孤独存在的灯品时，可将背景中的彩串灯或天空中的月亮摄入画面之中，也可组织一些观众作为前景，以使构图新颖完美。

20. 拍摄森林

利用树林中的薄雾，拍摄阳光射入林中的光束，是表现光影效果的技巧之一。

利用烟、雾、水蒸气可调节森林中强烈的光比，同时还能提高背景的亮度，使画面产生一定的透视感，如图 7-44 所示。

图 7-43　拍摄灯会景观要突出灯品的造型风格和特点

图 7-44　利用烟、雾、水蒸气使画面产生透视感

摄像机宜选用逆光或侧逆光的机位，此时如果能够恰当地运用晨雾或烟雾，还可以使画面形成壮丽的光芒世界。

21. 拍摄人物在森林中的活动

把人物分别放在明暗不同的背景上，用暗的衬托亮的，亮的陪衬暗的，这样有助于突出主体人物。

　　一般不应在正中午的直射光下拍摄人物活动的场面，宜在斜光或薄云遮日时进行拍摄。

　　在薄雾的作用下，近处的人物和附近的树木之间会产生较大距离的幻觉，对突出人物极为有利。

22. 拍摄花卉

　　拍摄花卉首先要突出主体，例如，在拍摄花朵的特写时，可以选取一两朵或两三枝最有神韵，或鲜艳、或古拙的花朵作为主体，然后安排一些陪衬的枝叶或花朵，以烘托渲染主体形象，使之和谐一致，相映成趣，如图 7-45 所示。

　　拍摄花卉还要注重用光。无论在室外还是在室内，切忌用正面光，最好用侧光或侧逆光，这样拍出来的花瓣、枝、叶都会产生明显的质感和清晰的经络纹理，呈现出多层次的效果。布光时，如果发现局部光线暗淡，可用反光板作辅助光，以增加阴暗部分的亮度，使花卉更有生机。

　　为了使花卉产生晶莹的艺术效果，还可用喷壶向花上喷洒适量的水，形成人工露珠，如图 7-46 所示。为了突出花朵的局部，还可在镜头前加上星光镜，使水珠显出光芒四射的效果。

图 7-45　拍摄花卉要注意突出主体

图 7-46　给花喷洒适量的水形成人工露珠

23. 拍摄田野风光

　　拍摄田野风光关键在于处理好画面的布局。这包括两点，一要注意田野中农作物的色调或面积大小的变化；二要注意山川、河流、林带、道路、田埂、垄距等在画面中的位置。这些景物可加强画面的层次和深度，对表现田野景色的美感起着重要的作用。

　　表现田野风光一般多采用高机位俯摄，这样可使画面上的线条和影调分明，深远感较强，气势磅礴，如图 7-47 所示。如果运用平角度或仰角度拍摄，则难以表现出气象万千的田野风光。

　　用俯角度拍摄的大场面固然能表现出田野辽阔壮丽的景色，但要拍摄好富于诗意的田间小景，则需要特别注意景物的特征，同时还要寻找最佳的角度和理想的光线效果。选择的拍摄对象，如农舍、梯田、池塘、收割机械等，要有完美的造型，同时要注重气氛的表现，突出意境，如图 7-48 所示。拍摄时宜使用侧光和侧逆光机位，这样可使画面上景物的造型效果较佳。如果在同一场景里改用顺光机位，则画面将变得呆板、单调、缺少层次，更难以呈现出深远的效果。

图 7-47 表现田野风光一般多采用高机位俯摄

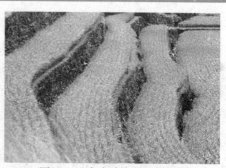

图 7-48 富有诗意的田园小景

对云、雨、霞、雾等自然条件的利用，是拍摄田野风光时制造画面气氛的重要手段。如果画面缺少云、霞或雾气，就像烹调时缺少调料一样平淡无味。巧妙地利用自然条件，或造成悬念，或产生联想，构成意境，会使作品充满艺术魅力。

24. 拍摄雕塑

雕塑艺术品的特点主要靠自身线条的起伏变化来表现。拍摄时，可运用反差来突出雕塑的基本线条，而不考虑其表面的细节，这样效果会更好，如图 7-49 所示。如拍摄青春少女的雕像，可采用早晚的阳光，利用表面光滑的质感来表现其青春的体态。对于造型简单而线条优美的雕塑，也可运用早晚的阳光，拍摄出剪影的效果。

图 7-49 拍摄雕塑要注意突出其基本线条

雕塑一般是用石料雕刻而成的，有的表面粗糙，有的光滑。在拍摄表面粗糙的雕塑时，不要用散射光照明，否则画面上的雕塑就会缺少粗糙物体表面凹凸起伏的质感。选用侧光或侧逆光照明，雕塑会有凹凸形态的明暗变化，能产生较强的立体感和质感。在拍摄表面光滑的雕塑时，选用柔和的侧光照明较好，它可以提高雕塑的整体亮度，减少本身亮度分配的差别，更能表现雕塑的形态与质感。

拍摄前选择恰当的角度和机位非常关键，最好是先对被摄的雕塑有一个整体的构思，再通过寻像器找出雕塑最完整、最有代表性的一面。一般安放雕塑的位置较高，有时需要用仰角度拍摄，同时需距离雕塑稍远一些，以尽量减少被摄主体产生上小下大的变形。有些高大的雕塑，在设计制作时采用了夸张的艺术手法，头部略大于身体的比例，以适应人们仰望时的视觉习惯，在用仰角度拍摄时要多加注意这些情况。

25. 拍摄建筑物

拍摄建筑物的关键是选择好拍摄角度并确定好拍摄位置。在拍摄高大的建筑物时，可把摄像机的镜头仰起，正如人们用眼睛去看高耸的建筑物一样，取景的角度符合人们的视线规律。但如果过于仰拍也容易产生类似模型堆砌的印象。拍摄高大建筑物时，最好利用附近适当高度的楼层，作为拍摄的立脚点。取景时，可用对比的方式，处理好主体建筑和周围环境或邻近建筑物之间的关系，突出主体，反映出建筑物宏伟、高大的气势。拍摄建筑物时，宜采用前侧光，这种光线的明暗对比强烈，可增强建筑物的立体感。一般不宜采用正面光和逆光。

拍摄表现建筑物的大场面时，最好使用广角镜头或镜头的广角段，因为广角镜头能扩大透视比例，使空间显得更为宽大、广阔。拍摄时要注意镜头的仰俯角度不要过仰或过俯，否则会造成被摄主体的严重变形。

拍摄建筑物时的背景宜选择蓝天和白云，这样会使建筑物的形态突出，色彩鲜艳，如图7-50 所示。如果需要表现出建筑物的深远，最好有陪体在前景端，这样可产生对比，因为只有近才能相对地表现远。

拍摄古建筑物时，常常需要得到清晰的画面，以使建筑物上的雕梁画栋以及各式各样的装饰性图案得以充分地表现出来，这时应尽量使用解像力高的摄像机。

26. 拍摄园林景观

我国园林景观的特点是注重意境，大都洋溢着诗情画意，同时它又是综合性的艺术造型。虽然它取材于山川自然之物，经人工制作而成，却没有人工造作之气。拍摄时不要将其作为纯风景来对待，而应取其原意，使画面成为诉诸以情的景观。构图时要特别注重线条的节奏，影调的韵致，色调的和谐，尤其在画面情调的处理上需要有一定的力度。楼、堂、亭、阁在画面中的布局以及山、水、花、木的配置，要注重均衡协调，使其敞闭起伏、层次清晰、变化有序，如图7-51 所示。

图 7-50　选择蓝天和白云作背景会使建筑物形态突出　　图 7-51　拍摄园林景观时要注重画面均衡协调

园林景观的美在于它的艺术形式。从摄像本身来讲，不同的光线效果会产生不同形式的画面。这就要求摄像者在拍摄之前，能全面了解被摄对象的地貌特点、季节特征和历史背景。然后通过自身的审美感受和鉴赏能力，准确地选择符合作品情境的最佳光线效果。

拍摄园林景观常用的技巧是等拍，因为除了被摄对象不能位移外，还受季节的交替、光影的变换、风雨雪雾乃至花草木、鸟鱼虫等诸条件的制约，因此，有些画面的拍摄常常是在确定立意之后，要等待再现意境时机的到来。切不可操之过急，否则画面只有美感而无意蕴。

27. 拍摄古建筑

我国的古建筑布局严谨，主次分明，而且多数采用对称式的造型，拍摄出来的画面十分工整，如图 7-52 所示。如果与作品内容结合得当，则有庄重、肃穆之感。拍摄时，可将树木或山石用作前景进行适当的遮盖掩映，以使对称式的建筑有所变化。

殿堂楼阁等古建筑都是在呈封闭式的庭院中形成一个独特的空间整体，在一定程度上为拍摄较大景别的镜头带来了一定的困难。为了增加景深，扩大画面范围，可用广角镜头进行拍摄。但要注意变形，避免景物失真。

一座古建筑有无数个角度，不同的角度在不同的光线条件下又会产生不同的光效。拍摄时要了解光的变化规律，掌握光对不同物体造成的不同效果，以符合古建筑自身的形式美，例如，古建筑中的殿堂多数采用大屋顶结构，斗拱部分被屋顶遮盖，光线暗淡。拍摄时可用构图来平衡光线造成的不足，即在表现殿堂中主体的同时，运用近大远小，近高远低的透视规律，安排亭台、廊庑接受充足的自然光，可使画面层次丰富、影像自然。另外，我国的古建筑侧重环境的设计，拍摄时应将亭台楼阁的奇巧布置，山石树木的灵活安排，通过结合主体表现出来，例如，用顺光进行拍摄，较暗的前景和明亮的建筑物会形成强烈的对比，使主体得到突出。

楼、堂、亭、阁等古建筑作为被摄主体出现在画面上时，因拍摄距离的限制，镜头视角的限制，或是方向与角度的限制，常常不能将其整体全部摄入镜头，经常显得构图不够完整。在这种情况下，除了通过选择不同的机位或变换不同焦距的镜头来对被摄对象进行构图之外，也可用树木加以点缀，美化古建筑，改善构图。当然，用广角镜头进行拍摄时，可完整地表现出古建筑的全貌，但树的运用仍很重要，例如，横向的建筑可陪衬些竖向的树干和树枝，以打破构图的单调感，增加画面的层次。又如，竖向的建筑宜选用些斜向的树干和树叶枝权作陪衬，同时也要注重树在画面中的位置，使之均衡和疏密得当。如图 7-53 所示是用树木做陪衬的古建筑。

图 7-52　中国古建筑多采用对称式造型　　　　图 7-53　用树木作陪衬可以美化古建筑

我国的古建筑还有一个重要的特点，即对称。对称有庄重、肃穆之感，并具有装饰美。但如果运用不当，往往使人感到单调、呆板。为了使呈对称格局的古建筑有所变化，在构图时可利用树木将大部分的建筑物加以遮挡，仅将它的特征部分露出即可。

在具体拍摄时，树木与古建筑常常贴在一起。弥补的方法有两种：一是通过对光的运用使树与建筑物的反差形式成对比，把两者分开；二是运用镜头景深的特性，通过手控的大光圈形成虚实的对比，一般是树枝虚些，古建筑实些，以突出主体。

28. 拍摄风光景色的要素

季节、地区和气候是拍摄风光景色的三大要素，在任何表现风光景色的作品中都能找到它们。它们相互之间的每一种组合，都会产生独具特色的画面。

季节的更迭，不仅是冷暖的变化，更重要的是它赋予了大自然更多的色彩。以草原上的秋季为例，初秋鹅黄，仲秋金黄，深秋棕黄，这不仅仅是黄颜色的变化。不同种类的草木到了秋天，颜色的变化就更加多彩了。但这并非是指用变换自身色相的方法来表现季节的演变，而是指在拍摄时要把不同颜色的景物依照作品的主题进行有意义的组合。

地区代表着风光景色的特性，因为风光景色是随着地区的位移而变化的。平川有别于高山，草原有别于沙漠，城市风光和田原景色更是完全两样。由此可见，抓住地区风光景色的特点，是拍摄好风光景色画面的基本条件。但是，在突出地区风景特点的同时，也不要忽略当地的风土人情，若点缀得当，能够反映出特定的时代感。

天气是拍摄风光景色时体现画面情调、寄托主观情感的最佳手段。在不同的天气条件下所拍摄出来的画面情调是不一样的，例如，白雪表现为清高爽洁，流云能牵动人们的情思变迁等。在风光景色中表现天气的目的是寄情于景，并通过画面把这些情感反馈给观众，使之情景交融。

29. 拍摄自然风景时的构图

表现自然风景的作品繁多，有的重在壮美、气势磅礴，有的重在意境、气势浓郁，但在拍摄的构图上却都有许多共同之处。

首先，画面的布局要简明和谐。在众多的景物之中，要提炼出一种线条或影调层次的排列，形成画面的主旋律。为了使结构不松散，要选择一个对象作为画面的结构中心，使之对前后景物起联系和对照作用。同时，还要充分运用光线、角度以及不同焦距的镜头，将多余的景物排除在画面之外，从而保留最引人入胜的部分。

其次，要运用线条和影调的结合来加强画面的节奏感和韵律感。注意选择一些重复的线条形成画面的节奏，例如，一排排树木形成的垂直线，重叠起伏的山峦形成的起伏线，河流、道路形成的曲线等，使其具有视觉上的节奏感，如图 7-54 所示。另外，在相同的线条中又有不同的变化，例如，同是垂直线，却有高低之分；同是水平线，也表现出长短不一；同是山峰起伏线，也有影调浓淡之区别，从而使画面具有不同的韵律感。

最后，利用大自然的因素增强画面的神韵。太阳的光晕、朦胧的雾气、水面的粼光等都可以增强画面的神韵。在构图时还应运用不同焦距镜头的特性，也就是说，景物虽然不能动，但它在不同焦距镜头的安排下，仿佛有了回天之力，可以允许摄像者在画面上做不同的安排。

30. 表现山水景色的空间感

在中国的山水画论中，有"画贵深远"的说法，还有 12 忌之说。其中一忌布局迫塞，二忌远近不分，这些都说明了空间感的重要性。用摄像手段表现山水景色同样需要注重空间感。

要表现山水景色的空间感，可利用景别的组合与形体透视的手法。景别的组合是指画面要有近景、中景和远景之分，景别的层次还需有近大远小的形体透视变化。在大多数情况下，山水景色的趣味中心都处在中景的位置上，但这并不意味着其他景别不重要。以远景为例，它是画面视线的终点，起着陪衬和对比的作用，并能从线条和影调上加强画面的深度。

利用空气透视的规律，也能够表现山水景色的空间感。由于摄像机与被摄对象的距离不同和空气密度的差异，景物在画面上的影像会出现近暗远亮等差异，这种差异变化的程度会使画面的空间感发生变化。以拍摄桂林山水为例，由于山峰的间距很小，要突出空间感，最好是利用大雨间歇、云雾升腾或细雨蒙蒙的时机进行拍摄。这时各个山峰互相隔离、有隐有现、浓淡相间、层次丰富，空间感极强。

被摄对象的明暗分布也会影响空间感的表现。如果近处的被摄对象较暗，而远处的较亮，则有助于加强空间感，如图 7-55 所示，因为它和空气透视的效果一样，符合近暗远亮的明暗分布规律。

图 7-54　运用线条加强画面的节奏感

图 7-55　近暗远亮有助于加强空间感

31. 拍摄山川景色

所谓的山川景色，指的是有山有水的地方。拍摄之前需根据作品情节的需要和被摄景色的特点及光线情况，选择拍摄角度和机位。如果要用远景画面表现山川层峦叠嶂的气势，一般应采用侧光或侧逆光机位；如果要突出山川的高大气势，宜用仰角度拍摄；如果想尽情地描绘山川的全貌，则应采用俯角度拍摄。

在拍摄山水相连的景色时，要根据被摄主体的具体情况和所处的环境来处理好地平线在画面上的位置，避免山水各半的构图。在拍摄以水面为前景的画面时，应表现出秀丽山景的倒影，使画面中的山水融为一体。有时为避免水面太空、太平，可将水面的行船点缀其间，也可利用树木花草作为前景，以增加画面的纵深感和空间感。

在拍摄没有河流的山景时，应注重表现出它的高耸雄伟和冈峦峻秀的风貌。在山下拍摄山形时，最好利用一些景物作为陪衬，避免山过于孤立。在高山上拍摄远景时，除有意表现层峦叠嶂的气势之外，也应以适当的物体作前景，使画面不至于枯燥乏味。

拍摄山川景色应充分利用云、雾、烟、霞的作用。中国画论中有"山不在高，云烟锁其腰，则高矣"的说法，这是非常值得学习和借鉴的表现技巧。如果运用得当，各种云海、烟雾和彩霞，都会大大丰富山川景色的表现力，如图 7-56 所示。

32. 拍摄城市风光

城市风光指的是以街道和建筑为主的景色，拍摄时要重点表现城市的地方特点，这样才有可能反映出各个城市的真实风貌。

我国的城市众多，每个城市都有各自的特点。例如，南方的许多城市都有河堤江岸，由于这些城市的水上交通非常发达，靠近堤岸的地区一般都比市内其他地方热闹繁华，高大的建筑物也比市内集中，这就是所谓的"堤岸城市"。上海就是典型的一例，因此，在拍摄上海的城市风光时，就应选择具有上海特点的外滩来表现，这样可使画面具有明显的个性特征。

仅有陆上交通的城市，它们最热闹的地方和高大的建筑物一般都集中在城市的中心区。拍摄时，为了使画面具有地方特点，最好选择既能说明是哪座城市又能反映出城市繁华的场景。由此可见，在拍摄前寻找城市的特点非常重要。例如，举办了第二届青年奥林匹克运动会的江苏省南京市，于 2014 年建造的"南京眼"步行桥，被称为南京市的新地标。选择它作为拍摄点，不失为一个较好的方案，如图 7-57 所示。

图 7-56　拍摄山川景色要充分利用云、雾、烟、霞　　　图 7-57　拍摄城市要注重寻找其标志性建筑

拍摄有地方特点的建筑物或热闹的街道时，宜把它们安排在画面的明显位置，但不要安排得过远或过近。安排得过近，会影响热闹的场面；安排得过远，则会影响地方特点的表现。

拍摄城市风光时的机位很重要，一般情况下，宜将摄像机置放在稍高的位置上俯摄，这样既可使街道上建筑物的线条平正，又能表现出景物的深远。

33. 拍摄室内场景

选取室内场景中的某些物体作为边框，框住画面可以多一些层次，并能增加空间深度。

从天窗投射进来的光线，产生了远亮近暗的视觉效果，使画面的造型效果真实生动。

亮斑能使室内的光线效果具有多样的变化，并能展现出画面的空间深度，是帮助构图的一个重要因素。

34. 拍摄舞台艺术

运用景别组合的技巧，再辅以带有感情色彩的拍摄角度，可以丰富戏曲艺术的表现力。

拍摄话剧时，如果没有特殊的需要，不要拍全景镜头，否则会使画面呈现出较差的视觉效果。

拍摄以动作或舞姿来代替语言的表演艺术时，不要无目的地使用运动镜头，否则会使观众对情节的理解产生歧义。

35. 拍摄儿童场面

拍摄儿童的重点是要将其独特的个性反映在画面之中，这对提高作品的内在质量会有很大的帮助。

拍摄时不要过多地限制儿童，只有当儿童觉得自在而又不受拘束的时候，才能表露出活泼天真的自然神态。

必要时可让母亲和孩子共同入戏，摄像师选择适当的角度和景别，将母亲排除在外，同时在儿童情绪起伏的变化中，拍下符合作品情节要求的镜头。

36. 拍摄器乐演奏

在拍摄器乐演奏时，表现神态并不是非得将被摄对象拍成特写镜头，而是要符合器乐的特定情境。

一般情况下，理想的构图是将摄像机置放在演奏者的右边，因为右手弹奏的是主旋律，如图 7-58 所示。

如果演奏者忽而扭转身子，忽而摇头晃脑，则不可用较小的景别，否则会使画面失去美感。

图 7-58　一般在演奏者的右边拍摄器乐演奏

37. 视频新闻的无剪辑拍摄

视频新闻的无剪辑拍摄是指在摄像之前根据该新闻的中心思想，设计分镜头拍摄的顺序，然后进行拍摄。一经拍摄完毕，即为最终成品。

每一个镜头的长度一般以不短于 5 秒为宜，在确保观众能够看明白的前提下，还必须符合内容表达的特定要求。

在拍摄每一个具体的镜头时，应尽可能说明较少的内容，切忌包罗万象。

单一的镜头不是独立存在的，要善于取舍，凡属该新闻内容表达之外的人或物，均要排除在画面之外。

38. 拍摄新闻的会见场面

拍摄会见、会谈的镜头时，宜让双方以平等的地位在画面上活动。

拍摄人物的采访镜头时，近景是较好的选择，如图 7-59 所示。

拍摄正面镜头应采取稍侧的角度，以取得较好的视觉效果，如图 7-60 所示。

拍摄人物正面的镜头时，不要将其两肩对称地抵着画幅的边框。

39. 采访纪实性的人物

采访纪实性的人物属于新闻摄像范畴。在采访的过程中，摄像者不能把自己或编辑的意志强加给被摄主体，如强求姿势、虚构和导演等，因为在静态的采访场面中，观众十分注意被摄主体的面部表情，一切虚假的摆布都会使他们反感。但是，在不违反客观真实的前提下，拍摄前在现场做一些具体的组织和准备工作，不仅是允许的，也是必要的。

图 7-59　拍摄人物采访时常用近景　　　　图 7-60　拍摄正面镜头时稍侧一些视觉效果较好

俯摄被采访的人物，可在画面上产生贬低的效果。

仰摄被采访的人物，可在画面上起到显示其重要的作用。

用镜头的广角段拍摄时，采访者不要靠摄像机太近，以防形象过大压倒被采访者。

用镜头的长焦段拍摄，能使采访者和被采访者的形体位置等同，如图 7-61 所示。

图 7-61　用长焦镜头拍摄使采访者和被采访者形体位置等同

40. 拍摄时矫正人物的生理缺陷

让瘦者尽量靠近摄像机，胖者离摄像机稍远，同时用稍侧的角度拍摄，以便能造成透视上的差异，从而使胖瘦对比得到缓和。

对眼睛大小稍微不同的人，也可根据镜头近大远小的透视原理，从稍侧的角度进行拍摄。

对脸上皱纹较多的人，要放低主光灯的位置，用柔和的光线从斜侧方向拍摄。

41. 拍摄绘画作品

拍摄中国画时，摄像机的镜头中心需与画面中央对正。

拍摄油画时，画面上的油质容易产生反光，若不设法避免，画面将显得粗糙失真。

如果要拍摄壁画的局部，最好以壁画的自然分段为单位，每个单位应尽可能地拍摄比较完整的画面。

42. 拍摄工艺品

拍摄表面粗糙的工艺品，宜采用直射光，光照方向应垂直于被摄主体的表现纹理方向。

大多数工艺品有悦目的色彩，选择背景应有利于突出工艺品，而不可使工艺品淹没在背景的色彩之中。

利用投影可加强空间感，增强画面的气氛，但要根据被摄主体的特点灵活运用，如图 7-62 所示。

图 7-62　利用投影可以增强画面气氛

43. 拍摄金属制品

拍摄电镀制品时，除了采用散射软光照明外，也可对其表面进行处理，减弱其光洁程度。

拍摄机械的时候，为了充分表现其复杂结构中的明暗层次，一般采用大面积的散射软光照明。

拍摄小型的零部件时，要用散射光照明，光线的强弱取决于拍摄时的目的性。

44. 拍摄瓷器

拍摄瓷器时，需要先观察器形并确定拍摄角度，然后布光照明。

拍摄造型复杂的瓷器时，器物表面会有过多的反光和光斑，必要时可用偏振镜去除。

表现瓷器的质感时，反光点不可太多，完全没有反光点以至于看起来不像瓷器也不行，如图 7-63 所示。

图 7-63　拍摄瓷器时布光很重要

背景的色调要根据瓷器本身的色彩进行变化，以便突出主体。

45. 拍摄晶莹透明的物品

拍摄晶莹透明物品的关键是要表现出清澈透明的质感、优美的轮廓线条和精美的磨花装饰等特点。

通过调整照明的角度、强弱，可使被摄主体形成明确的影调变化，各棱面还会对光产生单向反射，形成明亮的光斑。

如果将被摄主体衬托在明暗不同的背景上将会显得更加突出。

将被摄主体置放在黑底的玻璃板上，可使其产生明显的倒影效果。

46. 拍摄水果

拍摄水果时，必须把每样水果的水灵劲儿和质地表现出来，如图 7-64 所示。

为了加强水果的质感，拍摄时宜用侧光照明，如果被摄对象的投影明显，可用反光板加以驱散。

图 7-64　拍摄水果的关键是表现出水灵劲儿和质地

47. 拍摄足球比赛

将摄像机置放在中场边线外缘进行跟踪拍摄，可集中看到足球运动的特点，抓拍精彩镜头的机会较多。

将摄像机置放在球网的后面，利用球网作前景，可拍到守门员优美的鱼跃救球动作，如

图 7-65 所示。

图 7-65　在球网后可拍到守门员的优美动作

拍摄足球比赛要注重对现场气氛的表现，若抓拍得当，定能使电视画面妙趣横生。

48. 拍摄篮球比赛

将摄像机位置放在场外边线离篮球架 10 米左右的地方，可拍到进攻队员的策应、切入、传递或投篮等动作。

将摄像机置放在观众席后排的看台上，用高角度俯拍，可拍摄到快攻、全场紧逼盯人和比赛全景等大场面。

拍摄时要尽量运用固定镜头，少用推拉摇移等运动镜头，以从整体上给观众一种稳定感。

49. 拍摄排球比赛

如果以拍摄扣球为主，应将机位放在扣球队员所在场地一侧的边线外。

拍摄时，镜头、景别及角度的运用，需以能突出运动员的技术水平为主。

在室外拍摄排球比赛时，应充分利用自然光，同时要注意背景的选择，以增强球场的气氛。

50. 拍摄田赛运动

拍摄投掷项目时，机位宜设在被摄主体的斜侧面，同时要注重表现运动员的爆发力，如图 7-66 所示。

将机位设在运动员的斜侧面，既可使跳远动作显得格外舒展、大方、有力，又能表现出飞步腾空远跳的特点，如图 7-67 所示。

图 7-66　拍摄投掷项目时机位宜在斜侧面

图 7-67　拍摄跳远时斜侧面是一个不错的角度

为了显示跳跃的高度，宜采用仰角度，同时还要注意把显示高度的数字拍入镜头。

51. 拍摄径赛运动

拍摄百米短跑或跨栏跑时，宜将摄像机放在运动员前进方向侧面90°角的位置上跟踪摇摄，如图 7-68 所示。用高角度俯摄，并以跑道上的白色分道线为背景时，可突出环境的特点。

拍摄马拉松以起跑的场面最为壮观，由于参赛的人多，起跑后如潮如流，浩浩荡荡，颇具特色，如图 7-69 所示。

图 7-68　在侧面跟踪拍摄百米短跑或跨栏跑

图 7-69　马拉松起跑的场面最为壮观

52. 拍摄游泳项目时机位的设置

蛙泳是运动员俯卧于水面，其姿势仿佛青蛙在水中游动，将机位设在运动员的正前方或侧前方进行拍摄，效果较好。如图 7-70 所示。

自由泳的姿势是运动员俯卧于水面，两腿摆动打水，两臂交替划水，宜将机位设在运动员前进方向的侧面进行拍摄，如图 7-71 所示。

蝶泳的姿势是运动员两臂以肩为轴，像船桨一样同时划水，宜将机位设在运动员的正面或侧面进行拍摄，如图 7-72 所示。

仰泳的姿势是运动员仰卧在水面，双臂交替划水，宜将机位设在运动员前进方向的侧后方进行拍摄，这样可同时表现运动员的划水动作和表情，如图 7-73 所示。

图 7-70　拍摄蛙泳适宜正前方或侧前方机位

图 7-71　拍摄自由泳适宜侧面机位

图 7-72　正面拍摄蝶泳运动员像船桨的划水动作　　图 7-73　在运动员前进方向的侧后方拍摄仰泳

7.5　思考和练习

1. 思考题

(1) 说出摄像机的工作原理。

(2) 解释以下与镜头相关的概念：焦距、视场角、光圈、景深。

(3) 什么是特写聚焦法？

(4) 评价镜头的好坏有哪些标准？

(5) 怎样进行成组拍摄？

2. 练习题

(1) 练习使用不同类型的摄像机，要求如下。

- 分别采用手持、肩扛执机方式进行拍摄练习，掌握摄像的基本概念。
- 进行构图的练习，体会构图的要素、原则和要求。

(2) 固定镜头拍摄练习：拍摄远景、全景、中景、近景、特写镜头各两个，要求如下。

- 拍摄内容适合这一景别的表现。
- 构图完整、稳定。
- 主体突出。
- 适当安排前景和背景。
- 仔细体会各种景别的作用和表现力。

(3) 运动镜头拍摄练习：拍摄推、拉、摇、移、跟、升(或降)镜头各两个，要求如下。

- 拍摄内容要适合这一运动形式的表现。
- 构图完整、稳定。
- 运动平稳、均匀。
- 把落幅拍摄好。
- 仔细体会各种运动镜头的作用和表现力。

(4) 使用不同的室外直射光、室外散射光和室内自然光进行拍摄，比较其特点。

(5) 到电视台或影视制作部门的演播室参观各种灯具及调光设备，了解它们的使用方法。

(6) 进行三点布光和交叉布光的练习。

第 *8* 章

数字视频作品的声音录制

- 拾音技术
- 调音与录音技术

学习目标

1. 了解声音制作的各个环节。
2. 了解室外声场和室内声场的特点。
3. 理解灵敏度、频率范围、动态范围、方向性等与传声器特性有关的概念。
4. 了解传声器的种类与特点。
5. 掌握现场拾音时使用传声器的技巧。
6. 了解调音台的功能和种类。
7. 掌握前期录音、后期录音和同期录音的方法。
8. 掌握音响的录制方法。

 思维导图

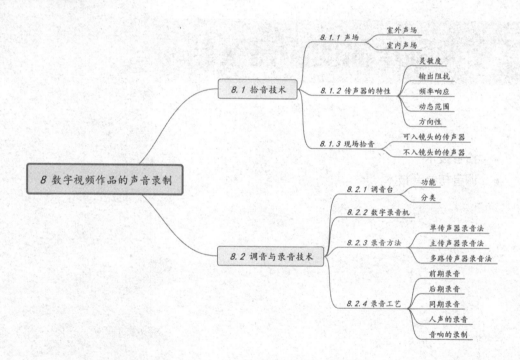

　　声音是塑造视听艺术形象必不可少的手段，声音的制作包括拾音、调音、录音和还音等几个环节。拾音指的是把声音信号经过传声器转换成电信号的过程。调音指的是把多路声音信号进行效果处理、混合和分配的过程。录音指的是把电信号转换为磁信号或光信号记录在相应媒介上的过程。还音指的是把转换成电信号、磁信号或光信号的声音信号重新还原为声音的过程。

8.1　拾音技术

拾音这一环节中所涉及的要素有声源、声场和传声器。

声源是拾音的对象，它的性质直接决定着采用哪种录音方式。声源的情况十分复杂，包括语言音响、音乐音响和效果音响等。

拾音技术指的是根据声源的强弱、位置、环境，在选用合适的传声器与确定拾音位置等时所采用的技巧。

8.1.1　声场

声音传播的空间称为声场。通常情况下，声场分为室外声场和室内声场。

1. 室外声场

在室外声场录音时，由于录音环境复杂，很多声音是随机出现的，因此对声音的控制也有较大的难度。在室外声场中通常要考虑以下两个因素。

(1) 大的障碍物会产生回声，如在山谷中呼喊时听到的声音效果。

(2) 对室外的各种环境噪声尤其要引起重视，它们会对录音效果产生很大的影响。

2. 室内声场

声音在室内声场传播时，会受到房间墙壁、各种用品道具及人员等因素的影响。在室内，当声源发出声音时，到达听音点的首先是直达声，然后是经过若干次反射的反射声，在各次反射声中，由于声波所经过的路径不同，到达听音点的时间也不同，能量损失也不同，反射次数越多，能量损失就越大。按照听音点到达时间的先后进行划分，可将声音分为直达声、近次反射声和混响声，如图 8-1 所示。

混响声指的是声音经过多次反射后，密度达到一定的程度，这时它们作为声音的连续衰减而被感知。实际上，对听者而言，形成的只是声源和房间的总体结构中的声音印象。各阶段的划分并不明显，声音是融合在一起的。

描述一个房间的混响，通常用混响强度和混响时间来表示。混响强度反映了直达声与混响声大小之间的比例关系，混响时间是指从关闭声源时算起，声音下降 60dB 所需要的时间。混响强度大且混响时间较长时，声音听起来活跃、丰满，但如果混响强度过大且混响时间过长，则会影响声音的清晰度；混响强度过小和混响时间过短时，声音听起来给人一种干巴巴的沉寂感，但清晰度较高。

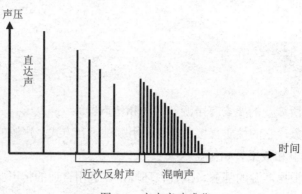

图 8-1　室内音响成分

由于声波在室内传播时会受到室内各种界面的影响，使直达声和各种反射声相互交织，其声能分布较为复杂。对一个房间而言，如果室内各点的声能是均匀分布的，则称为扩散良好。录制声音时要求室内扩散要良好，不允许存在一些声学缺陷。

8.1.2　传声器的特性

传声器是一种把声音信号转换为电信号的换能器，是拾音的关键器件。在实际运用中，应根据录音的具体情况，选择具有不同特性的传声器。

1. 灵敏度

传声器的灵敏度是指在声电转换的过程中将声压转换为电压的能力。灵敏度的选择因录制声源的强弱与拾音距离而定。远距离拾音时，用高灵敏度传声器来拾取微小的声音；当超近距离拾音时，用低灵敏度传声器来抑制功率过强的声音与低频噪声。

2. 输出阻抗

传声器的输出阻抗有高、低阻之分。高阻抗传声器在几万欧左右，低阻抗传声器在几十至几百欧。传声器输出阻抗必须符合或接近录音机、录像机或调音台等设备的输入阻抗，将阻抗不相等的两台设备连接使用就会出现失配现象。高阻抗传声器易被噪声干扰，传声器的线不宜过长；低阻抗传声器的抗干扰力强，传声器的线可长些。

3. 频率响应

传声器的频率响应是表征传声器对不同频率声波的灵敏度。高频时，声波振动速度快，传声器膜片振动难于同步，使高频输出少、响应差；低频时，声波振动速度慢，传声器膜片不易受振，较难产生有效输出，低频响应较差；传声器的中频率响应一般较好。传声器的理想频率响应曲线需较为平坦，使人耳能听到从 20~200kHz 的声音。人物说话以中频为主，录制音响要选用中频响应好的传声器；音乐与效果声的频率比较宽，录制音响要选用高、中、低频响应均好的传声器。

4．动态范围

传声器的动态范围是指传声器在允许失真的限度内能够传输有用音量的范围。可以用传声器的最大声压级与最小声压级的差值或传声器的最大声压级表示其动态范围。超近距离拾音时，应选用宽动态范围的传声器。

5．方向性

传声器的方向性是表征传声器对不同方向声波的灵敏度。传声器按方向性可分为全向传声器、心形传声器、锥形传声器、8 字形传声器、锐向传声器等。

1) 全向传声器

全向传声器的方向性如图 8-2(a)所示，它又叫无向传声器，它在各个方向上的灵敏度是一样的，例如，收录课堂教学实况时，把全向传声器放置在学生中间，可以拾取不同座位上的学生回答问题的声音。

2) 心形传声器

心形传声器的方向性如图 8-2(b)所示。传声器前面的灵敏度高、范围很宽且大约相同；后面的灵敏度则很低，总之，前面和后面的灵敏度有很大的差别，例如，将心形传声器放置在讲台上，就能拾取到教师在讲台与黑板之间讲课、演示的声音，而抑制其他方面的声音。

3) 锥形传声器

锥形传声器的方向性如图 8-2(c)所示，它又叫超心形传声器，前面的灵敏度和心形传声器相似；后面的灵敏度具有锐向性，能拾取小范围的声音，例如，在演播厅或录音室演奏乐器时，选用锥形传声器能拾取到合适的混响声。

4) 8 字形传声器

8 字形传声器的方向性如图 8-2(d)所示。它是双向性传声器，前面和后面的灵敏度高；左面和右面的灵敏度很低，甚至出现"死区"，例如，选用 8 字形传声器可以拾取两排乐队演奏和会议双方进行讨论的声音。

5) 锐向传声器

锐向传声器的方向性如图 8-2(e)所示，它又叫超指向性传声器或枪式传声器，是定向性传声器。锐向传声器只能拾取很小范围的声音，而抑制许多不需要的声音。例如，对于远距离拾取弱声源、嘈杂现场的采访等，应选用锐向传声器。

(a) 全向传声器　　(b) 心形传声器　　(c) 锥形传声器　　(d) 8 字形传声器　　(e) 锐向传声器

图 8-2　各种传声器的方向性

8.1.3　现场拾音

现场拾音是在现场摄像的同时用传声器拾取声音。现场拾音要避免一切噪声干扰，如人员走动声、机器操作声等。录音员要戴上耳机进行监听，用手势、指示灯等非语言符号和导演联系工作；要注意声画一致。拍摄特写镜头时，要近距离拾音，产生近感音响效果；拍摄远景镜头时，要远距离拾音，产生远感音响效果。应按传声器能否进入镜头使用不同功能的传声器。当传声器允许进入镜头时，使用台式传声器、落地式传声器、手持式传声器、夹子式传声器、无线传声器；当传声器不允许进入镜头时，使用吊杆式传声器、悬挂式传声器、隐蔽式传声器、摄像机传声器、抛物面式传声器。

1. 可入镜头的传声器

1) 台式传声器

台式传声器常用心形传声器置于现场会议的讲台上或电视新闻的播音台上，在演讲者的斜侧方，以仰角指向其嘴巴，这样既能准确拾取演讲者的声音，又不妨碍演讲者的造型，如图 8-3 所示。

2) 落地式传声器

落地式传声器一般将心形或锥形传声器置于落地支架上，支架可垂直调整到教师或表演者所需要的高度，如图 8-4 所示。人们只能在落地式传声器前面有限的区域内活动。

图 8-3　台式传声器　　　　　　　　　图 8-4　落地式传声器及支架

3) 手持式传声器

手持式传声器如图 8-5 所示。节目主持人、独唱演员、新闻记者常用手持式传声器。手持式传声器容易指向声源，多用锐向传声器。手持式传声器需外加风罩，防止在空中移动传声器时受本身所产生的低频噪声或风声干扰；传声器的线必须有足够的柔软性，避免和地面产生摩擦声。

4) 夹子式传声器

夹子式传声器常夹在表演者的衣襟、口袋、领带上，或者挂在颈上，故称颈带式传声器，如图 8-6 所示。夹子式传声器是全向传声器，它与表演者的相对位置不变，用来拾取活动声源的声音。夹子式传声器可以置于离声源较近的地方，用来拾取功率较小的声源，例如，将夹子式传声器固定在笛子的管口附近。夹子式传声器体积小、无光影，但传声器的线要轻巧、柔软，使其和外衣的摩擦声减至最小。

图 8-5　手持式传声器

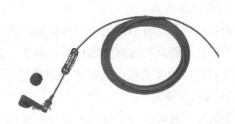

图 8-6　夹子式传声器

5) 无线传声器

无线传声器和有线传声器的主要区别在于省掉了与收录机相连的传声器线，如图 8-7 所示。当表演者活动范围大而传声器线妨碍其活动时，就使用无线传声器。无线传声器一般由小型的全向传声器与微型调频发射机相连，由收录机接收其声音。传声器常放在表演者的口袋或夹在衣襟上，发射机可放在裤袋或系在腰间。还有些无线传声器与发射机为手持式。

图 8-7　无线传声器

2. 不可入镜头的传声器

1) 吊杆式传声器

吊杆式传声器可分为手持吊杆式传声器、支架吊杆式传声器和车架吊杆式传声器，常用心形或锐向传声器悬挂在吊杆上，支架与车架式吊杆还可以自由伸缩。在录音员的操作下，吊杆式传声器能跟随表演者迅速平移、俯仰、旋转，但需避免传声器及其光影进入画面。一般把传声器吊在表演者的前上方，约 45° 俯角指向嘴巴。

2) 悬挂式传声器

悬挂式传声器将心形或全向传声器悬挂在表演者上方的绳索或钢线上。在吊索与传声器之间应当用弹性橡皮吊带连接，以防止声音沿吊索传到传声器。也可以利用传声器线将其悬挂在表演者头顶前方的灯架上。悬挂位置就是拾音位置，它只能拾取附近的声音。当因摄像现场太小而不能使用吊杆式传声器时，可以使用悬挂式传声器。

3) 隐蔽式传声器

隐蔽式传声器是将小型的全向传声器隐蔽在灯罩、花束、书籍、讲台等物体之中，拾取表演者的声音。隐蔽式传声器的材料在声学上必须是透声的，只能有一点反射或吸收，这样才能获得较好的拾音效果。隐蔽式传声器还要注意传声器线的隐蔽。

4) 摄像机传声器

摄像机传声器可分为摄像机内置传声器和外置传声器两种。它们能与摄像机同步移动，拾取活动声源的声音。摄像机内置传声器是全向传声器，适用于拾取近距离的声音或大场面的效果声；摄像机外置传声器常把锐向传声器置于摄像机上面的传声器架上，用于拾取远距离的声音。

5) 抛物面式传声器

抛物面式传声器能将远距离微弱的平行声波经过抛物面反射器聚焦为点声源，把超心形传声器朝反射器置于焦点上。这样，沿轴线传来的声音就给传声器增加了一个额外的同相信号，产生了声学增益。在不能接近微弱声源配置传声器的情况下，如拾取鸟声，常用这种传声器。

8.2　调音与录音技术

8.2.1　调音台

调音台(Audio Mixing Console)是录音、扩声必不可少的重要设备之一，直观地说，调音台是连接各种信号源设备和声频输出设备的中心。录音制作人员使用调音台将各种声频信号按高保真要求进行必要的调节、加工和处理，然后进行混合和分配，以实现视频艺术构思，然后输送到还音系统重放，或送入录音机记录下来。

1. 调音台的功能

1) 信号的混合

调音台的最基本的功能是信号的混合，其英文名称直译为"音频混合控制器"。在录音或扩声过程中，调音台将来自各种音源(如传声器、卡座、CD 机等)、各种电子乐器(如电子琴、电子合成器、电吉他等)或各种电子设备(如混响器、延时器等)的音频信号按一定的比例混合为两路立体声或多路输出信号，然后分别传送到监听系统、母带录音机或录音机。

2) 信号的分配

为了对输入信号进行均衡(Equalize)、延时(Delay)、混响(Reverb)、压缩(Compress)和扩展(Expand)等效果处理，将处理好的信号按要求传送到双轨母带录音机或多轨录音机；同时，调音台还必须提供监听和返听信号，故调音台必须具备对信号进行分配的功能，即将指定的信号传送到相应的立体声输出母线、辅助输出母线、监听选择母线及 SOLO 母线等。

3) 信号的处理

指调音台对每一路输入或输出信号单独进行加工和处理的功能，主要是电压放大或衰减、频率均衡和声像定位等。

对于低电平的输入信号(主要是传声器的输入信号)，由于其信号太弱，必须先将其适当放大，便于将来可以进行各种处理，所以调音台必须具有一定的信号放大能力；而对于可能造成削波失真的高电平信号(线路输入信号)或传声器的过载信号，调音台又具有预衰减功能，以避免信号的失真或损坏设备。

对多路输入信号进行缩混时，由调音台上的音量衰减器来控制它们的比例；把缩混后的信号传送到录音机时，由调音台的主音量衰减器对输入信号的电平进行控制，以避免信号过载或信号不足而造成的信噪比恶化。对于监听信号和扩声信号，由相应的音量衰减器来控制其音量的大小。

一般调音台都提供 2~4 段的频率均衡控制，有的调音台还提供中心频率和带宽的控制功能以及声像控制功能。数字调音台还提供了压缩、扩展、噪声门、延时和混响的效果控制功能。

4) 信号的监听与监视

在录音或扩声的全过程中，必须给控制室的录音人员提供监听信号，以便在整个录音或扩声过程中始终保持对信号的有效监听(包括带前带后监听、SOLO 监听等)，以及给录音棚里的演员提供返听信号，这就是调音台的监听控制功能。它包括将指定的信号传送到相应的监听选择母线、辅助输出母线、SOLO 母线和对信号源的选择，即对 PreEQ/PostEQ(均衡网络前或均衡网络后)、PreAUX/PostAUX(辅助输出前或辅助输出后)、PFL/AFL(音量衰减器前或音量衰减器后)的选择。此外，调音台还将信号提供给电平监视表(VU 表)，以便更好地对信号进行控制。

5) 附属功能

除了上述基本功能外，为了完成复杂的录音或扩声任务，调音台还具有诸多附属功能。类型、用途不同的调音台所具有的附属功能大不相同。这些附属功能并非是可有可无的，而是为完成相应的任务所必不可少的。常见的附属功能如下。

- 对讲联络功能：为了使控制室内的录音人员能够与录音棚内的演员进行联络，调音台提供了对讲联络的功能。
- 测试信号：为了校正录音机的电平表，调音台提供了测试信号，有千周的正弦波信号，也有 100Hz、10kHz 或粉红噪声信号。
- M/S 制解调器：通过一只心形单指向性话筒和一只 8 字型双指向性话筒可以组成一

套 M/S 制的立体声拾音系统。但此系统的左、右声道必须经过专门的解调电路才能还原，因此，一些有立体声输入通道的调音台，常常会添置 M/S 制的解调电路。

为了在数字连接时进行同步锁定或与视频信号同步，数控调音台还提供了同步时码的读入功能，部分模拟调音台也有此功能。

特殊用途的调音台还具有其他的功能，如遥控、采样等。

2. 调音台的分类

调音台按工作原理和用途等可分为以下不同的类型。

1) 按处理信号性质的不同分

按处理信号性质的不同可分为模拟调音台、数字调音台和数控调音台。

(1) 模拟调音台。

传声器的输出信号是经过声-电换能的电信号，因其信号与声音信号一样也是连续的波动信号，且其性质(如频率、振幅等)与声音信号密切相关，故称为模拟信号。不改变传声器输入信号的这些性质而进行信号处理的调音台称为模拟调音台，如图 8-8 所示。

图 8-8　模拟调音台

(2) 数字调音台。

数字调音台的各项功能基本上与普通模拟调音台一样，不同的只是数字调音台内的音频信号是数字化信号。所有的音源信号进入调音台后，首先经由模-数转换器转换成数字信号；而输出母线上的信号在送出调音台之前，又需先由数-模转换器转换成模拟信号，如图 8-9 所示。

调音台的工作是将各种声源在不同的电平和阻抗上混合成音响信号，通常是混合成立体声信号。在做这些工作时，不能引入任何新的失真和噪声。许多模拟调音台效果都非常好，但即使是最好的设备，由电路元件造成的非线性效果也是不可避免的。而数字调音台在这方面有明显的优势。

图 8-9　数字调音台

数字调音台的另一大优点是其所有功能单元的调整动作都可以方便地实现全自动控制，这给录音带来了极大的方便，大大提高了录音的效率。

(3) 数控调音台。

数控调音台本质上是一个模拟调音台，在控制系统方面采用了一些数字技术。这是一种过渡性质的产品。

2) 按用途的不同分

按用途的不同可分为录音调音台、扩声调音台、直播调音台、外采便携式调音台、DJ 调音台等。

(1) 录音调音台。

录音调音台是录音棚内录制音乐节目的专用调音。它必须具备多轨录音的相应功能。多轨录音即将一首乐曲的各声部先分录在多轨录音机上的不同音轨，然后再进行缩混。在缩混时，可以通过反复试听，以获得最佳的响度平衡、声像定位及各种特殊效果的配置方案。为了完成这些工作，录音调音台需具有一些特殊的功能单元设置，如磁带返回通路、直接输出接口、编组输出等。

录入多轨录音机内的音源信号应该是未经任何处理的原始信号，这样就不会因效果处理的调整失误而造成录音失败。因此，录音调音台的效果插入信号一般都无法进入多轨混合母线。并且，为了保证原始录音信号的信噪比指标，其录音的最大电平峰值应保持在录音磁带所需的最佳录音磁平上，而录音时的信号则又需通过一个专门的监听通道来监听。

(2) 扩声调音台。

扩声调音台是专为各类剧院、场馆舞台表演的扩声和现场直播设计的。它也可用于双轨立体声录音。

扩声调音台的主要功能是：将舞台上多路话筒拾取的现场信号进行一定的响度平衡、均衡处理、声像定位和加配适当的效果后，混合为两路立体声信号送入功放，为表演现场的观众提供扩声信号，为舞台上的表演者提供返听信号。

(3) 直播调音台。

直播调音台专用于电台的直播节目，故基于此有以下一些不同于录音台或扩声台的特点。首先要有很高的电声指标，以保证播出节目达到广播级水平。

其次，必须具有很高的可靠性，能够长时间连续播出无故障。鉴于电台工作的重要性，要求使用的设备具备最高的质量,减少设备失效的机会,避免空播事故,即使某个通道模式出现问题或主持人正在播音,也可单独将其更换。

再次,直播调音台还必须操作简便,控制面板的设置力求醒目、明了。调音台的简单控制意味着主持人能通过简单快速的培训,在实况播音时尽量少出差错。

从功能上讲,直播台比录音台或扩声台简单,但有一些特殊的功能系统,如对外接音源设备的遥控功能,它使主持人可以通过带触点控制开关的推子直接启动外接音源,如 DAT、CD、卡座、热线电话系统等。

(4) 外采便携式调音台。

主要用于外出录音,其特点是结构简单,输入路数少,如 4 路、6 路、8 路等;体积小巧、轻便,便于搬运;功能模块也少,但其电声指标并不因此而降低,同样具有很高的质量。

(5) DJ 调音台。

专用于迪斯科舞厅的调音台。其结构简单,但有较多的输入接口。此外,还有一些特殊的功能单元,如软切换电位器(用于两条立体声信号的平滑软切换)、数码采样器等。

3) 按输入通道分

按输入通道可分为 4 路、8 路、12 路、16 路、24 路、32 路、48 路及更大的调音台。

8.2.2　数字录音机

数字录音机对信号的处理及存储是以数字的形式进行的,其磁带所记录的格式分为 DASH、DAT、ADAT 及 Hi8 等多种。目前使用比较广泛的是 DASH 和 DAT 格式的录音机。

1. DASH 格式数字录音机

DASH 格式数字录音机和目前普通盒式录音机一样,采用固定磁头,磁带在磁头上运动,其机械传动结构也和普通盒式录音机类似,但比模拟式录音机精密。固定磁头数字录音机为了提高记录密度,采用多磁头、多磁迹录音。DASH 格式数字录音机所使用的磁带分为 1/4 英寸(6.30mm)和 1/2 英寸(12.66mm)两种,每一种宽度的磁带又分为两种磁迹密度,分别是普通磁迹密度和双倍磁迹密度,所录制的磁迹数也不同,在 1/4 英寸的普通密度格式中有 8 条数字音轨(1/2 英寸磁带为 24 轨)和 4 条辅助轨(分别为两条提示轨或模拟轨,一条时间码轨和一条控制轨)。DASH 格式数字录音机有 3 种走带速度,即 DASH-F(快速)、DASH-M(中速)和 DASH-L(慢速)。

2. DAT 格式数字录音机

DAT 格式数字录音机如图 8-10 所示。其采用脉冲编码调制,利用模数转换器将模拟信号转换为数字信号后,将 0 与 1 两种状态的电码通过磁带记录下来。DAT 格式的数字录音机分为固定磁头数字录音机(S-DAT)和旋转磁头数字录音机(R-DAT)两种,其中以旋转磁头数字录音机最为常见。旋转磁头数字录音机的走带机构与录像机相似,是在调整旋转的磁鼓上将磁头分设两侧来进行信号的记录和重放。

图 8-10　DAT 格式数字录音机

8.2.3　录音方法

单传声器录音法、主传声器录音法和多路传声器录音法是常用的基本录音方法。

1. 单传声器录音法

单传声器录音法是用一个普通传声器或立体声传声器进行录音。常用单传声器来拾取个体声源，如录制讲课、解说、独唱、独奏等音响。用这种方法录音时，根据不同的现场与厅室，按照造型艺术与拾音技术，确定传声器是否进入镜头，使用合适的传声器，选择最佳的拾音位置。

使用单传声器拾取群体声源时，将传声器放置在群体声源的比例平衡处可以获得生动的深度感与层次感，如乐队演奏时，一般将传声器放置在乐队指挥的后上方。当群体声源的比例平衡不佳时，可对传声器位置进行调整，例如，左右移动，解决群体声源的横向平衡比例；高低或俯仰移动，解决群体声源的纵向平衡比例。另外，也可以调整群体声源的位置，使其比例接近平衡。当群体声源的位置不能调整或调整传声器位置都无法使声源比例平衡时，就不能采用这种方法进行录音。例如，对于课堂教学实况，若用单传声器录音，虽有现场感与深度感，但各声源比例强弱悬殊，若能满意地拾取教师和前排学生的声音，则难以清楚拾取后排学生的声音。

2. 主传声器录音法

主传声器录音法是用一个普通传声器或立体声传声器作为主录传声器，其他传声器作为辅助传声器的录音方法。常用这种方法拾取有主次之分的群体声源，如会议现场，在主席台上放置主录传声器，在观众中间放置辅助传声器。主录传声器的电平要大于而不能等于或小于辅助传声器，因为辅助传声器只是用来弥补个别声源的电平不足。当长混响远距离录音时，主录传声器在混响半径附近调整，拾取适当的混响声。主录传声器距离声源较远时，为了获得良好的频率响应与信噪比，宜选择高灵敏度的传声器。辅助传声器多半在混响半径以内，可加强直接声。辅助传声器距离声源较近时，若选用高灵敏度传声器就容易失真。

3. 多路传声器录音法

多路传声器录音法是用多个普通传声器或立体声传声器在各个层次均匀录音，传声器之间无主次之分，如圆桌会议，应在 4 个方向上放置传声器。当群体声源的各种因素变化很大，需要调音与混音加工时，常用多路传声器拾音。例如，管弦乐伴唱，分别用多个传声器拾取演员歌声、管乐声、弦乐声、打击乐声等。

8.2.4　录音工艺

录音工艺是指录音的操作程序。不同情况下使用的录音工艺也不同。

1. 前期录音

前期录音是指在声学条件较好的环境中录好声音，然后边放音边拍摄相应的画面，最后合成声画同步的完整作品。由于其声音是先期录制的，在录制时没有其他因素的影响，可以刻意追求声音的完美，因此它的音响效果比较好，前期录音多用于一些音乐节目的录制。

2. 后期配音

后期配音又称后期录音，这是使用最广泛的一种录音工艺。它是在拍摄并编辑好画面之后，在录音棚(室)内，对照画面上的内容录制人声及相应的音响声。后期配音的特点是可以选择优越的声学环境，精确设置传声器的位置，并可反复录音，直到满意为止。但是，这种工艺会失去拍摄现场中的一些微妙效果以及现场中的声学特征，尽管后期录音可以模拟现实声音，但在许多情况下，仍会给人一种失真的、人为的感觉。此外，后期录音的制作周期相对较长。因此，人们越来越认识到同期录音的重要性。

3. 同期录音

同期录音指的是在拍摄画面的同时把现场中所需要的声音记录下来。这种录音工艺既保留了现场声音的真实，又体现了现场声学环境的特性，并且可以使声音与画面严格同步，从而营造一种近似现实的感觉，还可以减少节目制作周期。这种录音工艺对录音技术及相应环境条件(如各种噪声)的控制要求比较严格。

4. 人声的录音

人声是视听作品最主要的听觉元素，掌握各种环境下对人声的录音是极为重要的。

与录制任何声源的声音一样，首先要了解声源的发音特点。对于人声而言，由频谱分析得知，语言声的频率范围为 60~1200Hz，语言的能量主要分布在 5000Hz 以内。想要保持人声的音色特点，则要求录音设备具有一定的频带宽度，目前的录音设备和技术都可以满足这一点。对于录制解说而言，最基本的要求是声音的清晰度，而决定清晰度的频率主要分布于高频段，所以，在录制解说时，一定要重视对声音高频段分量的拾取。人声的另一个特点就是方向性强，声波能量的辐射以口的正前方为最强，但是人声的动态范围较小，所以，想要录制清晰的解说声，需结合人声的特点来考虑录音场所的选择和传声器的设置。

录制解说通常在室内进行，主要考虑的是混响问题和噪音的控制问题。当混响强度大且混响时间较长时，声音的清晰度就会下降，而要保持较高的清晰度，房间的混响强度和混响时间就不能太长。在专业的语言录音室中，基本都可以满足这些要求。而在普通的房间中，就要采取一些简单的办法来控制混响时间，如在房间内挂上一些毛毡、棉布、羊绒织品，在地面上铺设地毯等以减小反射声，从而提高解说的清晰度。

在具体录制解说时，一般可选择动圈式传声器或电容式传声器。对于动圈式传声器而言，高音区明亮度较差，声音清晰度可能会受影响。电容传声器往往过分强调高音，声音听起来会有些不自然。具体的选择可在试音后根据具体情况确定。在方向性方面，由于人声的方向性较强，同时为了减少周围噪声的干扰，控制混响，宜使用单指向传声器。对于一般的人声而言，在一些情况下还可使用微型传声器、无线传声器或超指向传声器。

在录制解说时，拾音距离一般控制在 10~30cm，位置略低于口部，拾音时要保持拾音距离的相对稳定。对于有低频切削开关的传声器，为了保证声音的清晰度，可选择对低频衰减大的档位，尤其是女声，其低频成分相对较少，这样做并不影响其音质。

5. 音响的录制

音响的录制方法主要有以下 3 种。

(1) 与画面同时录下，与画面同时进行编辑。用于画面与声音严格同步的情况。

(2) 现场录下，后期配音。此方法可用于画面、声音严格同步的情况，也可用于画面、声音基本合拍的情况，如蛙叫、蝉鸣、街头噪声等与画面大体合拍即可。

(3) 拟音。用人工方法模拟节目中所需要的音响。一种是在实录不能做到时，用人工的方法对现实声音的模拟，目的在于创造出使观众信以为真的具体情境，常采用道具、电子合成或对现实声音通过变速、放大等技术处理方法。如用通下水道的撅子，模拟出马蹄声；用扭动铁片发出的声音，表现雷雨声；把丝绸交替地放松和绷紧，模拟出紧张的打斗声等。另外，拟音还可用于制作非自然音响，即特殊音响，方法是用电子发生器或对自然声进行变形处理。

8.3　思考和练习

1. 思考题

(1) 声音在室内传播有什么特点？

(2) 解释以下与传声器特性有关的名词：灵敏度、频率范围、动态范围、方向性。

(3) 根据方向性的不同，传声器可以分为哪几种？

(4) 概括现场拾音时使用传声器的技巧。

(5) 调音台有什么功能？按照处理信号的不同，调音台可以分成哪几种？

(6) 比较前期录音、后期录音和同期录音的差异。

(7) 音响有哪些录制方法？

2. 练习题

(1) 试用不同的传声器进行声音的录制，体会其特点。

(2) 到专业录音室使用调音台进行解说词、拟音等的录制。

编辑篇

编辑篇由 4 章内容构成。其中第 9 章为非线性编辑概论，第 10 章为数字视频作品的编辑，第 11 章为数字视频作品的特技与动画，第 12 章为数字视频作品的字幕制作。

第 *9* 章

非线性编辑概论

- 编辑的程序
- 非线性编辑的概念与特点
- 非线性编辑系统的分类与构成
- 非线性编辑软件
- 非线性编辑的操作流程
- 非线性编辑系统网络

学习目标

1. 了解编辑的程序及其主要工作。
2. 理解选择镜头时需要考虑的因素。
3. 理解非线性编辑的概念和特点。
4. 了解非线性编辑系统的种类。
5. 了解非线性编辑系统的构成。
6. 了解常见的非线性编辑软件及其特点。
7. 掌握非线性编辑的操作流程。
8. 了解非线性编辑系统网络的特点及其优势。

思维导图

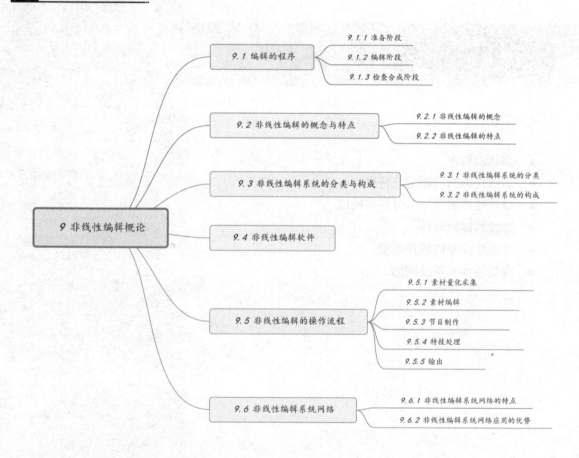

9.1 编辑的程序

9.1.1 准备阶段

在正式进入后期编辑之前，准备工作做得越细致，编辑时就会越顺利，越节省时间。

在创作之初，创作者一般对作品的主题、内容、风格等会有较完整的构思，并且拟订大致的拍摄提纲，有的甚至会有文字稿本。但是，在实际拍摄中，提纲和文字稿本只是起提供方向的作用，随着拍摄的深入以及现场情况的变化，最终的拍摄结果会不同于最初的构思。并且，现场的不可预测性、摄像师结构影像的能力都会影响到素材质量或表现效果，这是前期的计划无法控制的。因此，在后期编辑开始之前必须根据实际情况的变动修改稿本，注入新信息。

在这个阶段，编辑人员需要反复观看拍摄素材，熟悉原始的图像和声音素材，这是很重要的，它至少有以下几个作用。

(1) 通过熟悉素材，想象可能的编辑效果，在脑海中建立起初步的形象系统。

(2) 原始素材常常能够激发创作灵感，有利于调整构思，保证素材的最有效利用。

(3) 可以发现现有素材的不足，以便尽快补拍或寻找相关的声像素材。

(4) 对素材进行整理分类，做详尽的场记单，场记单包括素材带编号、每个镜头的内容、长度、质量效果，以便编辑时进行查找。

有些作品在正式编辑之前，还需要与解说词作者等创作人员进行协调，就作品的主题风格和基调效果等达成共识，使节目最终具有统一的形态。

编辑提纲是编辑的依据，它包括总体结构、各段落的具体镜头、时间长度的分配等内容。可以说，完成了一个完善的编辑提纲，就等于完成了作品的一半，它具有以下诸多好处。

(1) 保证素材被充分利用，不遗漏最适宜的镜头。

(2) 有利于安排结构和各段落的比例。

(3) 大大提高编辑效率。

(4) 保证节目时间的精确。

9.1.2 编辑阶段

编辑工作并不是简单地将镜头素材掐头去尾并连接在一起。在组合素材的过程中，可能出现多种多样的情况，例如动作不衔接、情绪不连贯、现场同期声不好、时空不连贯、光影色彩不协调、镜头数量不够等。编辑的基本任务之一就是将这些不清楚、不完善的地方通过一定的组接技巧使之合理完善。

选择镜头是编辑时首先面临的问题，对于该问题，一般从以下几个方面进行综合考虑。

(1) 技术质量：即镜头影像是否清晰、曝光是否准确、运动镜头速度是否均匀。通常要求镜头影像清晰、曝光准确、镜头稳定、速度均匀。

(2) 美学质量：即光线、构图、色彩等造型效果如何，有时还需考虑辅助元素的可用性，例如，考虑哪个镜头适合配以音乐或音响等辅助元素，用以抒情或起承转合。

(3) 影像的丰富多变性：尽可能丰富形象表现力和画面信息量，避免使用重复或过于相近的镜头，为观众提供多视点、多角度的观看方式。

(4) 叙事需要：所选镜头应该与内容表现相关。这里主要有两种情况，一是影像素材好但与内容无关联的镜头，应该坚决舍弃；二是质量欠缺但内容表现必需的镜头，例如偷拍、叙事必需又无可替代、突发性事态等。选择的依据是首先考虑内容意义的表达，不能简单以技术、美学要求为标准。

确定了所需的镜头后，组合镜头是编辑的核心。编辑要考虑到每一个镜头的长度、镜头的编辑点位置、镜头的连接关系、镜头的连接方式、镜头安排的顺序、段落的形成与转换等一系列问题，这就是镜头组接技巧的问题。

9.1.3 检查合成阶段

作品初步完成后，应进行检查，除了推敲意义表述外，还需检查编辑的技术质量，如是否有夹帧现象、剪接点是否恰当、声音过渡是否连贯、声画是否同步、图像质量是否达到了播出要求等。上字幕后，还需检查是否有错字、漏字，一旦发现问题，必须更正。

完成版节目需要加字幕、特技、配解说或者配音乐、音响效果，而且这些分别在不同轨道上的声音、图像等应按播出要求合成在一起。至此，节目编辑才基本完成。

在编辑流程方面，初学者常常提出这样的问题：先写解说词还是先编辑画面？从本质上说，应该先编辑画面，因为视频作品是以影像和声音为元素的可闻可见的语言。文字只是辅助性手段。从实际操作而言，这样能保证声画统一，避免相互脱节的"声画两张皮"。即使是有些作品事先有文字脚本，也只是编辑的提示，在完成画面编辑后，还需要根据画面实际进行调整。因此，对于编辑工作人员来说，建立画面意识十分重要。

9.2 非线性编辑的概念与特点

传统的线性编辑，实际上就是通过一对一或者二对一的台式编辑机将母带上的素材剪接成第二版的完成带，这中间完成的诸如出入点设置、转场等都是模拟信号转模拟信号。由于一旦转换完成就记录成为磁迹，因此无法随意修改。一旦需要在中间插入新的素材或改变某个镜头的长度，后面的所有内容就必须重来。

传统的线性编辑一般由 A/B 卷的编辑机、特技机、调音台和监视器等几个主要部分构成，大型的演播室还有诸如视频切换台、矢量示波器等许多复杂的硬件设备。为了制作丰富多彩的转场效果，至少需要两台放像机、一台录像机、一台视频控制器和一台特技机，这样才能完成诸如淡入淡出、叠化、划变等多种转场。而通过更复杂的特技机还可以实现键控功能以及简单的二维甚至三维数字特技。

线性编辑是非线性编辑的基础。在观念和艺术原理上，线性和非线性编辑是一模一样的，而且两者的许多专业概念和专业术语也完全相同。

9.2.1　非线性编辑的概念

非线性编辑采用以计算机为载体的数字技术来完成传统的电视节目制作中需要切换机、数字特技、录像机、录音机、编辑机、调音台、字幕机、图形创作系统等十几套设备才能完成的影视后期编辑合成任务。

9.2.2　非线性编辑的特点

(1) 在编辑的过程中，镜头的顺序可以任意编辑。可从前向后进行编辑，也可从后向前进行编辑，或者分成段落进行编辑。一个镜头能够直接插入到节目的任意位置，也可以将任意位置处的镜头删除。

(2) 素材使用方便。传统的磁带编辑，审看素材只能看到一段素材，而在非线性编辑系统中，每一个素材都以帧画面的形式显示在计算机屏幕上，寻找素材很容易，可以随时获取任意素材。不必像传统的编辑系统那样来回倒带，只需用鼠标拨动一个滑块选中所需的素材即可。在非线性编辑中同样可以逐帧探索，打入、出点很容易，而且没有录制时间，入、出点确认后，这段素材就编上了(或把它拉到节目的相应位置上)。

(3) 操作的任意性。先按导演的要求将所需镜头编辑成一个序列，从而确定整个节目的框架结构，之后对该结构进行仔细的调整，使整个节目在内容上达到要求，然后再为整个节目加入特技、字幕，并完成音频的制作。

(4) 充分体现编导的创作意图。在传统的编辑系统中，编导在编辑前必须把节目设计成熟，对每一个镜头的长短及在何处使用要反复考虑，可以说操纵机器只是完成制作而已。而在非线性编辑系统中，编导可以边思考边制作而不用先考虑特技、字幕，甚至可以设计不同的版本。节目的内容是实质，而特技、字幕等只是实现内容的手段而已。因此，非线性编辑能够最大程度体现编导的创作意图。

(5) 修改不会影响节目的图像质量。所存储的数字视频信号无论指定多少层面的相互重叠，无论修改多少次，都能保持始终如一的质量。利用非线性编辑系统进行编辑，图像并非一点损失都没有，随着素材的不同，多少会有些损失，但比转录的损失要小得多。

(6) 可以大幅度地提高编辑制作的效率。

9.3　非线性编辑系统的分类与构成

非线性编辑系统最根本的特征就是借助于计算机软、硬件技术实现视频信号在数字化环境中的合成。因此，计算机软、硬件技术就成为非线性编辑系统的核心。非线性编辑系统以多媒体计算机为工作平台，配以专用的视频图像压缩解压缩卡、声音卡、高速硬盘及一些辅助控制卡，由相应的制作软件来完成编辑工作。

9.3.1 非线性编辑系统的分类

如上所述，非线性编辑产品是由不同的单元所组成的系统产品，它的种类很多，目前还没有一个公认的分类标准，本书主要从系统的软硬件构成以及应用上对其进行划分。

1. 按软硬件运行环境进行划分

1) 基于 Macintosh 机的系统

早期的非线性编辑产品大多建立在 Macintosh 机平台上，因为苹果公司的 Macintosh 机一开始就有良好的多媒体功能，图形功能也很强。因此，早期的产品都以它作为硬件平台。但是 Macintosh 机的兼容性较差，不是一个开放性的平台，因此其硬件配件的可选范围和软件种类都比较少。不过它优良的图形图像处理性能还是让一些非线性编辑产品选用它作为软硬件平台。例如，较早从事非线性编辑产品开发的 AVID 公司的 MC-8000 和 MC-1000 系列产品，以及 MEDIA-100 系列产品，它们都基于 Macintosh 机平台。

2) 基于 SGI 工作站的系统

SGI 是属于微机类的高端产品，从性能上看，它具有更强的图形图像处理能力，更适合作为非线性编辑系统的软硬件平台。比较高档的非线性编辑系统都利用它来作为软硬件平台，例如，Discreet Logic 公司的一系列非线性编辑软件都运行在 SGI 工作站的系列产品上。

3) 基于 PC 机平台的系统

随着计算机技术的发展，PC 机的 CPU 运算速度越来越快，总线能力不断加强，多媒体技术的发展使得它的图形图像处理能力不断得到提高，更为有利的是，它的软件平台 Windows 的性能也越来越高，运行于其上的非线性编辑软件和图形图像处理软件也越来越多。因此，以 PC 机作为平台的非线性编辑系统越来越多，在这方面以国内开发的系统产品为多，例如大洋、新奥特、索贝等。另外，SONY 公司的一些编辑工作站也采用了 PC 机平台。

2. 按视频数字化过程中的数据压缩情况进行划分

1) 有压缩非线性编辑系统

在数字视频中包含大量的数据流，就目前计算机发展的技术水平而言，这些数据流会使数字视频的存储、传输及处理都受到很大的限制。因此，在非线性编辑系统中，数字视频的处理都采用了压缩的方法，以节省存储空间，并提高处理速度。目前绝大多数的非线性编辑系统采用数字视频压缩技术。

2) 无压缩非线性编辑系统

对比较高端的计算机平台和视音频处理卡来说，可以实现数字视频的无压缩采集和处理，以获得高质量的效果。目前高档的非线性编辑系统均采用无压缩的数字视频处理方法，如

QUANTEL、JELLO 等。

3. 按系统的特技处理能力划分

1) 实时非线性编辑系统

这类系统都有专门的特技处理单元，一般都可以进行多层(如两路活动视频、一层图像、一层字幕)画面的实时合成，无须生成等待。目前具有双通道视频处理板的非线性编辑系统已成为主流。

2) 非实时非线性编辑系统

这类系统一般只有一块视音频处理卡，也称为单通道系统，只可实现视音频的输入输出功能。在非线性编辑时，如果只是剪切还可以实时完成，但特技处理需靠计算机的 CPU 运算来实现，需要生成的时间。虽然通过 CPU 速度的提高、内存的加大可以提高处理速度，但这毕竟不是最终的解决方法。但是这类系统的价格较低，可运行的软件也很多，有较高的性价比。

4. 按系统软、硬件的开放情况划分

1) 专用型非线性编辑系统

这类系统一般都把计算机平台和视音频处理单元合二为一，使整个系统成为一套专用的设备。它的优点是视频质量高，一般可以提供无压缩的输入输出，能够实现多层画面的实时合成，不需要生成等待，工作效率很高，软件也都是专门开发的，其功能强、可靠性高、稳定性好，比较典型的是 QUANTEL 公司的产品。但是，这类系统作为公司独家生产的产品，系统是封闭的，软件上不能兼容其他的编辑软件，而且操作起来比较复杂，硬件上也无法通用，且价格昂贵。

2) 通用型非线性编辑系统

相对于专用型的系统，通用型非线性编辑系统是指建立在通用的计算机平台上(如 PC 机、SGI 的 O2、OCTANE、ONYX 等)可以兼容多种非线性编辑软件的系统。它的开放性较强，一般可以兼容第三方的软件及模块。目前大多数非线性编辑产品都属于这类产品。

从应用上划分，非线性编辑系统可用于各种不同水平的制作领域，大致可分为初级非线性编辑系统和高级专业系统。前者是为家庭和教学用户设计的，用于编辑家庭视频节目。另外，不太昂贵的非线性编辑系统向不同教育水平的学生提供了使用计算机处理视频及声音的极好手段。高级专业非线性编辑系统可用于专业视频的制作和影片的编辑。

9.3.2　非线性编辑系统的构成

非线性编辑系统主要由计算机硬件平台、视音频处理卡、大容量数字存储媒体、软件环境和接口构成。

1. 计算机硬件平台

目前的非线性编辑系统，不论复杂程度和价格高低如何，一般都是以通用的工作站或个

人计算机作为系统平台，编辑过程中和编辑结果的图像信号数据均存储在硬盘中。在这类编辑方式的变化中，重要的是系统需高效地处理数字化的图像信号。

从近几年非线性编辑系统产品的发展来看，"高性能多媒体计算机+大容量高速硬盘+广播级视音频处理卡+专业非线性编辑软件"这样的产品组合架构已被广大业内人士所认可。在这种架构的非线性编辑系统产品中，计算机属于基础硬件平台，任何一个非线性编辑系统都必须建立在一台多媒体计算机上，该计算机要完成数据存储管理、视音频处理卡工作控制、软件运行等任务，它的性能和稳定性决定了整个系统的运行状态。除了极少数厂商将它们的系统建立在自有平台上以外，作为一个标准化的发展趋势，越来越多的系统采用通用硬件平台，一般以 PC 机、Macintosh 机为主，比较高档的非线性编辑系统采用 SGI 工作站这样的操作平台，或者采用更为昂贵的 ONYX 系统，例如，AVID 公司的 Media Fusion 运行在 SGI 工作站上，Media Spectrum 运行在 ONYX 平台上。大多数早期的系统选择了 Macintosh 机，因为当时 Macintosh 机与 PC 机相比在交互性和多媒体方面有着先天的优势。然而，随着 PC 机的迅速发展，CPU 的性能越来越高，计算机又广泛采用了速度高达 132Mb/s 的 PCI 总线技术，使得当年需要在小型机或工作站上完成的工作，如今 PC 机就可以胜任，PC 机在非线性编辑系统平台竞争中处于更加有利的地位。

需要指出的是，非线性编辑系统的大部分特技功能并不依赖于计算机的速度，在这种情况下计算机所起的作用只是管理人机界面、提供字幕、支持网络而已。

随着 PC 机的发展，基于 PC 机上的操作平台 Windows 也不断发展，越来越多的公司已将他们的非线性编辑系统转到 Windows 平台上。

2. 视音频处理卡

视音频处理卡是非线性编辑系统的"引擎"，在非线性编辑系统中起着举足轻重的作用，它完成视音频信号的 A/D、D/A 转换、视音频信号的采集、压缩/解压缩、视音频特技处理、图文信号发生器以及最后的输出等功能。因此，它是非线性编辑系统产品的决定性部件，一套非线性编辑系统的性能如何，主要取决于它所采用的视频处理卡的性能。

在计算机与视频技术结合的早期，由于技术壁垒的存在，非线性编辑系统的发展比较缓慢。而随着视频技术的发展，参与到非线性编辑领域中的公司越来越多，生产视频卡的硬件公司也逐渐开放。

3. 大容量数字存储媒体

数字非线性编辑系统需要存储大量的视音频素材，数据量极大，因此需要大容量的存储媒体，目前硬磁盘(即硬盘)是一种最佳选择。虽然用于非线性编辑系统的硬盘从100GB、200GB、500GB 发展到更大容量，但也难以满足系统的需要，硬盘阵列技术将成为大容量数字存储媒体今后的发展方向。另外，随着光盘技术的发展，今后将能开发出用于非线性编辑系统的大容量、低价格、便于携带的可读写光盘技术，这将大大改善非线性编辑系统的性能。

4. 非线性编辑系统的软件环境

1) 稳定可靠的操作系统

运行在硬件平台上的是计算机的软件操作平台，不同的机型对应着不同的操作平台。早期非线性编辑系统的主流操作平台是建立在 Macintosh 机之上的 Mac 操作系统。Mac 具有强大的处理能力，例如，创造性的应用程序，为广告制作商、后期制作室和演播室等用户提供了比较完善的功能。在初期，大约有 60% 的非线性编辑系统基于 Mac 平台。随着 PC 技术的不断发展，PC 机的性能和市场上的优势越来越大。目前，大部分新的非线性编辑系统厂家倾向于采用 Windows 操作系统。此外，对于以 SGI 工作站为硬件平台的系统来说，UNIX 是最流行的操作系统。

2) 方便实用的非线性编辑软件

非线性编辑软件是指运行在计算机硬件平台和操作系统之上，在开发软件平台上的用于非线性编辑的应用软件系统。它是非线性编辑系统的核心，非线性编辑的大部分操作过程都要在非线性编辑软件中完成。

生产非线性编辑系统的厂家很多，各家的产品都有不同的操作界面，但也有共同之处。具体来说，这些产品都由编辑工作区、素材显示区、预演区、工具栏等几部分组成。

5. 非线性编辑系统接口

非线性编辑系统在工作时，视音频素材从录像机上传至计算机的硬盘上，经过编辑后再输出至录像机记录下来。信号的传送通过视音频信号接口来实现。另外，为了适合网络传送的需要，非线性编辑系统的接口也要考虑到广播电视数字技术及计算机网络发展的潮流。在非线性编辑系统中，数字接口由两部分组成：计算机内部存储体与系统总线的接口，以及非线性编辑系统与外部设备的接口。非线性编辑系统与外部设备的接口又包括两个组成部分：与数字设备连接的接口及与网络连接的接口。

9.4　非线性编辑软件

目前，非线性编辑软件有很多，它们有各自的优点和特色。本节介绍几种常用的主流非线性编辑软件和后期合成软件。

1. Premiere

Premiere 是 Adobe 公司推出的一款非常优秀的非线性视频编辑软件，在多媒体制作领域中扮演着非常重要的角色。它能对视频、声音、动画、图片、文本进行编辑加工，并最终生成电影文件。Premiere Pro CC 2019 有较好的兼容性，其功能比先前的版本更加完善和强大，并且易学易用，受到越来越多的专业和非专业影视编辑爱好者的青睐。其工作界面如图 9-1所示。

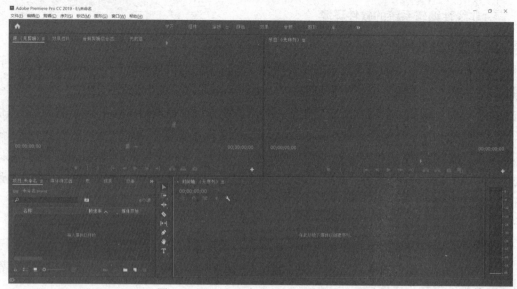

图 9-1　Premiere Pro CC 2019 的工作界面

2. After Effects

After Effects 是 Adobe 公司推出的运行于 PC 和 MAC 机上的专业级影视合成软件，也是目前最为流行的影视后期合成软件。After Effects 拥有先进的设计理念，与 Adobe 公司的其他产品，如 Photoshop、Premiere 和 Illustrator 等有着紧密的结合。After Effects CC 2019 与 After Effects CS4 相比，新增加了对原生 64 位操作系统的支持、Roto 画笔工具、自动关键帧的模式、Refine Matte 特效等，并且在快速对齐图层和色彩管理工作流程的功能处理上也大大增强。其工作界面如图 9-2 所示。

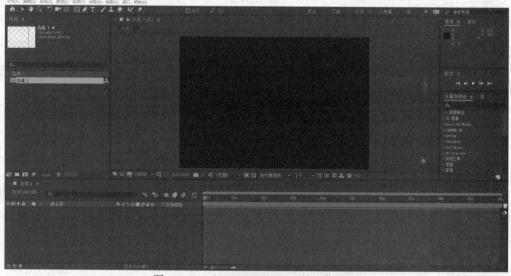

图 9-2　After Effects CC 2019 的工作界面

3. Inferno/Flame/Flint

Inferno/Flame/Flint 是加拿大 Discreet 公司在数字影视合成方面推出的专业级合成软件系列,与 SGI 公司的高性能硬件构成整个系统(这 3 套系统的软件功能及配套硬件性能有些差别,但主要功能、工作界面及操作方式都相同),无论是在软件功能还是在硬件性能(图像/存储等)方面都非常强大,是当前影视非线性编辑和特效制作的主流系统之一,如图 9-3 所示。

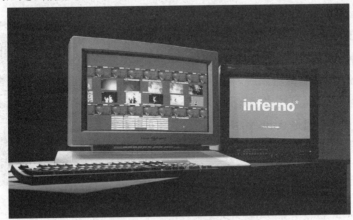

图 9-3　Inferno 硬件及软件界面

4. combustion

combustion 是 Discreet 公司推出的 PC 平台产品,是一种三维视频特效软件。该软件充分吸取了 Inferno/Flame/Flint 系列高端合成软件的长处,在 PC 平台上能够实现非常专业的数字视频制作,其工作界面和工作方式都非常人性化。因此,它已成为当前 PC 平台主流的数字视频制作软件之一,如图 9-4 所示。

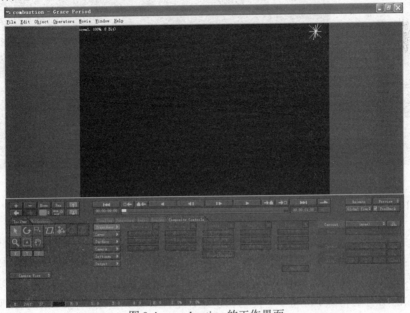

图 9-4　combustion 的工作界面

5. Avid Xpress Studio/Avid Media Composer

Avid Xpress Studio 系统是业内首款高清内容创作软件套装，其中包括高度整合的高清视频编辑、音频制作、3D 动画、合成与字幕制作、DVD 创作等，并集成了专业的视频与音频制作硬件，如图 9-5 所示。该系统将整个媒体制作流程集成到一套整合的系统中，能够帮助专业的内容制作人员进行各种创作。

Avid Media Composer 系统是比 Avid Xpress Studio 系统性能更高的用于电影和视频编辑的系统，也是全球媒体与娱乐行业最受信赖的编辑系统。它不仅能提供编辑工具，而且能提供媒体管理和各种创新功能。但是 Avid Media Composer 对硬件要求很高。使用 Avid Media Composer 参与编辑的影片有《钢铁侠 2》《2012》《阿凡达》等等。Avid Media Composer 5 软件界面如图 9-6 所示。

图 9-5　Avid Xpress Studio 硬件及其软件界面

图 9-6　Avid Media Composer 5 软件界面

6. EDIUS

EDIUS 是 Canopus 所推出的最强大的非线性视频编辑软件。它集成了 Canopus 强大的效果技术，为编辑者提供了高水平的艺术创造工具，例如，27 种实时视频滤镜，包括白平衡/黑平衡、颜色校正、高质量虚化和区域滤镜、实时色度键和亮度键等。另外，EDIUS 能够实时回放和输出所有的特效、键特效、转场和字幕，而且具有完全用户化的 2D/3D 画中画效果。其最新版本是 EDIUS v6。EDIUS v6 的出现，带来了新的格式的支持、新的工具、新的时间线操作，这次的升级还带来了诸如 16 画面多机位编辑、新的音频混音器、新的 GXF 输出器、子帧(采样)级别音频移动、加强的数码单反 EOS 视频编辑性能等 100 多项更新和增强的新特性。其工作界面如图 9-7 所示。

7. Digital Fusion

加拿大 Eyeon 公司推出的 Digital Fusion 一直是 PC 平台上功能强大的合成软件，能支持 Adobe After Effects 的插件和世界上最著名的 5D 和抠像插件 Ultimatte。它是以节点流程方式进行图像合成的，即每进行一个合成操作，都要调用相应的功能节点，若干节点构成一个流程，以完成整个合成操作。这种方式与 After Effects 以图层方式进行图像合成的方法截然不同，其操作虽然没有那么直观，但是逻辑性很强，能够实现非常复杂的合成效果。其操作界面如图 9-8 所示。

图 9-7　EDIUS v6 工作界面

图 9-8　Digital Fusion 工作界面

8. Final Cut Pro

Final Cut Pro 是目前业界唯一同时支持 DV、SD、HD 电影等全系列专业视频编辑格式的软件，如图 9-9 所示。Final Cut Pro 具有 300 多种新功能，引入了用于实时合成和增效的 RT Extreme、功能强大的新界面定制工具、新型高质量 8/10 位未压缩格式，并且首次在价格低于 100 000 美元的编辑系统中引入了每通道 32 位浮点视频处理功能。Final Cut Pro 还引入了 3 个全新的集成式应用，分别是用于制作标题的 LiveType、用于创作音乐的 Soundtrack 和用于全功能批量代码转换的 Compressor。

在国内，使用 Final Cut Pro 编辑的大片有《冷山》《射雕英雄传》《天龙八部》和《荷香》等。Final Cut Pro 可以制作高清(高清晰度电视)和标清，适合长远发展的需求。由于苹果的 Final Cut Pro 编辑系统物美价廉，很多电视台和媒体制作公司都开始采用它，其发展形势非常好。其最新版本为 Final Cut Pro 7。Final Cut Pro 7 为 150 多种滤镜和特效以及多重串流视频提供实时性能。Final Cut Pro 7 几乎可以以任何方式进行原生编辑，包括各种磁带和文件式媒体。除此之外，Final Cut Pro 7 在界面上也进行了众多改进，并且与 Color 进一步整合等。

9. Corel VideoStudio

VideoStudio(会声会影)是一套专为个人及家庭所设计的影片编辑软件，原为 Ulead 公司旗下的编辑软件，后被 Corel 公司收购。它首创双模式操作界面，新手或高级用户都可以轻松地进行操作。该软件操作简单、功能强大的会声会影编辑模式使新手能够在很短的时间内掌握从采集、编辑、转场、特效、覆叠、字幕、配乐到刻录的全过程。因此，在 DV 爱好者中有较高的普及率。Corel VideoStudio Pro X3 的工作界面如图 9-10 所示。

图 9-9　Final Cut Pro 硬件及软件界面

图 9-10　VideoStudio Pro X3(会声会影)工作界面

9.5　非线性编辑的操作流程

下面以非线性编辑软件 Adobe Premiere Pro 为例，说明非线性编辑的操作流程。

9.5.1　素材量化采集

进行非线性编辑的第一步是要实现视频的数字化(Digitize)，这一过程一般通过视频采集卡进行，将它插在计算机主板上，可实现实时采集、回放动态视频的功能。将视频采集卡插好之后，安装上驱动程序即可使用。

在非线性编辑软件 Adobe Premiere Pro 中，可以选择"文件"｜"捕捉"命令，这时会出现一个"捕捉"对话窗口，如图 9-11 所示。这个窗口就是采集视频时的操作界面，它与视频采集卡相关，不同的采集卡具有不同的采集界面，一般都有采集窗口、采集质量设置、视音频源设置等功能。专业的视频采集卡还有控制功能，允许用户使用鼠标在计算机屏幕上控制录像机进行采集和回录工作。

在采集视频素材时，可以进行手动采集，也可以进行自动采集，这要求视频采集卡具有控制功能，或者具有专门的控制装置。以手动采集为例，在采集窗口上方一般都有 Record 按钮，当在窗口中看到需要采集的视频画面时，单击 Record 图标按钮即可进行采集，单击 Stop 按钮将停止采集。采集到的画面回放到窗口上，然后以 AVI 的视频文件格式存储到硬盘上，这样就完成了一段素材的采集，即完成了视频的数字化过程。

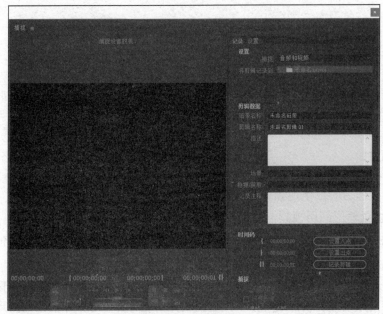

图 9-11　"捕捉"窗口

9.5.2　素材编辑

在编辑窗口中，每个片断的影像和声音通常显示为沿时间线的一系列的静止画面。片断可在时间线上的各点被复制和插入，还可将其从时间线上删除，而剩下的影像和声音仍有连接关系。对数字视频的编辑操作实际上并不会改动素材在硬盘中的真实位置，而只是会改变访问地址，例如，对一段长度为 1 分钟的素材来说，当需要选取第 10 秒至第 30 秒的镜头时，只需在这两个时间点设定入点、出点，标明只选取这段镜头即可。

具体来说，编辑可以是对一段画面(即一个视音频文件)的编辑，也可以是对多个镜头的编辑。对于前者来说，在 Premiere Pro 软件操作中，可以在播放窗口中设置入、出点，可以利用编辑窗口下方工具栏中的入点、出点工具进行设置，也可以在编辑轨上直接改变入点、出点。如果想要把一个素材分开，使用工具栏中的剃刀工具 在需要分离的那一帧把素材切开即可。

Premiere Pro 多个镜头的组合更加方便，最简便的方法是将素材库中的素材直接拖放到编辑轨上进行排列，可以方便地调换镜头的次序。如果要进行精确的编辑，除了上面提到的编辑工具外，还可以使用编辑窗口进行编辑，通过加减帧进行编辑，精度可达±1 帧。

9.5.3　节目制作

将编辑好的画面及音乐素材放在相应的视频频道上，在两轨相叠的部分可进行特技处理。在编辑的过程中，可随意调整素材的顺序，删除无用的素材，也可拉长或缩短某一片断，同时还可在节目的任一位置插入新的片断或以一段新画面覆盖其中的某一段，也可调整任意一段音乐的位置、音量及左右平衡。

9.5.4 特技处理

Adobe Premiere Pro 提供了各种特技的预演,以便选择合适的特技方式。同时,可任意设置时间及选取画面,生成最终成果并存入硬盘中。

9.5.5 输出

经过合成处理后的数字视频有几种输出方式。

(1) 模拟视频输出:用视频卡的回放功能将数字视频录制到录像带上。

(2) 数字视频输出:可以通过数字接口将数字视频以数字格式录制到录像带上或刻录到光盘上,如电子出版物,还可以制作成 DVD、VCD。

需要指出的是,以上只是以 Adobe Premiere Pro 为例介绍了数字视频的制作过程,而实际上用于数字视频处理的软件还有很多,这些软件功能各异,但基本思路与处理方法大致相同,在掌握一种数字图像处理软件后就可以触类旁通,很快地适应其他软件及非线性编辑系统。

9.6 非线性编辑系统网络

随着计算机多媒体技术的迅速发展,非线性编辑系统日趋成熟,越来越多的视频节目以数字形式进行编辑与存储,这使计算机网络技术在视频后期制作领域的应用成为可能。计算机网络技术在各行各业的成功应用给广播电视行业描绘出了美好的发展前景,然而,广播级的高品质画面与声音带来的大数据量和高速同步传输要求向计算机网络技术提出了挑战,通用的计算机网络确实无法满足如此高的要求。时至今日,一些高速网络与存储技术渐渐成熟,适用于数字视频网络需求,它们给电视节目的制作和播出及传输技术带来了一场革命。与此同时,无磁带网络化自动播出代替录像机播出已成为主流,非线性编辑技术的最终方向是与网络技术相结合,直接使用多媒体数字视频网络,这是目前国内外相关行业最现实的选择。

计算机网络是指将分散在不同地点的计算机和计算机系统,通过通信设备和线路连接起来,按照一定的通信规则相互通信,以实现资源共享的计算机系统。

计算机网络是计算机与通信这两大现代信息技术密切结合的产物,它代表着目前计算机体系结构发展的一个主要方面。计算机只有和网络相结合,才能发挥更强大的作用。

9.6.1 非线性编辑系统网络的特点

非线性编辑系统网络的特点在于,将不同的非线性编辑工作站连接成一个能相互传输信息和能共享资源与数据的网络,各工作站使用由视音频信号转换成的数据来进行视频作品编辑的各种操作(如剪切、串接、配音、加字幕、制作特技等)，依据这些操作结果再把数据转换成视/音频信号，从而得到编辑完成的作品。

这种系统有以下 3 个重要的特点。

(1) 将专门的多媒体计算机工作站用作进行各种编辑工作的设备。

(2) 使用高速网络技术将编辑工作站连接成网络系统。

(3) 在编辑过程中使用存储在网络系统中的共享数据。

9.6.2　非线性编辑系统网络应用的优势

在目前的视频制作领域中，非线性编辑设备替代线性编辑设备已成为不可逆转的趋势，而非线性的编辑模式也已被广大的用户所接受。然而，用非线性设备架设网络，在网络中使用非线性的优势和必要性又在何处呢？

具体来说，非线性编辑系统网络具有以下优势。

1. 资源共享

网络所带来的最大优势是能够实现资源共享，共享的资源不只是众多视音频工作站对硬盘资源的物理共享，如硬盘、设备硬件的共享，还有软件资源的共享，包括数据、信息的共享，更重要的是创作思路、才能、思想等各种资源的共享。

2. 降低设备投资和使用成本

从传统设备和非线性设备的性能来看，传统设备在设备投资、信号质量等方面都与非线性设备相差甚远。但从网络角度来看，非线性视频网的一次性投资虽然很大，但用同样的资金购置传统设备能产生的效果是无法与网络相比的；从长远的角度来看，使用非线性视频网络是发展的方向。传统设备在使用中需要大量的消耗品，而且设备的寿命(如磁头)相对较短，价格较高，一旦设备出现故障，其维修成本高，对维修技术要求也很高。而使用非线性网络设备则可以解决这些问题，它基本不需要消耗品，设备的使用寿命和维修成本也可满足要求。另外，在视频网络中，只需在某个站点中加入一些特殊设备，即可共享其他设备的素材进行编辑，这样既可降低成本，又可提高效率。

3. 资源安排合理

以往在使用非线性单机工作站时常遇到的一种情况可能是，两台具有相同硬盘容量的非线性设备，一台存在大量剩余存储空间，而另一台则苦于存储空间不足。但如果将这两台非线性设备联网共享硬盘，则上述问题即可迎刃而解。从理论上讲，网络中的工作站越多，资源安排越趋于合理。

4. 提高节目质量

超大容量的存储介质使超长视频利用多媒体非线性编辑的梦想得以实现。从采集到制作、输出，始终保持第一版的数字级图像质量，且不会因传送过程中的不断拷贝而造成信号损失。

5. 提高工作效率

视频网络不但因共享硬盘资源而节省投资，更重要的是，对硬盘上所存信息的共享，编辑人员不必因为资源被他人占用而浪费时间排队等待。同一视频由不同工作站分段并行编辑，工作效率成倍提高，这在诸如新闻类时效性强的电视节目制作中尤为重要。采集与输出可同时进行，传统方式下录像机的低使用率被流水线协同作业的高使用率代替，多种录像格式的兼容性问题在此可一并解决。

6. 流程化管理

传统的编辑模式分工协作性差，不易管理。而非线性网络将节目制作的分工细化，形成流水线式生产，使流程可量化管理。

7. 充分发挥个人才能，同时强调协作精神

要使一个工作群体能协调一致地工作，并高效地制作出高质量的节目，关键是要有一个可以进行大量介质交换及共享的高速网络。

数字视频网络正被广大电视业人士所认识，正在将其开发并应用于非线性编辑、实时无磁带播出、审片系统、广域传输等众多领域。目前，国内电视台都采用数字视频网络进行节目制作及广告播出。

9.7 思考和练习

1. 思考题

(1) 编辑数字视频作品包括哪些程序？各阶段有何主要工作？

(2) 编辑时选择镜头需要考虑哪些因素？

(3) 什么是非线性编辑？它有什么特点？

(4) 非线性编辑系统可分为哪些类型？

(5) 非线性编辑系统由哪些主要设备构成？

(6) 非线性编辑包括哪些操作流程？

2. 练习题

试用本章介绍的几种非线性编辑软件，比较其差异。

第 *10* 章

数字视频作品的编辑

- 画面编辑
- 声音编辑
- 编辑软件 Premiere Pro CC 2019

学习目标

1. 掌握镜头组接的基本原则。
2. 理解编辑时需要考虑的画面造型因素。
3. 理解轴线规律的概念。
4. 掌握合理越轴的基本方法。
5. 掌握"动接动，静接静"的组接原则。
6. 掌握使用分解法、省略法和错觉法进行编辑的要领。
7. 掌握对白的编辑方式及具体方法。
8. 掌握现场采访同期声编辑的形态和要求。
9. 掌握音乐编辑的方式。
10. 掌握音响编辑的方法。
11. 掌握使用编辑软件 Premiere Pro CC 2019 进行编辑的方法。

思维导图

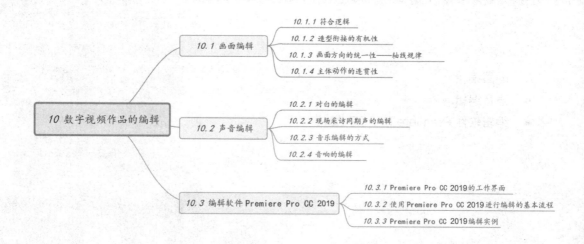

10.1　画面编辑

　　镜头的组接指的是把单个的镜头依据一定的规律和目的组接在一起，形成具有一定含义且内容完整的作品。镜头组接不是简单地将零散的镜头拼凑在一起，而是一种目的明确的再创作。一般来说，镜头的组接应遵循以下原则：(1) 符合逻辑；(2) 造型衔接的有机性；(3) 画面方向的统一性；(4) 主体动作的连贯性。

10.1.1　符合逻辑

1. 符合生活的逻辑

生活的逻辑指的是事物本身发展变化的规律，任何事物的生成与发展都有其自身的规律。一个人取出笔墨、展铺画纸、提笔作画、加盖印章，这是一个完整的过程。而发现问题、分析问题、解决问题，这是事物发展的规律，也是人们认识事物的过程。

符合逻辑

把动作或事件发展过程通过镜头组接清楚地反映在屏幕上，是编辑最基础的工作。由于将现实素材进行了重新组合，时间、空间关系也发生了变化，所以，编辑人员在编辑每一个镜头、安排镜头顺序、考虑剪接点位置时，都应该考虑是否符合认识规律。

一般来说，编辑人员比较容易把握事物发展的总体进程和认识过程，难点在于，将镜头重组后，细微之处的差别会体现出与现实的逻辑关联。请查看以下 3 个镜头。

镜头 1：运动员各就各位

镜头 2：发令枪举起

镜头 3：观众紧张观看

这些镜头有以下 3 种组接方式。

第一种组接方式：发令枪举起；运动员各就各位；观众紧张观看。这种组接方式符合生活的逻辑。

第二种组接方式：发令枪举起；观众紧张观看；运动员各就各位。这种组接方式破坏了时间的连续感，使运动员起跑滞后了，不太符合生活的逻辑。

第三种组接方式：发令枪举起；运动员各就各位；观众紧张观看；发令枪举起；运动员准备起跑；观众紧张观看。这种组接方式通过一定的重复，可以强化大赛前的紧张气氛。但要注意的是，插入镜头不要过多或过长，否则一旦超出了人们感知的现实时间长度，观众就会产生疑问：发令怎么会用这么长时间？

在现实逻辑中，事物的发展不仅在纵向上呈现出时空变化，在横向上也与其他事物保持着千丝万缕的联系，这种联系是人们全面认识事物的基础，也是镜头转换的逻辑依据，所以，镜头组接也必须要符合事物之间的现实关联。

2. 符合观众的思维逻辑

在看电视时，观众们经常会有这样的体验，一个重要的镜头尚未看清楚，就被另一个镜头所替代，或者想看到的画面没有出现，没有更多信息量的镜头却迟迟不结束，这往往使观众感到不满。而对于编辑人员来说，由于反复观看素材镜头，甚至亲身置于拍摄现场，对于事件、问题的来龙去脉已经非常清楚，所以在后期的编辑中，镜头稍有提示，他便一目了然，并且会自然联想到与之相关的现场或背景情况，而忘记了观众是第一次看到画面，忽略了观众的理解程度，这常常导致在节目结构、镜头转换中出现省略过度、交代不清的问题。

例如，在访谈节目中，嘉宾和主持人相谈甚欢。嘉宾谈到了动情处，此时，观众更愿意凝神倾听嘉宾的谈话,一旦镜头不断地切换成主持人反应的镜头或者演播室全景,就很容易干扰观众的思路。

作为编辑人员应该牢记,了解画面内容、事件的发生环境与进程是观众欣赏的最基本的心理要求,观众完全是通过镜头的相互关联来建立对事物的认知。镜头转换应该顺应观众的观赏心理需求。

当然,镜头组合不只是为了叙述一个事物的发展过程,在很多情况下,是为了某种艺术表现,为了表达一种情绪和情感。无论是哪一种目的,都需要激发观众的共鸣,只有当观众感受到了艺术表现的效果时,艺术的追求才有意义。

所以,在镜头编辑的过程中,编辑人员应该经常跳出自我认识的框框,以旁观者的姿态来审视镜头的组合关系,检验艺术表达的实际效果。

10.1.2 造型衔接的有机性

利用造型特征来连接镜头和转换场景是镜头组接过程中不可忽视的重要方法之一。画面的造型因素主要包括以下几种。

造型衔接的有机性

1. 形态和位置

主体的外部形态(如人或物的动态、形态)、线条走向、景物轮廓等是影响视觉连贯的重要因素。上下镜头连接时,主体形态相同或相似则视觉流畅,因此,常用相似造型或同类物体的组接。

例如,在被著名影评家夏衍称为"插在战后中国电影发展途程上的一支路标"的影片《一江春水向东流》中,就有这样的一个片段:上镜头是张忠良和王丽珍两人跳舞的舞步,下镜头则是日本士兵巡逻的脚步,这两个镜头通过相似因素实现了镜头的流畅连接。

又如,在影片《罗拉快跑》中也有类似的片段:上镜头是从空中落下的钱袋,下镜头则是从空中落下的电话听筒,同样是通过相似因素连接镜头。

利用造型特征来连接镜头时,要注意以下问题。

(1) 画面中的主体是注意的中心。在镜头转换的过程中,若使主体在相邻镜头中处于画面的相同位置,就会获得视觉连贯的体验。因此,在前后镜头的连接中,主体所处的位置不得在画面两侧不断变化,否则视觉不连贯。也就是说,同一主体的活动需保持在画面的同一区域。

例如,在斯皮尔伯格导演的影片《大白鲨》中,为了表现探长在海滨浴场调查时的紧张状态,就利用遮挡切换了他的中、近、特这3个景别的镜头,但每个镜头中探长都保留在画面的同一区域即偏右的位置。

(2) 谈话的双方要各保持在画面的同一区域。

(3) 不同主体的连接,也要使主体尽量保持在画面的同一区域。

(4) 两个有对立因素或对应关系的主体相接时,矛盾或对应的双方,位置应在画面的相反区域。

(5) 表现同一主体运动的连续，编辑点一般选在主体形象重合的时候。

(6) 同一主体在不同时间、空间的运动或不同主体之间的运动，主体也要保持在画面的同一区域即编辑点上，后一镜头中主体的位置都要与前一镜头结束时主体所在的位置相同或相近。例如，汽车、摩托车、滑雪或体操、花样滑冰、跳水等运动画面的组接，无论是短镜头的迅速转换，还是较长镜头的组接，前后画面主体形象的重合容易造成连续的运动感，使视觉连贯。

(7) 人物的视线方向要合理匹配，例如，同方向的人物视线要保持一致；对视的人视线相对；仰视、俯视的视点高度要恰当。

2. 运动方向和速度

画面内主体的运动、摄像机的运动、不同主体的运动等动态特征也是影响视觉连贯的因素。这些运动因素造成的动作流程顺畅进行则视觉连贯，而一旦动作流程被切断，破坏了原有的运动节奏，则视觉跳动。例如，两个镜头的主体运动或摄像机的运动方向不一致、运动速度明显变化、接动作时动作的重复或间歇及动、静的突然变化等，都易造成视觉跳动。

3. 影调和色调

光影是人们情绪反映的一种最直接的表现手段。暗光显得低沉，明光则显得开朗。影调变化对视觉的影响很大，即使两个镜头主体形态相似、速度一致，但由于明暗对比强烈，接在一起会有很强的跳跃感。例如，著名导演科波拉的经典之作《教父》的开头，室外阳光明媚，正在举行婚礼；室内却光线昏暗，在酝酿着一个个阴谋。这一经典片段充分说明了影调在编辑中的重要作用。

色彩的变化对视觉的影响没有影调明显，一般情况下，只要符合生活的逻辑，人们就很容易接受。但在一组镜头中，不宜在冷、暖调子的景物间频繁切换，否则也会使人感到不顺畅。连续动作或同一空间范围的镜头要尽量做到色彩统一。

各种色彩也有着不同的寓意，具体如下。

- 红色：热情、兴奋、坚强、愤怒、残暴、血腥、骚乱。
- 绿色：春天、生命、新生、鲜活、茁壮。
- 黄色：阳光、活泼、光辉、明亮、欢悦。
- 蓝色：优雅、安逸、沉静、阴冷、幽灵。
- 黑色：肃穆、庄严、忧郁、死亡、恐惧。
- 白色：纯洁、和平、高尚、寒冷、脆弱。

例如，著名导演张艺谋的影片《英雄》的一大特色，就是以色彩作为情节区分的标志。其中无名和秦王的对峙，主色调是黑(无名的黑衣、秦王的黑铠甲、黑压压的秦军)，象征着阴谋、恐惧、威慑和死亡；无名的第一种讲述主色调是红，故事围绕私情、嫉恨和仇杀展开；秦王和残剑的讲述主色调是蓝和绿，营造的是田园牧歌式的世界，犹如中国的水墨画；无名的最后讲述主色调是白，纯净的颜色象征着超凡的爱、博大的爱、纯洁的爱，突出残剑与众不同的悟性。

4. 景别的过渡要自然、合理

对于同一主体的表现，镜头转换时不仅要有视距的变化，还要有视角的变化，否则观众就会感到视觉不连续。如果只有景别的变化而没有角度的变化，这样的一系列镜头连接起来后，会使人感到主体的变化是一跳一跳的。若没有特殊的表现需要，一般不采用这种方法。如果没有景别的变化而只有角度的变化同样不行。

表现同一拍摄对象的两个相邻镜头组接的合理、顺畅、不跳动，需遵守以下两条规则。

(1) 景别需要有变化，否则将产生画面的明显跳动。例如表现同一环境里的同一对象，如果景别相同，其画面内容差不多，没有多少变化，这样的连接就没有多大的意义；如果是在不同的环境中，则会出现变把戏式的环境跳动感。

(2) 景别差别不大时，需要改变摄像机的机位，否则也会产生跳动，好像一个连续的镜头从中间被截去了一段一样。

在编辑时要考虑景别的影响，这是因为以下几个因素。

(1) 不同的景别代表着不同的画面结构方式，其大小、远近、长短的变化造成了不同的造型效果和视觉节奏。

在编辑的过程中，编辑人员总是根据不同的表达目的来控制画面中的运动、景别、色彩等构成因素的变化幅度，因为这些因素的变化幅度会影响观众视觉间断感的强弱，这是对镜头素材进行必要的剪裁或筛选的前提。

(2) 不同的景别是对被摄对象不同目的的解析，会传达出不同性质的信息，所以景别意味着一种叙述方式，也被视为蒙太奇语言中的一个单位。

要实现景别转换自然、合理的目的，应该了解不同景别的视觉效果和组合效果。

1) 景别的视觉效果

在相同的时间长度中，景别越小(接近特写)，给人的感觉就越长。这是因为相对于大景别镜头而言，在小景别镜头画面中的容量少，观众看清内容所需的时间相应也短。比如说，观众看一个两秒的特写可能觉得正合适，但如果是两秒的全景，结果就会感觉镜头一闪而过，时间似乎变得很短，什么也没看清。因此，一个全景镜头的长度一般总比特写长。

同一运动主体在相同的运动速度下，景别越小，动感越强。因此，在表现快节奏或强动感的广告和电视片中，选用小景别表现动作是编辑中的一条基本法则。例如，要表现足球场上的激烈角逐，必定需要选用带球、铲球、奔跑的脚等特写，否则单靠全景和中景是不足以制造强动感效果的。同样，在用特写等小景别拍摄较细小的动作时，如人的手势，常常需要放慢速度，避免一闪而过。但是，在有些电视片尤其是广告或宣传片的片段处理上，编辑人员会故意利用这种近景中动作局部的模糊效果来制造某种悬念或者强化动感印象。

2) 景别的组合效果

将不同景别的镜头进行组合可以实现清晰、有层次地描述事件的目的。不同的景别具有不同的表现力和描述重点。因此，在叙述段落中，常常可以利用景别视点的变化，满足观众观看的心理逻辑需求。

可以利用同类景别镜头的积累或两极景别镜头的对比连接来营造情绪氛围。在同类景别镜头的积累中，同样的内容元素被加强，从而激发人们的感悟。例如，要表现体育比赛前的准备，那么需将各种各样做准备活动的镜头连续组接在一起，以相同景别的方式最有利于保证视觉的连贯和主题的强化。

而两极景别镜头的对比连接(比如大远景与近景特写的组接)，形式上的对比反差容易加剧视觉的震惊感。当镜头切换较缓时，两极景别有序交替比较适合肃穆的气氛，例如，要表现国旗与太阳一起升起，就可以将一组地平线上旭日东升、巍峨的长城群山、雄伟的天安门广场等颇具气势的大远景和国旗班护旗、升旗的各种局部特写交叉组接，互为映衬，对照中见庄严；反之，镜头快速转换则易产生激烈、动荡或活泼的情绪气氛，所以，创作者常常利用两极景别的这一特点来强化动态表现。例如，张艺谋导演的 2008 北京申奥宣传片中，就利用了大量的两极景别交差组合的方式来表现中国人对体育的热爱，使画面充满了城市的活力与动感。

3) 蒙太奇句子

蒙太奇句子指的是由若干单个镜头连接成的具有完整意义的一组画面。这里的每个单独的镜头好比是语言文字中的词。说话、写文章要求用词准确、鲜明、生动、简练，用蒙太奇(对列组接)手法造句也一样，除了要考虑每一个镜头的对象(内容)、长度、摄影造型(用光、视角、构图等)、拍摄方法(固定的或运动的)等因素之外，还要特别注意视距(景别)的变化规律，它是决定蒙太奇句子句型的根本因素。不同的景别带给观众的视觉刺激有强有弱，一组镜头构成的句子，由于景别发展、变化形式的不同就形成了不同的句型，产生了不同的感染力和表现效果。

蒙太奇句子主要有以下 3 种句型。

● 前进式句子

前进式句子就是由远视距景别向近视距景别发展的一组镜头，其基本形式为：全景→中景→近景→特写。这是一种最规整的句法，它根据人的视觉特点把观众的注意力从整体逐渐引向细节，顺序地展示某一主体的形象或动作(表情)、事件的进程。对主体形象而言，它是先用全景交代主体及其所处的环境，再用中、近景强调主体的细部特征；对动作而言，它是先用全景建立动作的总体面貌，再用中、近景强调动作的实际意义；对事件而言，它是先用全景建立总体的环境概貌，再用中、近景把观众的注意力引向具体的物体，突出细节。前进式句子用于渲染越来越强烈的情绪和气氛，使人的视觉感受不断加强。

● 后退式句子

后退式句子就是由近视距景别向远视距景别发展的一组镜头，其基本形式为：特写→近景→中景→全景。与前进式句子相反，它把观众的视线由局部引向整体，给人逐渐远离、逐渐减弱的视觉感受。运用后退式句子可以把最精彩或最具戏剧性的部分突显出来，造成先声夺人的效果，先引起观众的兴趣，再让观众逐步了解环境的全貌。运用后退式句子还可以制造某种悬念，先突出局部，使观众产生一种期待心理，然后交代整体，如下列的一组镜头所示。

镜头 1: 特写，一只戴手套的手把钥匙插入锁孔。

镜头 2: 中景，一个蒙面人打开房门。

镜头 3: 全景,几个黑影蹿进门去。

镜头 1、2、3 这种后退式句子的组接方式比前进式句子更容易吸引人。

- 环型句子

环型句子是前进式和后退式句子的复合体,即一个前进式句子加一个后退式句子。其基本形式是: 全景→中景→近景→特写→近景→中景→全景。需要指出的是,所谓两种句子的结合,并不是说镜头组接时必须严格地按照不同景别的顺序"逐步升级"或"逐步后退",也不是说所有前进式句子必须从全景开始,以特写结束(反之,后退式句子也一样,并非要从特写开始而到全景结束)。各句子所包含镜头的景别不一定要完整,个别景别之间允许有跳跃、间隔、重复甚至颠倒。所谓前进式、后退式,都仅指景别变化、发展的总趋向。事实上,景别的发展变化还可以根据片子内容的需要做一些急剧跳跃处理,例如,一个大特写同一个全景相接。环型句子所表达的情绪呈现由低沉、压抑转到高昂,又逐步变为低沉的波浪形发展过程;或者先高昂转低沉,然后又变得更加高昂。

10.1.3 画面方向的统一性——轴线规律

1. 镜头的方向性

镜头的方向性是关系到镜头组接连贯流畅的重要因素之一。

画面方向的统一性

在电视画面中,被摄主体的方向不是由主体本身的方向来决定的,而是由摄像机的拍摄方向来决定。换言之,被摄主体在画面中的方向与其现实方向并不一致,在现实生活中,沿一个方向做直线运动的物体,在屏幕中有可能因为摄像机拍摄方向的不同而显出不同的运动形态,如图 10-1 所示。

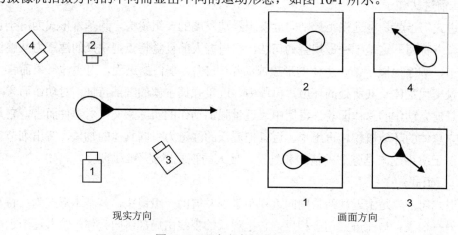

图 10-1 现实方向与画面方向

在现实生活中,人们对事物的观察是连续不断的,而且有参照物可供参照,因此容易把握物体运动的方向。但是,如果在屏幕上不按照一定的规则来组接画面,观众就难以把握画面的方向感,造成方向和空间的混乱。轴线规律的运用将直接关系到镜头组接时画面方向的统一性。

2. 轴线的概念和种类

所谓轴线，指的是被拍摄对象的运动方向或者两个交流着的被拍摄对象之间的连线所构成的直线。其中，被拍摄对象的运动方向所构成的直线称为运动轴线(也称方向轴线)；两个交流着的被拍摄对象之间的连线所构成的直线称为关系轴线。

在实际的拍摄和制作过程中，轴线并不总是单一出现的，有时还会交叉出现，也就是会出现"双轴线"甚至是"多轴线"的情况。例如，"两个人边走边谈"这一场景就形成了 3 条轴线，其中包括两条运动轴线和一条关系轴线，如图 10-2 所示。

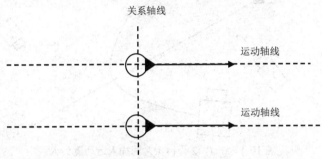

图 10-2　"两个人边走边谈"这一场景形成了 3 条轴线

3. 轴线规律

所谓的轴线规律，是为了保证镜头在方向性上的统一，在前期拍摄和后期编辑的过程中，镜头要保持在轴线一侧的 180° 以内，而不能随意越过轴线。

如果摄像机跳过轴线到另一边，将所拍摄的镜头组接后，会破坏空间的统一感，造成方向性的错误，这样的镜头就是越轴镜头，也称跳轴镜头。

例如，图 10-3 所示的是一段对话的拍摄机位，其中，镜头 1、2、3 都保持在轴线同一侧的 180° 以内，而镜头 4(女同学讲话)是一个越轴镜头。

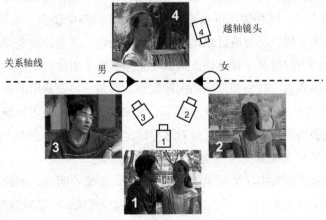

图 10-3　对话的拍摄机位

遵循轴线规律是为了保证镜头组接在方向性和空间感上的统一。但在实际创作中，为了得到多样的表现角度，常常会有意跳轴，但必须要找到合理的过渡因素。

4. 突破轴线规律——实现合理越轴的基本方法

常用的实现合理越轴的基本方法有以下几种。

1) 插入摄像机移动越过轴线的镜头

在两人对话位置关系颠倒或主体向相反方向运动的两个镜头之间，插入一个摄像机在越过轴线过程中拍摄的运动镜头，从而建立起新的轴线，使两个镜头过渡顺畅，如图 10-4 所示。

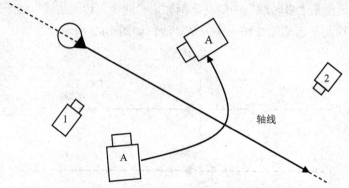

图 10-4　在 1、2 号镜头之间插入运动镜头 A

2) 插入主体运动方向改变的镜头

在两个主体运动方向相反的镜头中间，插入一个主体运动方向改变(如车转弯、人转身等)的镜头，利用这一动作合理越轴。例如，拍摄一辆行驶中的汽车，由于越轴拍摄导致第一个画面车向右开，第二个画面车向左开。这时可以跟拍这辆车的转弯过程，在镜头组接时把这个车自然转弯的画面插在两个主体方向相反的画面中间，这样就实现了合理越轴。运用移动镜头直接拍摄运动主体转向过程的画面是解决越轴问题的一个便捷方法。

3) 插入方向感较弱的镜头

方向感较弱的镜头也称为中性镜头或糊墙纸镜头。使用这种镜头时有一个要求，那就是应该与被拍摄对象有关。这种镜头可以分为 3 种：局部或反应镜头、远景镜头和骑轴镜头。

局部或反应镜头一般以特写或近景镜头为宜。因为这一景别的镜头能够突出被摄主体，且其本身在视觉上的方向性又不很明确，所以将它插在两个主体运动方向相反的镜头之间，能暂时分散观众的注意力，减弱相反运动的冲突感。这是一种很常用的方法。例如，在国庆 50 周年阅兵电视转播中，为了表现宏大的场面，仅轴线一侧拍摄是不能满足观众愿望的，但在轴线两侧拍摄就会出现越轴的问题。针对这种情况，导演巧妙地在两个运动方向相反的镜头之间插入了国家领导人观看的反应镜头，从而实现了越轴。

而在大全景或远景镜头中，运动主体的动感较弱，形象不明显，因此，在两个速度不是太快、运动方向相反的镜头之间，插入一个大全景或远景镜头，可以减弱相反运动的冲突感。

骑轴镜头是指主体迎着摄像机前进(拍摄时用正面角度)或背向摄像机朝画面深处前进(拍摄时用背面角度)的镜头。骑轴镜头没有明显的方向性，以其作为过渡镜头，插在两个主体运动方向相反的镜头之间，可减弱越轴造成的视觉冲突感。因此，在前期拍摄中，最好拍摄几个骑轴镜头，这样一旦出现越轴错误可以用来补救。

需要注意的是，骑轴镜头最好是用长焦距拍摄的特写镜头。因为长焦距镜头的景深较小，拍出的画面视角较窄，包容的景物范围较小，能够将大部分背景排除出画外或模糊化，这样能在突出主体的同时最大程度地削弱主体所处环境的原有特征。

10.1.4　主体动作的连贯性

1. 镜头之间的组接——动接动，静接静

主体动作的连贯性

所谓动和静，在这里指的是编辑点上主体或摄像机(视点)的运动状态，而并非指一般的前后两个镜头中主体或摄像机的运动状态。

动接动、静接静，是镜头运动连接的最基本的规律。以下将按几种情况进行分析。

1) 固定镜头之间的组接

镜头呈静止状态，但画面中的主体可能是静止的，也可能是运动的。

● 主体静止的组接——静接静

即静止物体或静止动作的组接。要根据静止物体之间在内容上的某种逻辑关系或形态相似的外部特征等造型因素来组接，例如，一组人物生前使用过的物品的镜头组接，可表现出肃穆的气氛，使人产生怀念之情；将一幅表现秋景的图画组接到满山红绿相间的秋林实景，由于利用了画面造型具有的相似特征，因此可以使两个不同的静止物体的镜头顺畅地组接起来。当然，在这类组接中，主体在各画面中要占据相同的位置。

● 主体运动的组接——动接动

前后两个固定镜头中的主体都是运动的，不论是同一主体还是不同的主体，都是在运动中相接，即动接动。对于不同主体的动作连接，可根据主体动作衔接的连贯性和造型因素的匹配来组接镜头。

● 主体运动与主体静止的镜头相接

在相接的两个固定镜头中，其中的一个主体是运动的，另一个主体是静止的。

如果主体运动的镜头在前，需要在主体运动的停歇点进行切换，此时相接的两个画面中的主体都处于静止状态，静接静平滑地过渡。

如果主体静止的镜头在前，则要在主体运动起来之后，接后面的主体运动的镜头，例如，一个人在室内看书的镜头，要在他站起来走动之后，才能组接到他走在街上的镜头，这是动接动的转换。还可以在后面的镜头中，让人物入画面走在街上，而编辑点选在没有入画之前，与前面他在室内读书的镜头相接。这样相接的两个画面都处于静止状态，实现了静接静的转换。

由以上分析可知，两个固定镜头的相接，若其中一个镜头中的主体在运动，另一个镜头中的主体是静止的，编辑点一般确定在动作静止的时刻，是静接静，有时也处理为动接动。

2) 运动镜头之间的组接

运动镜头之间的组接也要注意镜头内主体的运动情况。

- 上下镜头的主体都静止——根据上下镜头运动的速度和画面造型特征,在运动过程中切换。
- 上下镜头的主体都运动——结合上下镜头主体动作的有机衔接和画面造型特征,在运动过程中切换。
- 上镜头主体静止,下镜头主体运动——要以下镜头的主体动作为主,在上镜头主体从静止到开始动作时切入。同时要结合上下镜头运动速度的快慢,有机地衔接镜头。
- 上镜头主体运动,下镜头主体静止——在上镜头内主体动作完成后切换,再结合上下镜头运动速度的快慢及画面造型特征有机地组接镜头。

一般情况下,组接运动方向不同的镜头时,编辑点选在起幅、落幅处,但要尽量避免运动方向相反的镜头组接。例如,推拉镜头反复相接,犹如打气筒在打气,应该避免;方向相反的横摇镜头反复,犹如筛箩似的摇过来摇过去,会使人感到视觉疲劳,也应避免。

3) 运动镜头和固定镜头之间的组接

运动镜头和固定镜头相接时,运动镜头需保留起幅或落幅。若运动镜头在前,则编辑点需选在运动镜头的落幅上;若运动镜头在后,则编辑点需选在运动镜头的起幅上,这是静接静的转换。

由于运动镜头内的主体还有动、静之分,因此运动镜头和固定镜头之间的组接情况较复杂。只要符合现实生活的逻辑,有时也采用动接静、静接动的转换方法,例如,一队士兵跑步的跟拍镜头,不保留落幅,直接切到一个士兵们在跑步的固定画面,主体运动的动势使两个画面连接顺畅;但从摄像机(视点)的运动状态上看是动到静的转换。

2. 人物形体动作的连贯

同一主体动作的连贯性最主要的是人物形体动作的连贯。进行人物形体动作的编辑时,可根据各自的不同情况,选择以下 3 种方法。

1) 分解法(接动作)

所谓分解法,指的是一个完整的动作通过两个不同的角度、两个不同的景别表现出来,即上个镜头人物动作去掉下一半,下个镜头人物动作去掉上一半,把上个镜头的上半部动作与下个镜头的下半部动作连接起来,还原这个完整动作。简单地说,分解法就是一半一半地编辑。

分解法常用于编辑人物的走路、起坐、开关门窗、喝水、穿衣等,编辑时需把这些不同景别、不同角度的动作组接起来,编辑点应选在动作变换瞬间的暂停处:上镜头必须将瞬间的停顿处全部保留,下个镜头从主体动作的第一帧用起。

2) 省略法

与分解法不同的是,省略法着眼于动作片段的组合,其间省略了部分动作过程,依靠有利的转换时机使被省略的动作组合仍然能够建立起完整且连贯的印象。省略法一般包括两种处理方式。

第一种是使用有代表性的动作片段直接跳接。一般情况下选择在动作的停顿处，即动作前一镜头的切点是在动作某局部停顿处的第一帧，后一镜头是从该动作另一局部的停顿处开始，省略中间部分。

第二种是利用插入镜头使两个动作局部被连接在一起，例如，一个人在厨房做菜，前一个镜头是将菜倒入油锅，插入一个人物表情或者一个空盘的镜头，下一个镜头是菜已经炒好，拿起盘子盛菜。这是非常普遍的动作连贯的手法，插入的镜头代表着被省略的动作流程。

3) 错觉法

错觉法是利用人们视觉上对物体的暂留及残存的映像，恰当地运用影视艺术的特殊手段，在上下镜头的相似之处切换镜头，造成视觉上动作连续的错觉效果。这种相似之处包括主体动作快慢的相似、镜头景别的相似、角度变化与空间大小的相似、主体动作形态的相似等。错觉法一般用于武打片、动作片、枪战片、惊险片中的武斗场面。

10.2　声音编辑

10.2.1　对白的编辑

对白的编辑主要以人物的"语言动作"为基础，以对话的内容为依据，结合特定情境中人物的性格、言语速度、情节节奏等选择编辑点。

人物对话的编辑分为以下两种形式。

1. 平行编辑

平行编辑是指对话声与画面同时出现，同时切换，如图 10-5 所示。其特点是比较平稳，能具体地表现人物在特定情境中所要完成的中心任务。

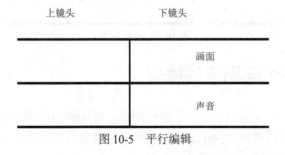

图 10-5　平行编辑

2. 交错编辑

交错编辑是指对话声与画面不同时切换，而是交错地切出、切入。它有两种具体的编辑方法。

1) 声音滞后

上个镜头画面切出后,声音拖到下个镜头的画面上;当上个镜头的声音结束之后,下个镜头的声音维持与该镜头在口形、动作、情绪上的吻合,如图 10-6 所示。

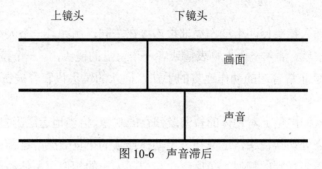

图 10-6　声音滞后

2) 声音导前

上个镜头的声音切出后,画面内的人物表情动作仍在继续,而将下个镜头的声音超前到上个镜头中去。这样编辑的效果是,先闻其声,后见其人,声音的开始部分叠在前一个画面上,主体人物讲几句话后才出现其人,不会使观众感到突然,如图 10-7 所示。

交错式的编辑方法在人物对话中也较为常见。它的特点是:生动、活泼、明快、流畅而不呆板。在选择编辑点时首先要从剧情的内容出发,结合人物的表情及人物对话的内涵,与画面造型因素相匹配。这种声音与画面的交错式编辑,既能产生人物情绪上的呼应和交流,又能使对话流畅、活泼,有一定的戏剧效果。

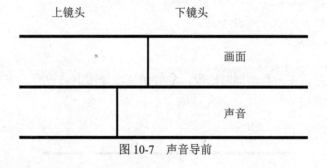

图 10-7　声音导前

10.2.2　现场采访同期声的编辑

同期声分为现场采访同期声和现场效果同期声。现场采访同期声是指拍摄现场中画面上所出现的人物的同步说话声音。由于这种声音发自拍摄现场的人物本身,不是编辑人员后期加工制作的,故属于纯客观的声音语言。

1. 采访同期声的形态

根据采访和被摄对象关系的不同,采访同期声可分为以下 3 种。

1) 主动型

即以采访者或主持人身份出现的人物讲话声,例如,电视新闻现场报道开头,记者手持传声器，面向摄像机(观众)叙说开场白(即导语)，用来讲述事实或发表议论。

2) 被动型

即被采访者或被拍摄者的语言，用来讲观点，释疑问，使被采访者面对观众有直接的交流感。这种讲话要根据内容发展的需要，有选择地截取使用。在编辑中，往往删除采访者的主动提问，直接将同期声讲话插入解说词中。

3) 交流型

即采访者和被采访者、组织者和被组织者之间一问一答式的语言，或一群人的讨论声音，相当于专题或纪录片中的对白，它具有较真实、较活跃的现场气氛。这种方式在访谈或谈话节目中经常运用到。

2. 采访同期声的编辑要求

同期声的编辑既是一个技术问题，也是一个艺术问题，涉及人们对同期声的审美认识和选择观念。

1) 内容精练

众所周知，同期声是纪实的重要手段，追求声音的原生态展示，对于提高节目传播效果发挥了重要的作用。但纪实并不等于不加摒弃和不进行加工、提炼，同期声的运用也是一个去粗存精的过程。

人物同期声首先应该言之有物，无论是专家学者、政府官员，还是普通百姓，所有采访都要能够表达一定的内容，或讲述事实，或亲切交谈，或表达观点，或激情高歌，关键是要恰到好处，言之成理。

有时，记者对于被采访者或现场同期声录制的选择性并不高，此时对于编辑而言，他必须从繁多的同期声中选择有价值的镜头，并删除那些信息含量不高的镜头。一方面，从技术上适应节目对于同期声的运用；另一方面，从艺术上体现同期声运用的主旨，能够说明问题、激发情感，起到画龙点睛之功用。

2) 衔接顺畅

同期声编辑中的第二个要求是画面的流畅表达。对同期声画面处理的场合有两种：一是对冗余信息的删减，例如上下镜头同机位、同景别，可在衔接处用插入镜头加以组接；二是对一些较长段落的且有价值的采访镜头进行信息的补充和强化说明，例如将采访者提及或介绍的相关画面以声画对位的切出方式进行组合。

王纪言先生在《电视报道艺术》中总结了插画面的 3 条理由："讲话提到过的内容；讲话虽提到但有助于说明讲话的内容；现场听讲的人或有关的物。"他认为，插画面的动作"能有效地扩展讲话部分的信息量，以讲话内容为依据造成声音蒙太奇效果。""恰当的画面提供了说明且又不占篇幅，与声音分头并进又殊途同归。"[1]不过，对于插画面的运用应当谨慎，如果随意插入一些短镜头往往会破坏现场气氛，甚至会影响到观众对画面可信度的认可。

1 王纪言. 电视报道艺术[M]. 北京：北京广播学院出版社，1992：221.

10.2.3　音乐编辑的方式

1. 整体式

整体式是指在视频中从头到尾都配上音乐。解说一到，音乐突然低下去；解说刚完，音乐立即高上去。

2. 分段式

分段式是指在视频的某一段落或几段中配上音乐。

3. 零星式

零星式是指在某几个镜头上或一个镜头的某一画面上配些音乐，对画面起强调、烘托作用。有时在镜头或段落之间配些音乐，对画面起衔接作用；有时在片头片尾的画面上配些音乐，表示全片的开始或结束，引起观众的注意。

4. 综合式

一部作品是否需要配音乐，怎么配，没有具体的原则规定，主要依据作品的样式和主题内容来确立。根据表达的需要，可以不配，可以分段式地配置，也可以零星式地配置，加以点缀。

10.2.4　音响的编辑

音响一般在摄像现场同期录制，也可以在后期用现场效果声素材或模拟效果声配音。音响的编辑既要还原现场真实感，又要达到声音艺术效果，可采用同步法、提前法、延伸法、混合法、特写法和取舍法等。

1. 同步法

同步法是指音响与画面发声物的声音同时出现和消失，例如，在摄像现场较难拾取的虫鸟叫声，可在后期用现场效果声素材进行配音，从而提高画面的真实感。

2. 提前法

提前法是指后个镜头的音响在前个镜头末开始，提示后个镜头的画面内容，吸引观众的注意力，例如，钟声、飞机声可前于钟楼、飞机画面出现，创造先声夺人的艺术效果。

3. 延伸法

延伸法是指前个镜头的音响向后个镜头延伸，使前个镜头的音响不会因镜头转换而中断，并得到充分的发挥。例如，前个镜头表现听众热烈鼓掌，后个镜头只是演讲者走上讲台，鼓掌声可以从前个镜头继续延伸下去。这样，使鼓掌的情绪既能得到充分发挥，又能符合现场效果。

4. 混合法

混合法是指相连的前后镜头都有音响，即每个镜头所配的效果声都延伸到下个镜头，与该镜头的效果声混合，从而保证了每次效果的尾声完整并加强了效果的力量，例如，枪声、炮声、坦克声等混合在一起的军事演习声。

5. 特写法

特写法是将发声体的微弱效果声，通过艺术夸张加以放大，以渲染气氛。例如，在影片《辛德勒的名单》中，伴随着一个个名字被打出的特写镜头，打字机的声音也被放大，促使观众渐渐深入思考名单背后的深刻含义，如图 10-8 所示。

6. 取舍法

取舍法是将与作品主题思想、情绪气氛关系不大的效果声舍去，以免分散观众的注意力。例如，影片《流浪地球》的结尾父子二人天地对话的场景，为了将声音焦点落在父子二人情感从冲突到和解的关系上，当刘启最终抬头的时刻成为父子二人生死离别的瞬间时，叙事的情感焦点就到达了一个戏剧性高点。父亲最后一次对儿子说："爸爸在天上，你只要一抬头就可以看到爸爸了。这一次，你一定可以看到我。来，儿子，3、2、1、抬……"的时刻，除了最后一个"抬"字保留了半个音，几乎所有的音响都被舍弃了，只保留了一点空间站高速行进引起的舱壁震动的声音和简单的钢琴主题的音符。在这一刻选用传统中国画"留白"手法，使画面声音变得更加空灵。[2]如图 10-9 所示。

图 10-8 《辛德勒的名单》中放大的打字机声音　　图 10-9 《流浪地球》结尾舍弃了所有的音响

10.3　编辑软件 Premiere Pro CC 2019

Premiere Pro CC 2019 是一款常用的非线性视频编辑软件，由 Adobe 公司推出，具有较好的画面质量和兼容性，且可以与 Adobe 公司推出的其他软件相互协作，广泛应用于广告制作和电视节目制作中。新版的 Premiere 经过重新设计，能够提供更强大、更高效的增强功能与专业工具，比如新增加的音频编辑面板，以及编辑技巧的增强，可以使用户制作影视节目的过程更加轻松。

2　田由甲. 解析电影《流浪地球》声音制作全流程[J]. 现代电影技术，2019，(4)：19-29.

10.3.1　Premiere Pro CC 2019 的工作界面

Premiere 是具有交互式界面的软件，其工作界面中存在着多个工作组件。用户可以方便地通过菜单和面板相互配合使用这些组件，从而直观地完成视频编辑。

Premiere Pro CC 2019 工作界面中的面板不仅可以随意控制关闭和开启，而且还能任意组合和拆分。用户可以根据自身的习惯来定制工作界面。图 10-10 是 Premiere Pro CC 2019 启动后默认的工作界面。

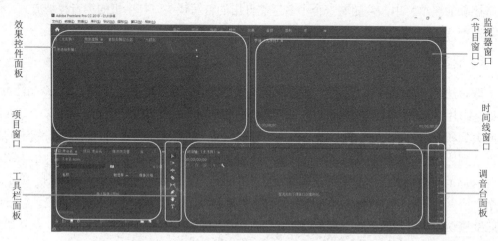

图 10-10　Premiere Pro CC 2019 的工作界面

10.3.2　使用 Premiere Pro CC 2019 进行编辑的基本流程

使用 Premiere Pro CC 2019 进行编辑的基本流程如下：(1) 新建一个项目；(2) 导入和管理素材；(3) 编辑素材；(4) 添加系统内置视频转场；(5) 添加系统内置视频特效；(6) 使用外挂视频转场和视频特效；(7) 制作运动视频；(8) 添加字幕；(9) 预演影片效果；(10) 输出电影。

1. 新建一个项目

制作任何电影视频，都必须先建立一个项目文件。新建一个项目的步骤如下。

(1) 启动 Adobe Premiere Pro CC 2019，此时将出现如图 10-11 所示的项目窗口。

(2) 单击"新建项目"图标按钮，打开"新建项目"对话框，如图 10-12 所示。在该对话框的"名称"文本框中，给项目命名；在"位置"选项中，设置项目保存的路径；在"常规"选项卡中，设置"视频"显示格式为"时间码"，"音频"显示格式为"音频采样"，"采集格式"为 DV；在"暂存盘"选项卡中，将"所采集视频""所采集音频""视频预览""音频预演"均设置为"与项目相同"。单击"确定"按钮，进入如图 10-10 所示的工作界面。

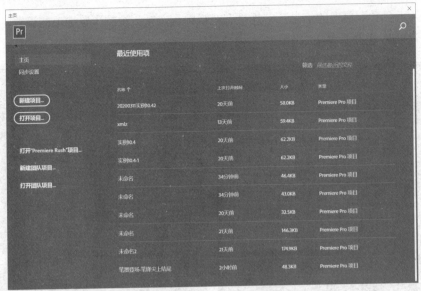

图 10-11　项目窗口

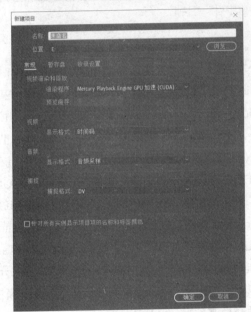
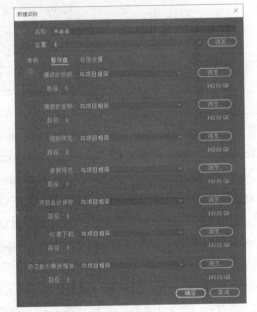

图 10-12　"新建项目"对话框

(3) 选择"文件"|"新建"|"序列"菜单命令，弹出"新建序列"对话框，如图 10-13 所示。在"新建序列"对话框中，有序列预设、设置、轨道和 VR 视频 4 个选项。序列预设有 ARRI、AVC-Intra、AVCHD、Canon XF MPEG2、Digital SLR、DNxHD、DNxHR、DV-24P、DV-NTSC、DV-PAL、DVCPRO50、DVCPROHD、HDV、RED R3D、VR、XDCAM EX、XDCAM HD422 和 XDCAM HD 等几个层级菜单。选择其中一项(如 DV-PAL 制式下方的标准 48kHz)，对话框右边的"预设描述"区域中会列出相应的项目信息，包括项目制式、画面比例(4∶3)、音频属性(采样率 48kHz、16bit 立体声)、时基(25fps)、像素尺寸(720×576)等。

拖动滚动条还会看到更多的信息。常规里有对视频、音频、视频预览选项的设置。轨道中有对视频、音频轨道的设置。

图 10-13　"新建序列"对话框

2. 导入和管理素材

在 Premiere Pro CC 2019 中，当新建一个项目后，在项目窗口中会出现一个空白的时间线(Sequence)片段素材文件夹，可以导入 Premiere Pro CC 2019 所支持的以下文件类型。其中包括：AAF、ARRIRAW 文件、AVI 影片、Adobe After Effects 文本模板、Adobe After Effects 项目、Adobe Audition 轨道、Adobe Illustrator 文件、Adobe Premiere Pro 项目、Adobe Title Designer、Adobe 声音文档、Biovision Hierarchy、CMX3600 EDL、Canon Cinema RAW Light、Canon RAW、Character Animator 项目、Cinema DNG 文件、Cineon/DPX 文件、CompuServe GIF、EBU N19 字幕文件、Final Cut Pro XML、JPEG 文件、JSON、MBWF/RF64、MP3 音频、MPEG 影片、MXF、MacCaption VANC 文件、Motion Graphics JSON、OpenEXR、PNG 文件、Photoshop、QuickTime 影片、RED R3D Raw Fofmat、SubRip 字幕格式、TIFF 图像文件、Truevision Targa 文件、W3C/SMPTE/EBU Timed Text 文件、Windows Media、XDCAM-EX 影片、位图、分布格式交换配置文件、制表符分隔值、动态图形模板、图标文件、幻影文件、文本、文本模板、波形音频、逗号分隔值、音频交换格式、音频交换文件格式 AIFF-C 等。

在项目窗口中导入素材的方法主要有以下几种。

(1) 选择"文件" | "导入"菜单命令(快捷键为 Ctrl+I)。

(2) 在项目窗口中的空白处双击。

(3) 在项目窗口中的空白处右击，从弹出的快捷菜单中选择"导入"命令。

采用以上 3 种方法都会弹出"导入"对话框，如图 10-14 所示，选择所需的文件后单击"打开"按钮即可。

如果需要导入包括若干素材的文件夹，只需单击"导入"对话框右下角的"输入文件夹"按钮即可。

在素材的管理上，Premiere Pro CC 2019 采用了文件夹(素材箱)管理方式，可以把相同类型的素材放入同一个文件夹(素材箱)中，对素材进行分类管理。方法是：单击项目窗口下方的 ▣ 按钮，或者在项目窗口的空白处右击，从弹出的快捷菜单中选择"新建素材箱"命令，这样就创建了一个文件夹(素材箱)。新建的文件夹(素材箱)自动按文件夹(素材箱)01、文件夹(素材箱)02 这样的排序方式出现，如图 10-15 所示。如果要给新建文件夹(素材箱)命名，可以在文件夹(素材箱)上右击，从弹出的快捷菜单中选择"重命名"命令，输入新的名称即可。

图 10-14 "导入"对话框

图 10-15 新建文件夹(素材箱)

3. 编辑素材

导入素材后，就可以使用素材进行编辑制作了。

1) 设置入点(In)和出点(Out)

若导入的素材并非从头到尾都要用到，而只需使用其中的部分内容，这时就要通过设置入点和出点来对源素材进行快速剪切，从而得到需要的片断。给素材设置入点和出点有以下几种方法。

● 双击项目窗口中的素材，这样就会在监视器的素材窗口中打开它，如图 10-16 所示。此时使用播放按钮或鼠标将时间线标尺定位到需要的开始帧处，然后单击 ▌ 按钮(或按快捷键 I)，这样就确定了素材的入点；再将画面定位到需要的结束帧处，单击 ▌ 按钮(或按快捷键 O)确定素材的出点。

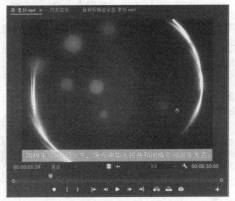

图 10-16 在监视器的素材窗口中设置入点和出点

● 对于已经导入时间线窗口轨道中的素材，可以先将时间线标尺移到所需素材画面的入点位置，选择工具栏中的 ⬚ 按钮，将鼠标移到素材开始端，当光标变为 ⬚ 形状后，向右拖动鼠标到时间线标尺所在位置，这样就确定了素材的入点；同样，将时间线标尺移到所需素材画面出点位置后，将鼠标移到素材结束端，当光标变为 ⬚ 形状后向左拖动鼠标到时间线标尺所在位置，就确定了素材的出点，如图 10-17 所示。

图 10-17　在时间线窗口中设置入点和出点

2) 复制和粘贴素材

在 Premiere Pro CC 2019 中，编辑素材常常会用到复制和粘贴命令。在"编辑"下拉菜单中有"粘贴""粘贴插入"和"粘贴属性"等几种粘贴方式。

(1) 粘贴。

这种方式是直接在时间线标尺处粘贴素材，当后边有其他素材时，所粘贴的素材会覆盖后边相应长度的素材，而时间线窗口中的素材总长度不变。使用粘贴命令前后的效果对比如图 10-18 和图 10-19 所示。

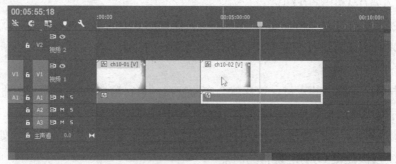

图 10-18　使用粘贴命令前

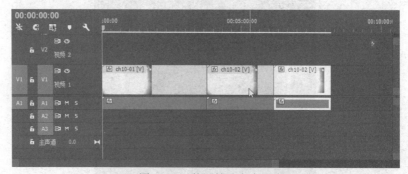

图 10-19　使用粘贴命令后

（2）粘贴插入。

这种方式所粘贴的素材不会覆盖后边的素材，而是插入时间线标尺后边的素材向后移动相应的长度以让出位置，时间线窗口中整个素材的长度将增加，如图 10-20 所示。

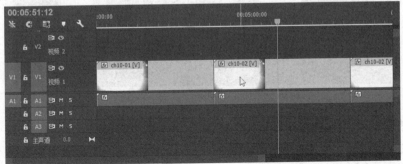

图 10-20　粘贴插入的效果

（3）粘贴属性。

执行该粘贴命令时，可以将所复制的属性粘贴到新的对象上。例如，对素材 1 设置了运动效果，选择并执行复制操作，然后选择素材 2 执行"粘贴属性"命令，那么，在素材 1 上设置的运动效果将被应用到素材 2 上。

3）分开和关联素材

在时间线窗口中导入一段带有视频和音频的素材，选中该素材并拖动它，会发现视频和音频始终是作为一个整体在移动，如图 10-21 所示。这说明，它的视频和音频之间是相关联的。

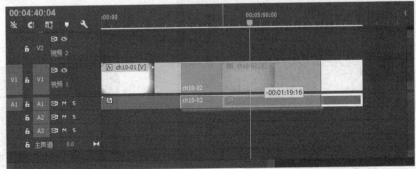

图 10-21　分开视频和音频前的移动效果

在编辑过程中，有时需要把导入素材的视频和音频分开，或者把原本不相干的视频和音频关联在一起，这时就需要进行分开和关联操作。

要进行分开操作，可以选中素材，然后选择"剪辑"｜"取消链接"菜单命令，或者在时间线上选中素材右击，在弹出的快捷菜单中选择"取消链接"命令。此时再拖动其中的视频和音频素材，就可以单独移动了，如图 10-22 所示。

4）素材的长度和速率设置

在利用 Premiere Pro CC 2019 编辑素材时，常常需要对素材的长度或播放速度进行调整，达到改变素材长度以加快或减慢素材播放速度的效果。

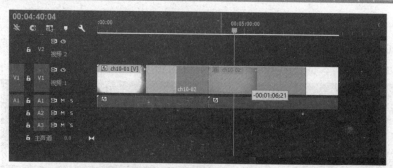

图 10-22　分开视频和音频后的移动效果

(1) 改变静态图片的长度。

可以选择"编辑"｜"首选项"菜单命令,在打开的"首选项"对话框中选择"时间轴",设置"静止图像默认持续时间",如图 10-23 所示。

另外,对于已经导入时间线窗口中的图片,可以在时间线窗口中选中它,然后右击,从弹出的快捷菜单中选择"速度/持续时间"命令,或者可以在时间线窗口中选中它,然后选择"剪辑"｜"速度/持续时间"菜单命令,在打开的"剪辑速度/持续时间"对话框中设置其持续时间,如图 10-24 所示。

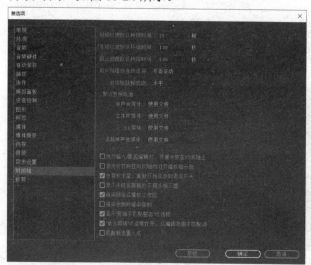

图 10-23　"首选项"对话框

图 10-24　"剪辑速度/持续时间"对话框

(2) 改变素材的持续时间。

在时间线窗口的工具栏中单击选择工具，并将鼠标移到素材的两端,当鼠标指针变为或者时,拖动鼠标即可改变素材的持续时间。

(3) 改变视频和音频素材的长度和速率。

在项目窗口或时间线窗口中选择素材后右击,从弹出的快捷菜单中选择"速度/持续时间"命令,在打开的"剪辑速度/持续时间"对话框中进行设置。如果只需要改变其中一项,可以单击链接图标使之断开。在该对话框中,选中"倒放速度"复选框,会使素材反向播放;选中"保持音频音调"复选框,可以保持音频属性。

5) 编辑音频素材

声音在数字视频制作中是非常重要的一部分，所以需要熟练地掌握音频素材的编辑操作。音频素材的编辑与视频素材类似，前面介绍过的大部分编辑操作同时适用于视频和音频素材，但音频素材的编辑也有些不同于视频素材的地方。

(1) 设置音频参数。

音频参数除了可以在"新建项目"和"新建序列"中进行设置外，还可以在"编辑"|"参数"中进行设置。选择"编辑"|"首选项"|"音频"菜单命令，在打开的"首选项"对话框中，可以对音频的相关参数进行设置，如图 10-25 所示。

(2) 设置音频的增益效果。

音频的增益即音频的音量高低。当一段视频文件配有多个音频素材时，通常需要平衡这些音频素材的增益来提高配音的质量。要设置音频的增益效果，可以在时间线窗口中的音频素材上右击，从弹出的快捷菜单中选择"音频增益"命令，此时将打开"音频增益"对话框，如图 10-26 所示，在其中输入相应的数值即可。

图 10-25　对音频的相关参数进行设置

图 10-26　"音频增益"对话框

4. 添加系统内置视频转场

Premiere Pro CC 2019 中的视频转场，就是一段视频素材转换到另一段素材时采用的特殊过渡效果。Premiere Pro CC 2019 共提供了 8 类内置视频转场效果，这些效果放在"视频过渡"面板中，如图 10-27 所示。

在 Premiere Pro CC 2019 中，添加视频转场效果的步骤如下。

(1) 打开软件左下角的"效果"面板，单击"视频过渡"文件夹前面的展开图标，将会展开一个视频转场的分类文件夹列表；单击某一类文件夹左侧的展开图标，即可打开当前文件夹下的所有转场。

(2) 选中所需的转场，将它拖放到时间线窗口中的两个视频素材相交的位置，在添加了转场的素材的起始端或末尾端就会出现一段转场标记，如图 10-28 所示。

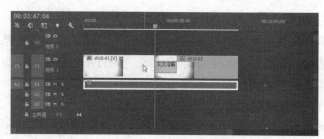

图 10-27　视频切换文件夹　　　　　图 10-28　为素材添加视频转场后出现的转场标记

（3）添加完视频转场后，选中转场部分，可以在"效果控件"中进行该转场参数的设置，如图 10-29 所示。

（4）若要删除不需要的视频转场，只需在转场标记上单击，然后直接按键盘上的 Delete 键即可。

5. 添加系统内置视频效果

视频效果通常是为了使视频画面达到某种特殊效果，从而更好地表现作品的主题。有时也用于修补影像素材中的某些缺陷。Premiere Pro CC 2019 中的内置视频效果被分类保存在 18 个文件夹中，如图 10-30 所示。

图 10-29　在"效果控件"面板中设置转场参数　　　图 10-30　18 类视频效果

1）如何添加视频特效

在 Premiere Pro CC 2019 中，添加视频效果的步骤如下。

首先，打开视频特效中的文件夹，选择所需的视频效果，如图 10-31 所示。

然后将它拖放到时间线窗口中的素材上，添加了视频效果的素材其上方的线条会变色，表示添加成功，如图 10-32 所示。

在监视器窗口的"效果控件"面板中，可以进行相应的参数设置。直接输入数字或拖动滑块，就可以在监视器窗口中实时地预览效果。

如果要删除不需要的特效，只需在时间线窗口中选中素材，然后在监视器窗口的"效果控件"面板中，选中要删除的视频特效，直接按 Delete 键即可。

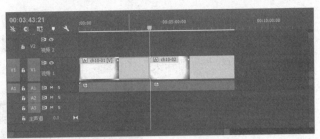

图 10-31　选择视频特效　　　　　图 10-32　给素材添加视频特效后的效果

2) 添加关键帧并改变视频特效

在实际运用中，常常会遇到给一段素材的某一部分或多个部分添加视频特效的情况，这时就需要在该段素材上添加关键帧。下面以给素材的某一部分添加"高斯模糊"视频特效为例，介绍如何给素材添加关键帧。

首先，在软件左下角的"效果"面板中，选择"视频效果"|"模糊和锐化"|"高斯模糊"命令，并将其拖放到时间线窗口的素材上。

然后，打开监视器窗口中的"效果控件"面板，设置所添加的"高斯模糊"视频特效的参数。将时间线标尺拖动到要添加关键帧的起始位置，单击"模糊度"左边的"动画开关"图标 使之变为 状，就会在右边的时间线标尺上添加了第一个关键帧，这时将其"模糊度"数值设置为 0，如图 10-33 所示。

图 10-33　给素材添加第一个关键帧

再将时间线标尺拖动到下一个要添加关键帧的位置，单击"添加/删除关键帧"按钮，又会在右边的时间线标尺上添加一个新的关键帧，这时将其"模糊度"数值设置为 70，如图 10-34 所示。

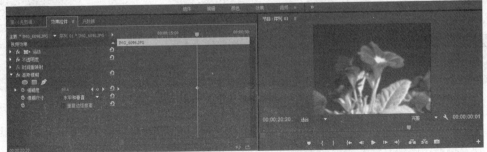

图 10-34　给素材添加第二个关键帧并设置参数

添加好关键帧后，就可以单击监视器窗口中的播放按钮▶预览效果了。

如果要删除不需要的关键帧，可以选中关键帧图标◆，然后直接按 Delete 键；也可以单击"模糊度"左边的"动画开关"图标🕙，此时会弹出一个"警告"对话框，如图 10-35 所示，单击"确定"按钮即可删除素材上的所有关键帧。

图 10-35　"警告"对话框

6. 使用外挂视频转场和视频特效

Premiere Pro CC 2019 除了系统内置的视频转场和视频特效外，还支持许多由第三方提供的视频转场和视频特效插件。借助于这些外挂插件，用户可以制作出 Premiere Pro CC 2019 自身不易制作或者无法实现的某些效果，从而为影片增加更多的视频制作效果和艺术效果。

外挂插件有的需要安装。如果用户有插件文件，可以直接将插件文件复制到 Premiere 安装目录下 Plug-ins 文件夹下的 Common 文件夹中，重新启动 Premiere 即可使用该视频转场或视频特效。

7. 制作运动视频

运动视频是视频编辑中非常重要的内容。在很多影视节目中，经常会看见一些精美的运动效果，包括字幕和画面的飞入飞出、缩放变形以及旋转等，这些运动效果为影视节目增添了令人欣喜的效果。在 Premiere Pro CC 2019 中，可以通过设置素材的运动参数，轻松地设置运动效果。

1) 制作运动视频

以画面从左边进入，右边退出为例，制作运动视频，步骤如下。

在时间线窗口中选中要制作运动视频的素材，单击监视器窗口中的"效果控件"选项卡，选中运动选项并展开设置面板，这时，右边预览窗口中的画面周围会出现一个可控制的方框，如图 10-36 所示。

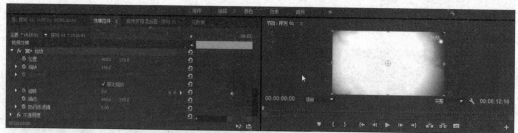

图 10-36　选中运动选项后画面上出现了控制方框

为了清楚地看到方框的移动轨迹，可以调节预览窗口的缩放比例(如 10%)。将鼠标指针移到控制方框内，拖动方框并移出显示窗口，这时，素材在窗口中已经看不见了，位置的数值也发生了变化。将时间线标尺移到素材开始的位置，单击位置前面的🕙按钮，添加一个路径控制点(关键帧),如图 10-37 所示。

图 10-37 将控制框向左移出画面并添加一个控制点

此时,可以单击监视器窗口中的播放按钮▶,预览画面从左至右的运动效果。

将时间线标尺移到素材末尾处,然后将预览窗口中的控制方框向右拖动并移出显示窗口,这时,在左边窗口中会自动添加一个关键帧, 位置的参数也发生了变化,并且预览窗口中出现了一条直线路径,如图 10-38 所示。

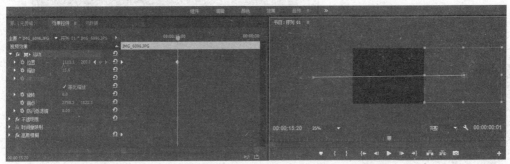

图 10-38 将控制框向右移出画面并添加另一个控制点

运动适用于包括静态图片和字幕在内的所有视频素材,并且可以通过添加控制点给一段素材的某一部分设置运动效果。

2) 改变运动速度

在 Premiere Pro CC 2019 中,有多种方法可以改变素材在窗口中的运动速度。在监视器窗口的“效果控件”面板中,可以通过改变两个运动控制点之间的距离来改变素材的运动速度。距离越远,运动速度越慢;距离越近,运动速度越快。

3) 运动视频的缩放变形及旋转

与添加其他关键帧类似,添加运动视频的缩放变形和旋转效果,需要通过在各个控制点对素材的“缩放比例”和“旋转”参数进行设置来实现。需要注意的是,当“等比缩放”复选框被选中时,“缩放宽度”选项是不可用的,如图 10-39 所示,这时只能通过调节素材的“缩放比例”数值进行缩放设置。如果取消对“等比缩放”复选框的选择,则“缩放高度”和“缩放宽度”两项都将变为可设置状态,如图 10-40 所示。

图 10-39　"等比缩放"复选框被选中时　　　图 10-40　取消"等比缩放"复选框的选中状态

8. 添加字幕

字幕对于视频编辑来说是相当重要的。Premiere Pro CC 2019 可以快速地制作各种字幕效果。选择"文件"|"新建"|"旧版标题"菜单命令，这时会出现"新建字幕"对话框，如图 10-41 所示。设置完字幕参数后就可以打开"Adobe 字幕设计"窗口进行字幕的制作，如图 10-42 所示。"Adobe 字幕设计"窗口由以下 5 个功能区组成。

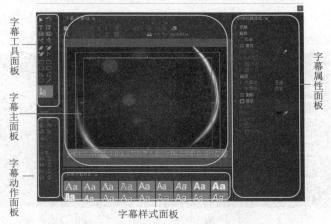

图 10-41　"新建字幕"对话框　　　　　图 10-42　"Adobe 字幕设计"窗口

- 字幕主面板：用于创建和查看文本和图形。
- 字幕工具面板：用于创建和编辑各种字幕文本、定义字幕边界、设置字幕路径和选择几何形状。
- 字幕动作面板：用于对齐、居中或分散字幕或对象组。
- 字幕样式面板：预置字幕样式。可以从多个样式库中进行选择。
- 字幕属性面板：其中包含字幕和图形选项，如字体属性和效果。

下面介绍常见的字幕制作方法。

1) 创建文本

打开"Adobe 字幕设计"窗口后，选择文字工具█，移动光标到字幕显示区域，拖动鼠标画出一个矩形虚线框，或者直接单击显示区，就会出现跳动的光标，此时便可输入需要的文本信息。

单击左边工具栏中的选择工具按钮█，退出文字输入状态。选中刚才输入的文字，在右边的字幕属性面板中可以进行"字体""字体大小"和"填充"等属性的设置。

如果需要修改文字的内容，只需要再次单击文字工具按钮，返回到输入状态进行修改即可。

关闭"Adobe 字幕设计"窗口，就可以保存设置好的字幕，字幕项目将会作为一个独立的项目自动出现在项目窗口中，如图 10-43 所示。用户可以像处理其他视频、音频素材一样对它进行编辑处理。同时，可以通过"文件"｜"导出"｜"字幕"菜单命令将字幕项目保存为后缀名为 prtl 的文件(可以定义其文件名和文件路径)。如需重新编辑字幕，直接双击字幕项目即可。

> **注意：**
> 有时候输入文本的部分文字可能无法显示，这时可以更换一种字体，这是因为一些字体不支持某些汉字。

2) 动态字幕

动态字幕一般分为滚动字幕和游动字幕两种。滚动字幕是从下向上运动的字幕；游动字幕有两种，一种是"向左游动"(从右向左运动)，另一种是"向右游动"(从左向右运动)，前者比较符合人们的视觉习惯。

创建运动字幕，需要在"字幕主面板"窗口中单击按钮 ，打开"滚动/游动选项"对话框进行设置，如图 10-44 所示。

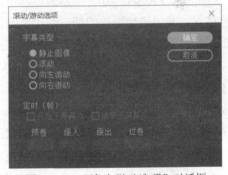

图 10-43　字幕文件自动出现在项目窗口中　　　　图 10-44　"滚动/游动选项"对话框

"滚动/游动选项"对话框中各选项的含义如下。

- 静止图像：创建静态字幕。
- 滚动：创建从下向上运动的字幕。
- 向左游动：创建从右向左运动的字幕。
- 向右游动：创建从左向右运动的字幕。
- 开始于屏幕外：未选中此复选框时，字幕从创建的位置处开始滚动；选中此复选框后，字幕从屏幕外开始滚动。
- 结束于屏幕外：选中此复选框时，字幕滚动到屏幕外结束；未选中此复选框时，字幕从创建的位置处开始结束。
- 预卷：设置字幕开始滚动前停留的帧数。
- 缓入：设置字幕从开始滚动到开始匀速运动的帧数。
- 缓出：设置字幕从匀速运动结束到滚动结束的帧数。

- 过卷：设置字幕滚动停止后停留的帧数。

9. 预演影片效果

预演是指在时间线窗口中编辑完成的素材节目在没有最终输出为影片文件格式之前所看到的编辑效果。在 Premiere Pro CC 2019 中，预演功能已经大大加强，真正实现了影片的实时预览。

要预览制作的某种效果时，可以直接在时间线窗口中拖动时间线标尺，这样在监视器窗口中就会出现刚才制作的画面效果。另外，还可以通过单击监视器窗口的播放按钮▶️实时预览编辑后的效果。

10. 输出电影

当完成对影片的编辑后，可以按照其用途输出为不同格式的文件，以便观看或作为素材进行再编辑。选中要输出的序列，选择"文件"｜"导出"｜"媒体"命令，在弹出的"导出设置"对话框中按照需求选择输出途径。Premiere Pro CC 2019 可以独立输出，也可以使用 Adobe Media Encoder 进行输出。

1) 输出文件格式概述

Premiere Pro CC 2019 可以根据输出文件的用途和发布媒介将素材或序列输出为所需的各种格式。其中包括影片的帧、用于电脑播放的视频文件、视频光盘、网络流媒体和移动设备视频文件等。Premiere Pro CC 2019 为各种输出途径提供了广泛的视频编码和文件格式。

对于高清格式的视频，提供了诸如 DVCPRO HD、HDCAM、HDV、H.264、WM9 HDTV 和不压缩的 HD 等编码格式；对于网络下载视频和流媒体视频则提供了 Adobe Flash Video、QuickTime、Windows Media 和 RealMedia 等相关格式；此外，Adobe Media Encoder 还支持为 Apple iPod 和 Sony PSP 等移动设备输出 H.264 格式的视频文件。

在具体的文件格式方面，可以分别输出项目、视频、音频、静止图片和图片序列的各种格式。

- 项目格式：Advanced Authoring Format(AAF)、Adobe Premiere Pro Projects(PRPROJ) 和 CMX3600 EDL(EDL)。
- 视频格式：Adobe Flash Video(FLV)、H.264(3GP 和 MP4)、H.264 Blu-ray(M4v)、Microsoft AVI、DV AVI、Animated GIF、MPEG-1、MPEG-1-VCD、MPEG-2、MPEG2 Blu-ray、MPEG-2-DVD、MPEG2 SVCD、QuickTime(MOV)、RealMedia(RMVB)和 Windows Media(WMV)。
- 音频格式：Adobe Flash Video(FLV)、Dolby Digital/AC3、Microsoft AVI 和 DV AVI、MPG、PCM、QuickTime、RealMedia、Windows Media Audio(WMA)和 Windows Waveform(WAV)。
- 静止图片格式：GIF、Targa(TGF/TGA)、TIFF 和 Windows Bitmap(BMP)。
- 图片序列格式：Filmstrip(FLM)、GIF 序列、Targa 序列、TIFF 序列和 Windows Bitmap 序列。

2) Premiere Pro CC 2019 独立输出

选择"文件"|"导出"|"媒体"菜单命令，弹出"导出设置"对话框。在格式中选择所需的文件格式，并根据实际应用在预置中选择一种预置的编码规格，或在下面的各项设置栏中进行自定义设置，在输出名称中设置存储路径和文件名称。

"导出设置"对话框中包含一个图像显示区域，可以在"源"和"输出"调板间进行切换，作为对比。在"源"调板中显示源视频画面，可以对其进行裁切；而在"输出"调板中包含一个消除交错视频场的功能，并且显示在经过压缩处理之后，画面的帧尺寸、像素宽高比等属性。画面的下方有一个时间显示和时间标尺，其中包含一个当前时间指针，以指示时间线上的时间。其他的调板根据输出格式的不同，包含各种编码设置，如图 10-45 所示。

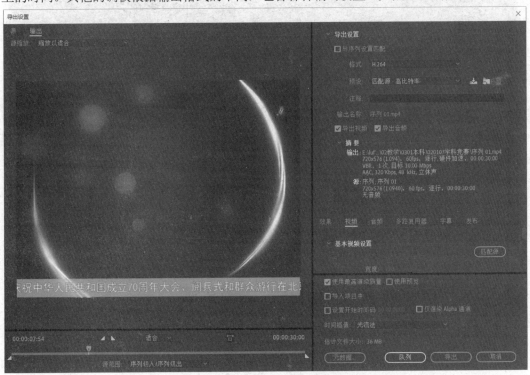

图 10-45　"导出设置"对话框

设置好参数后，单击右下角的"导出"按钮则使用 Premiere Pro CC 2019 软件内置的编码器进行输出，单击"队列"按钮则使用 Adobe Media Encoder 进行输出。

3) 使用 Adobe Media Encoder 进行输出

Adobe Media Encoder 是一个由 Adobe 视频软件共同使用的高级编码器，属于媒体文件的编码输出。根据输出方案，需要在特定的输出设置对话框中设置输出格式。对于每种格式，输出设置对话框中还提供了大量的预置参数，还可以使用此预置功能，将设置好的参数保存起来，或与其他人共享参数设置。

当输出的影片文件用于网上传阅时，经常需要对其转换交错视频帧、裁切画面或使用一些特定的滤镜。

输出参数设置完毕后，单击"队列"按钮，会自动调出独立的 Adobe Media Encoder，而设置好的项目会出现在输出列表中，如图 10-46 所示。

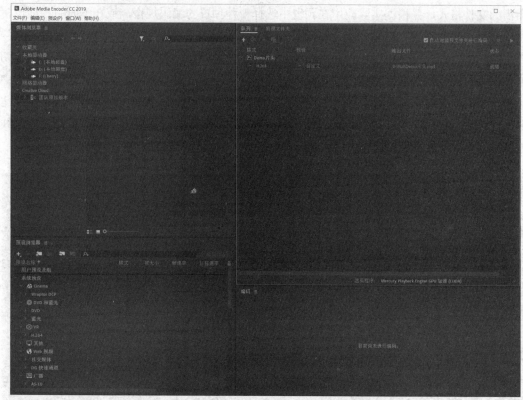

图 10-46　使用 Adobe Media Encoder 进行输出

10.3.3　Premiere Pro CC 2019 编辑实例

1. 实例 1——新闻编辑《听我说南邮》

本例是新闻节目《听我说南邮》[3]当中"快讯"版块的一条新闻的编辑。编辑最终效果如图 10-47 所示。

图 10-47　编辑最终效果

3　《听我说南邮》是南京邮电大学紫金漫话工作室的学生自制新闻节目。节目由"快讯""看点"和"调查"三个版块组成。

本例主要练习如何导入素材到"项目"窗口中、添加各种素材到"时间线"窗口中、编辑素材、添加转场、添加特效以及输出影片等基本操作。

其操作步骤如下。

(1) 打开 Adobe Premiere Pro CC 2019，按下快捷键 Ctrl+Alt+N，在打开的"新建项目"对话框中，设置项目名称为"实例 10.1"，并自行设置保存位置，单击"确定"进入 Premiere Pro CC 2019。按下快捷键 Ctrl+N，打开"新建序列"对话框，在"设置"选项卡中设置"编辑模式"为"HDV 1080i"，单击"确定"按钮，如图 10-48 所示。

图 10-48　新建序列

(2) 导入素材。双击"项目"窗口空白处，弹出"输入"对话框，导入"NUPT.png""碑.MOV""大全景.MOV""丹桂树.MOV""光线下.MOV""桂花特写.MOV""解说词.mp3""南邮快讯.AVI"和"图书馆.MOV"等素材。

(3) 在"项目"窗口中双击"解说词"，在"源：解说词.mp3"窗口中播放该素材。决定将 00:00:01:02 处设为入点，将 00:00:11:02 处设为出点，如图 10-49 所示。

图 10-49　设定素材的入点和出点

说明：

设定入点时，可单击"播放"按钮▶或按下空格键播放素材，使时间标尺接近入点，并配合使用"逐帧后退"◀┃和"逐帧前进"┃▶按钮,使时间标尺准确定位在入点处,再单击"标记入点"按钮┃;设定出点时,可单击"播放"按钮▶或按下空格键播放素材,使时间标尺接近出点,并配合使用"逐帧后退"◀┃和"逐帧前进"┃▶按钮,使时间标尺准确定位在出点处,再单击"标记出点"按钮┃。

(4) 将鼠标移到如图 10-49 所示"仅拖动音频"的位置↔时,鼠标指针变为手形,拖动鼠标,把素材导入"时间线"窗口的音频 A1 轨道上,如图 10-50 所示。

图 10-50　把素材放到音频 A1 轨道

(5) 按照步骤(3)、(4)的做法,在"解说词.mp3"中将 00:00:16:07 设为入点,将 00:00:21:05 设为出点,并将其放在第一个音频素材的后面,如图 10-51 所示。

图 10-51　添加第二个音频素材

(6) 在"项目"窗口中双击"丹桂树.MOV",在"源:丹桂树.MOV"窗口中把素材的入点设为 07:28:34:11,将鼠标移到如图 10-49 所示"仅拖动视频"的位置▬时,鼠标指针变为手形,拖动鼠标,把素材导入"时间线"窗口的 V1 轨道。

(7) 在"节目"窗口中单击"播放"按钮▶,在第一句解说词"南京邮电大学丹桂园位于⋯⋯"结束的 00:00:02:00 处停止播放。移动鼠标到"时间线"窗口"丹桂树.MOV"的结束处,鼠标变成图 10-52 所示的形状,拖动鼠标到 00:00:02:00 处,完成第一段视频素材"丹桂树.MOV"的编辑。

图 10-52　在"时间线"窗口中拖动鼠标完成"丹桂树.MOV"的编辑

(8) 按照步骤(3)、(4)的方法,把"图书馆.MOV"的入点设为 07:28:51:11,出点设为 07:28:54:14,拖到"时间线"窗口"丹桂树.MOV"之后。再依次设定以下素材的入点、出点,将其拖到"时间线"窗口中:

"大全景.MOV":入点 07:31:50:09,出点 07:31:52:21

"桂花特写.MOV":入点 07:28:21:11,出点 07:28:24:01

"光线下.MOV"：入点 08:14:22:17，出点 08:14:25:08

"碑.MOV"：入点 07:29:09:00，出点 07:29:10:24

如此，就完成了素材的编辑。效果如图 10-53 所示。

图 10-53　素材编辑效果

(9) 在"时间线"窗口中选中"桂花特写.MOV"，在"效果控件"面板中，将其"运动"｜"缩放"设为 112，位置改为(780.0,600.0)，如图 10-54 所示。

(10) 选择"效果"面板中的"视频效果"｜"生成"｜"镜头光晕"特效，将视频效果拖至"碑.MOV"。在"效果控件"面板中，设置"光晕中心"为(430.0,230.0)，"光晕亮度"为 80%。如图 10-55 所示。

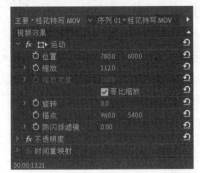

图 10-54　调整"桂花特写.MOV"的缩放值、位置值　　　图 10-55　调整"碑.MOV"的镜头光晕

(11) 选择菜单命令"序列"｜"添加轨道"，在打开的"添加轨道"对话框中，添加两条视频轨道。将"项目"窗口中的"NUPT.png"导入"时间线"窗口 V3 轨道的 00:00:00:00 处，右击"NUPT.png"，从弹出的快捷菜单中选择"速度/持续时间"命令，将"持续时间"改为 00:00:15:00，即与编辑的长度一致。在"效果控件"面板中，将"NUPT.png""缩放"设置为 42，"位置"设置为(165.0,930.0)，如图 10-56 所示。

(12) 将"项目"窗口中的"南邮快讯.AVI"导入"时间线"窗口的 V4 轨道的 00:00:00:00 处，右击"南邮快讯.AVI"，在弹出的快捷菜单中选择"速度/持续时间"命令，将"持续时间"改为 00:00:15:00。在"效果控件"面板中，将"南邮快讯.AVI"的"位置"设置为(780.0,950.0)，如图 10-57 所示。

图 10-56　设置"NUPT.png"的参数

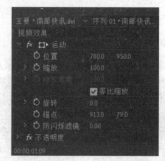

图 10-57　设置"南邮快讯.AVI"的参数

(13) 选择菜单中的"文件"｜"新建"｜"旧版标题"命令，在打开的"新建字幕"对话框中输入"名称"为"丹桂园"，单击"确定"按钮。在打开的"字幕：丹桂园"窗口中，单击左上角的 ▤，选择其中的"工具"和"属性"，确保工具栏和"旧版标题属性"面板显示；单击"显示背景视频"按钮 ▣，使视频显示。选择工具栏中的文字工具按钮 Ⅲ，在显示区中的适当位置单击鼠标，输入字幕：丹桂园：南邮人文景观"新名片"。

(14) 选择工具栏中的选择工具按钮 ▶，退出文字输入状态。在"旧版标题属性"面板中将"字体系列"设置为"黑体"，将"字体大小"设置为52。单击"内描边"右侧的"添加"，设置内描边的"类型"为"深度"，"大小"为 160，"填充类型"为"实底"，"颜色"为白色。单击"外描边"右侧的"添加"，设置外描边的"类型"为"边缘"，"大小"为10，"填充类型"为"实底"，"颜色"为黑色。选中"阴影"复选框，参数保持默认值，如图 10-58 所示。调整其位置，效果如图 10-59 所示。

图 10-58　设置字幕属性

图 10-59　调整字幕位置

(15) 关闭"字幕：丹桂园"窗口，在"项目"窗口中，将新建的字幕素材"丹桂园"拖至"时间线"窗口的V5轨道，调整其从 00:00:01:13 持续到 00:00:15:00。选择"效果"面板中的"视频过渡"｜"溶解"｜"交叉溶解"特效，将转场效果拖至"丹桂园"字幕的头部和尾部，为字幕添加淡入淡出效果，如图 10-60 所示。

（16）右击"项目"窗口的空白处，在弹出的快捷菜单中选择"新建项目"｜"调整图层"命令，在打开的"调整图层"对话框中保留默认设置，单击"确定"按钮，新建一个调整图层。将"项目"窗口中新生成的"调整图层"拖到"时间线"窗口 V2 轨道的 00:00:00:00 处，，右击"调整图层"，在弹出的快捷菜单中选择"速度/持续时间"命令，将"持续时间"改为 00:00:15:00，即与编辑的长度一致。

（17）选择"效果"面板中的"视频效果"｜"颜色校正"｜"Lumetri 颜色"特效，将视频效果拖至"调整图层"。在"效果控件"面板中，设置"Lumetri 颜色"｜"创意"｜"Look"为"SL BIG"，如图 10-61 所示。

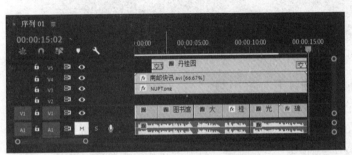

图 10-60　为字幕添加淡入淡出效果

图 10-61　为素材添加滤镜

（18）保存文件，选择"文件"｜"导出"｜"媒体"菜单命令导出视频。

2. 实例 2——抠像

本例的画面效果是运用 Premiere Pro CC 2019 提供的"超级键"功能去除素材的蓝色背景，将蓝色背景上的主持人放置到一个动态的背景下，并让她与动态背景自然融合，如图 10-62 所示。

本例主要练习视频特效"超级键"的添加。抠像是众多高级特技效果的基础，掌握其应用意义重大。

其操作步骤如下。

（1）打开 Adobe Premier Pro CC 2019，在"新建项目"对话框中，设置保存位置和名称，单击"确定"按钮。按下快捷键 Ctrl+N，打开"新建序列"对话框，单击"确定"按钮。

（2）导入素材。双击"项目"窗口的空白处，弹出"输入"对话框，导入"NUPT.png""背景.mp4""主持人.mov"和"字幕.avi"文件。

（3）将"背景.mp4"拖进"时间线"窗口的 V1 轨道。若弹出"剪辑不匹配警告"窗口需更改序列时，则选择"更改序列设置"，如图 10-63 所示。

（4）双击素材"主持人.mov"，单击播放按钮▶播放视频素材，在 00:00:01:03 处暂停，单击按钮 设置入点。拖动素材到"时间线"窗口的 V2 轨道，如图 10-64 所示。

图 10-62　编辑最终效果

图 10-63　选择"更改序列设置"

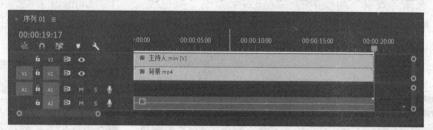

图 10-64　将"主持人.mov"拖到 V2 轨道上

(5) 在"效果"面板中，选择"视频效果"｜"键控"｜"超级键"视频特效，将此特效拖到"主持人.mov"素材上。在"效果控件"面板中，设置"主持人.mov"素材的"运动"选项下的"位置"坐标为(580,650)，"缩放"设置为130。设置"超级键"选项下的"输出"为"合成"，"设置"为"自定义"。使用"主要颜色"右方的选色管按钮🗸，单击"节目"窗口中视频的蓝色，设置"遮罩生成"｜"透明度"为45，"高光"为5，"阴影"为100，"容差"为50，"基值"为100，如图 10-65 所示。

(6) 将"NUPT.png"拖至"时间线"窗口的 V3 轨道，将其起点设定为 00:00:03:15，结束点与"主持人.mov""背景.mp4"相同。在"效果控件"面板中，设置其"位置"的坐标为(200,1000)，"缩放"为45，如图 10-66 所示。

图 10-65　设置"主持人.mov"参数

图 10-66　设置"NUPT.png"参数

(7) 选择菜单命令"序列"｜"添加轨道"，给"时间线"窗口添加 2 条视频轨道。把"字幕.avi"拖至"时间线"窗口的 V4 轨道 00:00:03:15 处，在"字幕.avi"上右击，选择快捷菜单命令"速度/持续时间"，在弹出的"剪辑速度/持续时间"对话框中设定持续时间为 00:00:07:00。在"效果控件"面板中，设置"字幕.avi"的"位置"为(700,1000)，"缩放"为100，如图 10-67 所示。

(8) 选择"字幕"|"新建"|"旧版标题"菜单命令，将标题字幕命名为"主持人字幕"，在字幕制作窗口中单击"显示背景视频" ，使字幕出现在画面上，选择 ，输入"主持人　赖云千姿"，设置其"字体"为黑体，"字体大小"为 60，颜色为白色，添加"外描边"，设置"类型"为边缘，"大小"为 20，"颜色"为黑色，如图 10-68 所示。

图 10-67　设置"字幕.avi"参数　　　　　图 10-68　设计"主持人字幕"

(9) 关闭字幕制作窗口，此时可以在"项目"窗口中看到出现了字幕素材"主持人字幕"。在"时间线"窗口中，把时间标尺定位到 00:00:05:15 处，将"主持人字幕"拖至"时间线"窗口的 V5 轨道上，这样其结束位置与"字幕.avi"一致。

(10) 选择菜单命令"窗口"|"效果"，打开"效果"面板，选择"视频过渡"|"溶解"|"交叉溶解"命令，分别拖到 V5 轨道"主持人字幕"的开始和结束处、V4 轨道"字幕.avi"的结束处和 V3 轨道"NUPT.png"的开始处，如图 10-69 所示。

图 10-69　添加淡入淡出效果

(11) 选择"文件"|"导出"|"媒体"菜单命令，导出影片。

3. 实例 3——画面稳定

本例的画面效果是运用 Premiere Pro CC 2019 提供的"变形稳定器"，将一段抖动的视频素材变得稳定流畅，如图 10-70 所示。

本例主要练习视频效果中"变形稳定器"的应用。"变形稳定器"在手持拍摄和延时拍摄中的应用非常广泛。

其操作步骤如下。

(1) 打开 Adobe Premiere Pro CC 2019, 在"新建项目"对话框中, 设置保存位置和名称, 单击"确定"按钮。按下快捷键 Ctrl+N, 打开"新建序列"对话框, 单击"确定"按钮, 如图 10-71 所示。

图 10-70　编辑最终效果

图 10-71　新建序列

(2) 导入素材。双击"项目"窗口的空白处, 弹出"导入"对话框, 导入"图书馆.mov"文件, 如图 10-72 所示。把"项目"窗口中的素材"图书馆.mov"拖到"时间线"窗口 V1 轨道中, 如图 10-73 所示。若在弹出的"剪辑不匹配警告"窗口中需更改序列, 则选择"更改序列设置"。

图 10-72　导入素材

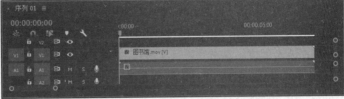

图 10-73　将素材导入"时间线"窗口

（3）在"项目"窗口上方单击"效果"选项卡，在搜索框中输入"变形稳定器"，此时下方会出现我们要使用的"变形稳定器"视频效果，把"变形稳定器"选项拖放到时间线上的素材"图书馆.mov"上，此时"监视器"窗口中会出现"后台分析(步骤 1/2)"，如图 10-74 所示。当完成稳定分析后，在"效果控件"面板中设置"结果"为"平滑运动"，"平滑度"为 100%，"方法"为"子空间变形"，"帧"为"稳定，裁切，自动缩放"，单击"分析"按钮，等待系统自动完成分析，如图 10-75 所示。

图 10-74　后台分析

图 10-75　设定参数

（4）单击监视器窗口上的播放按钮▶，可以看到添加变形稳定器后，素材"图书馆.mov"已经变得较为平滑流畅。

（5）选择"文件"｜"导出"｜"媒体"菜单命令，导出影片。

4. 实例 4——时间重映射

本例的画面效果是运用 Premiere Pro CC 2019 提供的"时间重映射"功能，对画面的速度实现加速、减速、倒放或者静止，达到画面需要的变速变换，并将其运用至南京邮电大学紫金漫话工作室宣传片的制作当中，如图 10-76 所示。

本例主要练习如何运用时间重映射完成对画面的变速控制，包括加速、减速等，实现对画面速度的自由控制。

其操作步骤如下。

（1）打开 Adobe Premiere Pro CC 2019，按下快捷键 Ctrl+Alt+N 或单击"新建项目"按钮，在打开的"新建项目"对话框中，设置项目名称为"实例 10.4"，并自行设置保存位置，单击"确定"按钮进入 Premiere Pro CC 2019。按下快捷键 Ctrl+N，打开"新建序列"对话框，单击"确定"按钮，如图 10-77 所示。

(2) 导入素材。双击"项目"窗口的空白处，弹出"导入"对话框，导入文件夹中的"素材.mp4""音乐.mp3""DV 与综艺部.png""广告部.png""新媒体部.png""新闻与专题部.png"和"紫金 logo.png"文件。把导入的"素材.mp4"拖至"时间线"窗口的 V1 轨道上，若在弹出的"剪辑不匹配警告"窗口中需要更改序列，则选择"更改序列设置"，如图 10-78 所示。在"素材.mp4"上右击，从弹出的快捷菜单中选择"取消链接"命令，使"素材.mp4"的音频和视频链接得以解除，删除素材的音频。

图 10-76　编辑最终效果　　　　　　　图 10-77　"新建序列"对话框

图 10-78　选择"更改序列设置"

(3) 将"音乐.mp3"拖至时间线窗口的 A1 轨道上，如图 10-79 所示。

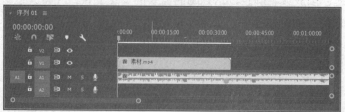

图 10-79　添加音乐素材

(4) 选中"素材.mp4"，将时间线标尺定位在 00:00:00:06 时间点上，在"效果控件"面板中，单击"素材.mp4"的"时间重映射"｜"速度"右侧的"添加/移除关键帧"按钮，添加一个关键帧。再用同样的方法在 00:00:01:14、00:00:02:13、00:00:05:02、00:00:05:21、00:00:08:09、00:00:09:03、00:00:13:10、00:00:15:22、00:00:16:10、00:00:18:14、00:00:19:16、00:00:23:11、00:00:25:20、00:00:32:10 时间点上添加关键帧，如图 10-80 所示。

图 10-80　添加关键帧

(5) 在"时间线"窗口上选中"素材.mp4"并右击，从弹出的快捷菜单中选择"显示剪辑关键帧"｜"时间重映射"｜"速度"命令。将鼠标移到"时间线"左侧轨道之间上下拖动，将 V1 轨道显示放大，如图 10-81 所示。

图 10-81　放大显示 V1 轨道

(6) 按住 Alt 键，向上滑动鼠标滚轮，适当放大"时间线"窗口的显示比例。将鼠标移至 00:00:00:00 至 00:00:00:06 这个区间，当出现小箭头图标时，上下移动鼠标将该区间画面速度调整为 20%，如图 10-82 所示。

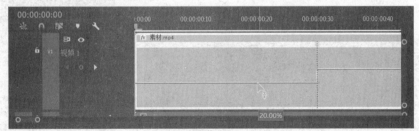

图 10-82　调整 00:00:00:00 至 00:00:00:06 区间的速度

(7) 以同样的方法，将其他区间按以下速度进行调整，完成后的效果如图 10-83 所示。

区间 1：00:00:00:06~00:00:01:14：272%

区间 2：00:00:01:14~00:00:02:13：16%

区间 3: 00:00:02:13~00:00:05:02: 549%

区间 4: 00:00:05:02~00:00:05:21: 6%

区间 5: 00:00:05:21~00:00:08:09: 781%

区间 6: 00:00:08:09~00:00:09:03: 17%

区间 7: 00:00:09:03~00:00:13:10: 887%

区间 8: 00:00:13:10~00:00:15:22: 100%

区间 9: 00:00:15:22~00:00:16:10: 29%

区间 10: 00:00:16:10~00:00:18:14: 832%

区间 11: 00:00:18:14~00:00:19:16: 20%

区间 12: 00:00:19:16~00:00:23:11: 1000%

区间 13: 00:00:23:11~00:00:25:20: 42%

区间 14: 00:00:25:20~00:00:32:10: 1000%

区间 15: 00:00:32:10~结束: 45%

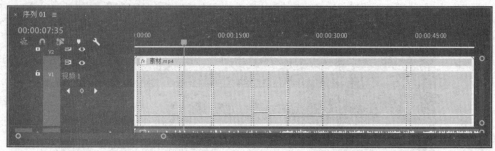

图 10-83　完成后的效果图

(8) 将时间线标尺定位在 00:00:07:35 处，选择工具栏上的文字工具 [T]，在屏幕上单击鼠标，输入字幕"广告部"，便可以打开"图形"面板，选择刚刚输入的"广告部"，调整文字的字体为"YankaigungEG-Ultra-GB"(该字体见附带字体文件"文鼎习字体"，可自行安装)，字号为 100。效果如图 10-84、10-85 所示。

图 10-84　添加部门字幕

图 10-85　调整文字

(9) 此时 V2 轨道上已经出现了名为"广告部"的字幕素材。选中该素材，在"效果控件"面板中，设置"变换"｜"位置"为(80.0,750.0)，"缩放"为100，如图 10-86 所示。

(10) 将"项目"窗口中的"广告部.png"拖至"时间线"窗口的 V3 轨道上，调整其入点、出点与"广告部"字幕相同。在"效果控件"面板中，设置其"位置"为(230.0,590.0)，"缩放"为70.0，如图 10-87 所示。

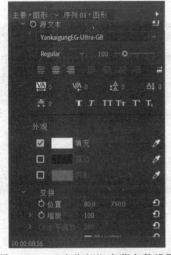

图 10-86　"广告部"字幕参数设置

图 10-87　"广告部.png"参数设置

(11) 选择菜单命令"窗口"｜"效果"，打开"效果"面板，选择"视频过渡"｜"溶解"｜"交叉溶解"命令，分别拖到 V2 以及 V3 轨道的"广告部"字幕、图片的首部和尾部，实现淡入淡出的效果，如图 10-88 所示。

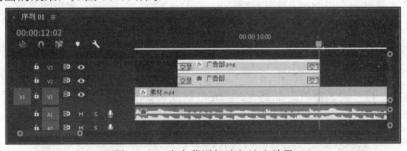

图 10-88　为字幕添加淡入淡出效果

(12) 采用类似步骤(8)至(11)的方法，将时间线标尺定位在 00:00:13:00 处，输入字幕"新闻与专题部"，设置其"变换"｜"位置"为(80.0, 650.0)，"缩放"为100.0。 设置"新闻与专题部.png"的"位置"为(350.0, 450.0)，"缩放"为70.0。为"新闻与专题部"字幕、图片的首部和尾部添加淡入淡出的效果。

(13) 采用类似步骤(8)至(11)的方法，将时间线标尺定位在 00:00:24:10 处，输入字幕"DV与综艺部"，设置其"变换"｜"位置"为(80.0, 650.0)，"缩放"为100.0。 设置"DV与综艺部.png"的"位置"为(380.0, 450.0)，"缩放"为70.0。为"DV与综艺部"字幕、图片的首部和尾部添加淡入淡出的效果。

(14) 采用类似步骤(8)至(11)的方法，将时间线标尺定位在 00:00:35:00 处，输入字幕"新媒体部"，设置其"变换"|"位置"为(80.0, 650.0)，"缩放"为 100.0。设置"新媒体部.png"的"位置"为(280.0, 480.0)，"缩放"为 70.0。为"新媒体部"字幕、图片的首部和尾部添加淡入淡出的效果。

(15) 选择剃刀工具 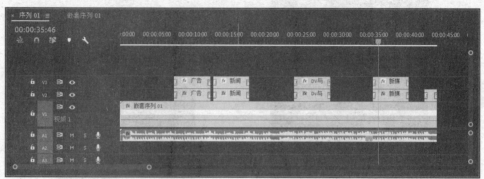，将 A1 轨道上超出的音轨删除。最终的"时间线"窗口如图 10-89 所示。

图 10-89　删除音频的多余部分

(16) 在素材"素材.mp4"上右击，从弹出的快捷菜单中选择"嵌套"命令，在弹出的对话框中设置"名称"为"嵌套序列 01"，单击"确定"按钮。

(17) 选择菜单命令"窗口"|"效果"，打开"效果"面板，选择"视频效果"|"模糊与锐化"|"高斯模糊"命令，将其拖到 V1 轨道的"素材.mp4"上。将时间标尺移到 00:00:39:51 处，在"效果控件"面板中，单击"高斯模糊"|"模糊度"左侧的小闹钟 ，为模糊度设置关键帧，再将时间标尺移到 00:00:41:12 处，在模糊度数值的右侧输入 70.0，完成模糊度的关键帧设置。

(18) 将"紫金 logo.png"拖至"时间线"窗口 V2 轨道的 00:00:42:08 处，设置其"位置"为(960.0,540.0)，"缩放"为 60.0。打开"效果"面板，选择"视频过渡"|"溶解"|"交叉溶解"命令，将"交叉溶解"拖到 V2 轨道"紫金 logo.png"字幕的首部和尾部，实现淡入淡出的效果，如图 10-90 所示。

图 10-90　结尾

(19) 保存文件，选择"文件"|"导出"|"媒体"菜单命令导出视频。

10.4　思考和练习

1. 思考题

(1) 利用造型特征来连接镜头和转换场景时要注意什么问题？

(2) 什么是轴线规律？

(3) 合理越轴有哪些基本方法？

(4) 固定镜头与固定镜头之间应该如何组接？

(5) 运动镜头与运动镜头之间、运动镜头与固定镜头应该如何组接？

(6) 运用分解法和省略法编辑人物形体动作时要注意什么问题？

(7) 对白的编辑有哪些方式？

(8) 现场采访同期声编辑有哪些形态和要求？

(9) 音乐编辑有哪些方式？

(10) 音响编辑有哪些方法？

2. 练习题

使用编辑软件 Premiere Pro CC 2019 完成 10.3.3 节的编辑实例操作。

第 11 章

数字视频作品的特技与动画

- 特技概述
- 数字特技
- 计算机动画
- 数字视频合成软件 After Effects

学习目标

1. 理解特技在数字视频作品制作中的作用。
2. 了解特技的种类。
3. 掌握影视作品中常见的跳切转场方法。
4. 掌握转场特技的使用要领。
5. 掌握化与叠的使用要领。
6. 掌握划与分割屏幕的使用要领。
7. 掌握键的使用要领。
8. 了解数字特技的常见屏幕效果。
9. 理解动画的概念与历史。
10. 了解二维动画的主要运用方式。
11. 了解三维动画的制作流程。
12. 了解常见三维动画制作软件的操作要领。
13. 掌握使用数字视频合成软件 After Effects 进行合成的要领。

思维导图

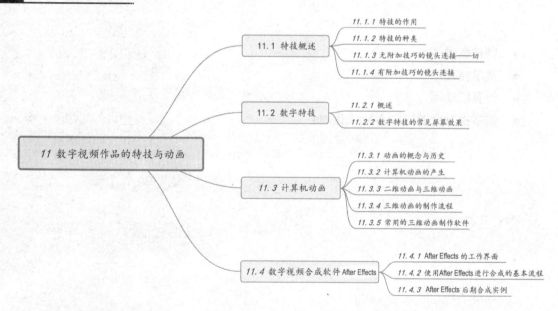

近几十年来，飞速发展的数字技术不但使影视行业的发展呈现出前所未有的新活力，而且给当代影视创作和影视理论也带来了始料未及的新变化和新挑战。数字技术的日渐成熟，使得影像的创作拥有了无限可能。在数字视频作品的制作中，特技与动画已经成为丰富画面表现形式、增强可视性的重要手段。

11.1　特技概述

11.1.1　特技的作用

顾名思义，特技就是特殊技巧的意思，它能给人以不同寻常的感觉。特殊的画面效果，来自于特殊的技巧，多半是利用特技摄影或后期画面加工而成的。

所谓特技摄影，就是运用特殊的技法进行拍摄，得到让人意想不到的画面效果。20 世纪初，在乔治•梅里爱无意中把摄影机摇到相反的方向拍摄出了意料不到的画面效果之后，特技摄影技术就诞生了。人们先是在摄影机上打主意，找到了倒拍、逐格拍摄等方法，随后又在后期制作中创新，采用了多次曝光、叠、划、化、透视合成、影幕合成以及活动遮片等方法，逐步建立了模型摄影。另外，又利用专用的摄影棚、各种特技道具等，使特技摄影具备了更强的艺术表现力。

影视特技的范围相当广泛，从简单的字幕叠入，到复杂的数码特技、计算机特技等，都属于影视特技。在视频制作中，特技的运用越来越普及和多样化。使用特技的目的，是想尽一切办法，将一切"不可能实际拍摄"的画面变成可能，把编剧、导演、摄影师、美工等节目制作人员的创作意图真实、形象地表现出来。

20 世纪 80 年代，计算机技术、数字电路技术与电视工程技术的结合，产生了优异的电视制作系统。如数码特技，其使画面的特殊效果变化万千、新颖别致，丰富和开拓了节目制作者的艺术创造能力。

计算机与数字技术的不断发展，使得在影视制作中可以不受限制地预先设置大规模的场景并随意组合，隐去画面中不需要的东西和声音，甚至还可以创造新的角色。如抹去演员身上的保险带，使演员在陡峭的山崖上身轻如燕，如履平地，身上没有半点碍眼之物。再如抹去画面上的灰尘、蒸汽、电线、阴影和闲杂人员，使景色更加清晰宜人，甚至还可以在画面上加入别处的景物。

具体地说，特技有以下几方面的作用。

(1) 加入字幕和时间标志，能对屏幕上的部分画面起强调作用。

(2) 增强信息传播效果。节目中涉及的重要的对比性数据，仅靠播音给人印象不深，充分利用图文制作系统，将有关数据制成图表、闪动的数字、运动的箭头或高低变化的彩色图柱叠印在相关画面上，可以达到直观生动的效果。

(3) 改变画面的节奏，扩展或压缩运动的持续时间。即加快或放慢运动的速度，以产生抒情或戏剧效果等。

(4) 进行画面的意境创新，改变画面的构成，将图像组合成新的整体结构，伴随着翻转、移动、缩放、旋转等多种运动形式以及光与色彩的变化，给观众以超现实的、奇幻美妙的视觉感受和丰富的联想。

(5) 特技制作形成了一套独特的画面语言，扩大了画面的表现力，使画面的表达越来越细腻。比如影片《泰坦尼克号》中的超常规拉镜头，就是从站在船头的主人公杰克开始，围绕船体从船头到船尾向后拉开了两三公里，不仅展示了泰坦尼克号的磅礴气势，更为影片平添了几笔浪漫色彩。尽管这个镜头在原理上可以用飞机航拍完成，但是要达到如此平滑均匀的运动轨迹，几乎是不可能的事。

(6) 以假代真、以假乱真，做到天衣无缝，消除或减轻制作工作中的危险性。同时节省大量资金，缩短制作周期。例如在影片《阿甘正传》中，20 世纪 90 年代的汤姆·汉克斯与 20 世纪 60 年代的肯尼迪总统在白宫握手(如图 11-1 所示)，在 20 世纪 70 年代作为美国乒乓球明星队员访问中国，又得到了尼克松总统的接见。观众在观看影片时，虽然知道这些并没有真实发生过，但在观众看来，数字技术产生的画面却足以"真实地"再现那一段段历史。又如该片中阿甘参加林肯纪念堂前的 5 万人的反战集会，实际上是由 1000 多名群众演员的示威场面复制而成的，如图 11-2 所示。

图 11-1　影片《阿甘正传》中阿甘与肯尼迪握手

图 11-2　《阿甘正传》中反战集会的人群也是数字特技的产物

(7) 具有创造性和修补性，可以展示人们从未去过的地方，或者从未见过的东西。例如，斯皮尔伯格导演的著名影片《侏罗纪公园》就充分展示了数字特技的巨大创造力——恐龙复活的奇迹向人们展示了银幕空间所蕴含的无限可能，如图 11-3 所示。又如在影片《珍珠港》

中，日军轰炸珍珠港时，有一个镜头仿佛是摄影机跟着一枚飞机投下的炸弹同速下降拍摄，直到落地爆炸。虽然画面做得非常逼真，但事实上这个镜头根本不可能通过实拍来完成，而只能通过数字技术来解决。

图 11-3　《侏罗纪公园》让恐龙复活的奇迹成为现实

11.1.2　特技的种类

1. 光学特技

利用特殊效果镜头，可以得到一些特技画面，如简单实用的幻象镜头、中心聚焦镜头，文艺晚会中常常用到的星光镜、十字镜、柔光镜等。另外，通过照明手段也能获得引人入胜的效果。将电光、色彩和阴影三者有机地组合起来，可以烘托场面气氛，使节目内容、形式更加吸引人。

背景屏幕的投影是指将幻灯片，或者硬纸片、塑料块等剪成所需的背景图像，用投影仪投影到背景屏幕上使演员与背景结合，演播室的节目常常用到这种办法。也有利用光源形成效果的，如利用电路控制光源，按时间、情节或音乐节奏变化，使光源呈现闪光的效果，这样能控制光照的方向和区域，这种方法大多用于大型舞台演出等。虽然光学特技效果比不上电子特技又快又好，但在某些情况下，也是十分有效的。

2. 机械特技

机械特技效果是建立在模型摄影和特技道具上的，常常在影视剧的制作中使用。这种特技要求真实可信，而且制作和操作都要简单。最常见的是雨、雪、雾、风、烟、火、闪电和爆炸等效果。例如，雪的效果就是利用喷雪器将雪喷在镜头的前面，使演员身上披满雪花(塑料雪或肥皂片)。机械特技效果的制作办法很多，当然这要视作品的内容及制作能力而行。

3. 模拟特技

电子特技中的模拟特技是指直接利用模拟电视信号来实现特技效果，它只能是各个信号之间的相互取代，整个画面的尺寸、形状、方向和位置等是不能随意改变的。例如，最基本的电视特技切换、淡出淡入、溶出溶入等，就是通过对电视视频信号的处理而获得的。键控特技也是如此。

4. 数字特技

数字特技是指通过数字技术手段制作特殊的画面视觉效果。它通常是利用计算机制作相应的静帧、二维动画或三维动画画面，然后在数字合成软件中，将这些画面与经过处理的实拍影像组合在一起，形成一个有机整体。

11.1.3 无附加技巧的镜头连接——切

切，是切换的简称，指的是镜头画面的直接变换。凡是两个镜头直接衔接在一起，就称作切。切换的过程是不可见的，在一瞬间，一个画面就被另一个画面替代了。

切在影视片镜头的转换中占据着主要地位，使用也最为频繁。它具有转场简洁、明快的特点，并赋予画面较强的节奏感。

在影视作品中，常见的跳切转场方法主要有以下 8 种。

1) 利用相似性因素

相似性因素指的是上下镜头具有相同或相似的主体形象，或者其中的物体形状相近、位置重合，在运动方向、速度、色彩等方面具有一致性等，以此来转场，可以达到视觉连续、转场顺畅的效果。例如，"火舌"与"飘动的红旗"的连接；影片《一江春水向东流》中，张忠良和王丽珍二人跳舞的"舞步"与日本鬼子巡逻的"脚步"的连接；影片《罗拉快跑》中落下的钱袋和落下的电话听筒之间的连接等。

2) 利用遮挡元素

遮挡指的是镜头被画面内的某形象暂时挡住。遮挡有两种方式：一是主体迎面而来挡黑摄像机镜头，形成暂时的黑画面；二是画面中的前景暂时挡住其他的形象，成为覆盖画面的唯一形象。

例如，在张艺谋导演的影片《有话好好说》中，男主人公赵小帅在大街上等人，在开始的镜头中，赵小帅在百无聊赖地东张西望，下一镜头，前景中汽车驶过挡住画面的一刻，镜头切换到了他在吃西瓜；汽车再驶过，又换到了他在吃盒饭；最后一个镜头汽车驶过，画面转接到了女主人公安红的家中。

3) 利用景物镜头(或称空镜头)

在编辑过程中，运用景物镜头转场是常用的方法之一。这是因为景物镜头具有展示不同的地理环境、景物风貌，表现时间和季节的变化以及借景抒情的重要作用。

4) 利用特写

由于特写排除了环境的影响，可以在一定程度上弱化时空或段落转换的视觉跳动，因此它常常被用作转场不顺的补救手段。

例如，在影片《拯救大兵雷恩》中，从小分队成员讨论拯救任务的场景到转入战斗的场景，就采用了一个景物镜头的特写。

5) 利用声音(音乐、音响、解说词、对白等)和画面的配合

利用解说词或对白承上启下、贯穿上下镜头的意义，是编辑的基本手段，也是转场的惯

用方式。

例如，在影片《阿甘正传》中，阿甘的战友布巴喋喋不休地说着他的"虾工业"梦想，同时镜头不断变换，表现他们在军营里的各种活动。一方面表现了阿甘做事的专注，另一方面又为后来的阿甘捕虾成功埋下伏笔。

又如，在影片《秋菊打官司》中，每次表现秋菊出发去告状的时候，都使用了相同的音乐，以表现秋菊的决心。

影片《我的父亲母亲》中有这样一个长达十多分钟的段落：人们的目光对准教室，教室里传来动听的声音，可是人们始终没有看到急切想见到的人，没有看到发声源——读书的先生和学生，而是通过画外声音的衬托来激发人们想象一个知书达理的先生的形象。

6) 利用承接因素

利用上下镜头之间的造型和内容上的某种呼应、动作或者情节连贯的关系，使段落顺理成章地实现过渡，有时利用承接的假象还可以制造错觉，使场面转换既流畅又有戏剧效果。

例如，上一段落主人公准备去车站接人，他说"我去车站了"出画，镜头立即承接这一意思切换到车站外景，主人公再入画，开始了下一段落，这是利用情节关联直接转换场景。

7) 利用反差因素

利用前后镜头在景别、动静变化等方面的巨大反差和对比来形成明显的段落间隔，这种方法适用于大段落的转换。其常见方式是两极景别的运用。由于前后镜头在景别上的悬殊对比，能制造明显的间隔效果，段落感强。它属于镜头跳切的一种，有助于加强节奏。

8) 利用主观镜头

主观镜头指的是借人物视觉方向所拍的镜头。用主观镜头转场指的是按前后镜头间的逻辑关系来处理场面转换问题。它可用于大时空转换，例如，前一镜头是人物抬头凝望，下一段落可能就是所看到的场景，甚至是完全不同的事物、人物，诸如一组建筑，或者远在千里之外的父母。

11.1.4　有附加技巧的镜头连接

用特技方式连接镜头是画面语言的基本表现手段之一，也是蒙太奇结构中的重要组成部分。不同的特技方式将产生不同的视觉心理效果，它直接关系到影视时空的变化、场景转换的力度、画面内涵的拓展等一系列蒙太奇语言的准确度，并且对观众的视觉感受、审美感知以及叙述风格都产生一定的影响。

特技的形式丰富多样，其中最基本的模拟信号特技方式包括淡、化、划、键等。

1. 淡(Fade)

画面逐渐消失或者从黑暗中逐渐显示出来的变化过程称为"淡"。

一个画面从黑暗中逐渐显现出来称为"淡入"，或称为"渐显"(Fade-in)。相反，画面由明亮逐渐转暗，直到完全消失于黑暗中，称为"淡出""渐隐"(Fade-out)，或者称为"转黑"。如果用图形来描述这种变化过程，分别如图 11-4 和图 11-5 所示。

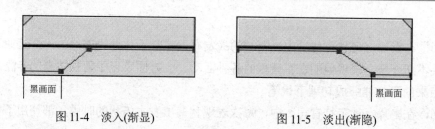

图 11-4 淡入(渐显)　　　　　图 11-5 淡出(渐隐)

　　切是镜头之间的瞬间转换和连接,而淡则是一种缓慢的、渐变的转换过程。屏幕上出现的黑画面,不管是长还是短,都给人造成了视觉上的间歇,使人产生一种明显的段落感。其渐隐、渐显的时间长短可以根据内容需要来掌握。

　　淡入一般用于段落或全片开始的第一个镜头,引领观众逐渐进入;反之,淡出常用于段落或全片的最后一个镜头,可以激发观众的回味。通常,淡入淡出连在一起使用,对于编辑而言,这是最便利也是运用最普遍的段落转场手段。

　　2. 化(溶,即 Dissolve)与叠(Superimposition)

　　将前后两个镜头的淡出和淡入过程重叠在一起便形成了“化”。即在前一个画面逐渐消失的同时,后一个画面逐渐显现出来,直至完全替代前一个画面的过程就称为“化”,或称为“溶”和“慢转换”。在这个转换过程中,前一个画面的逐渐消失称为“化出”(Dissolve out);后一个画面的逐渐显现称为“化入”(Dissolve in),如图 11-6 所示。

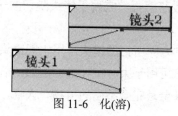

图 11-6 化(溶)

　　“化”也是一种缓慢的渐变过程。这种特技方式使画面之间的转换显得非常流畅、自然、柔和,给人以舒适、平和的感觉。“化”的速度同样可以根据内容和节奏的需要来确定和掌握。“化”一般在以下场合中使用。

- 表现明显的空间转换和时间过渡。例如,影片中从某人儿时的形象到年轻时的形象,以人的变化暗示了时间的推移、人的成长。又如,要表现一个剧团的巡回演出,只需把几个带有不同区域特征的镜头及演出片段、海报等叠化在一起,就可以使观众感受到剧团走遍了各地。这既简化了时空转换过程又避免了切换的跳跃感。

　　例如,在影片《我的父亲母亲》中有这样一个片段:为了表现年轻时的母亲每天变着花样地给当“教书先生”的父亲送饭,镜头的拍摄角度、景别、构图方式等均没有变化,变化的只是木凳上每天不同的饭菜和来了又去的身影。由于镜头中的绝大部分元素都非常相似,切换镜头视觉跳动感强,因此用叠化就能很好地体现出了日复一日的效果。

- 表现段落的转换。与“淡出淡入”相比,“化”表现的时空跨度较小一些。把两种技巧用在同一节目中时,可以用“淡”分隔大的内容段落,而用“化”来分隔、连接小段落。

- 创造意境。把一系列有特定内涵的画面连续"化"，形成情感的积累效果，创造出某种意境，借以抒情。
- 表现事物之间的联系或对比。两个画面形象在一段时间内的重合，显示了两者之间有一种较为密切的联系。这正是作者的创作意图所在，通过精心选择的两个画面的叠化，形成对比、象征、比喻、讽刺等不同的寓意。
- 使过渡舒缓、流畅。由于前一个画面的消失和后一个画面的出现，都有一个渐变过程，因此会使人们对即将消失和即将出现的形象有心理准备，容易接受这种变化。另外，由于画面的重叠，减弱了色调反差，从而减小了对视觉的冲击。如用一系列镜头连续表现同一主题时，用叠化可以减弱镜头的跳跃感。另外，多机拍摄表现运动时，用叠化会显得自然、连贯，更具魅力。有时拍摄造成的镜头"不接"，如镜头间景别、角度的变化不明显，影调、色调不一致等，在迫不得已时，均可用叠化进行弥补。

如果将两个画面化出化入中间相叠的过程固定，并延续下去，便可得到重叠的效果，称为"叠"(Superimposition)。"叠"强调重叠画面内容之间的并列关系。比如，一个女孩孤独地走在田间小道的镜头与乡间小学书声琅琅的全景长时间的叠化，那么在女孩和学校之间就建立了一种蒙太奇关系，可以激发人们的联想。

3. 划(Wipe)与分割屏幕(Split Screen)

一幅画面逐渐被另一幅画面划动分割，直至被取代的转换过程称为"划"。相对前一个画面来说是"划出"(Wipe out)，而后一个画面则是"划入"(Wipe in)。

"划"根据画面的退出方向以及出现方式的不同，可以有多样化的具体样式。其中最简单的是水平方向或垂直方向的"划"，恰似舞台上的拉幕效果。一幅画面好似幕布，而另一幅画面则如同舞台上布置的场景，幕布向两边(或向一边)逐渐拉开，或者向上逐渐升起时，便看到了部分场景，直至场景全部显露出来。

划变图形的边缘可以是规则、平滑的，也可以是不规则的。其边缘轮廓能够非常鲜明，而且能做勾边、加边处理；也能够使轮廓界线模糊、变化柔和。另外，划的初始位置也可以自由设定。

"划"的转换和"淡""化"一样，是人眼能看到的画面渐变过程，但是比"淡"与"化"更为利落。"划"的速度同样可以调整与控制。

当两个画面或多个画面在划变的过程中，停止在某一个中间位置时，便能得到"分割屏幕"的效果。利用屏幕分割，可以同时表现以下场景。

- 不同地点发生的各个事件之间的联系。
- 两个或多个人物的形态或行为的比较。
- 事件发展的前后或人、动植物的生长过程的前后比较。
- 以不同的观点看待同一事物的比较。

- 以不同的视点观察事物的全貌和局部细节以突出事物中的特殊信息。
- 与图像相配的字幕。

4. 键

键控特技是一种分割电视屏幕的画面效果。其分界线多为不规则的形状，如文字、符号、复杂图形或自然景物等。两个画面被镶嵌在一起，也称为"抠像"特技。键控特技包括自键、外键和色键。

1) 自键

自键是以参与键控的某一图像的亮度信号作为信号进行画面组合。由于是取决于亮度信号，因此作为键信号的这一图像最好为黑白图像，常常为黑底上的白字或图形。当然，也可以采用相反的图像效果。自键常用于黑白字幕及图形的嵌入。

2) 外键

外键的键信号不是由参与键控特技的两路图像信号所提供，而是利用第三种图像信号的亮度电平作为键信号进行画面组合。外键特技常用于彩色字幕的嵌入。

3) 色键

色键是指利用参与键控特技的两路图像信号的一路信号中的任一彩色作为键信号来分割和组合画面。事实上，可以选择任何颜色作为色键信号，无论选择了什么颜色，合成画面中将不再出现此色，因此稍不注意就会出现人体"透"了(有洞)或杯子"空"了等现象。

在使用色键时要注意：光照要均匀，键电平调节要恰当；人物不要离蓝幕太近，蓝幕本身应避免强光照射；人物的阴影不要落在蓝幕或蓝色地板上；前景中应避免过细的线条，可以添加轮廓光。色键特技是电视台使用最多的特技之一，它可以使新闻联播、专题节目、座谈节目等播音员与遥远的外景画面重叠于一起。歌唱节目、神话电视剧等，都大量地使用了色键，形成腾云驾雾、仙法妖术等奇妙的画面。

11.2 数字特技

11.2.1 概述

非线性编辑、电脑动画以及各类图像制作软件，给人们带来了新的视觉样式，也使编辑手段发生了变革。技术进步为艺术表现带来了无限丰富的可能性。数字特技可以将来自任何视频源的视频信号，如现场摄像机提供的、已录好的资料及幻灯胶片等转换成数字信号，然后进行各种各样的变形复制，产生奇特的视觉效果。

数字特技改变了传统画面的组合方式，甚至在某种程度上改变了"剪辑"的概念和传统时空转换的手段。电视画面不再是一个接一个的线性组合，而是在一个连续画面中多个场景的集合，转场技术因此有了突破性的变革。

数字特技包括二维数字特技和三维数字特技。二维数字特技所实现的图像变化和运动仅在 X-Y 平面上完成，在反映深度的 Z 轴上并无透视效果；三维数字特技则能使图像在围绕某个参照物旋转时，同时产生远近变化的透视感，从而使图像呈现立体感。

11.2.2　数字特技的常见屏幕效果

1. 扩大与压缩

使原点画面产生类似摄像机变焦时，图像变大或变小的效果，不同的是变化时仍带有原画面的边框。因为它不能产生新的图像信息，所以只能将原画面进行压缩，直至为一点，然后从屏幕上消失；也可以将原画面扩大，直至充满整个屏幕或使局部充满屏幕。画面扩大时，屏幕上的点面清晰度将会随之下降。

压缩和扩大可以单独在水平方向或垂直方向上进行，甚至可以以任意比例进行扩缩，如图 11-7 所示。

图 11-7　扩大与压缩

2. 移位

可以将整幅画面移位，使原始画面沿水平方向或垂直方向移位，也称滑动，如图 11-8 所示。与模拟特技的区别是，这里的移位不是分画面的分界线移位。

图 11-8　移位

移位常常与压缩结合使用，使全景画面上出现分画面，且分画面可以随编导人员的意图进行移位。这种效果常用于集锦式片头与文艺晚会节目。

3. 裂像

将原画面进行分裂，就像用刀划开一样，如图 11-9 所示，能进行水平分裂(图 11-9(a))、垂直分裂(图 11-9(b))和复合分裂(图 11-9(c))。

    (a) 水平裂像   (b) 垂直裂像   (c) 复合裂像

图 11-9 裂像

4. 旋转

能够围绕 3 个坐标轴(X、Y、Z)旋转的特技称为图像旋转特技，如图 11-10 所示。所谓旋转，常常指围绕 Z 轴旋转的特技，而围绕 X 轴的旋转被称为翻滚，围绕 Y 轴的旋转也被称为翻转。3 个坐标轴的旋转可以分别或同时使用。

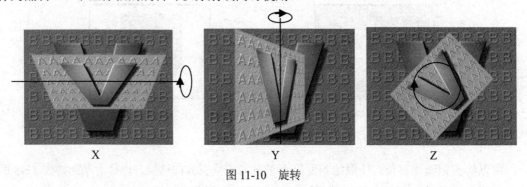

    X   Y   Z

图 11-10 旋转

5. 冻结

原画面内容由活动画像变成静止画像，就称为冻结，类似电影中定格的效果。冻结的位置、时间可以任意选择。其常常与压缩结合使用，将原画面缩小成 4、9 或 16 幅静止画面，称多画面冻结。每幅小画面可以按任意的顺序陆续呈现于画面上的确定位置。冻结还可以与任意比例的压缩、移位同时使用。

多画面冻结可以用作连续运动的分解。出现方式有两种，一种是前一块缩小的活动图像刚一静止立即在下一位置上出现另一个缩小的活动画面，以后的各个位置也都如此进行，直至最后一幅画面；另一种是依次推出缩小的画面全部是静止的，画面的分界处可以加边框。体育栏目，演唱会中常用这种特技。

6. 多重活动画面(多画屏)

原画面以多幅方式出现在屏幕上，可以是 4、9 或 16 幅。原画面只是缩小了，未做其他处理。呈现顺序可以任意选择。

7. 间歇

也称动画效果。使存储器的输入信号每隔一段时间后，输入一次，这样屏幕上就会呈现有节奏的间歇动作的动画式效果。间歇的时间可以自定。音乐片中常见到此效果。

8. 镜像

原画面在水平和垂直方向可以分别或同时产生对称的画面，如同镜子中的倒影一样的效果。

9. 马赛克效果

对输入信号的像素进行放大处理，使每个像素各自成为亮度和颜色都均匀的小方块，整个屏幕变成由一块块亮度和色度的小方块组成，产生类似用彩色马赛克(建筑上用的小方块瓷砖)镶嵌地板或墙面的效果，又称镶嵌效果，如图 11-11 所示。

使用马赛克效果后，画面中没有了清晰的轮廓，但能使人意会到画面所反映的内容，给人以一种隐隐约约、虚实相间的艺术感受。有些不想让人清晰地看到的内容，常常使用马赛克效果。

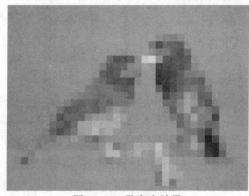

图 11-11　马赛克效果

10. 色缺损效果

使色彩丰富、线条细腻的原画面，变成像是使用若干种颜色做大面积涂画而成的油画，称为油画效果。使色彩丰富、线条细腻的原画面，变成大面积反差强烈的黑白画面，称为版面效果。

可以任意控制色彩及面积，得到不同的色缺损画面，如整个画面以红黑作为基调，在政论片、专题片中，为了反映以往的年代常用此效果。

11. 曲线移位

使原画面以某条曲线为轨迹，连续进行移位和压缩，从而得到从大到小或从小到大的曲线移位效果。曲线轨迹可以任意选择。

12. 负像效果

使输入图像的亮暗部分反相呈现，得到如同黑白照相的底片一样的画面，常用于对比的场合，如图 11-12 所示。

图 11-12 负像效果

13. 透视淡变

淡变特技是建立在透视效应基础上的。此时，物体不仅随着它的位置变远而缩小，而且同时产生淡变效果。当选择适当的键控，并配合能够完成线性键控的切换台使用时，可以使图像淡变至背景画面，实现透视淡变的效果。

14. 照明特技

最通俗地讲，照明特技的作用几乎与淡变恰恰相反，淡变是抑制物体的细节部分，而照明特技则正是要增强这部分。用照明特技来强调一个被摄物体，就好像用某一实际光源照射该物体一样。这种作用完全取决于光源和被照物体之间的相对位置和角度。为了说明这一点，可以设想有一个正在旋转的平面物体——例如商店橱窗里摇动着的文字广告就是一个很好的实例。当这个文字广告来回摆动时，它就从不同角度捕捉光而产生反射。所谓照明特技，正是要再现这种效果。

15. 阴影特技

就像可以在背景画面上突出地衬托出标题一样，数字特技(DVE)也可以提供这些功能。比较简单的方法就是数字特技控制某个图像，并用彩底填充未被图像占据的屏幕区域。然后调整被控制图像相应的键信号，使之与背影彩底一起进行键控特技处理。使用字幕发生器也可以实现完全相同的特技。

数字特技系统一般都提供阴影与图像间相对位置的调整功能，图 11-13 所示展示了这种效果。

图 11-13　阴影效果

16. 循环特技

使用循环回路能够产生许多附加的特技效果。如果存储器中的图像有任何变化，例如图像移动，这时将出现一串多重图像。通常，控制循环回路可以衰减一些场或帧上的多重图像。

11.3　计算机动画

计算机动画(Computer Animation)又称为电脑动画，是在常规动画的基础上使用计算机图形技术而迅速发展起来的高新技术。电脑动画的出现为动画制作人员提供了新的创作领域和强大的制作手段，它的出现不仅缩短了动画的制作周期，而且产生了传统动画无法比拟的视觉效果。经过 30 多年的发展，电脑动画技术已经被广泛地应用到社会生活的各个方面，无论是在科学计算、模拟仿真、机械设计、教育培训、数字媒体设计等领域，还是在电影、电视等传播媒介中，都可看到电脑动画。电脑动画克服了传统的计算机仅以静态图像来表示信息的局限性，以运动的形式传播了更多的视觉信息，呈现出更丰富的画面效果。

11.3.1　动画的概念与历史

动画的英文是 Animation，狭义上指的是在静止状态下拍摄的画面，连续播放利用人类视觉暂留的特性，在视觉上产生动态的效果。在照相技术发明之前，人们就已经发现，用多张活动的图片能够产生运动的视觉效果。一些早期的摄影师曾借助于照相技术来从事运动的研究，但是由于当时的技术条件比较落后，并不能产生完全的连续运动。

幻灯机的出现使得人类视觉中产生了真正的连续动作效果。随着照相技术的进步，电影艺术的产生，一部部动画片登上银幕。自电视诞生以来，动画技术更是进入了全盛时期。计算机的问世和计算机技术的飞速发展，对动画领域产生了极大的影响，引起了动画技术的一场大变革。化学胶片和计算机的问世及应用，是动画发展历史上的两个重要里程碑，它们将动画的历史划分为 3 个时代：原始动画时代、传统动画时代和计算机动画时代。

动画的实质是为无生命的物体、图像等赋予生命。它采用的形象并非直接源于现实生活，而是用创造出来的形象来表达运动。世界上著名的动画艺术家约翰·汉斯曾指出："运动是动画的本质"，也有人说："动画是运动的艺术"。总之，运动与动画是分不开的。

下面是公认的两个定义：(1) 动画是一门通过连续多格的胶片拍摄一系列单个画面，从而产生运动视觉的技术，这种视觉是通过将胶片按一定的速率放映的形式而体现出来的；(2) 动画是一种动态生成一系列相关画面的处理方法，每一帧画面与前一帧画面都略有不同。

另外，需要补充和修改的是：画面不仅记录在胶片上，而且还记录在磁带、磁盘、光盘等介质上；放映的方法不只局限于将光束投影到屏幕上，而且还可以使用电视屏幕、图形显示器、投影仪等进行显示；在动画中不只是实体在运动，而且物体的颜色、纹理、灯光等也可以不断变化。

11.3.2　计算机动画的产生

自 1946 年世界上第一台电子计算机 ENIAC 问世以来，计算机取得了飞速发展。随着超大规模集成电路技术的发展，20 世纪 70 年代初出现了微型计算机。微型计算机的诞生与普及，改变了人们的日常生活模式。计算机技术的革命对传统动画产生了巨大的影响，使得具有 70 年历史的传统动画发生了深刻的变革，从而进入电脑动画时代。电脑动画制作的尝试，是由美国的 Bell 研究所于 1960 年初开始的，其最初目的是为了迅速正确地计算人造卫星的角度变化并在显示器上显示。与此同时，美国许多艺术家和电子工程技术人员萌发了利用计算机高速精确的功能制作动画的想法，计算机动画的研究迅速在整个美国盛行。到了 20 世纪 70 年代，伴随着计算机运算速度的加快、显示器分辨率的提高，高质量的计算机动画作品不断涌现。根据美国计算机动画委员会的报告，截止到 1968 年美国已经制作了 250 部左右的计算机动画影片。在 20 世纪 70 年代后期，美国国家航空和宇宙航行局(NASA)用计算机动画来模拟探测卫星接近木星及土星时的飞行情况，这是 NASA 运用最新计算机图形技术及设备制作的著名作品。它标志着电脑动画已经经过了成长期而进入了实用阶段。

电脑动画之所以能实用化，是因为超大规模集成电路的出现以及图像处理技术在软、硬件两方面的巨大进步。在 20 世纪 70 年代，使用大型计算机，要花费数个月时间，消耗大量的财力才能制作一部作品，并且电脑动画制作只限于一些专家、艺术家、程序员来完成。随着计算机性能的大幅度提高，20 世纪 70 年代用大型机完成的工作现在用微机就能胜任，更重要的是随着电脑的操作越来越人性化，电脑动画软件的使用越来越方便，动画制作迅速进入了电脑时代。

11.3.3　二维动画与三维动画

计算机动画发展到今天主要分为两大类：一类是计算机辅助动画，即二维动画；另一类是计算机生成动画，即三维动画。

1. 计算机二维动画

为了帮助读者理解计算机在二维动画片中的作用，先来了解一下传统动画片的生产过程。传统动画片的生产过程主要分为以下环节。

(1) 准备剧本，包括文学剧本、分镜头剧本及故事板，用来叙述一个故事。

(2) 设计稿，对动画片中出现的各种角色的造型、动作、色彩、背景等进行设计，设计者必须完成必要数量的手稿图工作。

(3) 声音节拍，即确定动作与对话、声音相配的一致性。

(4) 关键帧，这是位于动画系列中具有动作极限位置的重要画面，通常由经验丰富的动画设计师完成。

(5) 中间画，它是位于两个关键帧之间的画面，用于填充关键帧画面中间的空隙，通常由辅助的动画设计者及其助手完成。

(6) 测试，关键帧与中间画面的初稿通常是铅笔稿图，为了初步测定动作的造型，可以将这些图输入动画测试台进行检测，这一过程称为铅笔稿测试。

(7) 描线，把铅笔稿图手工描绘在透明片上，然后描线上墨。

(8) 上色，给各幅画面在透明片上涂上染料，这一工作需要耐心和准确，透明片要有良好的透明度。

(9) 检查，拍摄之前进行各种检查。

(10) 拍摄，这一工序在动画摄制台上完成，动画摄影师把动画系列通过拍摄依次记录在胶片上。

(11) 后期制作，如编辑、剪接、对白、配音、字幕等。

从以上过程可以看出，二维动画的制作是一项非常复杂、细致的工作，需要耗费大量的人力，因此，二维动画片的生产需要较长的周期才能完成。计算机辅助动画的出现大大提高了其制作效率，它主要用在以下几个方面。

(1) 中间帧画面的自动生成，传统的动画根据两帧关键画面来生成所需的中间帧画面，由于一系列画面的变化非常微小，所以需要生成的中间帧画面数量很多，因而播补技术是生成中间帧画面的重要技术。在计算机辅助动画系统中，只要给出关键帧之间的插值规律，计算机就能自动生成中间画。当然这样制作出来的动画不如手绘动画细腻，对一些复杂的动画来说，计算机难以生成中间画，还需要动画制作人员给予协助。

(2) 辅助描线上色，这是计算机在二维动画片制作中的主要应用之一。在这一过程中，首先将手工制作的全部画面逐帧输入计算机，然后由计算机辅助完成描线上色的工作。它的优点是色彩一致，容易控制。

(3) 预演，由计算机上色后的一幅幅画面存储在硬盘中，可以立即对它们进行预演，使设计人员能及时观看效果，便于修改。

(4) 后期合成，包括多层动画画面的合成，以及剪辑工作，另外还有配音配乐。在计算机中进行后期合成的优点就是修改方便、效率高。经过合成处理后的画面用计算机记录在胶片或录像带上，最后完成动画片的制作。

综上所述，计算机二维动画是对传统手工动画的一个改进。与手工动画相比，它有许多优越性，比如，容易上色、便于改动、管理方便等。但二维动画有它固有的缺点，即计算机只能起辅助作用，只能代替手工动画中的重复性强、劳动量大的那一部分工作，而代替不了最富于创造性的初始画面的生成工作。但是，随着计算机二维动画软件功能的不断提高，它将越来越多地渗透到动画制作的许多方面。

2. 三维动画

如果说二维动画对应于传统卡通动画的话，那么三维动画则对应于木偶动画。如同在木偶片中首先要制作木偶、道具和景物一样，三维动画是采用计算机软件来模拟真实的三维空间，用绘制程序生成一系列的景物画面，其中当前帧画面是对前一帧画面做部分修改。计算机三维动画生成的是一个虚拟世界，画面中的物体并不需要真正去建造，只是在计算机中构造角色、实物和景物的三维模型，并赋予它表面颜色、纹理，然后设计三维物体的运动，设计灯光的强度、位置以及光效，之后让这些角色和实物在三维空间中运动起来，而且物体和虚拟摄影机的运动不会受到限制，最后生成一系列可以实时播放的连续图像。利用计算机创造一个虚拟的世界是计算机三维动画的一大特色。

11.3.4　三维动画的制作流程

制作计算机三维动画涉及建模、色彩、纹理、灯光、运动、摄影机路径、特技效果、渲染处理、预演处理、最终输出和后期编辑等内容。一般来说，三维动画的制作需要经过以下步骤。

1. 物体造型

物体的几何造型是三维计算机动画的基础，它利用三维动画软件来描述和构造一个三维物体，构建一个数字化的立体空间。在数字化空间中，组成三维物体的基本元素是点、线、面，点组成线段，线段组成面，再由面组成一个三维物体。

一个三维计算机动画系统必须提供丰富的基本物体和造型手段。基本物体包括立方体、球体、平面体、多面体、圆柱、圆锥、圆环等。基本物体的生成法有拉伸、旋转、蒙面等。基本物体通过和、差、减等布尔运算可以生成较复杂的物体。较高级的造型功能有面与面之间的光滑过渡、光滑补角等，还包括平面多边形造型、曲面造型、NURB造型、实体造型、自然景物造型等。造型变换工具主要包括线性变换、柱面弯曲、球面弯曲、螺旋形扭曲等。

2. 材质、纹理和灯光的设置

三维动画要生成一些视觉效果逼真的图像，就需要三维物体的表面材质与纹理非常逼真。通常，由材料编辑系统来交互式地创建和修改物体的表面特性，如颜色、纹理、光照特性参数等。

材料、纹理和灯光的设置是模拟现实世界和生成特殊视觉效果的重要阶段。物体的属性包括泛光颜色、漫反射颜色、高光颜色、透明系数、折射率、镜面反射系数、光照明模型等，不同的物体有不同的材料属性，大多数动画软件都提供了交互的材料编辑器。根据创意的需要，用户可以交互式地创建和修改物体的材料。许多物体表面具有丰富的细节，在计算机图形学中称之为纹理。纹理有颜色纹理、凹凸纹理和环境映照纹理等。颜色纹理是在光滑表面上描绘附加定义的花纹或图案；凹凸纹理是表面上呈现出凹凸不平的形状，这可以通过扰动表面法线方向的方法来获得；环境映照纹理可以使物体具有金属或合金的效果。经过适当调节每种纹理的参数，可以生成栩栩如生的木纹、大理石、金属等效果。

动画软件中的灯光是一些理想的光源，它能模拟与现实生活的灯光照射相类似的效果。这些光源包括泛光、点光源、平行光、聚焦光、太阳光、线光源、面光源和体光源等。

3. 动画设置

动画设置是指动画师按照一定的变化规律来改变画面的参数，使其按照创意的要求而变化。改变画面的参数包括物体的位置大小、形状、颜色、纹理等，还有摄像机的参数变化，如运动、镜头焦距等，以及灯光参数的变化，如光强、照射角度、颜色等。

动画设置方法包括关键帧动画法、变形动画法、人体关节动画法、基于物理模型的动画法等。

1) 关键帧动画

三维关键帧动画与二维关键帧动画类似。用一系列关键帧来描述物体运动的概念来源于卡通片制作。在早期的卡通片制作中，关键画面就是关键帧，通常是由技术熟练的动画师设计，而一般的画面，即中间帧，则是由普通的动画师设计。在三维计算机动画中，关键帧的生成由计算机来完成，插值计算代替了设计关键帧的动画师，所有影响画面图像的参数都可以成为关键帧的参数，如位置、旋转角、纹理的参数等。关键帧技术是计算机动画中最基本且运用最广泛的技术。另一种动画设置法是样条驱动动画。在这种方法中，用户要指定物体运动的轨迹样条。几乎所有的动画软件都提供了上述两种基本的动画设置方法。

2) 人体关节动画

关键帧动画是生成动画的典型方法，但对于人、动物等具有关节的物体，关键帧的设置较为困难，因为在每一个关键帧中，每一个关节状态的关键点的数值都要进行适当的设置。

例如，要表现一个人用手取一件东西，在设置关键帧时就必须转动脚、踝、膝、胯、腕、颈、肩、肘和头等各个关节，这称为正向运动，这是由于依次规定了各个关节点的动作。而在逆向运动中，只要说明手放在那儿，反向运动算法就能决定每一个关节如何转动以便手能接触到指定物体。

为了使物体各个部分有机地成为一个整体，使各部分能够协调工作，必须在物体的各个部分之间建立关联。一个父物体可以有几个子物体，一个子物体只能有一个父物体与之相连。父物体的运动会影响到子物体，而子物体的运动并不影响父物体，前者称为正向运动，后者称为反向运动。

3) 基于物理模型的动画

这是基于物体的物理学运动规律来产生的动画。通过模拟物体的物理性质(如质量、形状、体积等)、物体所处的自然界的客观物理运动规律(如重力、阻力、摩擦力等)产生逼真的运动。在设置动画时，只要对这些性质的参数做了一一说明，剩下的所有工作就可以由计算机来完成，这样生成的动画更接近于自然。

4) 变形动画

在运动中不变形的物体称作刚体,刚体动画一般缺乏生气。变形动画能达到富有个性、夸张幽默的效果,并可以制作很多特技效果。大部分变形与物体的表面有关,如通过改变物体的顶点或控制点来对物体进行变形。

对于由多边形表示的物体,物体的变形可以通过移动多边形顶点来实现。改变参数曲面的控制点可以改变参数曲面的形状,而且仍可保持光滑连接。

物体在变换(如放大、缩小、旋转)时,实际上是物体的各点坐标值乘以一个变换矩阵。如果在变换过程中,改变这个变换矩阵,使矩阵的各个元素为位置或者时间的函数,那么物体就会产生局部变形。还有一种方法是把物体嵌入空间变形物体中,当这个物体变形时,嵌在内部的物体也跟着变形。

5) 粒子动画

粒子动画属于程序动画系统,是一种模拟不规则物体的动画方法,这种方法能够充分体现物体的动态性和随机性,很好地模拟出火、云、水、森林和原野等自然景物。粒子系统的基本设计思想是采用许多形状简单的微小粒子作为基本元素来表示不规则的模糊物体。粒子本身不具有特定形状,但它们可以用于控制其他物体和属性。这些粒子都被赋予一定的"生命"周期,它们在系统中都要经历"出生""运动和生长"和"死亡"3个阶段。

对于火焰这样的粒子来说,每个粒子都会发出一定颜色、一定亮度的光,粒子的路径需要用户给出,同时也要规定发出的光如何随时间改变的规律。最后,粒子隐去、死亡,这就是粒子的终结。为了构造火焰,可以说明所有粒子都起始于柴草的上头,粒子的颜色可以是黄、红或中间某一种颜色,粒子袅袅而上,两三秒钟后消失。给出这样的说明以后,计算机将生成许多粒子,每一个粒子都满足上述规则,但相互之间略有不同。

粒子系统对粒子的数量、粒子的初始属性(如初始运动方向、初始大小、初始颜色、初始速度、初始形状及生存期等)是随机确定的,它在粒子运动和生长的过程中会随机地改变粒子的数量和属性。粒子系统的随机性使模拟不规则的模糊物体变得较为简单。

6) 摄影机动画

摄影机动画在计算机动画中发挥着非常重要的作用,因为由摄影机的运动和摄影机的属性变化所产生的视觉效果对动画的故事情节来说具有更强的表现力。在三维动画中模拟摄影机的运动是以传统电影摄影机运动为基础的,电脑动画软件中使用的术语与传统电影电视摄影术中的相同。摄影机动画涉及机位的变化、焦距的变化、镜头的旋转等,可以模拟出丰富多彩的画面效果。

7) 灯光动画

在三维动画软件中,可以设定多种多样的灯光效果,如聚光灯、泛光灯、环境光等。灯光的各种参数的变化可以形成动画,如颜色的变化,在一段时间的开始将灯光设置为红色,在结束时设置为紫色,那么灯光将从红色开始变化,依次变为橙色、黄色、绿色、青色、蓝色,最后变成紫色。这是一个渐变的过程,色彩的渐变就形成了动画。同样,灯光的各种参数,如光强的变化、位置的变化、光锥角度的变化等都可以形成动画。灯光动画对环境气氛的形成具有极其重要的作用。

8) 实时运动捕获动画

在三维动画设计中，人物的动画设计非常耗时耗力，而且效率比较低，因此采用动作捕捉系统采集人物的运动参数来形成动画。实时运动捕获动画是一种高级动画技术，它利用传感器或其他技术记录真实人物的动作，用它来控制计算机中的物体的运动，把人物的运动轨迹赋予电脑制作的三维模型上。这是一种高效率的、性价比很高的制作人体动画的方法，目前在三维动画片中的应用非常广泛。

4. 动画合成

在视频制作中，三维动画的应用有两类：一类是全部由三维动画软件生成的画面，如三维片头、广告，还有三维电影片，如《玩具总动员》等；另一类是采用三维动画制作的画面与实际拍摄的画面进行合成。在合成时需要注意动画元素与实拍画面视觉效果的匹配，如运动的匹配、透视关系的匹配、色彩的匹配等。

5. 电脑动画输出

目前三维动画在不同的行业中都有应用，因此不同的行业对三维动画的输出也有不同的要求，这是由各个领域内产品的形式及发送介质的要求决定的。从宏观上讲，可以将三维动画的输出分为两大类。

一类是静态图像输出，这主要集中在艺术设计领域内，三维动画所产生的图像主要是在打印纸、胶片和幻灯片等介质上输出，这些艺术领域包括插图、摄影和绘画艺术。另外，在一些三维图像领域内，如产品设计、建筑设计等，需要将作品输出到打印纸上。

另一类是动态图像输出，这是三维动画输出的主要形式，主要有以下几种形式。

(1) 计算机显示器输出：经过三维动画软件生成的画面连续地在计算机显示器上播放，可供预览。另外，在要求实时播放的场合(如电脑游戏中)通过计算机显示器播放。

(2) 电影胶片输出：用于制作电脑三维动画影片，把一系列的动画序列图像依次用胶片记录仪记录下来形成电影拷贝。

(3) 视频输出：视频输出是指将计算机生成的图像转换成视频信号记录在录像设备上，广泛用于电视台播出的动画片的制作。另外，还可以用数字视频文件的形式记录在数字媒体上，如光盘、硬盘等。

11.3.5 常用的三维动画制作软件

三维动画制作软件在数字视频制作中发挥着非常重要的作用。按照它们的功能划分，可分为综合性软件和特殊功能软件两类。

综合性软件包含三维动画制作的建模、材质、灯光、摄影机、动画、渲染等各个功能，是三维动画制作的主要工具软件。这类软件的代表是 3ds Max、Maya、Softimage xsi、Lightwave 等。如图 11-14 所示的是著名的三维动画制作软件 3ds Max 的工作界面。

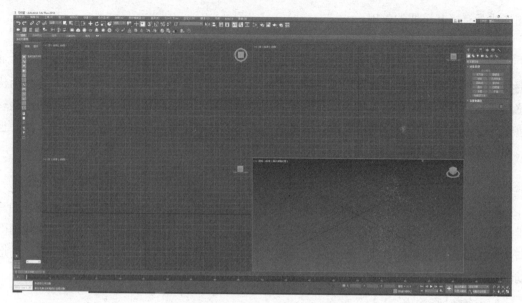

图 11-14　3ds Max 的工作界面

特殊功能软件提供某一特殊的制作功能，可以将复杂的工作简单化或提升动画质量。通常，这类软件需要与综合性软件配合使用才能制作动画，如建模软件 Rhinoceros、人体建模软件 Poser 等。

11.4　数字视频合成软件 After Effects

After Effects 是 Adobe 公司推出的一款数字视频合成软件，在视频特效制作中应用非常广泛。利用它可以将静帧、二维动画、三维动画、实拍影像完美地结合在一起，制作出所需的特殊效果。无论是电视节目的片头、片尾以及广告宣传片的制作，还是形式丰富、内容新颖的时空转换、字幕制作，After Effects 都大有用武之地。

After Effects 是一种基于图层操作的合成软件。通常是在多轨的图层视窗内，通过图层的叠加，为图层添加特效来进行图像的合成制作。其优点是图层的层次关系一目了然，便于使用者学习掌握，时间关系明确。

11.4.1　After Effects 的工作界面

After Effects 的工作界面如图 11-15 所示。其中项目窗口用于素材的导入与管理；时间线窗口以时间顺序方式和图层方式显示视频影像；合成图像窗口用于显示图像的合成效果；工具面板包括时间控制、音频、信息等常用工具，用于影片的参数控制。

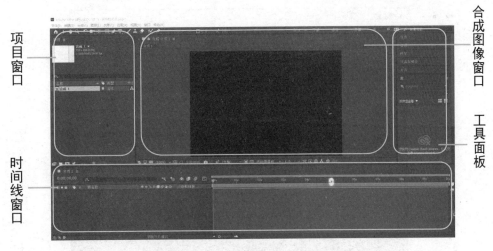

项目窗口

合成图像窗口

工具面板

时间线窗口

图 11-15　After Effects 的工作界面

11.4.2　使用 After Effects 进行合成的基本流程

1. 创建新合成项目

选择"文件"|"新建"｜"新建项目"菜单命令，创建新的项目，这时会弹出没有素材的项目窗口。

2. 导入各种素材文件

选择"文件"｜"导入"｜"文件"菜单命令，在项目窗口中导入所需的素材，导入的素材可以是静止的矢量图形和位图图像，也可以是运动的图像序列文件、视频文件和声音文件等。

3. 新建一个合成

选择"新建合成"命令，打开"合成设置"对话框。该对话框中的各选项设置如下。

- "合成名称"文本框：是创建的合成项目的名称。
- "基本"选项卡：如图 11-16 所示，其中各选项的含义如下。
  - ➤ 预设：预设文件格式，如 PALD1/DV，720×576 就是我国电视的标准。
  - ➤ 宽度：文件的宽度像素值。
  - ➤ 高度：文件的高度像素值。
  - ➤ 像素长宽比：像素宽高比，如 D1/DVPAL(1.07)。
  - ➤ 帧速率：如 25 表示帧速率为每秒 25 帧。
  - ➤ 分辨率：画面分辨率，如"全分辨率"。
  - ➤ 开始时间码：起始时间。
  - ➤ 持续时间：长度。

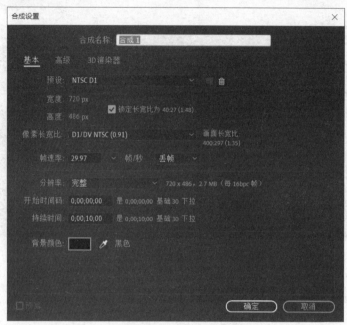

图 11-16　"合成设置"对话框的"基本"选项卡

- "高级"选项卡：该选项卡的界面如图 11-17 所示。

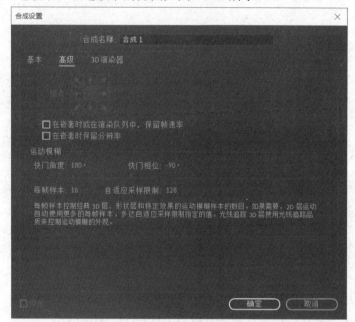

图 11-17　"合成设置"对话框的"高级"选项卡

4. 在合成中添加素材

从项目窗口中拖动素材或文件夹到时间线窗口，这时导入的素材将被加入到合成窗口。

5. 改变图层的排列顺序

在合成中新添加的素材会成为一个新图层，排列在已有层的顶部。时间线窗口顶部的层
在合成图像窗口中也位于顶层。对应于素材的前后关系，改变时间线窗口中层的顺序将改变
合成图像的显示。可以通过在时间线窗口中上下拖动素材，来改变各层之间的排列顺序。

6. 修剪素材

修剪素材就是改变素材层在合成图像中的入点和出点。双击时间线窗口中要修剪的素材
层，将弹出该素材的层窗口，移动时间标尺到入点位置，单击入点图标 ▌，设定素材的入点；
移动时间标尺到出点位置，单击出点图标 ▌，设定素材的出点，如图 11-18 所示。

图 11-18　修剪素材

7. 使用蒙版

要在 After Effects 中对层做局部透明处理时，可以使用蒙版(Mask)。蒙版属于指定的层，
是一个矢量路径或轮廓图，用于修改该层的 Alpha 通道。每个层可以有 127 个蒙版。

蒙版的创建方法如下。

(1) 在时间线窗口双击要添加蒙版的层，打开该素材的层窗口。

(2) 选择工具面板中的相应工具。

- 钢笔工具，可用于绘制任何形状的蒙版。
- 矩形蒙版工具，用于绘制矩形蒙版。
- 椭圆形蒙版工具，用于绘制椭圆形蒙版。

(3) 在素材的层窗口中绘制不同形状的蒙版。蒙版是由线段和控制点构成的路径，线段
是连接两个控制点的直线或曲线，控制点定义了每条线段的开始点和结束点。如图 11-19 所
示为几种不同形状的蒙版。

(4) 单击选择工具按钮，选择蒙版路径曲线上的控制点，移动控制点的位置，可以改变
蒙版的形状，也可以通过拖动控制点两侧的方向线句柄来调节蒙版路径的曲线形状。

(5) 设置蒙版边缘羽化。选择图层，按两下 M 键就可以详细地调节关于蒙版的羽化属性，
如图 11-20 所示。

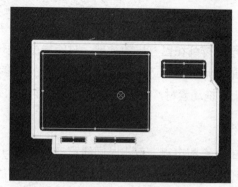

图 11-19　几种不同形状的蒙版

图 11-20　调节羽化值

8. 调整层的变换属性

在时间线窗口中单击层名左边的三角形图标▶，使其箭头向下，展开该层的轮廓图，如图 11-21 所示。其中层的"变换"属性包括以下几种。

- 锚点：图层的中心位置。
- 位置：图层在合成窗口中的位置。
- 缩放：图层的大小。
- 旋转：图层以定位点为中心的旋转角度。
- 不透明度：图层的透明度。

在变换参数输入区，输入数值或单击数字后左右拖动，可以改变其数值，从而改变相关属性，如图 11-22 所示。

图 11-21　展开后的图层轮廓图

图 11-22　变换参数输入区

9. 设置层属性的关键帧动画

After Effects 使用关键帧来创建和控制动画。关键帧标记着层属性某时刻的参数设定值。关键帧动画至少需要两个关键帧。软件通过在两个关键帧之间做插值运算产生中间动画，通过设置层属性的关键帧动画，可以实现层属性参数的动态变化。

在任何时间点上都可以对层属性设置关键帧，可以移动、删除关键帧或改变关键帧的属性值或插值方法。

设置层属性关键帧的步骤如下。

(1) 在时间线窗口中选择要设置关键帧动画的层，显示该层要设置动画的层属性。

(2) 移动当前时间指针▽到要添加关键帧的位置。

(3) 在变换参数输入区，设置该时刻的属性值。

(4) 单击属性名称旁边的码表按钮⏱激活它，在当前时间为该属性设置一个关键帧。图 11-23 显示了为图层的缩放属性设置第一个关键帧。

图 11-23　为图层的缩放属性设置第一个关键帧

(5) 移动当前时间指针到下一个要添加关键帧的位置，按同样的方法设置层属性。

10. 预览动画

单击如图 11-24 所示的时间控制面板上的 RAM 预览按钮，这时会在计算机的可用内存中自动生成工作区内的合成，生成完毕后，会实时地播放动画效果。

图 11-24　时间控制面板

11. 为层添加特效

将 After Effects 的特效应用到层，能够调整素材的亮色变化，增添图像的艺术化处理效果，制作动画字幕，添加声音特效，产生奇特的场景过渡效果等。最重要的一点是，各种特效参数可以随时间变化，制作关键帧动画。

特效的使用方法如下。

(1) 在时间线窗口或合成图像窗口中选择要添加特效的层。

(2) 打开"效果"菜单，选择一个特效，如图 11-25 所示。

(3) 在弹出的"效果控件"面板中，调节特效的参数，如图 11-26 所示。"效果控件"面板中包含修改特效属性的各种控制，这些控制主要包括滑杆、选项、色板、滤镜点、角度及其他调节值的控制。

(4) 将特效属性的变化设定为关键帧。

After Effects 的特效以插件的形式存在，软件的内置特效种类众多，利用它们可以制作多彩的视觉效果。如果安装了外挂插件，"效果"菜单中还会出现更多命令，这些特效可以进一步增强 After Effects 的制作能力。

12. 添加其他图层

按照镜头合成的时间顺序和层次，在时间线窗口中可依次添加其他图层，并做相应的处理，其方法和前面介绍的一样。

13. 设定渲染参数

选择"文件"｜"导出"｜"添加到渲染队列"命令，将本次合成加入到渲染队列中。"渲染队列"对话框如图 11-27 所示。

图 11-25   "效果"菜单下的特效

图 11-26   "效果控件"面板

图 11-27   "渲染队列"对话框

14. 保存项目文件

渲染设置完毕后,选择"文件" | "保存"菜单命令保存项目文件,项目文件的扩展名为.aep。

15. 渲染输出最终影片

渲染参数设定完毕后,单击"渲染"按钮,系统便开始渲染输出。

11.4.3　After Effects 后期合成实例

1. 实例 1——音频可视化

本例实现音频的可视化效果。主要练习图层的创建、合并、重命名、混合模式选择等相关操作,实现音频可视化。

操作步骤如下。

(1) 新建合成,设定"合成名称"为"合成 1","预设"为"HDTV 1080 25","帧速率"为"25",将"持续时间"设定为"0:00:15:05",单击"确定"按钮,如图 11-28 所示。

图 11-28　"合成设置"对话框

(2) 双击"项目"窗口，导入"music.mp3"素材，将"music.mp3"素材拖至"合成"窗口。

(3) 在"合成"窗口右击，在打开的快捷菜单中选择"新建"｜"纯色…"命令，在打开的"纯色设置"对话框中保持默认设置，单击"确定"按钮。此时在"时间线"窗口中会出现一个名为"黑色 纯色 1"的图层。选择"黑色 纯色 1"图层，单击工具栏中的矩形工具按钮 ，选择椭圆工具 ，按住 Shift 键在"合成"窗口中拖动鼠标，在"合成"窗口中画一个圆形。单击工具栏上的选取工具 ，调整圆的位置至窗口中央。如图 11-29 所示。在"时间线"窗口中将"蒙版"的叠加方式改为"无"，如图 11-30 所示。

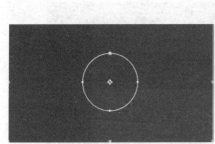

图 11-29　在窗口中绘制一个圆

图 11-30　修改蒙版叠加方式

(4) 在"合成"窗口中选择圆形蒙版，右击并从弹出的快捷菜单中选择"效果"｜"生成"｜"音频频谱"命令，在打开的"效果控件"面板中，设置"音频层"为"2.music.mp3"，"路径"为"蒙版 1"，"起始频率"为 1.0，"结束频率"为 201.0，"频段"为 136，"最大高度"为 1130，"厚度"为 5，"内部颜色"和"外部颜色"改为灰色，"面选项"为"B面"，如图 11-31 所示。

(5) 在"时间线"窗口中选择"黑色 纯色 1"图层，按下快捷键 Ctrl+D 复制图层，将其重命名为"黑色 纯色 2"，在"效果控件"面板中将"最大高度"改为 1890，"显示选项"改为"模拟频点"，如图 11-32 所示。

图 11-31　设置"黑色 纯色 1"图层的效果参数　　　图 11-32　设置"黑色 纯色 2"图层的效果参数

　　(6) 选择"黑色 纯色 2"图层，按下快捷键 Ctrl+D 复制图层，新图层被自动命名为"黑色 纯色 3"。按下 S 键，将图层的"缩放"改为"91%"，并在"效果控件"面板中设置"最大高度"为 840，"显示选项"为"数字"，"面选项"为"A 面"，如图 11-33 所示。

　　(7) 选择"黑色 纯色 3"图层，按下快捷键 Ctrl+D 复制图层，新图层被自动命名为"黑色 纯色 4"。在"效果控件"面板中将"显示选项"改为"模拟谱线"，如图 11-34 所示。

图 11-33　设置"黑色 纯色 3"图层的效果参数　　　图 11-34　设置"黑色 纯色 4"图层的效果参数

(8) 按下快捷键 Ctrl+N，新建合成，"合成名称"设置为"合成 2"，预设为 HDTV 1080 25，帧速率为 25，持续时间为 00:00:15:05，颜色任意。

(9) 将"项目"窗口中的"music.mp3"素材拖至"合成"窗口。

(10) 选择"合成 1"中的"黑色 纯色 1"图层，复制到合成 2 中。在"合成"窗口中选择"黑色 纯色 1"图层的圆形蒙版，选择"效果"｜"时间"｜"残影"命令，在打开的"效果控件"面板中，设置"残影时间"为-0.033，"残影数量"为 12，"衰减"为 0.6，如图 11-35 所示。同时将其"音频频谱"效果中的"音频层"设为"music.mp3"。

(11) 选择"黑色 纯色 1"图层，按下快捷键 Ctrl+D 复制图层，将其重命名为"黑色 纯色 2"。按下 S 键，将"缩放"改为 94%。在"效果控件"面板中设置"最大高度"为 840，"显示选项"为"数字"，"面选项"为"A 面"。将图层的"残影"效果删除，如图 11-36 所示。

图 11-35　设置"黑色 纯色 1"图层残影参数　　图 11-36　设置"黑色 纯色 2"图层效果参数

(12) 选择"黑色 纯色 2"图层，按下快捷键 Ctrl+D 复制图层，新图层被自动命名为"黑色 纯色 3"。在"效果控件"面板中设置"最大高度"为 2030，"厚度"为 12，"显示选项"为"模拟频点"，"面选项"为"A 面"，如图 11-37 所示。完成后"合成 2"的效果如图 11-38 所示。

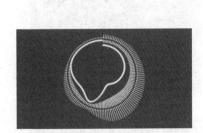

图 11-37　设置"黑色 纯色 3"图层效果参数　　图 11-38　"合成 2"效果预览

(13) 新建合成，将"合成名称"改为"合成 3"，设置预设为 HDTV 1080 25，帧速率为 25，持续时间为 00:00:15:05，颜色任意。

(14) 将"项目"窗口中的"music.mp3"素材拖至"合成"窗口。

(15) 选择合成 2 中的"黑色 纯色 1"图层,复制到合成 3 中。在"效果控件"面板中设置"音频层"为"music.mp3","残影时间"为 0.767,"残影数量"为 8,"衰减"为 1,如图 11-39 所示。

图 11-39 设置"黑色 纯色 1"残影参数

(16) 在"时间线"窗口中选择"黑色 纯色 1"图层,按下快捷键 Ctrl+D 复制图层,将其重命名为"黑色 纯色 2"。按下 S 键,将"缩放"改为 65%。在"合成"窗口中选中圆形蒙版,右击并从弹出的快捷菜单中选择"效果"|"生成"|"音频波形"命令。在打开的"效果控件"面板中,将原有的"音频频谱"和"残影"效果删除,设置"音频层"为"3. music.mp3","路径"为"蒙版 1","显示的范例"为 188,"最大高度"为 260,"厚度"为 3,"柔和度"为 50%,"内部颜色"和"外部颜色"为灰色,"波形选项"为"单声道","显示选项"为"数字",如图 11-40 所示。

(17) 新建合成,设置"合成名称"为"合成 4",预设为 HDTV 1080 25,帧速率为 25,持续时间为 00:00:15:05,颜色任意。

(18) 选择"合成 1"中的"黑色 纯色 1"图层,复制到"合成 4"中。选择"黑色 纯色 1"图层,在"合成"窗口中选择圆形蒙版,右击并从弹出的快捷菜单中选择"效果"|"生成"|"勾画"命令。在打开的"效果控件"面板中,将"描边"设为"蒙版/路径","片段"设为 4,"长度"设为 0.92,"颜色"设为灰色,"宽度"设为 15.5,"硬度"设为 1,如图 11-41 所示。按下 Alt 键并单击"旋转"前面的关键帧按钮,在打开的"时间线"窗口的"表达式:旋转"一栏中输入"time*-150",如图 11-42 所示。

图 11-40 设置"黑色 纯色 2"图层效果参数

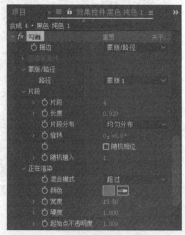

图 11-41 设置"黑色 纯色 1"图层效果参数

图 11-42　输入"旋转"的表达式

(19) 选择"黑色 纯色 1"图层，按下快捷键 Ctrl+D 复制图层，将其重命名为"黑色 纯色 2"。按下 S 键，将"缩放"改为 115%。在"效果控件"面板中，设置"片段"为 11，"长度"为 0.75，"宽度"为 10.1，如图 11-43 所示。

(20) 选择"黑色 纯色 2"图层，按下快捷键 Ctrl+D 复制图层，图层自动命名为"黑色 纯色 3"。按下 S 键，将"缩放"改为 85%。在"效果控件"面板中，设置"片段"为 8，如图 11-44 所示。

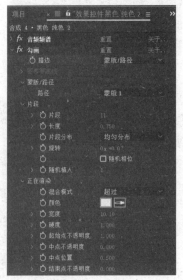

图 11-43　设置"黑色 纯色 2"图层参数

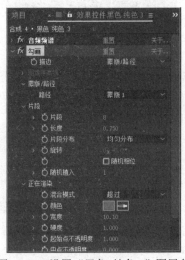

图 11-44　设置"黑色 纯色 3"图层参数

(21) 选择"黑色 纯色 3"图层，按下快捷键 Ctrl+D 复制图层，图层将自动命名为"黑色 纯色 4"。按下 S 键，将"缩放"改为 56%。在"效果控件"窗口中，设置"片段"为 3，"宽度"为 23.3，如图 11-45 所示。

(22) 选择"黑色 纯色 4"图层，按下快捷键 Ctrl+D 复制图层，图层将自动命名为"黑色 纯色 5"。按下 S 键，将"缩放"改为 71%。在"合成"窗口中选择圆形蒙版，右击并从弹出的快捷菜单中选择"效果"|"生成"|"描边"命令。在打开的"效果控件"面板中，设置"路径"为"蒙版 1"，"颜色"为灰色，"画笔大小"为 49.4，"画笔硬度"为 79%，"起始"为 0%，"结束"为 100%，"间距"设为 97%，"绘画样式"为"在原始图像上"。删除原有的"勾画"效果，如图 11-46 所示。

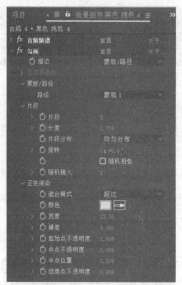

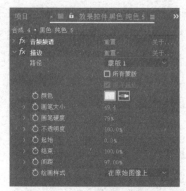

图 11-45 设置"黑色 纯色 4"图层参数　　图 11-46 设置"黑色 纯色 5"图层参数

(23) 选择"黑色 纯色 1"图层，按下快捷键 Ctrl+D 复制图层，将图层重命名为"黑色 纯色 6"。将其移到"时间线"窗口的最上方。按下 S 键，将"缩放"改为 71%。在"效果控件"面板中，设置"描边"为"蒙版/路径"，"片段"为 1，"长度"为 0.87，"宽度"为 36，"硬度"为 1，如图 11-47 所示。

(24) 单击"合成"窗口下方的 切换开关/模式 按钮，将"黑色 纯色 2""黑色 纯色 3""黑色 纯色 4""黑色 纯色 5""黑色 纯色 6"图层的"混合模式"全部改为"屏幕"、将"黑色 纯色 5"的"轨道遮罩"改为"亮度遮罩'黑色 纯色 6'"，如图 11-48 所示。

(25) 新建合成，设置合成名称为"合成 5"，预设为 HDTV 1080 25，帧速率为 25，持续时间为

图 11-47 设置"黑色 纯色 6"图层参数

00:00:15:05，颜色任意。

图 11-48 设置图层的"混合模式"和"轨道遮罩"

(26) 单击工具栏的椭圆工具按钮，切换至圆角矩形工具，在"合成"窗口中拖动鼠标，画出一个圆角矩形。此时在"时间线"窗口中出现了一个名为"形状图层 1"的图层。单击工具栏上"填充"右边的色块，将色彩改为灰色，如图 11-49 所示。

(27) 在"时间线"窗口中选择"形状图层 1",按下快捷键 Ctrl+D 复制出一个"形状图层 2"。在"合成"窗口中选择"形状图层 2"并右击,从弹出的快捷菜单中选择"效果"丨"模糊和锐化"丨"高斯模糊"命令,在打开的"效果控件"面板中,设置"模糊度"为 54,"模糊方向"为"水平和垂直",如图 11-50 所示。单击"合成"窗口下方的 切换开关/模式 按钮,将"形状图层 1"的"轨道遮罩"改为"亮度遮罩'形状图层 2'"。

图 11-49　绘制圆角矩形

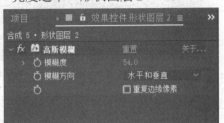
图 11-50　设置"形状图层 2"的参数

(28) 选择两个形状图层,右击,从弹出的快捷菜单中选择"预合成"菜单命令,在打开的对话框中单击"确定"按钮。

(29) 在"时间线"窗口中单击"预合成 1"左边的三角形按钮▶,再单击"变换"左边的三角形按钮▶,调出"不透明度"选项,按下 Alt 键,单击"不透明度"左边的关键帧按钮,在"表达式:不透明度"一栏中输入"wiggle(5,50)"(5 为振幅,50 为频率),如图 11-51 所示。

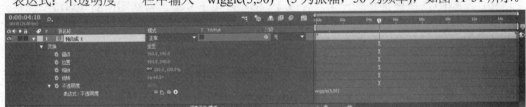
图 11-51　输入"不透明度"的表达式

(30) 新建合成,设置合成名称为"合成 6",预设为 HDTV 1080 25,帧速率为 25,持续时间为 0:00:15:05,颜色任意。

(31) 把"项目"窗口中的"合成 5"拖到"时间线"窗口,通过调整其"位置"和"缩放"值,使灰色块的显示如图 11-52 所示。

(32) 在"时间线"窗口中选中"合成 5"图层,按下 Ctrl+D 快捷键 3 次,复制 3 个"合成 5"图层,在"合成"窗口中调节其位置,配合"时间线"窗口中的"位置"参数调节,使最终显示效果如图 11-53 所示。

图 11-52　调节"合成 5"的位置

图 11-53　调整 4 个"合成 5"后的效果

(33) 选择"图层"｜"新建"｜"调整图层"菜单命令，新建一个调整图层。选择"效果"｜"扭曲"｜"极坐标"菜单命令，在打开的"效果控件"面板中，设置"插值"为100%，"转换类型"为"矩形到极线"，如图 11-54 所示。继续调整参数，使得完成后的效果如图 11-55 所示。

图 11-54　设置"调整图层 1"的参数

图 11-55　完成后的效果

注意：

为了实现图 11-55 所示的效果，可采用取消"缩放"值的横向纵向比例锁定后单独调整横向比例值，配合调整"锚点"值或"位置"值等方法。

(34) 新建合成，设置合成名称为"合成 7"，预设为 HDTV 1080 25，帧速率为 25，持续时间为 00:00:15:05，颜色任意。

(35) 将"项目"窗口中的"合成 4"拖到"时间线"窗口，此时"时间线"窗口中出现了名为"合成 4"的图层。按下 S 键，将"合成 4"图层的"缩放"调整为 79%。

(36) 按 Ctrl+D 快捷键复制一个"合成 4"图层，按下 S 键，将新图层的"缩放"调整为29%。

(37) 选择"图层"｜"新建"｜"调整图层"菜单命令，新建一个调整图层，此时"时间线"窗口中出现了一个名为"调整图层 2"的图层。选择"效果"｜"模糊和锐化"｜"CC Radial Blur"菜单命令，设置 Type 为 Fading Zoom，Amount 为 145，Quality 为 58.9，Center为(960,540)，如图 11-56 所示。

(38) 将"项目"窗口中的"合成 2"拖到"时间线"窗口的最上层。选中"合成 2"图层，按 S 键将其"缩放"改为 99%。用同样的方法将"合成 3""合成 1""合成 4""合成 4"导入"时间线"窗口，并分别将其"缩放"值改为 61%、11%、26%和 42%。将这几个图层的"混合模式"全部改为"屏幕"。

(39) 按下 Ctrl+Alt+Y 组合键，新建调整图层，此时"时间线"窗口中出现了一个名为"调整图层 3"的图层。选择"效果"｜"风格化"｜"发光"菜单命令，在"效果控件"面板中将其"发光阈值"设为 34.5%，"发光半径"设为 10，如图 11-57 所示。

图 11-56　设置"调整图层 2"的参数

图 11-57　设置"调整图层 3"的参数

(40) 选择"效果"｜"颜色校正"｜"曲线"菜单命令，分别在"通道"选项中选择"红色""绿色"和"蓝色",修改曲线,如图 11-58 至图 11-60 所示。

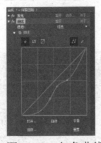

图 11-58　红色曲线

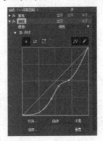

图 11-59　绿色曲线

图 11-60　蓝色曲线

(41) 将"项目"窗口中的"合成 6"拖到"时间线"窗口的最上层,右击并从弹出的快捷菜单中选择"效果"|"风格化"|"发光"菜单命令,将其"发光阈值"设为 53.3%,"发光半径"设为 60,如图 11-61 所示。

(42) 选择"效果"|"颜色校正"|"曲线"命令,分别在"通道"选项中选择"红色""绿色"和"蓝色",修改曲线,如图 11-62 至图 11-64 所示。

(43) 在"时间线"窗口中单击"合成 6"左边的三角形按钮，再单击"变换"左边的三角形按钮，调出"旋转"选项,按下 Alt 键,单击"旋转"左边的关键帧按钮，在"表达式:旋转"一栏中输入"time*150",将"不透明度"设为 87%,单击"缩放"左边的关键帧按钮，在第一帧,将"缩放"值设为 13%,在 0:00:01:19 处将"缩放"值设为 59%,如图 11-65 所示。

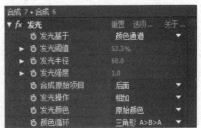

图 11-61　设置"合成 6"的参数

图 11-62　红色曲线

图 11-63　绿色曲线

图 11-64　蓝色曲线

图 11-65　设置"合成 6"的参数

(44) 新建合成，设置合成名称为"合成 8"，预设为 HDTV 1080 25，帧速率为 25，持续时间为 00:00:15:05，颜色任意。

(45) 在"合成"窗口中右击，从弹出的快捷菜单中选择"图层"｜"新建"｜"纯色"菜单命令，新建一个颜色为黑色的图层，此时在"时间线"窗口中出现了名为"黑色 纯色 2"的图层。选择"效果"｜"生成"｜"梯度渐变"菜单命令，在"效果控件"窗口中设置"渐变起点"为(960.5,229.5)，"起始颜色"为"R:37，G:58，B:126"，"渐变终点"为(16.5,1077.5)，"结束颜色"为"黑色"，"渐变形状"为"径向渐变"，如图 11-66 所示。

图 11-66　设置"黑色 纯色 2"图层的参数

(46) 将"项目"窗口中的"合成 7"拖到"时间线"窗口的最上层，按下 S 键，将"合成 7"的"缩放"值设为 172%。

(47) 选择"图层"｜"新建"｜"纯色"菜单命令，新建一个颜色为黑色的图层，此时在"时间线"窗口中出现了名为"黑色 纯色 3"的图层。将该图层拖到"合成 7"图层下。选择"效果"｜"生成"｜"镜头光晕"菜单命令，为"光晕中心"添加关键帧，其中 0:00:00:00 处参数设为"60,432"，0:00:01:19 处设为"2400,1032"，镜头类型改为"105 毫米定焦"，如图 11-67 所示。

图 11-67　设置"黑色 纯色 3"图层的参数

(48) 将"合成 7"和"黑色 纯色 3"图层的混合模式全部改为"屏幕"。

(49) 设置完毕后，按小键盘上的 0 键，预览动画。

(50) 保存项目文件。

2. 实例 2——轰炸汽车

本例将通过后期合成，制作轰炸汽车的镜头。主要练习 After Effects 的"亮度和对比度""曲线""可选颜色"和"发光"等效果的运用。

其操作步骤如下：

(1) 打开 After Effects，选择"文件"｜"项目设置"命令，在打开的"项目设置"对话框的"颜色"选项卡中，设置"深度"为"每通道 16 位"，"工作空间"选择"sRGB IEC61966-2.1"，选中"线性化工作空间"复选框，单击"确定"按钮，如图 11-68 所示。

(2) 在"项目"窗口中双击鼠标，导入素材"model.mov""car_smoke.mov""car_fire.mov""exp_dir_light""exp_env_light.mov""exp_fire.mov"等。

(3) 将 "model.mov" 拖到 图标上，建立一个合成。

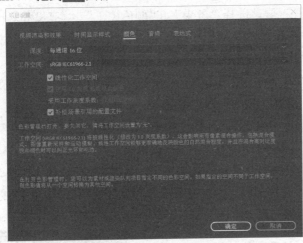

图 11-68　项目设置

(4) 在 "项目" 窗口中双击鼠标，打开 "导入文件" 对话框。选择 "bg" 文件夹中的 "Stormclouds.0000"，选中 "Importer JPEG 序列" 复选框，单击 "导入" 按钮，将序列文件导入。将导入的素材拖至 "时间线" 窗口中 "model" 图层的下面，如图 11-69 所示。

图 11-69　添加 "Stormclouds" 图层

(5) 将 "项目" 窗口中的 "car_smoke.mov" 拖到 "时间线" 窗口中的最上层。

(6) 选中 "car_smoke.mov" 图层，选择 "效果" ｜ "颜色校正" ｜ "亮度和对比度" 菜单命令，在 "效果控件" 面板中将其 "亮度" 设为 150。选中 "亮度和对比度"，按下快捷键 Ctrl+D 三次，复制 "亮度和对比度" 效果三次，使浓烟的亮度和场景基本匹配，如图 11-70 所示。

(7) 确保选中 "car_smoke.mov" 图层，选择 "效果" ｜ "颜色校正" ｜ "曲线" 菜单命令，在 "效果控件" 中调整曲线，在暗部添加一点蓝色，如图 11-71 所示。

图 11-70　添加 "亮度和对比度" 效果

图 11-71　添加 "曲线" 效果

(8) 将"项目"窗口中的"car_fire.mov"拖到"时间线"窗口中的最上层。

(9) 选中"car_fire"层,选择"效果"|"颜色校正"|"亮度和对比度"菜单命令,在"效果控件"面板中将其"亮度"设为150。选中"亮度和对比度",按下快捷键 Ctrl+D 两次,复制"亮度和对比度"效果两次。

(10) 确保选中"car_fire"层,选择"效果"|"颜色校正"|"可选颜色"菜单命令,在"效果控件"面板中设置"颜色"为"黄色","洋红色"为8。如图 11-72 所示。

(11) 确保选中"car_fire"层,选择"效果"|"风格化"|"发光"菜单命令,在"效果控件"面板中设置"发光半径"为6.5,"发光强度"为0.3,如图 11-73 所示。选中"发光"效果,按下快捷键 Ctrl+D 两次,复制"发光"效果两次。在"效果控件"面板中设置"发光2"效果的"发光半径"为20.1,"发光强度"为0.2;设置"发光 3"效果的"发光半径"为86,"发光强度"为0.1。

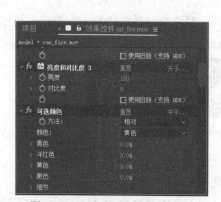

图 11-72 添加"可选颜色"效果

图 11-73 添加"发光"效果

(12) 将"项目"窗口中的"exp_dir_light"拖到"时间线"窗口的最上层。

(13) 选中"exp_dir_light"层,选择"效果"|"颜色校正"|"亮度和对比度"菜单命令,在"效果控件"面板中将其"亮度"设为150。选中"亮度和对比度",按下快捷键 Ctrl+D 三次,复制"亮度和对比度"效果三次,如图 11-74 所示。

(14) 确保选中"exp_dir_light"图层,选择"效果"|"颜色校正"|"曲线"菜单命令,在"效果控件"面板中调整曲线,给烟雾暗部添加一点红色,如图 11-75 所示。

(15) 把"项目"窗口中的"exp_env_light.mov"拖到"时间线"窗口的最上层,并设置其"叠加"模式为"相加"。

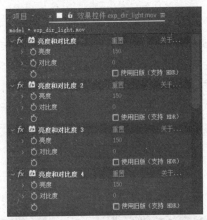

图 11-74　添加"亮度和对比度"效果

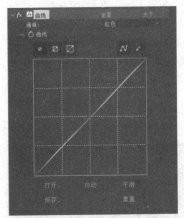

图 11-75　添加"曲线"效果

注意：
如果找不到"叠加模式"修改按钮，可单击其左下角的 ⟳ 图标使之显示。

(16) 选中"exp_env_light.mov"层，选择"效果"|"颜色校正"|"亮度和对比度"菜单命令，在"效果控件"面板中将"亮度"设为 150。选中"亮度和对比度"，按下快捷键 Ctrl+D 五次，复制"亮度和对比度"效果五次，如图 11-76 所示。

(17) 确保选中"exp_env_light.mov"层，选择"效果"|"颜色校正"|"曲线"菜单命令，在"效果控件"面板中选择"蓝色"，调整曲线，给环境光暗部添加一点蓝色，与整体烟雾红色形成冷暖对比，如图 11-77 所示。

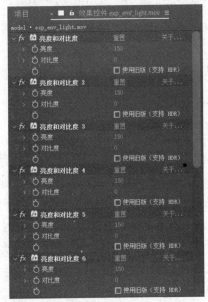

图 11-76　添加"亮度和对比度"效果

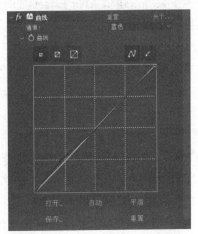

图 11-77　添加"曲线"效果

(18) 把"项目"窗口中的"exp_fire.mov"拖到"时间线"窗口的最上层，并设置其"叠加"模式为"变亮"。

(19) 选中"exp_fire"层,选择"效果"|"风格化"|"发光"菜单命令,在"效果控件"面板中设置"发光阈值"为85.1,"发光半径"为12,"发光强度"为0.8,如图11-78所示。选中"发光"效果,按下快捷键Ctrl+D两次,复制"发光"效果两次。设置"发光2"效果的"发光半径"为23,"发光强度"为0.2;"发光3"效果的"发光半径"为103,"发光强度"为0.1。

(20) 设置完毕后,按小键盘上的0键,预览动画。最终效果如图11-79所示。

图11-78 添加"发光"效果

图11-79 最终效果

3. 实例3——燃烧的高楼

本例将通过后期合成,制作城市毁灭的景象。需要说明的是,限于篇幅,本例只是对一栋大楼进行了效果制作,读者可以对本例进行反复调试和总结,并将制作方法运用到其他建筑中。

本例主要练习使用After Effects的跟踪摄像机功能以及调色基础应用等功能。

其操作步骤如下。

(1) 打开After Effects,选择"文件"|"导入"|"文件"命令,把"城市.mov"导入到软件中,并将其拖到▨图标上,建立一个合成。

(2) 选择"窗口"|"跟踪器",调出跟踪器面板,单击 跟踪摄像机 按钮,软件开始对视频素材进行摄像机分析,完成分析后,在视频上会得到一系列跟踪点,如图11-80所示。

(3) 按住Shift键,在分析好的图像的大楼上选择合适的3个跟踪点,得到一个平面,如图11-81所示。右击平面并从弹出的快捷菜单中选择"创建实底和摄像机"命令,此时在"时间线"窗口中出现了"跟踪实底1"和"3D跟踪器摄像机"两个图层。选中"跟踪实底1"图层,在工具栏中单击"旋转工具"按钮◐,把鼠标移到图像的实底上,当显示Z时,拖动鼠标,旋转"跟踪实底1"的Z轴,使"跟踪实底1"与大楼的水平线平行,如图11-82所示。播放视频,可以看到"跟踪实底1"始终"跟踪"在大楼正面上。若跟踪有误差,请重新选择合适的3个跟踪点,重复上述步骤。

图 11-80　跟踪摄像机

图 11-81　选择点集

图 11-82　跟踪实底 1

(4) 选择"文件"|"导入"|"文件"命令，把"图片 1""图片 2""图片 3""火焰""烟雾"等文件导入软件中。选中"跟踪实底 1"图层，按住 Alt 键，将"图片 1"拖到"跟踪实底 1"图层上，此时"时间线"窗口中出现了"图片 1"图层。选中"图片 1"图层，按下 S 键，调整图层的"缩放"值为 143，如图 11-83 所示。选择 ▶ 工具，调整图层位置，如图 11-84 所示。

图 11-83　调整图层大小

图 11-84　调整"图片 1"的图层位置

(5) 对视频素材进行调色。右击"城市.mov"图层，从弹出的快捷菜单中选择"效果"|"颜色校正"|"曲线"命令。在 RGB 通道调整曲线，如图 11-85 所示。在"绿色"通道调整曲线，如图 11-86 所示。

(6) 对"图片 1.png"图层进行调色。右击"图片 1.png"图层，从弹出的快捷菜单中选择"效果"|"颜色校正"|"曲线"命令。在 RGB 通道调整曲线，如图 11-87 所示。在"红色"通道调整曲线，如图 11-88 所示。

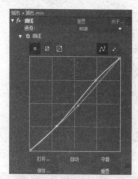
图 11-85　视频素材 RGB 通道曲线

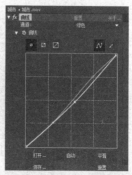
图 11-86　视频素材绿色通道曲线

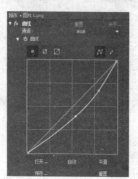
图 11-87　图片素材 RGB 通道曲线

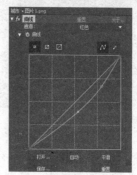
图 11-88　图片素材红色通道曲线

(7) 选中"图片 1.png"图层，使用 工具在图层上勾画蒙版，将图片内部勾画出来，如图 11-89 所示。按下 M 键，将蒙版模式改为"相减"，如图 11-90 所示。

图 11-89　勾画蒙版

图 11-90　蒙版模式为"相减"

(8) 选中"图片 1"图层，按下 Ctrl+D 快捷键，复制图层，右击所复制的图层，选择"重命名"为"图片 1.1"。将"图片 1.1"图层置于"图片 1"下方，按下 M 键，调出蒙版，选择蒙版模式为"相加"。

(9) 选中"图片 1.1"图层，按下 P 键，再按下 Shift+S 快捷键，同时调出"位置"和"缩放"，调整图层，使其比"图片 1.png"图层的"缩放"值略大，且其"位置"的 Z 轴数值要比"图片 1"图层略大，如图 11-91 所示。

图 11-91　调整"图片 1.1"图层的位置和缩放

　　(10) 选中"图片 1.1"图层，按下 Ctrl+D 快捷键复制图层，将其重命名为"火焰"。按下 Alt 键，将"项目"窗口中的素材"火焰.mov"拖到"火焰"图层上。选中"火焰"图层，按下 M 键，删除图层蒙版，适当调节图层的"位置"和"缩放"值，使火焰位于楼内，并将图层的混合模式设为"变亮"，最终呈现出高楼内起火的效果，如图 11-92 所示。

图 11-92　添加火焰效果图

　　(11) 添加烟雾效果。将"烟雾.mov"素材拖入时间轴，放置到顶层。单击"时间线"窗口下方的"切换开关/模式"按钮，设置其混合模式为"相加"，单击"三维图层"按钮 下方的小框，打开三维图层开关，如图 11-93 所示。

图 11-93　设置"烟雾"图层的混合模式并打开三维图层开关

　　(12) 调整"烟雾.mov"图层的大小、方向、位置，参考数值如图 11-94 所示。

图 11-94　调整位置、方向、大小

　　(13) 双击"烟雾.mov"图层，进入图层显示窗口，按住工具栏中的 工具并拖动，选择 工具，在图层窗口对烟雾素材绘制蒙版，如图 11-95 所示。选中"烟雾.mov"图层，双击 M 键，调整"蒙版羽化"值为 192 像素，如图 11-96 所示。此时呈现出烟雾从高楼内飘出的效果，如图 11-97 所示。

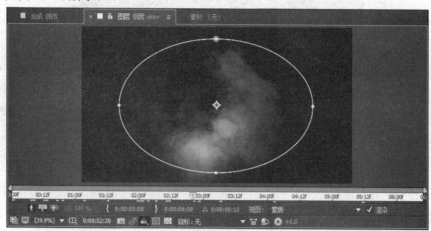

图 11-95　绘制蒙版

图 11-96　调整"蒙版羽化"值

图 11-97　画面烟雾效果

(14) 选择"城市.mov"图层，确保"效果控件"窗口中已选中"3D 摄像机跟踪器"效果，在第一栋大楼上按 Shift 键选择合适的 3 个跟踪点，得到一个平面，右击平面并在弹出的快捷菜单中选择"创建实底"命令，得到"跟踪实底 1"图层。选中"跟踪实底 1"图层，选择■工具，旋转"跟踪实底 1"的 Z 轴，使"跟踪实底 1"与大楼的水平线平行。

(15) 选中"跟踪实底 1"图层，按下 Alt 键，将"项目"窗口中的"图片 2"拖到"跟踪实底 1"图层上，得到"图片 2"图层。按下 S 键和 P 键，调整图层的"缩放"值和"位置"，制造出高楼窗户被烧毁的效果，如图 11-98 所示。"缩放"和"位置"的参考数值如图 11-99 所示。

(16) 选中"图片 2"图层，选择"效果"|"颜色校正"|"曲线"命令。在 RGB 通道调整曲线，再在"红色"通道和"蓝色"通道调整曲线，如图 11-100 至图 11-102 所示。

图 11-98　窗户烧毁效果

图 11-99　调整"图片 2"图层的"位置"和"缩放"值

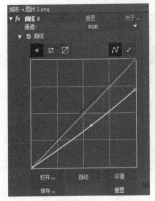
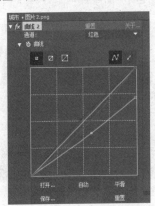

图 11-100　调整 RGB 通道曲线　　图 11-101　调整"红色"通道曲线　　图 11-102　调整"蓝色"通道曲线

(17) 选中"图片 2"图层,按下 Ctrl+D 快捷键复制图层,使用　工具拖动图层到合适的位置,制造出另外一处窗户烧毁的效果,使用　或　工具在此图层上勾画蒙版,如图 11-103 所示。

(18) 制作裂纹。用与步骤(14)同样的方法在第一栋大楼上按 Shift 键选择合适的 3 个跟踪点,得到一个平面,右击平面并在弹出的快捷菜单中选择"创建实底"命令,得到"跟踪实底 1"图层。选择　工具,旋转"跟踪实底 1"的 Z 轴,使"跟踪实底 1"与大楼的水平线平行。

(19) 选中"跟踪实底 1"图层,按下 Alt 键,将"图片 3"拖到"跟踪实底 1"图层上,得到"图片 3"图层。按下 R 键,调整"Z 轴旋转"值为-90。将"图片 3"图层的"混合模式"改为"相乘",可以初步看到高楼墙体裂纹效果。按下 S 键和 P 键,调整图层的"缩放"值和"位置",使裂纹与墙体较好地结合在一起,如图 11-104 所示。"缩放"和"位置"的参考数值如图 11-105 所示。

(20) 此时画面效果中玻璃也出现了裂纹,这显得不真实。因此,使用　工具在此图层上勾画蒙版,如图 11-106 所示。

(21) 设置完毕后,按小键盘上的 0 键,预览动画。

(22) 保存项目文件。

图 11-103　为窗户烧毁的效果添加蒙版

图 11-104　高楼墙体裂纹效果

图 11-105　设置"图片 3"图层的"混合模式""位置"和"缩放"值

图 11-106　为裂纹效果添加蒙版

11.5　思考和练习

1. 思考题

(1) 特技在数字视频作品的创作中有什么作用？

(2) 试述特技的种类。

(3) 解释以下名词：淡、化、划、键。

(4) 简述数字特技的常见屏幕效果。

(5) After Effects 的工作界面包括哪几部分？

(6) 简述在 After Effects 中创建蒙版的步骤。

(7) 简述三维动画的制作过程。

2. 练习题

(1) 使用 After Effects 进行以下基本操作。

● 创建新的合成项目。

● 导入素材。

● 新建一个合成。

- 在合成中添加素材。
- 改变图层的排列顺序。
- 修剪素材。
- 使用蒙版。
- 设置图层属性的关键帧动画。
- 预览动画。
- 为层添加滤镜。
- 添加图层。
- 渲染输出。

(2) 使用 After Effects 完成一个片头的制作，要求如下。

- 包含两个以上的图层。
- 使用蒙版。
- 至少要使用 3 种以上的滤镜。
- 至少要有一个图层设置了关键帧动画。

第12章

数字视频作品的字幕制作

- 数字视频作品中的字幕
- 字幕制作实例

学习目标

1. 理解字幕的传播功能。
2. 了解字幕的类别。
3. 掌握字幕的构图形式。
4. 掌握字幕的运用技巧。
5. 掌握使用图形处理与编辑软件进行同期声字幕制作的方法。
6. 掌握使用编辑软件进行滚动字幕制作的方法。
7. 掌握使用合成软件进行粒子消散字幕制作的方法。
8. 掌握使用合成软件进行汇聚发光字幕制作的方法。

思维导图

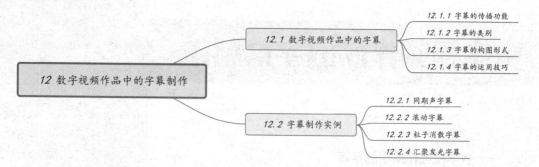

字幕指的是显示在屏幕上并具有特定表述意义的文字。电视节目中字幕的运用经历了一个从不被重视到得到重视的发展过程。字幕的发展运用从某种意义上显示了电视工作者对电视特点认识的逐步深入和电视节目制作观念、方法的不断成熟。如今，字幕已经成为电视节目的重要构成元素之一。因此，在数字视频作品的制作过程中，也应当重视这一元素的运用。

12.1 数字视频作品中的字幕

字幕制作

12.1.1 字幕的传播功能

字幕在数字视频作品中有着不可忽视的功能，概括起来，主要有说明功能、复述功能和信息功能等。

1. 说明功能

字幕的说明功能是指字幕在传播过程中可以交代一些诸如人物、时间、地点等的内容。在新闻节目中，字幕的说明功能运用比较多。采访对象出同期声时，一般会配以说明该采访对象身份和姓名的字幕；新闻中也会出现诸如"记者×××报道"的字幕；有关栏目名称的字幕也会适时地出现在屏幕上等。说明性字幕在其他节目类型中也不鲜见。一般来说，每个栏目的片头、片名、片尾字幕都有说明功能；节目最后的工作人员名单和电视剧等节目末尾和开头的演、职员表字幕等都是旨在将一般的说明性信息介绍给观众。说明性字幕与画面、声音等符号相互配合，不仅可以简化和美化画面和声音，还可以表现画面不擅长表现的抽象理念。说明性字幕一般出现在屏幕的底部或左、右两边，也有以整屏阅读式的方式出现的。说明性字幕在画幅中所占的空间虽然不大，但其所承担的对画面、声音及整个节目所表达内容的说明性、介绍性作用是必不可少的。

2. 复述功能

字幕的复述功能是指字幕所表现的内容和信息，与电视画面或声音所表达的内容相同或相似。其目的是加强观众的信息记忆深度。

电视节目"声画结合、视听兼备"的双通道传播形式，比以单通道传播的报纸(看的通道)和广播(听的通道)具有明显的记忆优势。传播学界研究人士在对信息的接受能力进行研究时指出："阅读文字能记住 10%，收听语音能记住 20%，观众看图能记住 30%，边听边看能记住 50%。"视听结合，两个通道各自汲取信息、互不干扰且又加强记忆深度的原理是不言而喻的。问题是，在"看"的单一通道里，字幕与画面是两种类别的语言符号，能否做到兼容输入而不顾此失彼，产生"互消效应"呢？美国哈佛大学心理学名誉教授鲁道夫·阿恩海姆在论述视像编码的生理机制特点时指出："在视觉感知过程中，对语言符号(文字、语言)信息的感知是左脑占优势，而对非语言符号(图像、姿势语)信息的感知则是右脑占优势，即便是同时出现多类符号交叉映像，视神经也会筛选、分类编码成神经活动(连续的电脉冲)的信号，并将信号送进大脑的相关部位，产生明晰的神经语汇和大脑语言，最终在视中枢同一区域产生融合，认知外界物体。"这段论述告诉读者，人们感知各种语言(语言的与非语言的)符号时，是编码式的信息输入，同时在输入不同语言符号时，各自有其"存储库"，这种各行其道、兼收并蓄的认知，并不存在"互消"之虞。所以，多种(非语言符号图像、声音语言、字幕)符号指向同一传播内容时，则形成"视、听、读"三位一体的同向多维感知通道，瞬间对大脑相关神经中枢产生冲击，必然会明显地加深"记忆痕迹"。传播学认为"边听边看"可以记住 50%，那么，"边听边看边读"可以记住的内容量势必更多。复述性字幕有助于加深记忆的另一道理是，超历时性的文字，缓解了观众对历时性播音语言的积累性记忆压力，有效地调节了记忆心理机制，从而提高了观众对整体内容识记的效率。

3. 信息功能

从广义上来讲，任何字幕都具有信息功能。这里所说的字幕的信息功能是指字幕传达了与画面、声音语言不同的新信息。前文所讨论的滚动式字幕所发挥的传播功能一般就是信息功能。除了运用滚动字幕传播一些时效性强的信息外，还可以在屏幕的左上角或右下角画出一个小矩形，用于传播诸如天气预报、外汇牌价、股市最新情况、时间等信息，这既满足了现代信息社会观众对信息消费的需求，又不影响正常节目的播出。人们经常可以在电视屏幕上看到诸如"我台将于×××播出电视连续剧×××，欢迎收看"的字幕。虽然这些字幕简单且易制作，但不可忽视它的传播功能。这种信息性字幕运用于观众的多通道接受机制，随时插播有关重要的新信息，既避免了因中断正常节目带来的"心理破坏"，又保证了各项信息的完整、及时传播，这必然会受到观众的欢迎，从而建立起传者与受者间的融洽关系，从根本上提高了传播的整体效益。

12.1.2　字幕的类别

1. 按字幕的表现形式分

按照表现形式的不同，字幕可以分为整屏阅读式、滚动式、插入式和特技式等。

1) 整屏阅读式

整屏阅读式是指字幕分布在整个屏幕上，将字幕与声音互相配合，形成听读一体。每逢播放重要会议公报、政令、名单时，电视台采用声画合一的手法，声音和文字同步播出，观众边听边读(心读)，很是轻松，比之聚精会神地"听"(广播)和费力地"看"(报纸)，整屏文字听读一体的轻易性就显而易见。随着社会文化水准的提高，人们的电视文化观念从喜好浅显的形象传播转向喜好思辨的理性传播，整屏文字阅读式传播将成为人们接受密集信息的重要方式。以文字语言符号构成主要内容的整屏阅读式具有大容量、快传递、能进行抽象思维等特点。

2) 滚动式

滚动式字幕是指字幕以一定的速度在屏幕上连续滚动进行传播的方式。滚动式字幕在屏幕上的位置一般是画框的 4 条边缘。随着人们生活节奏的加快和电视台节目编排管理的严密与科学化，对各级电视台的节目提出了准时播出的要求，这是对观众最起码的尊重。然而，在信息密集的今天，重大新闻层出不穷，电视台视不同情况，或要立即在节目中插入播出、或要预告播出时间、或要预报节目更改计划，如何避免发生观众最为讨厌的节目临时中断现象，又能及时将有关内容传递给观众？中途插入滚动字幕是最理想的方式。可见，滚动字幕可以在一定程度上起到扩大信息含量、信息预告和保证信息时效性的作用，在数字视频作品中大有用武之地。

3) 插入式

插入式字幕是指在节目正常进行的过程中，以"切"的方式叠加字幕。这是显示字幕最常用、最基本的方式。插入式字幕应用非常广泛，包括人物对话显现、翻译字幕、人物介绍、内容提要、新闻标题，体育节目中的参赛选手、比赛分数、计时、名次、技术统计等。

4) 特技式

特技式字幕是指字幕以特技的方式出现。如果特技式字幕运用得好，可以改善观众的收视注意力，形成画面节奏和美感。它一般应用在节目的片头、节目名称、节目预告、广告片以及其他艺术类作品中。

2. 按字幕的传播功能分

按照传播功能的不同，字幕可以分为说明性字幕、复述性字幕和信息性字幕。

说明性字幕起到介绍人物的姓名、身份、职称，事件发生的时间、地点等作用；复述性字幕起到显现同期声讲话、人物对白、新闻提要等作用；信息性字幕包括滚动字幕新闻、节目预告等，可以扩大节目的信息含量。

12.1.3　字幕的构图形式

字幕的构图形式是指字幕在屏幕上的位置和排列以及字幕与画面的结构关系。最为常见的字幕排列方式是采用横行排列，当然，还可以根据需要选择竖行排列和斜行排列；字与字之间的距离可以相等，也可以错落有致；字号可以一致，也可以有所区别。字幕的构图形式可以多种多样，并没有一成不变的固定位置或形式。综合分析我国部分电视台的字幕运用情况后，发现主要有以下几种构图形式。

1. 整屏式

整屏式是指字幕成为电视屏幕上最主要的构图元素，并且占据了屏幕主要位置的构图形式，如图 12-1 所示。例如 2001 年 10 月 21 日的香港本港台早新闻、翡翠台早新闻、凤凰卫视中文台《时事直通车》等节目对在上海举行的亚太经合组织(APEC)第九次领导人非正式会议的报道中，发掘和运用了整屏文字式字幕的功能，可以说是这三台节目的一大特色。本港台、翡翠台和凤凰卫视中文台在报道 APEC 会议发表的反恐怖主义声明时，都不约而同地运用了整屏文字来传达新闻信息。本港台和翡翠台的字幕形式是整屏文字由 4 个要点组成，各条新闻信息要点逐次显示，简约而明确；凤凰台则连续使用了 3 屏字幕来概括反恐声明，几乎囊括了声明中的所有要点，信息量非常大。而且这三台在显示字幕的同时，播音语言也在阐述声明的内容，"视、听、读"三位一体，同时指向同一传播内容，通过视听双通道进行多维感知，同瞬间对大脑相关神经中枢产生冲击，明显地加强了观众的记忆深度和接受信息的易受性。凤凰台还有一处字幕的运用给人留下了非常深刻的印象：在介绍反恐怖合作时，字幕居中显示，以上海 APEC 会议的会场画面为底衬，这里运用了一个推镜头，随着镜头的推进，画面由远及近，字幕也跟着推进，给观众造成一种紧张感，使观众充分认识到全世界加强反恐怖主义合作的必要性。

图 12-1　整屏式

2. 底部横排式

底部横排式是指字幕横向排列在屏幕底部的构图形式，如图 12-2 所示。这种形式是字幕最基本、最常用的形式。电视剧中的人物对白、翻译字幕，电视新闻节目中的播音语言显现、新闻人物语言、内容提要、新闻标题等，都是以这种形式进行构图的。其优点在于：字幕位于屏幕的底部，不会对电视画面构成干扰，横向排列比较符合观众的阅读习惯。

3. 滚动式

滚动式是指字幕以滚动的形式通过屏幕逐次展示其所负载信息的形式，如图 12-3 所示。滚动字幕可以置于屏幕的底部或顶部，也可以置于屏幕的左边或右边。人们的阅读习惯一般是从左到右、从上到下，相应地，底部或顶部的字幕一般应该按从右到左的方向滚动，左边或右边的字幕一般则应该按由下至上的方向滚动。滚动字幕所承担的传播功能一般是信息功能。在现代快节奏的信息社会中，滚动字幕带来的"信息快餐"大有市场。

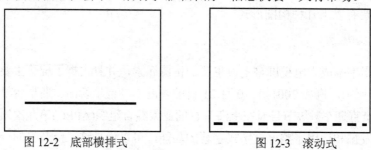

图 12-2　底部横排式　　　　　　　　图 12-3　滚动式

4. 竖排式

竖排式是指字幕竖直排列在电视屏幕的左边或右边边缘的形式，如图 12-4 所示。竖排式字幕主要起到说明性的作用。在新闻节目中，主要用来介绍新闻人物或相关人员的身份、姓名等信息，一般有两列，一列介绍身份，另一列介绍姓名。这种字幕运用的例子俯拾皆是。如一则经济新闻中，采访新闻人物时，画面出现新闻人物的特写镜头，声音是新闻人物的同期声，字幕则是"仁宝人力资源处副总　卓正钦"。这类字幕有时候也和新闻标题等底部横排式字幕放在一起。

5. 固定式

固定式是指字幕以小方块的形式固定在屏幕的某一位置的构图形式，如图 12-5 所示。固定式字幕主要用来传播诸如天气情况、股市行情、时间、外汇牌价、节目名称或标志等内容，如香港凤凰卫视资讯台的节目中，就有这样的固定式字幕，其形式是：在屏幕的右下角抠出一个小方块，在这个小方块的上半部分以黄色衬底显示外汇牌价(如"英镑　1.4373")，在小方块的下半部分以蓝色衬底显示当前的时间(如 22:07)。

当然，很多时候字幕是一种或几种构图形式的综合。这些构图形式的排列组合形成了电视屏幕上丰富多彩的字幕语言。不过，在制作字幕时，没有哪一种形式是绝对好或绝对坏的，用多了就显得落俗套了。只有具备创新意识，不断推陈出新，才能使字幕的运用充满生机和活力。

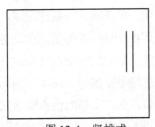

图 12-4　竖排式

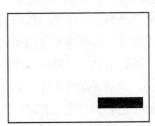

图 12-5　固定式

12.1.4　字幕的运用技巧

字幕的运用是一门学问，它要求制作者必须懂得视觉传播的特性，懂得各种节目的不同特点和要求。如果不具备相关的符号学、语言学、心理学、哲学理论素养，很难制作出赏心悦目的字幕。

1. 选择好字幕的呈现时机和显示时间

不同的节目异彩纷呈、各具形态。根据不同的节目样式的要求，字幕的呈现时机和显示时间也各不相同。因此，字幕的运用要考虑到节目传播形态的差异和要求，遵循心理学的感知和记忆规律，选择最佳显示时间出点和显示停留时限。

2. 根据节目特性撰写字幕

视频传播有很多特性。从其使用的传播符号来说，它是声音、画面两类符号并重，包括语言、音响、音乐、画面和字幕。符号多并不意味着传播效果就越好，关键要看各类传播符号如何相互融合、互相补充。因此，字幕的运用自然要考虑到它与画面、声音等其他符号的配合。

(1) 吃透画面的声音语言所要传递的信息内容，提示文字则应运而生。

(2) 不必拘泥于语法结构的完整，因为视频作品的声画结合已经形成了一个完整的表述语境，保证了内容的准确传播。在这个语境中，字幕的结构完整与否都不会产生歧义。字数少时，可以是词组；字数多时，可以是长句。

(3) 字幕应简明直观。因为观众的"有意注意"此刻是集中指向图像和声音的，字幕的任务是帮助观众看好、听好，这时字幕打扮得再花枝招展，观众也是无暇领情的。如果使用其他可反复感知的书面文体写作技法来框套字幕的撰写，实在是有害于电视字幕个性的形成和电视传播效益的提高。

3. 注重字幕的色彩、字体字号、光线和特技处理

色彩可以被当作一种语言来表述人们的思想感情，不同颜色的字幕所表达的情感和气氛是不一样的。色彩作为一种物质现象，其本身的色相特质几乎是恒定不变的。但色彩所形成的感觉多变性，实质上反映了色彩与自然现象、生理现象、人为现象和社会现象的复杂关系。从总

体上看，字幕的色彩选择应该遵循与其所传达的信息内容相互匹配、协调一致的原则。在新闻、纪录片等纪实性节目中，字幕的色彩运用风格应该是平实，忌花哨。一般情况下，应该避免造成色彩缤纷的效果。单色字幕(或黑白字幕)比较适合这类节目的总体传播要求，而在艺术类的电视节目中，可以根据节目的具体内容选择多种色彩，使字幕的颜色交替变化，发挥色彩的表现力和感染力，调动观众的情感。不过，字幕的色彩不是越丰富越好，在实际的运用中，还要考虑到它与画面色彩的对比与和谐。电视画面的色彩是多样的，字幕的色彩要达到既突出字幕本身，不能让它淹没在画面的色彩"海洋"中，又不能与画面"争辉"，让观众感到无所适从。字幕和画面的色彩必须达到反差与和谐的统一。

字幕的字体、字号应该是多样化的。根据不同作品的传播要求，可以选用楷书、行书、隶书、宋体、仿宋、变体字等多种字体。纪实节目选用隶书、行书、魏碑等字体可以表现出节目的古朴端庄、凝重深沉；儿童节目选用童体字可以增强雅致感，有利于表现儿童天真可爱的特质；广告节目选用变体字或美术字，可以创造出一种夸张、变形的效果，别具一番神韵和风采。中国书法源远流长，形成了不同的流派和风格，构成了完整的书法艺术体系。中国的书法家把书法的线条、笔锋当作音乐的旋律来创造，中国书法的空间美、造型美，在篆、隶、草、飞书中各有不同的表现。字幕的创作者应该有意识地吸收祖国丰富多彩的艺术宝藏，拓展电视节目中字幕的字体样式。

字号的大小，需要根据字体的不同和节目的不同灵活运用。

制作字幕时，还必须注意光线的运用。没有光线根本谈不上成像，光线使影像清晰可辨。富有视觉冲击力的字幕归根结底是运用光线的结果；不同强度的光使画面产生多维纵深的效果；大反差的光线往往能创造出比均匀照明更富于魅力的影像。

特技在制作字幕的过程中起到了非常重要的作用。中央电视台《新闻联播》节目的片头中，CCTV、"中央电视台"和"新闻联播"等字幕就是运用特技进行处理的结果。经过特技处理后的字幕与浑厚的背景音响一起，充分显示了该节目的沉稳、凝重的内涵与诉求。字幕的特技处理主要包括：写出、竖移、横排、斜移、显出、切入、划出、逐出、甩出、翻飞、飞入飞出、上下拉式、左右拉式、闪入、卷入、急推、缓推、转动、叠化齐出、逐一扫出等。在具体运用时，要根据节目的特点和需要恰当选用。

12.2 字幕制作实例

12.2.1 同期声字幕

1. 效果说明

本例的最终画面效果是为一段采访添加同期声字幕，如图 12-6 所示。

2. 操作要点

本例主要练习使用 Adobe Photoshop CC 和 Adobe Premiere Pro CC 2019 两个软件，批量

制作同期声字幕。

3. 操作步骤

(1) 新建一个 ".txt" 格式的文本文档，在该文本文档的开头任意输入一个英文单词，再输入同期声字幕。本例输入内容如下：Njupt/五个一/凝结了我们南邮人/在努力地形成教育技术学/和数字媒体技术专业/办学特色上的心血和智慧/五个一/让我们同学在/四年的大学的学习生活当中/始终强调实验实践技能的培养/从而确保了实验实践教学的中心地位。将文件保存并命名为 "字幕.txt"。如图 12-7 所示。

图 12-6　最终效果　　　　　　　　　　　图 12-7　输入字幕

(2) 打开 Adobe Photoshop CC，按下快捷键 Ctrl+N，在打开的 "新建文档" 对话框中，将上方的预设选择为 "胶片和视频"，在下方的 "空白文档预设" 中选择 "HDTV 1080p"，设置 "背景内容" 为 "透明"，其他参数保持不变，如图 12-8 所示。单击 "创建" 按钮，创建一个新图层。

图 12-8　新建文档

(3) 按下快捷键 Ctrl+Shift+N，在打开的 "新建图层" 对话框中设定 "名称" 为 "观察" (该图层无实际用处，仅为方便观看字幕设计效果，字幕设计完成后还需删除)，单击 "确定" 按钮，新建一个图层。在工具栏中选择油漆桶工具 ，(或长按渐变工具 后选择)，设定前景色为红色，然后在 "观察" 图层窗口中单击鼠标，为 "观察" 图层填充红色。

选择文字工具 ，在图层中单击鼠标，输入 "南京邮电大学"。选中文字，设置其 "属性"选项卡中的"字体"为"黑体","字体大小"为 72 点,颜色为白色,如图 12-9 所示。移动文字至图 12-10 所示的位置。

图 12-9 设置文字图层属性

图 12-10   调整文字位置

(4) 选择"南京邮电大学"图层,右击并从弹出的快捷菜单中选择"混合选项"命令,在打开的"图层样式"对话框中,选中"描边"复选框,设置"大小"为 2,"位置"为"外部","不透明度"为75,"填充类型"为"颜色","颜色"为黑色,如图 12-11 所示。选中"投影"复选框,设置"混合模式"为"正片叠底","不透明度"为65,"距离"为5,"扩展"为18,"大小"为2,单击"确定"按钮,如图 12-12 所示。

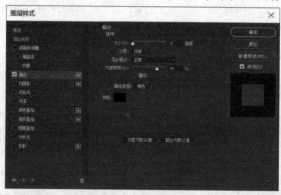

图 12-11   设置"描边"参数

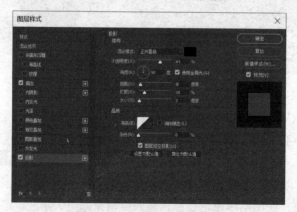

图 12-12   设置"投影"参数

(5) 选择"图像"｜"变量"｜"定义"菜单命令，在打开的"变量"对话框中选中"文本替换(X)"复选框，并将"名称"改为"Njupt"，如图 12-13 所示。

(6) 单击"下一个"按钮，再单击"导入"按钮，在打开的"导入数据组"对话框中单击"选择文件(S)..."按钮，在打开的对话框中选择要录入的"字幕.txt"文件，"编码"选择为"Unicode(UFT-8)"，单击"确定"按钮，如图 12-14 所示。

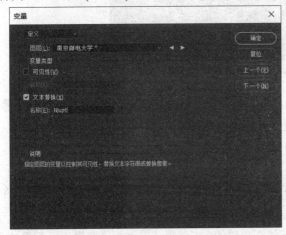

图 12-13　设置"变量"对话框

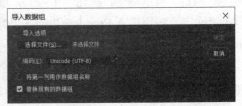

图 12-14　导入文本文件

(7) 在如图 12-15 所示的"变量"对话框中单击"确定"按钮。

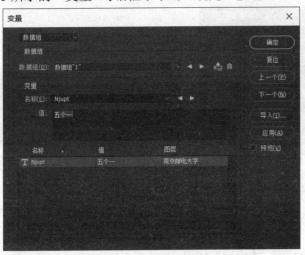

图 12-15　"变量"对话框

(8) 选中"观察"图层，右击并从弹出的快捷菜单中选择"删除图层"命令，删除"观察"图层。

(9) 按下快捷键 Ctrl+S，将文件命名为"title.psd"。选择"文件"｜"导出"｜"数据组作为文件"命令，在打开的"将数据组作为文件导出"对话框中，单击"选择文件夹"按钮选择存储位置，单击"确定"按钮，如图 12-16 所示。此时从存储文件夹中会导出"title_数据组'1'.psd"至"title_数据组'10'.psd"共 10 个文件。

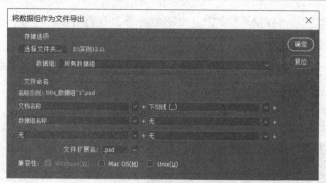

图 12-16　导出数据组

(10) 打开 Adobe Premiere Pro CC 2019，按下快捷键 Ctrl+Alt+N 或者选择"文件"|"新建"|"项目"菜单命令，新建一个项目，设置其名称为"实例 12.1"，并自行设置保存位置，单击"确定"按钮进入 Premiere Pro CC 2019。按下快捷键 Ctrl+N，打开"新建序列"对话框，单击"确定"按钮。

(11) 按下快捷键 Ctrl+I，将"南邮五个一. mp4"和字幕文件全部导入"项目"窗口，在弹出的每个"导入分层文件"对话框中单击"确定"按钮，如图 12-17 所示。

(12) 把"南邮五个一. mp4"导入"时间线"窗口的 V1 轨道，若弹出"剪辑不匹配警告"窗口需更改序列，则选择"更改序列设置"，如图 12-18 所示。

图 12-17　"导入分层文件"对话框　　　　　　　图 12-18　选择"更改序列设置"

(13) 将第一个字幕文件"title_数据组'1'.psd"拖入"时间线"窗口的 V2 轨道。在"节目"窗口中单击播放键▶，当播放完第一个字幕文件所述内容"五个一"时，按下停止键■或键盘上的空格键，在"时间线"窗口中，将鼠标移到"title_数据组'1'.psd"的结束处，拖动鼠标到时间线标尺位置，如图 12-19 所示。

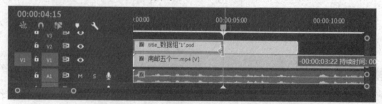

图 12-19　调整第一个字幕的长度

(14) 采用类似的方法，拖动其余的字幕素材到 V1 轨道上，调整其长度使声画同步。最终完成效果如图 12-20 所示。

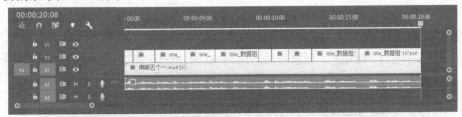

图 12-20　最终效果

(15) 保存文件，选择"文件"|"导出"|"媒体"菜单命令导出视频。

12.2.2　滚动字幕

1. 效果说明

在新闻类、专题类电视节目的屏幕下方都会有一些文字从右向左游动，制作游动字幕效果主要通过字幕设计界面中的"滚动/游动选项"对话框实现。最终效果如图 12-21 所示。

2. 操作要点

本例主要练习利用 Adobe Premiere Pro CC 2019 的字幕编辑功能来实现字幕的游动效果。

3. 操作步骤

(1) 打开 Adobe Premiere Pro CC 2019 应用程序，在"新建项目"对话框中，在"位置"和"名称"文本框中分别设置项目文件的存放位置和名称("实例 12.2")，如图 12-22 所示。单击"确定"按钮，在弹出的"新建序列"对话框中，设置"可用预设"为 DV-PAL 下的"标准 48kHz"。

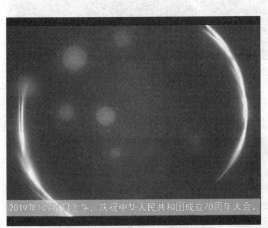

图 12-21　"滚动字幕"的最终效果

图 12-22　设置"新建项目"对话框

(2) 双击"项目"窗口的空白处，打开"输入"对话框，导入"动态背景.avi"文件，然后把它拖到"时间线"窗口中的 V1 轨道上，若弹出窗口需更改序列，则选择"更改序列设置"。在"动态背景.avi"上右击，在弹出的快捷菜单中选择"速度/持续时间"命令，打开"剪辑速度/持续时间"对话框，设置持续时间为 00:00:30:00。完成后的效果如图 12-23 所示。

图 12-23　把"动态背景.avi"安排在"时间线"窗口中的 V1 轨道上

(3) 选择菜单命令"文件"｜"新建"｜"旧版标题"，在打开的"新建字幕"对话框中设置其名称为"底板"，单击"确定"按钮，打开"字幕设计"工作窗口。选择工具栏中的矩形工具▢，在显示区最底端画出一个矩形。确保该矩形被选中，在"旧版标题属性"面板中，调整其"不透明度"为 60，"颜色"值为(R9,G186,B198)，如图 12-24 所示。

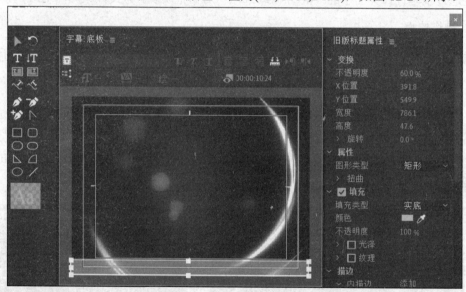

图 12-24　制作"底板"

(4) 关闭"字幕设计"窗口，此时"底板"会自动出现在"项目"窗口中。将它拖放到"时间线"窗口中的 V2 轨道上，并设置其长度与"动态背景.avi"相同，如图 12-25 所示。

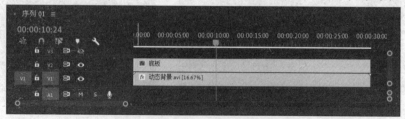

图 12-25　把"底板"拖到 V2 轨道上

(5) 选择菜单命令"文件"｜"新建"｜"旧版标题"，在打开的"新建字幕"对话框中设置其名称为"滚动字幕"，单击"确定"按钮，打开"字幕设计"工作窗口。选择文字工具■，在显示区底端输入以下文字："2019 年 10 月 1 日上午，庆祝中华人民共和国成立 70 周年大会、阅兵式和群众游行在北京天安门广场隆重举行，中共中央总书记、国家主席、中央军委主席习近平发表重要讲话并检阅受阅部队。20 多万军民以盛大的阅兵仪式和群众游行欢庆共和国 70 华诞。"单击选择工具■，退出文字编辑。确保文字被选中，在"旧版标题属性"面板中，设置其"字体系列"为"黑体"，"字体大小"为 24；填充颜色设为白色；为其添加"外描边"效果，"类型"设为"边缘"，"大小"为 20，颜色为黑色，如图 12-26 所示。

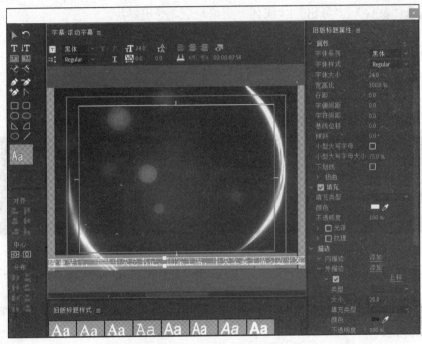

图 12-26　设置字幕属性

(6) 单击按钮■，打开"滚动/游动选项"对话框，选择"字幕类型"为"向左游动"，选中"开始于屏幕外"和"结束于屏幕外"复选框，并将"缓入"和"缓出"都设置为默认值 0，如图 12-27 所示。

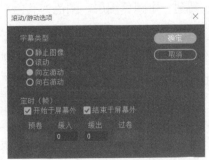

图 12-27　设置游动参数

(7) 关闭"字幕设计"窗口，此时"项目"窗口中出现了"滚动字幕"，将它拖放到"时间线"窗口中的 V3 轨道上，并设置其长度与"动态背景.avi"相同，如图 12-28 所示。

图 12-28　把"滚动字幕"拖到 V3 轨道上

(8) 选择"文件"|"导出"|"媒体"菜单命令，导出影片。

12.2.3　粒子消散字幕

1. 效果说明

本例的最终画面效果是让字幕文字从上到下呈现粒子消散，如图 12-29 所示。

图 12-29　粒子消散文字的最终效果

2. 操作要点

本例主要练习利用 Adobe After Effects CC 2019 中的 Particular 粒子特效进行操作。

3. 操作步骤

(1) 打开 Adobe After Effects CC 2019，选择"合成"|"新建合成"命令，在打开的对话框中设置合成名称为"合成 1"，"宽度"为 1920，"高度"为 1080，帧速率为 25 帧/秒，持续时间为 10 秒，如图 12-30 所示。

(2) 按下快捷键 Ctrl+Y，新建一个纯色图层，颜色为黑色，如图 12-31 所示。在工具栏中单击 T 按钮，新建一个文本图层，在图层中输入"学"，在"字符"面板中设置"字体"为"方正黄草简体"(字体文件可自行安装)，"字体大小"为 200 像素，如图 12-32 所示。在"时间线"窗口选中"学"图层，按下快捷键 P，输入"位置"为(1020,490)。

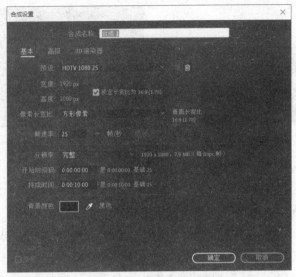

图 12-30　新建一个合成

图 12-31　新建一个纯色图层

图 12-32　设置字体和字体大小

（3）采用类似的方法，新建"媒""论""争""启""示""录"6 个中文图层，设置其"字体"为"方正黄草简体"；新建"Enlightenment"与" of Learning and Media Debate"两个英文图层，设置其"字体"为"Times New Roman"。各图层其他参数的设置如下。

"媒"："字体大小"200 像素，"位置"(1100,610)；

"论"："字体大小"200 像素，"位置"(1130,740)；

"争"："字体大小"200 像素，"位置"(1000,780)；

"启"："字体大小"100 像素，"位置"(950,560)；

"示"："字体大小"100 像素，"位置"(950,660)；

"录"："字体大小"100 像素，"位置"(950,760)；

"Enlightenment"："字体大小"36 像素，"位置"(1080,830)；

" of Learning and Media Debate"："字体大小"36 像素，"位置"(850,880)。

（4）在"项目"窗口中双击鼠标，导入素材文件"百科.png"，将其拖入"时间线"窗口中，此时在"时间线"窗口会自动生成"百科.png"图层。设置其"位置"为(1270,270)，如 12-33 所示。调整完成后，各文字的排版如图 12-34 所示。

图 12-33　调整"百科.png"图层参数　　　　图 12-34　文字排版的最终效果

(5) 选中所有中文图层，按下快捷键 Ctrl+Shift+C，新建合成"中文"；选中所有英文图层，按下快捷键 Ctrl+Shift+C，新建合成"英文"。选中合成"中文""英文"和"百科.png"图层，按下快捷键 Ctrl+Shift+C，新建合成"原始图层"。

(6) 选中"原始图层"，选择"效果"｜"过渡"｜"线性擦除"特效，在"效果控件"面板中设置"擦除角度"为180，"羽化"为6。双击"时间线"窗口上的时间码，输入 00:00:04:00，将时间标尺定位至第4秒，在"效果控件"面板中单击"过渡完成"左侧的码表按钮 ⏱，将其设置为5。再将时间标尺定位至第8秒，设置"过渡完成"为90。选中"原始图层"中的"线性擦除"特效，按下快捷键 Ctrl+D，复制一个"线性擦除"特效，在"效果控件"面板中设置"擦除角度"为0，在第4、8秒处分别设置其"过渡完成"关键帧为90、5。设置完成后，单击"线性擦除2"前的 fx 图标，将"线性擦除2"特效隐藏，如图 12-35 所示。

(7) 在时间线窗口中选中"原始图层"，按下快捷键 Ctrl+D，复制"原始图层"，将其命名为"发射图层"；单击"线性擦除2"前的 fx 图标，使"线性擦除2"特效显示。然后按下快捷键 Ctrl+Shift+C，新建合成，将其命名为"发射图层"。将合成"发射图层"的3D选项 ⬛ 打开，如图 12-36 所示。

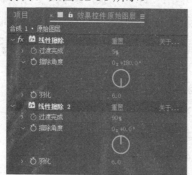

图 12-35　设置"线性擦除"参数　　　　　图 12-36　打开"发射图层"的3D选项

(8) 将鼠标放到"发射图层"的起点处，此时鼠标会自动变成如图 12-37 所示的双向箭头形状。拖动鼠标，将时间线上4秒以前的发射图层删除。

图 12-37　调整"发射图层"

（9）按下快捷键 Ctrl+Y，新建纯色图层，将其命名为"粒子"。为其添加"效果"｜"RG Trapcode"｜"Particular"特效[1]。在"效果控件"面板中设置"Emitter(Master)"｜"Emitter Behavior"为"Continuous"，"Particles/Sec"为 500000，"Emitter Type"为"Layer"；设置"Layer Emitter"｜"Layer"为"发射图层""效果和蒙版"，"Layer Sampling"为"Particle Birth Time"，"Layer RGB Usage"为"None"，如图 12-38 所示。

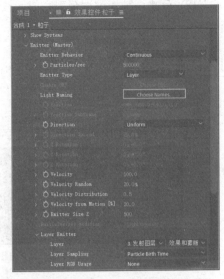

图 12-38　设置"Emitter(Master)"参数

（10）继续设置"Particle(Master)"｜"Life[Sec]"为 2，"Life Random"为 100，"Particle Type"为"Sphere"，"Sphere Feather"为 50，"Size"为 5，"Size Random"为 100，如图 12-39 所示。在"Size over Life"中选择第二种时间变化类型，将"Opacity"设置为 100，"Opacity Random"设置为 100，如图 12-40 所示。

图 12-39　设置"Particle(Master)"参数

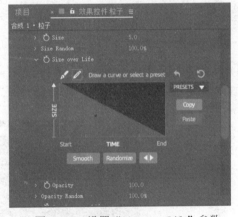

图 12-40　设置"Size over Life"参数

（11）继续设置"Physics(Master)"｜"Physics Model"类型为"Air"，"Gravity"为-10。如图 12-41 所示。

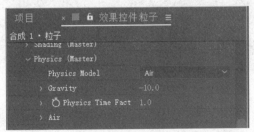

图 12-41　设置"Physics(Master)"特效参数

---

1 该特效可在 Red Giant 公司官方网站(https://www.redgiant.com/products/trapcode-suite/)下载后自行安装。

(12) 至此，制作过程全部完成。按下小键盘上的 0 键进行预览，最终效果如图 12-29 所示。

12.2.4　汇聚发光字幕

1. 效果说明

本例的最终画面效果是让字幕文字在闪烁的环境下慢慢汇聚出现，如图 12-42 所示。

图 12-42　最终效果

2. 操作要点

本例主要练习"曲线""碎片""CC Particle World""分形杂色""线性擦除"和"投影"等效果的运用。

3. 操作步骤

(1) 打开 Adobe After Effects 2019，选择"新建合成"命令，在打开的对话框中选择预设为"NTSC DV 宽银幕 23.976"，"持续时间"为 10 秒，如图 12-43 所示。

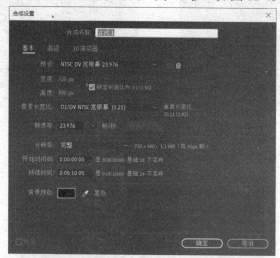

图 12-43　新建一个合成

(2) 在"项目"窗口中的空白处双击鼠标，导入素材"Logo.png""橙色贴图.jpg""磨砂墙面.jpg"。将"磨砂墙面.jpg"拖入"时间线"窗口，选择菜单命令"效果"|"颜色校正"|"曲线"，调整曲线参数，如图 12-44 所示。此时可得到一个变暗的"磨砂墙面"图层，效果如图 12-45 所示。

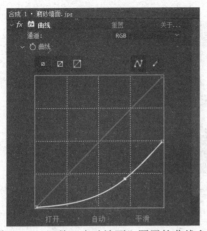

图 12-44　调整"磨砂墙面"图层的曲线参数　　　　图 12-45　变暗的"磨砂墙面"图层

(3) 按下快捷键 Ctrl+Alt+Y，新建一个调整图层。选择菜单命令"效果"｜"曲线"，调整曲线参数，如图 12-46 所示。

(4) 双击椭圆工具 ⬭，生成一个椭圆蒙版。此时在"时间线"窗口中，"调整图层"会添加一个"蒙版"。设置"蒙版 1"的"模式"为"相减"。单击"蒙版 1"左边的水平箭头图标 ▶，将其"蒙版羽化"设置为 287，画面效果如图 12-47 所示。

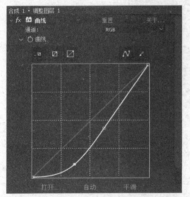

图 12-46　调整"调整图层"的曲线参数　　　　图 12-47　添加椭圆蒙版的效果

(5) 选择文字工具 🅣，在"合成"窗口中单击鼠标，输入文字"守时负责 追求卓越"。选中文字，在"字符"面板中设置"字体"为"迷你简草黄"(字体文件可自行安装)，颜色为橙色(R:232,G:156,B:37)，"字体大小"为 110 像素，"行距"为 130，"字符间距"为 320。单击"仿粗体"按钮 🅣，为文字加上粗体效果，如图 12-48 所示。适当调整文字的位置，完成后的文字效果如图 12-49 所示。

图 12-48　设置字体参数　　　　　　　　图 12-49　设置完成后的文字效果

(6) 将文字图层重命名为"标题"。选中"标题"图层，选择菜单命令"效果"|"模拟"|"碎片"，为"标题"图层添加"碎片"效果。在"效果控件"面板中，设置"视图"为"已渲染"，"形状"|"图案"为"玻璃"，"重复次数"为150，"凸出深度"为0，"物理学"|"重力"为0，如图 12-50 所示。

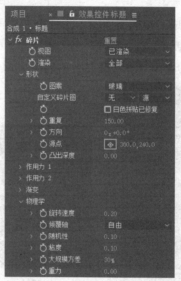

图 12-50　设置"标题"图层"碎片"效果参数

(7) 选择菜单命令"效果"|"风格化"|"发光"，在"效果控件"面板中，设置"发光阀值"为60，"发光半径"为1，"发光强度"为1，为标题文字添加发光效果。

(8) 选中"标题"图层，将时间滑块移至 0:00:03:00 处，按下快捷键 Alt+]，将其 3 秒后的内容删除。按下快捷键 Ctrl+D，复制"标题"图层，将其命名为"标题 2"。选中"标题 2"图层，按下[键，使"标题 2"连接到"标题 1"的后面。将鼠标移到"标题 2"图层的最右方，当鼠标变成双向箭头时，拖动鼠标，将"标题 2"延长至 10 秒处，如图 12-51 所示。在"效果控件"面板中，将 "标题 2"图层上的"碎片"效果删除。选中"标题"图层，右击并从弹出的快捷菜单中选择"时间"|"时间反向图层"命令，使"碎片"效果反向进行，即从破碎炸裂变为碎片汇聚的效果。

图 12-51　调整"标题 1"和"标题 2"图层

(9) 选中"标题"和"标题 2"，右击并从弹出的快捷菜单中选择"预合成"命令，在打开的对话框中将合成命名为"文字"。

(10) 按下快捷键 Ctrl+Y，新建一个纯色图层，命名为"烟雾"。选择菜单命令"效果"|"模拟"|"CC Particle World"，在"效果控件"面板中，取消"Grid & Guides"|"Grid"后的选择，关闭 Grid。设置"Longevity(sec)"为 2，"Producer"|"Radius X""Radius Y""Radius Z"分别为 0.6、0.7、0.4，使粒子覆盖整个画面，如图 12-52 所示。

(11) 继续在"效果控件"面板中设置"Physics"|"Velocity"为 0，"Gravity"为 0.2，"Particle"|"Particle Type"为"Faded Sphere"，"Birth Size"为 2.5，"Death Size"为 2.84。分别设置"Birth Color"为 R153、G166、B175，"Death Color"为 R60、G72、B86，如图 12-53 所示。

图 12-52　设置"烟雾"图层"CC Particle World"
效果参数 1

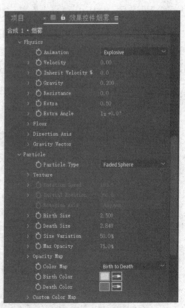

图 12-53　设置"烟雾"图层"CC Particle World"
效果参数 2

(12) 选中"烟雾"图层，选择"效果"|"扭曲"|"网格变形"菜单命令，在"效果控件"面板中，设置"行数""列数"均为 3，如图 12-54 所示。在"合成"窗口中拖动网格中的交叉点，改变粒子流动效果。在"时间线"窗口中设置"烟雾"图层的"变换"|"缩放"为 160，"不透明度"为 30%，拖动时间滑块，能看到仿佛有一层烟雾缭绕，完成后的效果如图 12-55 所示。

图 12-54　设置"烟雾"图层"网络变形"效果参数　　　图 12-55　"烟雾"图层的完成效果

(13) 按下快捷键 Ctrl+Y，新建一个纯色图层，命名为"星光"。选择菜单命令"效果"｜"模拟"｜"CC Particle World"粒子效果，在"效果控件"面板中，取消"Grid & Guides"｜"Grid"后的选择，关闭 Grid。设置"Birth Rate"为9.6，"Longevity(sec)"为2，"Producer"｜"Radius X""Radius Y""Radius Z"分别为0.6、0.9、0.8，使粒子覆盖整个画面，如图 12-56 所示。

(14) 继续在"效果控件"面板中设置"Physics"｜"Velocity"为0，"Gravity"为0，"Particle"｜"Particle Type"为"Faded Sphere"，"Birth Size"为0.09，"Death Size"为0.07。分别设置"Birth Color"为R231、G221、B163，"Death Color"为R194、G165、B113。如图 12-57 所示。其 0:00:04:00 处的完成效果如图 12-58 所示。

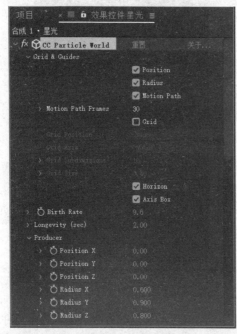

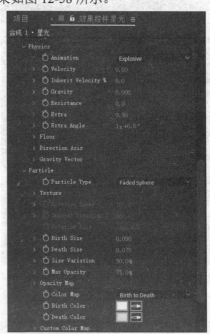

图 12-56　设置"星光"图层"CC Particle World"　　　图 12-57　设置"星光"图层"CC Particle World"
　　　　　　效果参数 1　　　　　　　　　　　　　　　　　　　　效果参数 2

图 12-58 "星光"图层的完成效果

(15) 按下快捷键 Ctrl+Y，新建一个纯色图层，命名为"光线"。选择菜单命令"效果"｜"杂色和颗粒"｜"分形杂色"，在"效果控件"面板中，设置"对比度"为 169，"亮度"为-46，取消"变换"｜"统一缩放"后的选择，设置"缩放高度"为 3800，如图 12-59 所示。

(16) 选择菜单命令"效果"｜"过渡"｜"线性擦除"，在"效果控件"面板中，设置"过渡完成"为 30%，"擦除角度"为 0，"羽化"为 100，如图 12-60 所示。

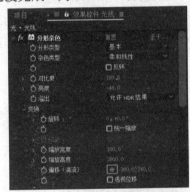
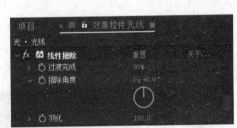

图 12-59 设置"光线"图层"分形杂色"效果参数　图 12-60 设置"光线"图层"线性擦除"效果参数

(17) 在"时间线"窗口中，设置"光线"图层的"模式"为"屏幕"，单击打开图层的 3D 图层开关 🔲。设置"变换"｜"缩放"为 150，"X 轴旋转"为-30，如图 12-61 所示。

图 12-61 设置"光线"图层的"变换"参数

(18) 按住 Alt 键，单击"分形杂色"｜"演化"前的码表图标⏱，将"时间线"窗口中弹出的表达式修改为"time*100"，如图 12-62 所示。

图 12-62　修改"光线"图层的表达式

(19) 选中"光线"图层，按下 Ctrl+D 快捷键，复制该图层，将复制的图层重命名为"光线 2"，将其表达式改为"time*100+500"，让两层光线演化的速度不同，从而增加光线量。

(20) 选中"光线 2"图层，调整"变换"｜"位置"为(360,240,-200)，使"光线 2"与"光线"中间产生距离感，效果如图 12-63 所示。

(21) 打开"磨砂墙面"图层和"文字"图层的 3D 图层开关⬚。

(22) 选择菜单命令"图层"｜"新建"｜"摄像机"，新建一个摄像机图层。将时间滑块移到 0:00:03:00 处，设置"变换"｜"位置"的 Z 坐标为-1020，单击"位置"前面的码表图标⏱，添加一个关键帧。再将时间滑块拖到 0:00:06:00 处，设置 Z 坐标为-850，系统自动添加了第二个关键帧。

说明：

由于制作时情况不同，以上两个关键帧的 Z 坐标值可略做调整。只要完成的是推镜头效果(即镜头渐渐靠近文字，使文字从小变大)即可。

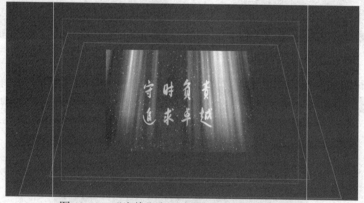

图 12-63　"光线"和"光线 2"图层的完成效果

(23) 选中两个光线图层，右击并从弹出的快捷菜单中选择"预合成"命令，将新合成命名为"光"。单击打开"光"图层折叠开关✱。

(24) 按下 Ctrl+D 快捷键，复制"光"图层，将其命名为"光 2"。确保"光 2"图层在"星光"图层上方。将"星光"图层的 TrkMat 轨道遮罩设置为"亮度遮罩'光 2'"，如图 12-64 所示。

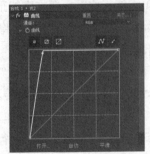

图 12-64　设置"星光"层的轨道遮罩为"亮度遮罩'光 2'"

(25) 选中"光 2"图层，选择菜单命令"效果"|"颜色校正"|"曲线"，调整曲线参数，如图 12-65 所示。单击"光 2"图层最左方的显示图标 ，将其关闭。选中"光"图层，设置"变换"|"不透明度"为 40%。0:00:06:00 处完成后的星光闪烁效果如图 12-66 所示。

图 12-65　调整"光 2"图层曲线的效果参数　　　图 12-66　完成后的星光闪烁效果

(26) 选中"文字"图层，选择菜单命令"图层"|"图层样式"|"投影"，在"时间线"窗口中，设置"混合模式"为"相乘"，"不透明度"为 85，"角度"为 90，"距离"为 12，"大小"为 5，如图 12-67 所示。

图 12-67　设置"文字"图层的"投影"效果参数

(27) 选择菜单命令"图层"|"图层样式"|"斜面和浮雕",在"时间线"窗口中,设置"图层样式"|"斜面和浮雕"|"深度"为300,"大小"为1,"高度"为60,如图12-68所示。

图12-68　设置"文字"图层的"斜面和浮雕"效果参数

(28) 把"项目"窗口中的"Logo.png"拖至"时间线"窗口。将时间滑块定位至文字放大结束的0:00:06:00处,设置"变换"|"位置"为(360,90),使其位于标题文字的正上方。单击"不透明度"前面的码表按钮 ⏱,设置"不透明度"为0,添加一个关键帧。将时间滑块移到0:00:08:00处,设置"不透明度"为100,系统会自动添加第二个关键帧。

(29) 在"文字"图层的"图层样式"选项上单击鼠标,按下快捷键Ctrl+C,再选择"Logo"图层,按下快捷键Ctrl+V,将"投影"与"斜面和浮雕"效果复制到"Logo"图层。

(30) 选择文字工具 T,在"合成"窗口中单击鼠标,输入文字"一紫金漫话工作室一"。选中文字,在"字符"面板中设置"字体"为"方正硬笔行书简体"(字体文件可自行安装),颜色为橙色(R:232,G:156,B:37),"字体大小"为36,"行距"为130,"字符间距"为90,调整其位置使之位于标题文字"守时负责　追求卓越"正下方。单击"不透明度"前面的码表按钮 ⏱,设置"不透明度"为0,添加一个关键帧。将时间滑块移到0:00:08:00处,设置"不透明度"为100,系统会自动添加第二个关键帧。在"文字"图层的"图层样式"选项上单击鼠标,按下快捷键Ctrl+C,再选择"一紫金漫话工作室一"图层,按下快捷键Ctrl+V,将"投影"与"斜面和浮雕"效果复制到"一紫金漫话工作室一"图层。完成后的效果如图12-69所示。

(31) 将"项目"窗口中的"橙色贴图.jpg"拖到"时间线"窗口,设置其"模式"为"叠加","变换"|"不透明度"为40。打开"橙色贴图"图层的3D图层开关 ▣。

(32) 按下快捷键Ctrl+Alt+Y,新建一个调整图层2。选择菜单命令"效果"|"颜色校正"|"色调",在"效果控件"面板中,设置"着色数量"为23。选择菜单命令"效果"|"颜色校正"|"曲线",调整其曲线,如图12-70所示。

(33) 至此,制作过程已全部完成。按下小键盘上的0键预览动画,最终效果如图12-42所示。

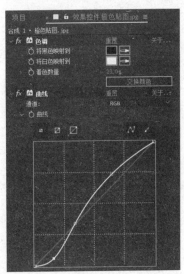

图 12-69　添加了 Logo 和"紫金漫话工作室"的完成效果　　图 12-70　设置"橙色贴图"图层效果参数

12.3　思考和练习

1. 思考题

(1) 字幕在数字视频作品中有什么功能?

(2) 简述字幕的不同种类及其特点。

(3) 字幕有哪些构图形式?

2. 练习题

(1) 在 Premiere Pro CC 2019 中练习添加以下字幕。

● 整屏式字幕。

● 底部横排式字幕。

● 向上滚屏字幕。

● 左飞字幕。

● 竖排式字幕。

● 固定式字幕。

(2) 在 After Effects 中练习添加汇聚文字。

参考文献

[1] 马克西姆·亚戈. Adobe Premiere Pro CC 2019 经典教程(彩色版)[M]. 武传海, 译. 北京: 人民邮电出版社, 2020.

[2] C. 格拉西莫夫. 电影导演的培养[M]. 富澜, 译. 北京: 中国电影出版社, 2001.

[3] 爱森斯坦. 有声电影的未来(声明)[J]. 俞虹, 译. 北京电影学院学报, 1987.

[4] 陈永东. 短视频内容创意与传播策略[J]. 新闻爱好者, 2019, (5): 41-46.

[5] 多林斯基. 普多夫金论文选集[M]. 罗慧生, 等译. 北京: 中国电影出版社, 1985.

[6] 刘恩御. 电视色彩学[M]. 北京: 北京广播学院出版社, 1988.

[7] 李天昀. 短视频崛起——短视频的内容生产与产业模式初探[J]. 艺术评论, 2019, (5): 27-35.

[8] 卢锋. 数字技术与电影语言的变化[J]. 南京邮电大学学报(社会科学版), 2009, 11(01): 43-47.

[9] 鲁道夫·阿恩海姆. 艺术与视知觉[M]. 滕守尧, 译. 成都: 四川人民出版社, 1998.

[10] 鲁道夫·爱因汉姆. 电影作为艺术[M]. 邵牧君, 译. 北京: 中国电影出版社, 1981.

[11] 马赛尔·马尔丹. 电影语言[M]. 北京: 中国电影出版社, 1980.

[12] 田由甲. 解析电影《流浪地球》声音制作全流程[J]. 现代电影技术, 2019, (4): 19-29.

[13] 王纪言. 电视报道艺术[M]. 北京: 北京广播学院出版社, 1992.

[14] 王志敏. 电影语言学[M]. 北京: 北京大学出版社, 2007.

[15] 许南明, 等. 电影艺术词典[M]. 北京: 中国电影出版社, 1996.

[16] 张会军. 电影摄影画面创作[M]. 北京: 中国电影出版社, 1998.

[17] 张卫, 张艺谋. 《一个都不能少》创作回顾[J]. 当代电影, 1999, (2): 5-7.

[18] 赵冰清, 林林, 耿仕洁. 自媒体短视频的内容创新策略研究[J]. 传媒, 2019, (4): 47-48.

[19] 赵玉明. 中外广播电视百科全书[M]. 北京: 中国广播电视出版社, 1995.

[20] 钟大年. 纪录片创作论纲[M]. 北京: 北京广播学院出版社, 1998.

[21] 朱羽君. 电视画面研究[M]. 北京: 北京广播学院出版社, 1993.

[22] 朱羽君. 屏幕上的革命[J]. 电视研究, 1992, (2): 5-8.